한국의 균류

• 담자균류 •

③

주름버섯목

소똥버섯과	졸각버섯과
벚꽃버섯과	배주름버섯과
만가닥버섯과	낙엽버섯과
애주름버섯과	배꼽버섯과
뽕나무버섯과	느타리과
난버섯과	구멍젖꼭지버섯과
이끼버섯과	독청버섯과

Fungi of Korea

Vol.3: Basidiomycota

Agaricales

Bolbitiaceae	Hydnagiaceae
Hygrophoraceae	Hymenogastraceae
Lyophyllaceae	Marasmiaceae
Mycenaceae	Omphalotaceae
Physalarcriaceae	Pleurotaceae
Pluteaceae	Porotheleaceae
Repetobaidiaceae	Strophariaceae

한국의 균류 ③
: 담자균류

초판인쇄 2018년 09월 10일
초판발행 2018년 09월 10일

지은이 조덕현
펴낸이 채종준
편 집 김다미
디자인 홍은표
펴낸곳 한국학술정보(주)
주 소 경기도 파주시 회동길 230 (문발동)
전 화 031) 908-3181(대표)
팩 스 031) 908-3189
홈페이지 http://ebook.kstudy.com
E-mail 출판사업부 publish@kstudy.com
등 록 제일산-115호(2000.6.19)

ISBN 978-89-268-8551-2 94480
978-89-268-7448-6 (전6권)

Fungi of Korea Vol.3: Basidiomycota
Edited by Duck-Hyun Cho

Published by Korean Studies Information Co., Ltd., Seoul, Korea.

한국의 균류

•담자균류•

3

주름버섯목

소똥버섯과	졸각버섯과
벚꽃버섯과	배주름버섯과
만가닥버섯과	낙엽버섯과
애주름버섯과	배꼽버섯과
뽕나무버섯과	느타리과
난버섯과	구멍젖꼭지버섯과
이끼버섯과	독청버섯과

Fungi of Korea

Vol.3: Basidiomycota

Agaricales

Bolbitiaceae	Hydnagiaceae
Hygrophoraceae	Hymenogastraceae
Lyophyllaceae	Marasmiaceae
Mycenaceae	Omphalotaceae
Physalarcriaceae	Pleurotaceae
Pluteaceae	Porotheleaceae
Repetobaidiaceae	Strophariaceae

조덕현 지음

머리말

균류는 생태계에서 자연의 청소부라 불리며 훌륭한 분해자로서의 기능을 수행하고 있다. 그 덕분에 우리 환경은 깨끗한 생태계를 유지하고 있다. 하지만 균류의 물질 분해 기능을 제대로 알고 고마워하는 사람은 많지 않다. 다만 균류 중 버섯이 먹거리로서 주목을 받았으며, 식용버섯이냐 독버섯이냐에만 관심이 모아졌다. 최근에는 균류에서 여러 가지 신물질, 특히 항암 성분이 밝혀짐으로써 그와 관련한 연구가 활발하게 진행되고 있어 주목된다. 한편 균류는 싱싱한 목재를 썩게 하여 막대한 경제적 피해를 주기도 하며 질병을 유발하는 병원균을 가진 것도 있다. 따라서 균류는 양날의 칼과 같으며 앞으로 균류를 어떻게 이용하는지가 중요한 과제라 할 수 있다. 저자는 자비로 중국 학자에게 연구비를 지원하면서 백두산 일대의 버섯을 집대성한 『백두산의 버섯도감』(1, 2권)을 출간하였다. 그동안 연구를 통해 확보한 방대한 자료에서 자낭균류만을 골라 『한국의 균류 1: 자낭균류』를 출간하였다. 이어서 담자균류 중 주름버섯과, 광대버섯과, 눈물버섯과, 송이버섯과를 중심으로 『한국의 균류 2: 담자균류』를 출간하였다.

이번에는 주름버섯목을 중심으로 『한국의 균류 3: 담자균류』를 펴내게 되었다. 과거의 형태적 분류 방식이 분자생물학적으로 바뀌면서 도감 작업하는 데 여러 가지 어려운 문제를 야기하기도 하였다. 예를 들면 과거의 학명이 전혀 다르게 바뀌었다. 전체를 하나하나 대조 확인해야 하는 힘든 작업이었다. 또 바뀐 학명이 또다시 바뀌어 재배치해야 했기 때문에 이 역시 어려움이 많았다. 이미 발표된 종들(species)이 빠져 있기도 하고 임시 배치하여 소속이 없거나 분명치 않은 것도 있다.

앞으로 세계는 생물자원을 많이 확보한 나라가 부강한 나라가 될 것이라는 게 일치된 의견이다. 생물자원을 확보하기 위해서 전 세계는 지금 말 없는 전쟁을 하고 있다. 과거에는 외국의 학자가 자국에 들어와서 연구 활동하는 것이 쉬웠으나 지금은 모든 나라가 엄격히 제한하고 있다. 이것은 자국의 생물자원이 외국으로 유출되는 것을 막고 있기 때문이다.

『한국의 균류 3: 담자균류』에서는 담자균류 중 벚꽃버섯과를 비롯한 14개의 과를 중심으로 하였다. 본 도감이 한국의 생물자원을 보호하고, 미래 생물자원을 확보하고 활용하는 데 도움이 되기를 바란다. 이 도감은 저자 한 사람의 노력으로 이루어진 것이 아니다. 이 도감에는 50년간 채집 관찰을 이어 온 정재연 큐레이터의 노력과 가족의 헌신적인 격려, 아낌없이 격려해 주신 은사 그리고 그동안 함께 연구한 많은 학부생과 대학원생의 노력이 담겨져 있다. 언제나 주위에서 격려해 주는 많은 분이 있었기에 가능한 일이었다. 머리 숙여 고마움과 감사를 드린다.

조덕현

감사의 글

· 균학 공부의 길로 인도하고 아시아의 균학자 세 명 중 한 사람으로 선정해 주신 이지열 박사(전 전주교육대학교 총장, 전 한국균학회 회장)에게 고마움을 드리며, 늘 무언의 격려를 해 주시는 이영록 박사(고려대학교 명예교수, 대한민국학술원)에게도 고마움을 전한다.

· 정재연 큐레이터는 사진 촬영을 도와주었음은 물론 현미경적 관찰 및 버섯표본과 방대한 사진자료를 정리하여 주었다.

· 이태수 박사(전 국립산림과학원), 박성식 선생(전 마산 성지여자고등학교), 왕바이 연구원(王柏 中國吉林長白山國家及自然保護區管理研究所), 이창영 선생(전 군산여자고등학교)으로부터 사진의 일부를 제공받았다.

일러두기

· 분류체계는 Ainsworth & Bisbys의 『Dictionary of the Fungi』(10판)를 변형하여 배치하였다.
· 학명은 영국의 www.indexfungorum.org(2018.01)에 의거하였다. 과거의 학명도 병기하여 참고하도록 하였으며 여기에 등재되지 않은 학명은 과거의 학명을 그대로 사용하였다.
· 한국 미기록종의 보통명은 균학라틴어 사전(Mycological Latin and Nomenclature)과 라틴어의 어원을 기본으로 신칭하였다.
· 출판권의 우선원칙에 따르되 라틴어에서 어긋난 것(인명을 학명으로 사용한 것 등)은 버섯의 특성을 기준으로 개칭하였다.
· 한국 보통명이 여러 개인 것은 국제명명규약에 따라 먼저 발표된 것을 채택하였다.
· 독청버섯과의 환각버섯속 (Psilocybe)의 몇 종류는 구슬버섯속(Deconica)로 바뀌었으며 과(Family)도 배주름버섯과(Hymenogastraceae)로 바뀌었다. 끈적버섯과(Cortinariaceae)의 황토버섯속(Galerina), 미치광이버섯속(Gymnopilus), 자갈버섯속(Hebeloma)은 배주름버섯과(Hymenogastraceae)에 속하게 되었으며 귀버섯과의 헌무리버섯속(Naucoria)도 배주름버섯과로 소속이 바뀌었다.
· 오래전 사용되어 우리에게 익숙한 것은 과거의 한국 보통명을 그대로 사용하였다. 예를 들어 느타리, 표고 등이며 학명이 바뀐 화경버섯은 학명이 바뀌었어도 화경버섯으로 기록하였다.
· www.indexfungorum.org에 의하여 동종이명(synonium)으로 바뀐 것도 수록 기재하여 분류에 혼란이 없도록 하였다.
· 학명이 바뀜으로써 동종이명으로 된 것 중에서 과거에 사용하던 종의 특성도 기재하였다. 예를 들어 소똥버섯의 경우 기본 학명을 서술하고 과거에 다른 종으로 분류하였던 종도 소똥버섯(○○형)으로 기재하였다.
· 학명은 편의상 이탤릭체가 아닌 고딕체로 하였고 신칭과 개칭의 표기는 편집상 생략하였다.
· 각 균류의 한국 보통명 상단에 해당 균류가 속한 생물분류를 일괄 표기하였다. "○○강(아강) 》 ○○목 》 ○○과 》 ○○속"으로 통일하였다.

차 례

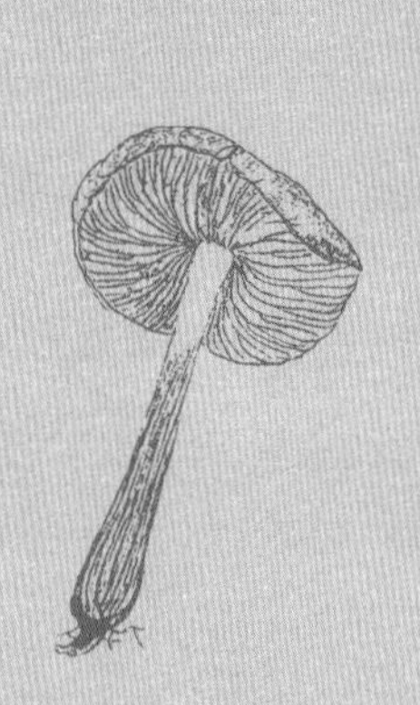

담자균문

Basidiomycota

주름균아문

Agaricomycotina

그물소똥버섯

Bolbitius reticulatus (Pers.) Ricken

형태 균모의 지름은 3~5㎝로 둥근 산 모양에서 거의 편평하게 되지만 중앙이 볼록하다. 표면은 중심부가 자흑색이고 중앙에서 가장자리 쪽으로 방사상의 넓은 그물꼴 같은 주름무늬가 있으며 강한 끈적기가 있다. 가장자리는 회자색으로 섬유상의 미세한 줄무늬홈선이 있다. 살은 얇고 백색이다. 주름살은 끝붙은 주름살로 약간 밀생이고 폭은 0.3~0.4㎝이며 처음에 오살색에서 비색으로 된다. 자루의 길이는 4~5㎝, 굵기는 0.3~0.5㎝로 아래로 갈수록 굵어진다. 표면은 백색으로 미세한 가루상 또는 미세한 털상이다. 자루의 속은 비었다. 포자의 크기는 9~12×4~5㎛로 약간 레몬형-타원형이며 발아공이 있다. 연낭상체는 방추형-목이 긴 플라스크 모양으로 선단이 둥글고 21~29×5.5~11.5㎛이며 균사에 꺾쇠는 없다.

생태 봄~가을 / 활엽수의 고목에 군생한다.

분포 한국, 일본, 중국, 유럽, 북미

주름균강 》 주름버섯목 》 소똥버섯과 》 소똥버섯속

소똥버섯

Bolbitius titubans (Bull.) Fr.
Bolbitius titubans var. olivaceus (Quél.) Arnolds / B. titubans (Bull.) Fr. var. titubans / B. variicolor Atk. / B. vitellinus (Pers.) Fr.

형태 균모는 반막질로 지름이 1.5~5㎝이다. 난형에서 종 모양으로 되고 중앙부는 돌출한다. 표면은 끈적기가 있고 회색 혹은 쌀겨 같은 황색이며 중앙부는 난황색이고 털이 없으며 방사상의 능선이 있다. 가장자리는 처음에 반반하다. 살은 아주 얇다. 주름살은 홈파진 주름살 또는 올린 주름살로 진한 계피색이며 빽빽하거나 성기고 폭은 좁다. 주름살의 변두리는 연한 색이다. 자루의 높이는 3.5~10㎝, 굵기는 0.1~0.3㎝로 위아래의 굵기가 같거나 위로 가늘어진다. 부서지기 쉽고 속은 비어 있다. 표면은 매끈하고 가끔 투명하며 광택이 나고 백색 또는 유백색으로 흰 가루가 덮인다. 포자의 크기는 11~12×6~7㎛로 타원형이며 한쪽이 잘린 모양이고 표면은 매끄럽고 선황색이다. 포자문은 녹슨 황색이다.

생태 봄~가을 / 분이나 비옥한 땅에서 단생 · 군생한다.

분포 한국, 중국, 일본, 유럽, 북미

주름균강 》 주름버섯목 》 소똥버섯과 》 소똥버섯속

소똥버섯(다색형)

Bolbitius variicolor Atk.

형태 균모의 지름은 (3)4.5~7.5㎝로 형태가 다양하다. 난형-종 모양이다가 가운데가 높아진 평평한 모양이 된다. 표면은 끈적액으로 덮여 있지만 끈적액이 거의 없는 경우도 있다. 어릴 때는 황색-연한 황색 또는 암올리브색-적갈색 등 색이 매우 다양하다. 가장자리는 연한 색을 띠기도 하며 나중에 유백색이나 연한 갈색으로 퇴색한다. 중앙부에 쭈글쭈글하게 그물 모양의 주름이 생기기도 하지만 밋밋한 것도 있다. 살은 얇고 연한 황색이다. 주름살은 올린 주름살-떨어진 주름살로 촘촘하며 처음 백색에서 계피색으로 된다. 자루의 길이는 7~11㎝, 굵기는 0.6~0.8㎝로 원추형이며 위쪽이 다소 가늘고 속이 비어 있다. 표면은 백색-담황색이고 가루상이거나 가는 비늘이 덮여 있다. 포자는 10.5~14.5×6.5~9㎛로 타원형이다. 표면은 매끈하고 투명하며 발아공이 있다.

생태 봄~가을 / 습기가 많고 비옥한 톱밥, 나무 부스러기 등에 단생 · 군생 · 속생한다.

분포 한국, 일본, 유럽

끈적노랑소똥버섯

Bolbitius yunnanensis W. F. Chiu

형태 자실체의 지름은 3~5㎝로 처음 편반구형에서 거의 편평하게 펴진다. 중앙은 약간 들어간 것과 약간 돌출된 것이 있다. 표면은 끈적기가 있고 청황색 또는 옅은 황색이며 노후하면 청색으로 된다. 중앙의 색은 진한 황갈색이고 가장자리에는 미세한 줄무늬선이 있다. 살은 옅은 황백색이고 얇다. 주름살은 떨어진 주름살로 황색 또는 육계색이다. 폭은 0.6㎝ 정도로 치밀하며 길이가 다르다. 자루의 길이는 5~11㎝, 굵기는 0.4~0.8㎝로 원주형이고 균모와 같은 색 또는 옅은 색이며 구부러지지 않는다. 위아래가 같은 굵기이며 표면에 미세한 인편이 있으나 위쪽은 밋밋하다. 기부는 약간 부풀고 자루의 속은 비었다. 포자는 10~12×5.5~8㎛로 타원형이며 황갈색이다.

생태 여름~가을 / 썩은 풀에 단생 또는 산생한다.

분포 한국, 중국

녹청종버섯

Conocybe aeruginosa Romagn

형태 균모의 지름은 1.5~2.5㎝이고 처음 종 모양에서 원추형-종 모양을 거쳐 둥근 산 모양으로 된다. 노쇠하면 중앙은 둔한 돌출 모양이 되고 표면은 다소 밋밋하다가 방사상으로 주름진다. 습할 때 투명한 줄무늬선이 나타난다. 어릴 때 칙칙한 녹청색에서 녹청색으로 되며 후에 퇴색한 황토색으로 된다. 가장자리는 예리하다. 자루의 길이는 2.5~5㎝, 굵기는 0.2~0.3㎝로 원통형이며 위 아래가 같은 굵기이고 부서지기 쉽다. 백색의 가루상이며 때때로 희미한 큰 턱받이의 흔적이 있다. 기부는 보통 부푼다. 주름살은 올린 주름살로 연한 갈색에서 적갈색이며 언저리는 퇴색한 색이다. 살은 연한 백색-녹색이며 맛은 온화하고 좋으며 약간 과일 냄새가 난다. 포자문은 적갈색이다. 포자는 8.3~11×5~6.5㎛로 타원형에서 거의 아몬드형이다. 표면은 매끈하고 희미한 발아공이 있으며 벽이 두껍다. 담자기는 19~25×7.5~9㎛로 4-포자성이며 기부에 꺾쇠가 있다. 연낭상체는 방추형-병 모양이다.
생태 여름~가을 / 숲속의 가장자리의 흙에 단생 또는 작은 집단으로 발생한다. 아주 드문 종이다.
분포 한국, 유럽

노란종버섯

Conocybe apala (Fr.) Arnolds
C. lactea (J. E. Lange) Métrod

형태 균모는 지름이 3.5~4㎝로 원주형의 종 모양에서 원추형으로 되며 오래되면 가장자리가 위로 말리거나 찢어진다. 표면은 건조성이고 밋밋하다. 중앙부는 황토색이고 가장자리는 백색-크림색이며 습기가 있을 때 약간 줄무늬선을 나타낸다. 살은 얇고 부서지기 쉽다. 주름살은 바른 주름살 또는 올린 주름살로 폭이 좁고 밀생하며 크림색에서 진한 녹슨색으로 된다. 자루의 길이는 11~13㎝, 굵기는 0.3~0.4㎝이며 속은 비었다. 근부는 둥글게 부푼다. 표면은 백색이며 미세한 털로 덮여 있다. 포자의 크기는 12~15×7~8.5㎛로 타원형-난형이고 황토색-노란색이다. 표면은 매끄럽고 발아공을 가지며 세포벽이 두껍다. 포자문은 녹슨 갈색이다. 담자기는 22~30×12~14㎛로 짧은 곤봉형이며 4-포자성이고 기부에 꺾쇠는 없다. 연낭상체는 20~26×9~13㎛로 호리병 모양이다. 측낭상체는 없다.

생태 늦봄~가을 / 초원, 길가, 목초지, 보리밭, 잔디밭에 군생 · 산생한다.

분포 한국, 중국, 일본, 유럽, 거의 전 세계

민뿌리종버섯

Conocybe arrhenii (Fr.) Kits van Wav.

형태 균모의 지름은 1~3㎝이며 처음 종 모양에서 둥근 산 모양으로 된다. 중앙은 볼록하다가 편평한 모양-둥근 산 모양으로 된다. 표면은 밋밋하고 약간 주름지며 줄무늬선이 있다. 자루의 길이는 1.5~5㎝로 위아래가 같거나 위쪽으로 가면서 살짝 가늘어진다. 꼭대기에는 털이 약간 있으며 줄무늬선이 있고 분명한 백색 또는 크림색의 턱받이가 있다. 주름살은 올린 주름살로 황토색에서 적갈색으로 되며 언저리는 백색이다. 배불뚝이형에 촘촘하다. 살은 적갈색이고 맛은 약간 좋지 않으며 냄새는 불분명하다. 포자는 7~8×4~4.5㎛로 타원형에 작고 분명한 발아공이 있다. 포자문은 적색-황갈색이다. 연낭상체는 실 모양에서 플라스크 모양이다.

생태 가을 / 숲속, 길가, 공원의 땅에 작은 집단으로 발생하는데 흔한 종이다. 턱받이를 가진 종과 쉽게 혼동된다.

분포 한국, 유럽

금빛종버섯

Conocybe aurea (Jul. Schäeff.) Hongo
Galera aurea Jul. Schäff.

형태 균모의 지름은 0.8~2.2㎝로 종 모양에서 둥근 산 모양으로 된다. 표면은 황금색-오렌지 갈색이며 습기가 있을 때 줄무늬선이 나타난다. 살은 얇고 오렌지색-황색이다. 주름살은 바른 주름살이며 연한 황토색-연한 갈색에서 계피색으로 된다. 폭이 넓은 편이고 약간 성기다. 자루의 길이는 2.5~6.5㎝, 굵기는 0.2~0.3㎝로 위아래가 같은 굵기이나 위쪽이 다소 가늘다. 기부는 약간 둥글게 부풀어 있고 표면은 연한 황색이다. 가는 가루가 덮여 있으며 세로줄무늬선이 있다. 자루의 속은 비었다. 포자의 크기는 10.5~13.5×6~7㎛로 타원형이다. 표면은 매끈하고 적갈색이며 벽은 두껍고 발아공이 있다. 담자기는 19~26×3~10㎛로 배불뚝이형 또는 곤봉형이며 4-포자성이고 기부에 꺾쇠가 있다. 연낭상체는 17~23×8~10㎛로 호리병 모양이며 4-포자성이다. 측낭상체는 없다.
생태 가을 / 숲속의 퇴비더미 등에 군생한다.
분포 한국, 중국, 일본

가시종버섯

Conocybe echinata (Velen.) Sing.

형태 균모의 지름은 0.5~4㎝, 높이는 2㎝이다. 처음 반구형에서 넓은 둥근 산 모양을 거쳐 종 모양-둥근 산 모양으로 되고 중앙에 둔한 돌기가 있다. 어릴 때 습하면 중앙이 검은 갈색으로 되며 드물게 자색에서 회갈색으로 된다. 가장자리는 연한 색, 둔한 갈색, 연한 회갈색, 베이지색이며 희미한 줄무늬 띠가 있다. 건조하고 노쇠하면 퇴색하여 연한 우유 커피색이 되고 중앙으로 갈수록 검게 되고 흡수성이 있다. 건조 시 방사상으로 껍질이 벗겨지고 표면은 밋밋하다. 주름살은 좁은 바른 주름살로 약간 배불뚝이형이며 비교적 촘촘하나 성기고 노란색-붉은색으로 균모와 같은 색이다. 언저리에는 작은 치아 모양의 주름살이 있다. 자루의 길이는 3~9㎝, 굵기는 0.07~0.3㎝로 원통형-실 모양으로 기부는 약간 부푼다. 처음 꼭대기는 연한 황토색에서 꿀색, 기부는 오렌지색-갈색에서 회갈색이다. 노쇠하면 둔한 갈색에서 검은 갈색이 되고 희미한 가루상이며 세로줄무늬선이 있다. 살은 노란색에서 나무색이고 맛과 냄새는 불분명하다. 자실체가 마르면 균모는 회갈색, 둔한 갈색이 되고 자루와 주름살은 각각 연한 색과 붉은색이 된다. 포자는 7.2~9.4×4.3~5.4㎛로 타원형이며 두꺼운 벽에 발아공이 있고 연한 황갈색이다. 담자기는 15~30×6.5~10㎛로 4-포자성이며 기부에 꺾쇠가 있다.

생태 여름~가을 / 풀밭, 낙엽이 쌓인 곳에 군생한다.

분포 한국, 유럽, 시베리아

얇은종버섯

Conocybe fragilis (Peck) Sing.

형태 균모의 지름은 0.6~2㎝로 종 모양-둔한 원추형이다. 습기가 있을 때는 포도주색을 띠다가 적다색으로 되며 가장자리에는 줄무늬가 있다. 건조할 때는 연한 색이며 줄무늬가 소실된다. 살은 얇고 균모와 같은 색으로 부서지기 쉽다. 주름살은 바른 주름살 또는 올린 주름살로 황토색-계피색이며 폭은 0.2~0.35㎝로 약간 빽빽하다. 자루의 길이는 2~6*cm*, 굵기는 0.1㎝로 위아래가 같은 굵기고 기부는 약간 공 모양으로 부푼다. 표면은 균모보다 연한 색이고 세로줄무늬가 있으며 미세한 가루상이다. 자루의 속은 비었다. 포자의 크기는 8.5~10.5×5~6.2㎛로 타원형이다. 표면은 매끈하고 투명하며 발아공이 있다.

생태 초여름 / 풀밭, 길가 등에 군생한다.

분포 한국, 중국, 일본, 유럽, 북미

주름균강 》 주름버섯목 》 소똥버섯과 》 종버섯속

흑테두리종버섯

Conocybe fuscimarginata (Murrill) Sing.

형태 균모의 지름은 0.9~3㎝로 어릴 때 반구형에서 종 모양-둥근 산 모양으로 된다. 표면은 밋밋하다가 미세한 방사상의 맥상으로 주름진다. 습할 때는 거무스름한 베이지색에서 회베이지색으로 된다. 건조할 때는 황크림색을 띠며 가끔 중앙이 검고 연어색의 기미가 있고 무디다가 매끈해진다. 가장자리는 예리하고 분명한 갈색 띠가 있다. 살은 황갈색이고 얇다. 풀 냄새가 나며 맛은 온화하다. 주름살은 미세한 올린 주름살로 어릴 때 크림색이다가 크림색-황토색에서 녹슨 갈색으로 되며 주름살의 폭은 넓다. 언저리는 밋밋하다가 백색의 가는 털로 된다. 자루의 길이는 4~8㎝, 굵기는 0.15~3㎝로 원통형이며 때때로 기부로 부푼다. 자루는 부서지기 쉽고 속은 비었다. 표면은 백색에서 크림색이며 매끄럽고 세로줄의 섬유실이 약간 있다. 오래되면 연한 갈색으로 되며 특히 기부 쪽으로 분명하다. 포자는 10.5~12.6×6.3~7.7㎛로 타원형이며 표면은 매끈하다. 발아공이 있으며 녹슨 갈색이고 기름방울을 함유한다. 포자문은 적황토 갈색이다. 담자기는 21~25×10~12㎛로 곤봉형에 4-포자성으로 기부에 꺽쇠는 없다.

생태 여름~가을 / 비옥한 땅, 오래된 풀 더미, 오래된 짚 더미에 단생 또는 군생한다.

분포 한국, 유럽, 북미

톱니종버섯

Conocybe intrusa (Peck) Sing.

형태 균모의 지름은 3~7㎝이고 어릴 때 둥근 반구형에서 둥근 산 모양을 거쳐 편평하게 된다. 표면은 크림색에서 베이지 황토색이며 약간 주름지고 거칠다. 싱싱할 때는 끈적기가 있으나 그 외에는 건조하다. 가장자리는 예리하며 약간 줄무늬선이 있고 톱니상이다. 살은 백색에서 크림색으로 두껍고 냄새와 맛이 약간 있다. 주름살은 약간 올린 주름살로 어릴 때 크림색에서 적황색-녹갈색으로 되며 폭은 좁다. 주름살의 변두리는 밋밋하고 약간 톱니상이다. 자루의 길이는 3~5㎝, 굵기는 0.6~1.2㎝이며 원통형이다. 위로 약간 가늘고 속은 차고 단단하다. 표면은 백색에서 크림색이다. 기부는 막대형으로 약간 검고 미세한 세로줄의 백색 섬유상 인편이 있다. 포자의 크기는 4.8~6.9×3.4~4.8㎛로 타원형이며 표면은 매끈하고 노란색-갈색이다. 포자벽은 두껍고 발아공이 있다. 담자기는 곤봉형으로 16~21×7~9㎛로 기부에 꺾쇠가 있다. 연낭상체는 곤봉형-호리병 모양으로 18~22×6~9㎛이다.

생태 겨울~봄 / 숲속의 풀밭에 군생한다. 드문 종이다.

분포 한국, 중국, 유럽, 북미

큰머리종버섯

Conocybe juniana (Velen.) Hauskn. & Svrček
C. magnicapitata P. D. Orton

형태 균모의 지름은 0.5~1.5㎝로 처음의 둥근 산 모양이 거의 편평해지지 않는다. 습기가 있을 때 줄무늬선이 나타나고 건조해도 밋밋하지 않다. 자루의 길이는 2~7㎝이며 위아래가 거의 같은 굵기이다. 표면은 미세한 털이 있으며 기부는 작고 부푼다. 살은 담갈색이고 맛과 냄새는 불분명하다. 주름살은 바른 주름살로 노란색의 크림색에서 적갈색으로 되며 약간 성기고 배불뚝이형이다. 언저리는 연한 색이다. 포자는 9~11×5~6㎛로 타원형이다. 표면은 매끈하고 투명하며 불분명한 발아공이 있다. 포자문은 적갈색이고 연낭상체는 짧은 원통형이다.

생태 여름~가을 / 땅 위, 풀 속, 숲속의 가장자리, 숲속의 오솔길에 작은 집단으로 발생한다. 드문 종이다.

분포 한국, 유럽

렌즈포자종버섯

Conocybe lenticulospora Watling

형태 자실체의 높이는 4.7~5㎝, 균모의 지름은 1.7~2㎝로 원추형에서 종 모양이며 중앙은 볼록하다. 표면은 건조성을 띠며 갈색 또는 황갈색이다. 가장자리 쪽으로 검은 갈색이다. 흡수성이 있고 건조할 때는 담황갈색이 된다. 가장자리는 규칙적으로 위로 뒤집히고 성숙해도 갈라지지 않으며 줄무늬선은 없다. 껍질은 반쯤 벗겨진다. 살은 얇고 변하지 않으며 맛과 냄새는 불분명하다. 주름살은 올린 주름살로 길이가 다르고 약간 성기다. 폭은 0.25~0.3㎝로 비교적 넓다. 어릴 때는 크림색이다가 성숙하면 녹슨 갈색이 된다. 언저리는 물결형이며 부서지기 쉽다. 자루는 중심생이고 길이는 4.6~4.85㎝, 굵기는 0.2㎝로 원통형이다. 표면은 연하고 미세한 가루가 있으며 속은 비었고 기부는 부푼다. 포자는 10~12.8(13.5)×5.7~7㎛로 렌즈 모양이며 정면에서는 약간 각지고 옆면에서는 긴 타원형이다. 표면은 매끈하고 투명하며 잘린 발아공이다. KOH 용액으로 염색했을 때 녹슨 노란색, 적갈색이 된다. 담자기는 11.4~17×5.7~8.5㎛이고 곤봉형이며 표면은 매끈하고 투명하다. 2-포자성 또는 4-포자성이나 대부분 4-포자성이며 벽은 두껍다. 연낭상체는 12.8~17×3.6~6.4㎛로 많다.

생태 여름~가을 / 풀 속의 땅에 군생한다.

분포 한국, 유럽, 인도

큰포자종버섯

Conocybe macrocephala (G. F. Atk.) Hauskn.
C. rubiginosa Watl.

형태 균모의 지름은 0.6~4㎝, 높이는 0.5~3㎝이고 종 모양이나 드물게 둥근 산 모양이다. 어리고 싱싱할 때 중앙은 갈색, 붉은색, 연한 갈색이다. 가장자리로 연하고 중앙은 살구색을 띤 노란색이다. 가장자리는 노란색이고 건조하면 연한 오렌지색이 된다. 습할 때는 줄무늬선이 중앙까지 발달하며 표면은 밋밋하고 렌즈로 보면 희미한 털상이다. 주름살은 좁은 바른 주름살로 촘촘하고 약간 배불뚝이형이다. 어릴 때 연한 황갈색, 연한 붉은색이다가 성숙하면 갈색, 엷은 색이 된다. 언저리는 더 연한 색이다. 자루의 길이는 3~15㎝, 굵기는 0.1~0.4㎝이고 원통형으로 기부는 약간 부푼다. 어릴 때 꼭대기는 연한 노란색이고 그 외에는 오렌지색-노란색이다. 후에 거의 노란색, 꿀색, 오렌지색-노란색이 된다. 노쇠하면 기부는 약간 검게 된다. 표면은 약간 긴 세로줄무늬의 털상이다. 살은 백색에서 연한 노란색을 띠며 불분명한 냄새와 맛이 있다. 포자는 11.5~23.5×7.5~12.5㎛로 타원형이고 한쪽으로 편평하며 각은 없다. 드물게 렌즈형에 벽은 두껍고 중앙에 발아공이 있다. 담자기는 18~30×9~13.5㎛로 2-포자성이며 기부에 꺾쇠가 있다.

생태 여름 / 풀밭 또는 동물의 똥 또는 똥이 쌓인 곳에 군생한다.

분포 한국, 유럽, 아시아, 북미, 남미, 뉴질랜드

큰포자종버섯(루비형)

Conocybe rubiginosa Watl.

형태 균모의 지름은 1~2㎝로 원추형-종 모양이며 시간이 지나도 편평해지지 않는다. 표면은 흡습성이고 둔하다. 습할 때는 반투명 줄무늬선이 균모의 중앙까지 나타나며 계피 갈색-녹슨 갈색이 된다. 건조할 때는 밋밋하고 크림 황토색이다. 가장자리는 다소 굴곡이 진다. 살은 크림색이며 얇다. 주름살은 바른 주름살이며 처음에는 크림색이나 오래되면 황갈색-녹슨 갈색으로 되며 폭이 넓고 약간 성기다. 언저리는 크림색-백색이고 가루상이다. 자루의 길이는 5~14㎝, 굵기는 0.1~0.25㎝로 원주형이며 위쪽으로 약간 가늘다. 속은 비었고 표면은 밋밋하며 광택이 있다. 어릴 때는 연한 황토 갈색이다가 오래되면 암적갈색으로 된다. 드물게 표면에 거스름 모양의 털이 나기도 한다. 포자는 17.8~21.4×9~11.2㎛로 타원형이다. 표면은 매끈하고 적갈색이며 벽이 두껍고 발아공이 있다. 포자문은 녹슨 갈색이다.

생태 늦은 봄~가을 / 길가, 목초지, 풀밭, 습한 부식질의 토양, 숲 속의 가장자리 등에 단생 또는 군생한다. 식용 가능하다.

분포 한국, 유럽

혹포자종버섯

Conocybe nodulosospora (Hongo) Watling

형태 균모의 지름은 2.5~5㎝이며 처음 종 모양에서 둥근 산 모양으로 되며 표면은 밋밋하다. 오렌지 갈색-황토 갈색이며 건조하면 연한 색으로 되고 습할 때 주변에 희미한 줄무늬선이 나타난다. 살은 얇고 표면과 같은 색이다. 주름살은 거의 끝붙은 주름살로 폭은 0.1~0.3㎝로 밀생하며 황색에서 황토 갈색으로 된다. 자루의 길이는 5~7㎝, 굵기는 0.3~0.4㎝로 속은 비었다. 표면은 균모와 같은 색 또는 연한 색으로 가느다란 세로줄무늬가 있고 위쪽에 미세한 가루가 덮여 있다. 포자는 7~8×6~6.5㎛로 혹을 가지며 전체적인 모양은 타원형이다. 발아공은 약간 분명치 않다. 담자기는 4-포자성이고 연낭상체는 23~30×7~9.5㎛이다.
생태 봄~여름 / 풀밭, 숲속의 땅에 군생 또는 속생한다.
분포 한국, 일본

퇴색포자종버섯

Conocybe pallidospora Kühner & Watling

형태 균모의 지름은 0.8~1㎝로 어릴 때 반구형에서 종 모양으로 되며 후에 둥근 산 모양으로 된다. 표면은 흡수성으로 습할 때 밋밋하고 비단결이며 희미한 줄무늬선이 있다. 황토색-황토 갈색이고 중앙은 검은 적갈색이다. 건조하면 퇴색하여 연한 황토색으로 된다. 가장자리는 예리하다. 살은 베이지색-갈색으로 얇고 냄새는 없고 맛은 온화하나 분명치 않다. 주름살은 바른 주름살로 어릴 때 연한 갈색이나 후에 녹슨색에서 오렌지색-갈색으로 되며 폭이 넓다. 언저리에는 미세한 털이 있다. 자루의 길이는 2~3㎝, 굵기는 0.07~0.1㎝로 원통형이며 휘어진다. 표면은 베이지색에서 연한 갈색이고 꼭대기는 연한 색이다. 기부 쪽으로 점차 갈색으로 되며 작게 부푼다. 자루 전체에 가루가 덮이며 특히 꼭대기가 심하다. 포자는 5.9~8.2×3.6~4.5㎛로 타원형이다. 표면은 매끈하고 투명하다. 벽은 약간 얇고 연한 갈색이며 불분명한 발아공이 있다. 포자문은 연한 갈색이다. 담자기는 13~17×6~8㎛로 원통형에서 원통형-곤봉형이다. 4-포자성이며 기부에 꺾쇠가 있다.

생태 여름~가을 / 숲속의 땅, 길가, 풀밭, 이끼류의 땅에 단생 · 군생한다. 보통 맨땅에 발생한다. 드문 종이다.

분포 한국, 유럽

긴털종버섯

Conocybe pilosella (Pers.) Kühn.

형태 균모의 지름은 1~3㎝로 원추형-종 모양에서 종 모양으로 된다. 표면은 밋밋하고 흡수성이며 검은 황토 갈색이다. 습기가 있을 때 투명한 줄무늬선이 중앙까지 발달하며 중앙은 갈색의 크림 베이지색이다. 건조하면 줄무늬선은 없어진다. 가장자리는 예리하다. 살은 크림색에 얇고 냄새와 맛은 없고 온화하다. 주름살은 좁은 바른 주름살로 어릴 때 연한 갈색에서 황색-황토 갈색으로 되고 폭이 넓다. 가장자리는 밋밋하다. 자루의 길이는 2~5㎝, 굵기는 0.1~0.2㎝로 원통형이다. 기부는 약간 부풀고 빳빳하며 속은 비었다. 표면은 어릴 때 백색에서 크림색-황색을 거쳐 갈색으로 되며 특히 기부 쪽에서 진하다. 약간 세로줄무늬선이 있고 미세한 가루상이다. 포자의 크기는 6.4~7.8×3.9~5㎛로 타원형이고 표면은 밋밋하다. 포자벽은 두껍고 연한 적갈색으로 발아공이 있다. 담자기는 원통형-곤봉형으로 16~20×7~8.5㎛로 기부에 꺾쇠가 없다. 연낭상체는 곤봉형으로 17~22×8~10㎛이고 측낭상체는 없다.

생태 여름~가을 / 숲속의 땅에 단생 · 군생한다. 드문 종이다.

분포 한국, 중국, 유럽

가루혹종버섯

Conocybe pubescens (Gillet) Kühner

형태 균모의 지름은 0.5~1.2㎝이고 처음 원추형에서 종 모양으로 되며 편평하게 펴지지는 않는다. 표면은 황토색이나 건조해지면 거의 크림색으로 된다. 살은 황토색이며 매우 얇다. 주름살은 바른 주름살로 황토색-적색이다. 자루는 길이가 4~8㎝이고 굵기는 0.1~0.2㎝이다. 꼭대기는 연한 색이고 기부 쪽으로 갈수록 검은색이며 부서지기 쉽다. 자루의 속은 빨리 쉽게 빈다. 포자는 13~14×7~8.5㎛다. 포자문은 황토색-갈색이다. 연낭상체는 두부가 있는 기둥 모양이며 두부의 지름은 2.5~4.5㎛다.
생태 가을 / 숲속의 풀 속, 잔디 속의 땅에 군생한다. 흔한 종이다. 식용 여부는 모른다.
분포 한국, 유럽

요정머리종버섯

Conocybe pulchella (Velen.) Hauskn. & Svrček
C. pseudopilosella Kühn. & Watling

형태 균모의 높이는 0.4~1.4㎝이고 지름은 0.4~1.3㎝로 종 모양에서 원추형-종 모양으로 된다. 보통 중앙이 예리하게 볼록하며 거의 펴지지 않는다. 어릴 때와 싱싱할 때는 갈색, 적갈색, 붉은색이며 가장자리는 약간 연한 색이다. 건조할 때는 회색-오렌지색, 크림색에서 연한 오렌지색으로 되며 습할 때는 중앙까지 줄무늬선이 있다. 표면은 밋밋하고 오래되면 가장자리가 약간 톱니상이며 갈색의 털이 약간 있다. 살은 투명한 노란색이고 자루의 기부는 적갈색이며 냄새와 맛은 불분명하다. 주름살은 좁은 바른 주름살이고 비교적 성기며 폭은 좁고 연한 황갈색에서 붉은색이다. 언저리는 밋밋하다. 자루의 길이는 4.5~8㎝, 굵기는 0.1~0.15㎝로 실처럼 가늘고 길며 기부로 부푼다. 꼭대기는 투명한 노란색, 기부는 오렌지색-노란색으로 오래되면 검게 된다. 이후 꼭대기는 꿀색, 기부는 황갈색에서 거의 적갈색으로 되며 희미한 털이 있다. 포자는 10.5~18.5×6~10.5㎛로 긴 타원형 또는 약간 씨앗 모양이다. 벽은 두껍고 큰 발아공이 있으며 오렌지색-갈색이다. 담자기는 10~28×9~14㎛로 4-포자성이며 기부에 꺾쇠가 있다.

생태 여름~가을 / 풀밭, 목장, 풀길, 숲속의 가장자리나 이끼류, 맨땅에 군생한다.

분포 한국, 유럽

건초종버섯

Conocybe rickenii (Jul. Schaeff.) Kühn.

형태 균모의 지름은 1.2~2.5㎝로 원추형에서 종 모양으로 된다. 크림색의 황토 갈색이며 중앙이 회갈색이고 약간 진하다. 표면에 줄무늬선은 거의 나타나지 않는다. 주름살은 바른 주름살로 처음에는 황토색을 띤 크림색에서 녹슨 황토색으로 되며 폭이 넓고 성기다. 자루의 길이는 4~7㎝, 굵기는 0.1~0.2㎝로 크림색에서 탁한 갈색으로 되며 표면은 밋밋하다. 포자의 크기는 8.5~10×4~6㎛로 타원형이다. 표면은 매끈하고 녹슨 갈색이며 벽이 두껍고 발아공이 있다. 담자기는 20~26×10~12㎛로 짧은 막대형에 1 또는 2-포자성이고 기부에 꺽쇠는 없다. 담자기는 18~22×7~8.5㎛로 곤봉형에 4-포자성이고 기부에 꺽쇠가 있는 것도 있다. 연낭상체는 15~23×7.5~11㎛로 호리병 모양이다. 측낭상체는 없다. 포자문은 녹슨 갈색이다.

생태 여름~가을 / 비옥한 땅, 퇴비 더미 또는 동물의 똥에 군생한다.

분포 한국, 중국, 일본, 유럽, 북미, 아프리카

잎종버섯

Conocybe siennophylla (Berk. & Broome) Sing. ex Chiari & Papetti

형태 균모의 지름은 1~2㎝로 어릴 때 원추형에서 종 모양으로 되며 나중에 둥근 산 모양으로 된다. 표면은 둔하고 습할 때는 밝은 적황색-땅색이며 노란색 또는 갈색기가 나타난다. 건조할 때는 퇴색한 황토색이 된다. 가장자리는 예리하고 어릴 때와 습할 때는 투명한 줄무늬선이 있고 노쇠하면 밋밋해진다. 살은 황토색으로 얇고 냄새는 없으며 맛은 온화하다. 주름살은 올린 주름살-바른 주름살로 어릴 때 황토색에서 황토 갈색-갈색으로 되며 폭은 넓다. 언저리에는 백색의 솜털이 부착한다. 자루의 길이는 4~7㎝, 굵기는 0.1~0.25㎝이며 원통형이고 부서지기 쉽다. 표면은 둔하다가 매끈해지며 위쪽은 크림색, 기부는 회갈색이고 노쇠하면 전체가 회갈색이 된다. 희미한 세로줄의 줄무늬선이 있고 전체가 연한 가루로 덮인다. 어릴 때 속은 차고 오래되면 빈다. 포자는 9.3~12.4×4.6~6㎛로 타원형이다. 벽은 두껍고 연한 적갈색이며 작은 발아공이 있다. 포자문은 적갈색에 담자기는 20~30×9~11㎛로 곤봉형이고 4-포자성이다. 기부에 꺾쇠는 없다. 연낭상체는 18~25×7~13㎛로 호리병 모양이고 측낭상체는 없다.

생태 봄~가을 / 숲속의 안과 밖, 특히 비옥한 땅, 젖은 곳, 풀밭 등에 단생 · 군생한다.

분포 한국, 유럽, 아시아

밀종버섯

Conocybe siliginea (Fr.) Kühn.

형태 균모의 지름은 1~2.5㎝로 반구형에서 차차 편평하게 된다. 표면은 오백색, 연한 회황백색, 연한 붉은색이고 막질이며 광택이 나고 밋밋하다. 가장자리에는 불분명한 가는 줄무늬홈선이 있다. 살은 오백색으로 얇다. 주름살은 바른 주름살이고 황갈색으로 밀생한다. 자루의 길이는 3~6.6㎝, 굵기는 0.2~0.3㎝로 가늘고 길며 색은 비교적 옅다. 표면은 백색이고 가루상으로 잘 휘어진다. 포자의 크기는 10~17×7.5~8.5㎛로 타원형 또는 황갈색으로 발아공이 있으며 표면은 매끈하고 광택이 난다. 연낭상체와 측낭상체는 병 모양으로 선단은 원형이다.

생태 여름~가을 / 숲속의 땅에 군생한다.

분포 한국, 중국

알끌장다리종버섯

Conocybe subovalis Kühn. et Watl.

형태 균모의 지름은 1.5~3.5㎝에 둔한 원추형-반구형으로 표면은 밋밋하고 흡수성이다. 습기가 있을 때는 방사상의 줄무늬선이 보인다. 황토색-진한 꿀색이고 건조하면 연한 크림색이 된다. 주름살은 바른 주름살 또는 올린 주름살로 처음에는 균모와 비슷한 색이다가 계피색으로 진해진다. 폭이 약간 넓고 빽빽하다. 자루의 길이는 5~11㎝, 굵기는 0.15~0.4㎝이고 위쪽은 살색으로 약간 연하다. 기부 쪽은 황토색-녹슨 갈색이며 둥글게 부푼다. 세로로 줄무늬선이 있고 미세한 분말이 덮인다. 포자의 크기는 10.6~13.1×5.7~7.6㎛로 타원형이다. 표면은 밋밋하고 적갈색이며 벽이 두껍고 발아공이 있다. 담자기는 22~33×10~13㎛이고 곤봉형이다. 4-포자성이며 기부에 꺾쇠는 없다. 연낭상체는 28~35×10~17㎛로 호리병 모양이고 측낭상체는 없다. 포자문은 적갈색이다.

생태 여름~가을 / 초지, 대나무 숲, 숲의 가장자리 등에 군생한다.

분포 한국, 중국, 일본, 유럽, 북미

종버섯

Concybe tenera (Schaeff.) Fayod

형태 균모는 지름 0.9~2.5(4)㎝이고 원추형 또는 종 모양에서 반구형으로 되고 중앙부는 둔하다. 표면은 물을 흡수하며 습기가 있을 때 연한 황갈색 또는 홍갈색을 띠며 중앙부는 어둡고 마르면 연한 난황색이다. 부채 모양의 능선이 있고 매끈하거나 가는 알갱이로 덮인다. 살은 막질에 가깝고 연한 갈색이며 연약하다. 주름살은 초기에 올린 주름살에서 떨어진 주름살로 되며 밀생이고 너비는 좁으며 흙색이나 나중에 육계색으로 된다. 자루는 높이가 6~9㎝, 굵기는 1~3㎝이고 위아래의 굵기가 같으며 기부는 구경상으로 된다. 균모와 같은 색이며 상부는 색이 연하고 하부는 색이 진하며 세로줄의 홈선이 있고 가루로 덮이며 연약하다. 자루는 속이 비어 있다. 포자의 크기는 11~16×6~9㎛로 타원형 또는 난형이고 발아공이 있다. 표면은 매끄럽고 황갈색이다. 포자문은 녹슨색이다. 주름살 주변의 낭상체는 도란형 또는 원주형이고 꼭대기는 머리 모양으로 폭은 4~5㎛이다. 자루 표피에 있는 표피낭상체는 주름살 연낭상체의 모양으로 크기가 비슷하다.

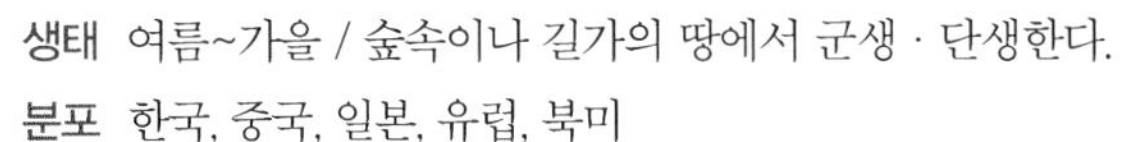

생태 여름~가을 / 숲속이나 길가의 땅에서 군생 · 단생한다.

분포 한국, 중국, 일본, 유럽, 북미

황토종버섯

Conocybe ochracea (Kühner) Sing.

형태 균모의 지름은 1~2㎝의 종 모양으로 황토색에서 황갈색-갈색으로 된다. 건조하면 연한 색으로 되며 줄무늬선이 가장자리에서 중앙의 절반까지 발달한다. 살은 연한 황토색, 담갈색이다. 주름살은 올린 주름살 또는 끝붙은 주름살이며 처음 진흙색-담갈색에서 황토색으로 된다. 자루의 길이는 3~6㎝, 굵기는 0.2~0.3㎝로 꼭대기는 연한 색이고 아래는 균모와 같은 색이다. 기부 쪽으로 미세한 백색의 섬유실이 덮인다. 포자문은 황토색이며 포자의 크기는 8.5~11.5×5~7㎛이다. 연낭상체는 주교 모자 모양이다.
생태 여름 / 풀밭에 나며 보통종이다. 식용 여부는 모른다.
분포 한국, 유럽

털종버섯

Conocybe velutipes (Velen.) Hauskn. & Svrček

형태 균모의 지름은 1~2㎝이며 종 모양으로 황토색에서 그을린 황갈색이고 건조 시 퇴색한다. 줄무늬선이 가장자리부터 중앙의 반까지 발달한다. 자루의 길이는 3~6㎝, 굵기는 0.2~0.3㎝이다. 꼭대기는 바랜 색이며 균모 아래는 균모와 같은 색이고 기부에는 미세한 백색의 섬유실이 덮여 있다. 살은 땅색-그을린 담황갈색이고 주름살은 올린 주름살 또는 끝붙은 주름살로 처음에 진흙색-그을린 담황갈색에서 황토색으로 된다. 포자는 8.5~11.5×5~7㎛이고 포자문은 땅색이다. 연낭상체는 두부가 있는 기둥 있는 모양으로 두부의 지름은 3~5㎛이다.
생태 여름 / 풀밭에 군생한다. 흔한 종이 아니다.
분포 한국, 유럽

주름투구버섯

Galerella plicatella (Peck) Sing.
Conocybe plicatella (Peck) Kühner

형태 균모의 지름은 0.5~1.5㎝이고 처음 반구형 또는 원추형에서 넓은 둥근 산 모양으로 되었다가 편평해진다. 때때로 중앙에 작은 볼록이 있으며 습기가 있을 때 미끈거리고 끈적거린다. 건조할 때는 광택이 나며 흔히 갈라진다. 살은 연한 황토색 또는 백색이고 맛과 냄새는 불분명하다. 주름살은 올린 주름살로 성기고 황토색에서 적갈색으로 되며 언저리는 연한 색이다. 자루의 길이는 1.5~3.5㎝이고 굵기는 0.1~0.15㎝로 위아래가 같은 굵기이지만 기부가 작게 부푼다. 표면에 세로줄의 미세한 줄무늬가 있고 미세한 털 같은 솜털이 있다. 포자문은 그을린 적갈색이고 포자는 7~10×4.5~6.5㎛로 난형이다. 표면은 매끈하고 작은 발아공을 가진다. 연낭상체는 늘어진 플라스크 모양이다.
생태 늦여름~가을 / 풀숲, 공원의 땅에 작은 집단으로 발생한다. 드문 종이다.
분포 한국, 유럽

노란턱돌버섯

Descolea flavoannulata (Lj.N Vassiljeva) E. Horak
Rozites flavoannulatus Lj.N Vassiljeva

형태 균모의 지름은 5~8cm로 처음에는 거의 구형에서 둥근 산 모양으로 되지만 중앙이 약간 높은 편평형이 된다. 표면은 끈적기가 없고 방사상의 주름이 있다. 꿀색을 띤 황토색, 암황갈색, 황색의 솜 찌꺼기 피막이 산재한다. 살은 흰색-연한 황갈색이다. 주름살은 바른 주름살로 자루에서 분리된다. 황색-갈색에서 진한 계피색으로 되며 폭이 넓고 약간 성기다. 주름살의 변두리는 황색의 분상이다. 자루의 길이는 6~10㎝, 굵기는 0.7~1㎝로 거의 상하가 같은 굵기이고 밑동이 약간 굵어지기도 한다. 표면은 황토색이고 아래쪽은 갈색이며 섬유상으로 밑동에 불완전하게 발달한 외피막이 남아 있다. 자루의 위쪽에 황색 막질의 턱받이가 있고 턱박이의 윗면에는 줄무늬가 있다. 포자의 크기는 11~15×7~9.5㎛로 레몬형이다. 표면은 사마귀 같은 것이 있어서 거칠다.
생태 가을 / 침엽수림 및 활엽수림의 땅에 나며 비교적 흔한 종이다.
분포 한국, 일본, 중국, 러시아의 극동지방, 유럽

납색비늘귀버섯

Pholiotina plumbeitincta (G. F. Atk.) Hasuskn. Krisai & Voglmayr
Conocybe plumbeitincta (G. F. Atk.) Sing.

형태 균모의 지름은 1~2㎝로 처음에는 종 모양이며 연한 회갈색에 표면은 밋밋하다. 살은 균모와 같은 색이며 얇고 맛과 냄새는 분명치 않다. 주름살은 바른 주름살로 연한 황토색-연한 갈색이다. 자루의 길이는 4~6㎝, 굵기는 0.2~0.3㎝이며 턱받이는 없다. 퇴색하여 기부 쪽으로 검게 된다. 포자는 9~16×5~9.5㎛이고 광타원형이다. 포자문은 황토색-갈색이다. 연낭상체는 기둥 모양으로 두부가 있으며 두부는 지름이 3.2~5㎛다.
생태 가을 / 길가의 땅, 습기가 있는 곳, 공원의 땅에 군생한다. 드문 종이다. 식용 여부는 모른다.
분포 한국, 유럽

주름균강 》 주름버섯목 》 졸각버섯과 》 졸각버섯속

자주졸각버섯

Laccaria amethystina Cooke

형태 균모의 지름은 2~5㎝로 자실체 전체가 보라색을 띠며 둥근 산 모양에서 차차 편평하게 되고 중앙부가 오목해진다. 표면은 자라면서 중심부 쪽의 표면이 갈라져서 작은 인편으로 된다. 오래된 것은 약간 보라색을 나타내면서 연한 황갈색 또는 연한 회갈색으로 퇴색된다. 살은 섬유질이고 균모와 같은 색이다. 주름살은 떨어진 주름살이며 진한 보라색이고 폭이 넓으며 성기다. 자루의 길이는 4~7㎝, 굵기는 0.3~0.5㎝로 중심생이며 섬유상이다. 자루의 속은 처음에 차 있다가 오래되면 빈다. 포자는 7.9~10.4×7.4~9.7㎛로 아구형이다. 표면은 투명하고 매끈하며 많은 침 모양의 돌출이 있다. 포자문은 백색이다.
생태 여름~가을 / 숲속의 땅 위에 단생 또는 군생한다. 맛있는 식용균이다. 흔한 종이다.
분포 한국, 북반구 온대 이북

주름균강 》 주름버섯목 》 졸각버섯과 》 졸각버섯속

서방자주졸각버섯

Laccaria amehysteo-occidentalis Mueller

형태 균모의 지름은 1~8㎝로 둥근 산 모양에서 편평하게 되다가 가운데가 들어가면서 배꼽형이 된다. 색깔은 석판색-자색에서 자갈색으로 되며 건조하면 황갈색으로 된다. 육질은 자색이며 냄새와 맛은 불분명하다. 주름살은 올린 주름살로 두껍고 폭이 넓으며 짙은 자색이다. 자루의 길이는 2~10㎝, 굵기는 0.3~1㎝로 거의 원주형이며 약간 굽은 것도 있다. 표면은 적청자색으로 줄무늬선이 있고 기부에 자색의 털이 있다. 포자의 크기는 7.4~10.5×6.5~9㎛로 아구형이고 침의 길이는 1.5㎛이다. 포자문은 백색이다.
생태 여름~가을 / 침엽수림의 땅에 군생한다. 식용이 가능하다.
분포 한국, 중국, 북미

쌍색졸각버섯

Laccaria bicolor (Maire) P. D. Orton

형태 균모의 지름은 2.5~6㎝이고 둥근 산 모양에서 차차 편평형으로 되며 중앙부는 조금 오목하다. 표면은 황갈색을 띤 살색에 작은 인편으로 덮여 있다. 살은 얇지만 단단하다. 주름살은 바른 주름살-내린 주름살로 자주색이며 조금 성기다. 자루의 길이는 7.5~11㎝, 굵기는 0.4~0.7㎝로 균모와 같은 색이고 섬유상의 세로줄무늬가 있다. 근부에는 연한 자색의 솜털 균사가 덮여 있다. 포자의 크기는 6.8~8.8×6.5~7.5㎛로 아구형이다. 표면은 불규칙한 침이 피복되며 투명하고 기름방울이 있다. 가시의 길이는 0.8~1.2㎛이다. 포자문은 연한 크림색이다.

생태 여름~가을 / 숲속의 땅에 군생한다. 암모니아성균의 하나로 소변 본 자리나 시체 분해 장소 등에 나타난다.

분포 한국, 중국, 일본, 유럽, 북미

긴다리졸각버섯

Laccaria fraterna (Sacc.) Pegler

형태 균모의 지름은 1~4㎝로 둥근 산 모양에서 차차 편평해지며 나중에 중앙이 다소 오목해진다. 표면은 밋밋하며 중앙부에 약간 가는 인편이 있다. 갈색을 띤 주황색-계피색이며 습기가 있을 때 줄무늬선이 나타난다. 살은 얇고 균모와 같은 색이다. 주름살은 바른 주름살로 살색이며 성기다. 자루의 길이는 3~6㎝, 굵기는 0.25~0.6㎝로 중심생이며 가늘고 길다. 표면은 균모와 같은 색이고 약간 섬유상이다. 포자의 크기는 8.8~10.3×7.7~9.4㎛로 아구형이다. 표면에는 침상의 돌기가 있고 투명하다. 포자문은 백색이다.

생태 늦여름~가을 / 숲속의 축축한 땅, 관목의 밑에 단생 · 군생한다. 유칼리속이나 아카시아속에 균근을 형성한다.

분포 한국, 중국, 일본, 인도, 유럽, 남미, 북미, 뉴질랜드, 아프리카, 열대 및 아열대

졸각버섯

Laccaria laccata (Scop.) Cooke
L. laccata var. minuta S. Imai / L. laccata var. pallidifolia (Pk.) Pk.

형태 균모의 지름은 1~4㎝이고 낮은 둥근 산 모양에서 차차 편평형으로 되며 중앙부가 약간 오목한 배꼽형이다. 표면은 습기가 있을 때 살색-홍색 또는 연한 홍갈색이고 마르면 달걀껍질색, 연한 땅색 등 다양하게 된다. 중앙부에는 가는 인편이 밀집하고 가장자리는 물결 모양, 꽃잎 모양으로 째지고 굵은 줄무늬홈선이 있다. 주름살은 바른 주름살이며 드물게 내린 주름살로 폭이 넓고 포크형이다. 균모 표면과 같은 색이며 백색의 분말이 있다. 자루의 길이는 4~7㎝, 굵기는 0.2~0.6㎝로 원주형이고 균모 표면과 같은 색이다. 아래는 구부러지며 섬유질이나 쉽게 탈락한다. 포자의 지름은 7~10㎛로 구형이고 표면에 가시가 있다. 포자문은 백색이다.

생태 여름~가을 / 숲속 또는 숲 변두리 땅의 썩은 나뭇가지에 산생 · 군생한다. 외생균근은 주로 소나무, 신갈나무 등과 형성된다.

분포 한국, 중국, 일본, 인도, 유럽, 북미

졸각버섯(꼬마형)

Laccaria laccata var. **minuta** S. Imai

형태 균모의 지름은 0.5~1.5㎝이고 둥근 산 모양이며 가장자리에 굴곡이 있다. 표면은 갈색이고 희미한 줄무늬선이 있거나 아예 없다. 살은 얇고 가장자리에 줄무늬선은 없다. 자루의 길이는 2.5~3.5㎝, 굵기는 0.1~0.2㎝으로 원통형이다. 균모와 같은 색이나 약간 연하고 표면은 밋밋하다. 기부는 조금 부푼다. 포자는 졸각버섯과 비슷하다. 담자기는 4-포자성이다.

생태 여름 / 숲속에 군생한다.

분포 한국, 일본

졸각버섯(바랜색형)

Laccria laccata var. **pallidifolia** (Pk.) Pk.

형태 균모의 지름은 2~4㎝이고 어릴 때 반구형에서 둥근 산 모양을 거쳐 편평하게 된다. 중앙은 들어가거나 또는 약간 볼록하고 후에 불규칙한 물결형이 된다. 표면은 어릴 때 밋밋하다가 점차 털상의 인편이 중앙으로 밀집된다. 습할 때는 핑크색-갈색 또는 구리색-갈색이며 건조할 때는 베이지색이다. 가장자리는 어릴 때 밋밋하다가 후에 톱니상과 줄무늬가 생긴다. 살은 핑크색에서 백색으로 얇고 질기다. 냄새는 분명치 않으나 시큼한 냄새가 나고 맛은 온화하고 시큼하다. 주름살은 넓은 바른 주름살에서 약간 내린 주름살 또는 홈파진 주름살이며 살색이고 두껍고 폭이 넓다. 언저리는 밋밋하다. 자루의 길이는 2~6㎝, 굵기는 0.25~0.5㎝로 원통형이다. 속은 차 있다가 노쇠하면 비게 되고 질기다. 표면은 섬유실-털상이다가 약간 줄무늬로 되며 균모와 같은 색이다. 기부는 백색의 털상이다. 포자는 7.3~9.1×6.8~8.5㎛이고 구형-아구형이다. 표면에 가시가 있고 투명하며 기름방울을 함유하는 것도 있다. 포자문은 백색이다. 담자기는 32~40×10~15㎛로 곤봉형이다. 4-포자성으로 기부에 꺽쇠가 있다.

생태 봄~가을 / 숲속의 땅, 정원, 공원, 맨땅, 풀 속에 군생, 속생 또는 집단으로 발생한다.

분포 한국, 유럽, 북미, 아시아, 아프리카 등

주름균강 》 주름버섯목 》 졸각버섯과 》 졸각버섯속

긴졸각버섯

Laccaria longipes G. M. Mueller

형태 균모의 지름은 1.6~8㎝이고 둥근 산 모양에서 넓은 둥근 산 모양으로 되며 가끔 중앙이 들어간다. 가장자리는 흔히 위로 들어 올려지고 표면은 미세한 섬유상으로 밋밋하며 강한 투명한 줄무늬선이 나타난다. 싱싱할 때 습기와 끈적기가 있고 오렌지색-갈색을 띠며 흡수성은 색이 바래서 연한 황갈색으로 된다. 살은 연한 살색에 냄새와 맛이 분명치 않다. 주름살은 바른 주름살이고 성기며 연한 살색이다. 자루의 길이는 6.5~16.5㎝, 굵기는 0.3~1㎝로 거의 같은 굵기이거나 기부가 약간 부푼다. 섬유상의 세로줄무늬선이 있고 균모와 같은 색이며 기부는 하얀 균사체로 둘러싸인다. 포자문은 백색이다. 포자는 7~9×6~8.5㎛이고 아구형에서 광타원형이다. 표면에 가시가 있고 투명하며 매끈하다.
생태 여름~가을 / 이끼류 속에 또는 통나무에 산생 또는 군생한다. 보통종이며 식용한다.
분포 한국, 북미

주름균강 》 주름버섯목 》 졸각버섯과 》 졸각버섯속

황보라졸각버섯

Laccaria ochropurpurea (Berk.) Peck

형태 균모의 지름은 0.5~1.5(2)㎝로 둥근 산 모양에서 차차 편평해지며 흔히 가장자리가 뒤집힌다. 자갈색-살 같은 자색 또는 황토색이며 표면은 건조하고 밋밋하거나 비늘이 있다. 냄새와 맛은 불분명하다. 주름살은 바른 주름살이고 폭은 넓고 두껍다. 자색이고 미세한 가루가 있는데 성숙하면 백색으로 된다. 자루의 길이는 5~15㎝, 굵기는 1~2㎝로 속은 차고 단단하며 질기다. 섬유상은 균모와 같은 색이다. 포자는 6~8×6~8㎛에 구형이며 표면에 가시가 있다. 포자문은 백색에서 연한 보라색으로 된다.
생태 여름~가을 / 개괄지의 풀밭, 참나무류와 낙엽수 아래에 발생한다. 식용에 좋다. 보통종이다.
분포 한국, 유럽

산졸각버섯

Laccaria montana Sing.

형태 균모의 지름은 0.5~3.5㎝이다. 둥근 산 모양이 차차 편평하게 되다가 위로 뒤집히며 작은 볼록이 있다. 연한 살색-핑크색에서 핑크색-갈색으로 되며 가장자리에 줄무늬홈선이 있다. 주름살은 약간 내린 주름살이며 두껍고 약간 성기며 연한 핑크색이다. 자루의 길이는 3~5㎝, 굵기는 0.3~0.5㎝로 줄무늬 섬유상이 있고 핑크색-갈색이다. 살은 백색이고 냄새는 분명치 않으며 맛도 분명치 않다. 포자는 7.5~11.5×6~11㎛로 유구형이고 표면에 가시가 있다. 포자문은 백색이고 담자기는 4-포자성이다.
생태 여름~가을 / 뚝, 풀밭, 숲속의 변두리 등에 군생한다. 식용 여부는 모른다.
분포 한국, 북미, 유럽

검정졸각버섯

Laccaria nigra Hongo

형태 균모의 지름은 0.8~2.2㎝이고 처음에 둔한 원추형에서 차차 편평해진다. 중앙이 약간 들어가는 것도 있으나 대체로 볼록하다. 표면은 흡수성이 있고 회색-회갈색이다. 중앙은 거의 흑색이고 습기가 있을 때 기다란 줄무늬홈선이 나타난다. 살은 얇고 표면과 같은 색이며 다소 알칼리 냄새가 난다. 주름살은 올린 주름살 또는 바른 주름살이며 폭은 0.1~0.3㎝로 두껍다. 성기며 회색이다. 자루의 길이는 1.8~3.5㎝, 굵기는 0.15~0.3㎝로 섬유상이고 균모와 같은 색이다. 자루의 속은 비었다. 포자는 지름 8~9.5㎛로 구형이며 표면은 침으로 덮인다.

생태 초여름 / 숲속의 땅에 군생한다.

분포 한국, 일본

배꼽졸각버섯

Laccaria nobilis A. H. Smith

형태 균모의 지름은 2~7.5㎝이고 둥근 산 모양에서 차차 편평해지다가 가운데가 들어가는데 종종 심하게 들어가는 것도 있다. 색은 밝은 적오렌지색에서 오렌지색-갈색으로 되며 때때로 가운데는 진하고 미세한 털은 인편으로 된다. 가장자리는 위로 말리고 물결 모양이다. 육질은 얇고 균모와 같은 색이다. 주름살은 홈파진 주름살 또는 바른 주름살이고 핑크색-살색에서 오렌지색-핑크색으로 된다. 성기거나 약간 밀생하며 폭은 넓다. 자루의 길이는 2.5~11㎝, 굵기는 0.4~1㎝로 질기고 균모와 같은 색이다. 기부는 약간 부풀고 백색의 균사체가 있으며 세로로 긴 털이 있다. 표면은 거의 그물꼴의 융기를 형성하고 성숙한 것에서는 꼭대기 근처에 뒤집힌 인편이 있다. 포자의 크기는 7.4~9.7×6.4~8.7㎛로 아구형 또는 광타원형이다. 포자문은 백색이다.

생태 여름~가을 / 고산지대에 단생 · 산생한다. 식독은 불분명하다.

분포 한국, 중국, 유럽, 북미

젖꼭지졸각버섯

Laccaria ohiensis (Mont.) Sing.

형태 균모의 지름은 1~4.5㎝이고 둥근 산 모양에서 차차 편평해지면서 중앙이 약간 들어간다. 표면은 밋밋하지만 중앙에 약간 가는 인편이 있다. 주황색-계피색인데 습기가 있을 때 줄무늬선이 나타난다. 살은 얇고 균모와 같은 색깔이다. 주름살은 바른 주름살 또는 내린 주름살로 살구색이며 성기다. 자루의 길이는 3~6㎝, 굵기는 0.25~0.6㎝로 중심생이다. 균모와 같은 색이고 약간 섬유상이다. 포자의 크기는 8~11.5×7.5~10.5㎛로 아구형이다. 표면에 침상의 돌기가 있고 투명하다.

생태 늦여름~가을 / 숲속의 습기가 있는 곳에 군생한다.

분포 한국, 일본, 인도, 유럽, 남미, 북미, 뉴질랜드, 아프리카, 열대 및 아열대

큰졸각버섯

Laccaria proxima (Boud.) Pat.

형태 균모의 지름은 2~7㎝이고 둥근 산 모양에서 편평해지며 흔히 중앙이 들어간다. 표면은 비듬이 있으며 적갈색이나 건조하면 황토 갈색으로 된다. 살은 얇고 적갈색에 백색이 가미된 색이다. 살의 맛과 냄새는 분명치 않다. 주름살은 바른 주름살-내린 주름살로 연한 핑크색이다. 자루의 길이는 3~12㎝, 굵기는 0.2~0.5㎝로 균모와 같은 색이며 섬유실이다. 기부로 갈수록 굵어지며 백색의 털로 덮여 있다. 포자문은 백색이다. 포자의 크기는 7~9.5×6~7.5㎛로 광난형이고 표면에 가시가 있다.
생태 여름 / 숲속의 이끼류가 있는 땅에 군생한다.
분포 한국, 유럽, 북미

좀졸각버섯

Laccaria pumila Fayod
L. altaica Sing.

형태 균모의 지름은 1~2.5㎝이고 어릴 때는 반구형에서 둥근 산 모양을 거쳐 차차 편평해진다. 표면에 미세한 솜털상이 있으며 흡수성이다. 습기가 있을 때 핑크색-갈색, 황토색이지만, 건조해지면 오렌지색-황토색으로 된다. 가장자리는 가끔 위로 올라가고 예리하며 희미한 줄무늬선이 있다. 육질은 분홍 백색으로 얇고 냄새는 좋으며 맛은 온화하다. 주름살은 바른 주름살 또는 내린 주름살로 연한 라일락색이 섞인 분홍 갈색이고 폭은 넓다. 가장자리는 전연이다. 자루의 길이는 3~6㎝, 굵기는 0.4~0.7㎝로 원주형이며 굽어진다. 희미한 세로줄의 섬유상이며 오렌지색-갈색의 바탕색이고 속은 차 있다. 포자의 크기는 8.4~13×8.3~11.5㎛로 아구형이다. 표면에 미세한 침이 있고 침의 길이는 0.7㎛이며 가끔 기름방울을 가지고 있는 것도 있다. 담자기는 가는 곤봉형으로 36~50×9~12㎛에 2-포자성이고 기부에 꺾쇠가 있다.
생태 가을 / 활엽수림의 이끼류 땅에 군생한다. 드문 종이다.
분포 백두산, 한국, 중국, 유럽

자갈색졸각버섯

Laccaria purpreo-badio D. A. Reid

형태 균모의 지름은 1~4.5㎝로 둥근 산 모양에서 차차 평평해지다가 중앙이 다소 오목해진다. 가끔 중앙이 젖꼭지 모양으로 돌출되기도 한다. 표면은 밋밋하거나 중앙부에만 다소 가는 인편이 있다. 갈색의 주황색-계피색으로 습기가 있을 때 줄무늬선이 나타나며 암자갈색에 건조하면 자갈색-적갈색으로 된다. 표면 일부가 암색의 비듬 모양이 된다. 살은 얇고 균모와 같은 색이다. 가장자리는 고르거나 물결 모양으로 굴곡이 진다. 주름살은 바른 주름살 또는 약간 내린 주름살이며 분홍색에서 갈색으로 되며 성기거나 약간 촘촘하다. 자루의 길이는 3~6㎝, 굵기는 0.25~0.6㎝로 중심생이다. 균모와 같은 색이고 위쪽은 연한 포도주색에 아래쪽은 암자갈색으로 미세한 털이 있다. 포자는 7~10.5×5~6㎛이고 아구형이다. 표면에 침상의 돌기가 덮여 있으며 표면은 투명하다. 포자문은 백색이다.

생태 늦여름~가을 / 숲속의 땅의 습기가 많은 곳, 관목 아래 등에 단생 또는 군생한다.

분포 한국, 일본, 인도, 유럽, 남미, 북미, 뉴질랜드, 아프리카, 열대 및 아열대에 많다. 유칼리속이나 아카시아속에 균근을 만든다.

줄무늬졸각버섯

Laccaria striatula (Peck) Peck

형태 균모의 지름은 0.6~3.5㎝이고 둥근 산 모양에서 편평하게 되며 중앙이 얕게 들어간다. 싱싱할 때는 투명한 줄무늬선이 거의 중앙까지 발달하며 가장자리도 줄무늬선이 있다. 적갈색 또는 오렌지색-갈색이고 핑크색-적갈색 또는 연어색-연한 황갈색으로 중앙은 검은 갈색이다. 건조성은 미세한 섬유상 또는 섬유상의 인편이 있으며 중앙에 밀포한다. 살은 균모와 같은 색이며 냄새와 맛은 불분명하다. 주름살은 떨어진 주름살로 폭이 넓으며 핑크색-살색 또는 황토색이다. 자루의 길이는 2~7㎝, 굵기는 0.1~0.4㎝로 위아래가 같은 굵기이나 기부는 부풀기도 한다. 균모와 같은 색 또는 암오렌지색-갈색이고 표면은 건조성에 매끈하나 미세한 세로줄무늬선이 있으며 기부는 백색의 균사체로 덮인다. 포자문은 백색이고 가시를 제외한 포자는 7~10㎛로 구형이다. 가시가 있으며 무색에 난아밀로이드 반응을 보이며 가시의 길이는 1.5~3㎛이다.

생태 여름~가을 / 축축한 땅, 혼효림(소나무, 자작나무, 참나무류) 아래의 이끼류가 있는 땅에 단생 · 산생 · 속생한다.

분포 한국, 북미, 전 세계

밀졸각버섯

Laccaria tortilis (Bolt.) Cooke

형태 균모의 지름은 0.5~1.5㎝이다. 어릴 때는 구형에서 반구형을 거쳐 둥근 산 모양으로 되었다가 차차 편평해지며 나중에 중앙이 다소 오목해진다. 표면은 살색-연한 홍갈색이며 습기가 있을 때는 줄무늬선이 보인다. 살은 균모와 같은 색이고 얇고 막질이며 맛은 온화하다. 가장자리는 물결 모양이고 굴곡이 진다. 주름살은 바른 주름살 또는 내린 주름살로 균모보다 다소 진한 색으로 폭이 넓고 성기다. 자루의 길이는 1~2.5㎝, 굵기는 0.1~0.25㎝로 중심생이며 균모와 같은 색이다. 포자의 지름은 11.3~12.8㎛로 구형이다. 표면에 거친 가시(1.5~2㎛)가 있고 투명하다. 담자기는 2-포자성이며 포자문은 백색이다.
생태 여름~가을 / 숲속의 땅에 군생한다. 매우 흔한 종이다.
분포 한국, 중국, 일본, 유럽, 북미, 북반구 온대지역, 남아메리카, 뉴질랜드의 온대지역

색시졸각버섯

Laccaria vinaceoavellanea Hongo

형태 균모의 지름은 4~6㎝에 중앙은 들어가서 배꼽 모양이고 퇴색한 살구색 또는 살색, 연한 황갈색이며 살은 얇다. 가장자리에 방사상의 주름무늬 홈선이 있다. 주름살은 바른 주름살의 내린 주름살로 성기고 포크형이다. 자루의 길이는 5~8㎝, 굵기는 0.6~0.8㎝로 약간 비틀리며 연한 자갈색이나 기부는 백색이다. 표면은 많이 굽으며 세로줄무늬가 있고 섬유상으로 질기고 속은 차 있다가 빈다. 포자는 지름 7.5~8.5㎛로 구형 또는 아구형이다. 침의 길이는 1㎛ 정도 된다. 포자문은 백색이다.

생태 여름~가을 / 숲속의 땅, 길옆의 맨땅에 군생한다.

분포 한국, 중국, 일본, 파푸아뉴기니

흰병깔때기버섯

Ampulloclitocybe avellaneialba (Murr.) Harmaja
Clitocybe avellaneialba Murr.

형태 균모의 지름은 5~20㎝로 둥근 산 모양에서 차차 편평해지고 약간 중앙이 오목해진다. 표면은 섬유상이고 비늘이 있거나 밋밋하고 흑갈색 또는 회갈색이다. 가장자리는 오랫동안 안으로 감긴다. 살은 얇은 편이고 주름살은 내린 주름살로 백색-크림색이며 촘촘하고 폭이 좁다. 자루의 길이는 5~18㎝에 굵기는 1~3㎝로 아래쪽으로 갈수록 굵어진다. 표면은 밋밋하고 균모와 비슷한 색이다. 포자는 8~11×4~5.5㎛이고 넓은 방추형이다. 표면은 매끈하고 투명하다. 포자문은 백색이다.
생태 가을 / 오리나무류의 썩은 그루터기 부근에 군생한다.
분포 한국, 일본, 미국

배불뚝병깔때기버섯

Ampulloclitocybe clavipes (Pers.) Redhead, Lutzoni, Moncalvo & Vilg.
Clitocybe clavipes (Pers.) Kummer

형태 균모의 지름은 3.5~7㎝이고 둥근 산 모양에서 차차 편평해지다가 가운데가 오목해진다. 살은 중앙부가 두껍고 가장자리로 가면서 점차 얇아지고 백색이며 맛은 온화하다. 주름살은 내린 주름살이고 다소 성기다. 폭은 약간 넓고 백색에서 연한 황색으로 된다. 자루의 길이는 3~6㎝, 굵기는 0.4~1.2㎝로 원주형이다. 기부는 불룩하며 털이 없고 균모와 같은 색이거나 연한 색, 연한 회색이다. 유연하고 탄력이 있으며 속은 차 있다. 포자의 크기는 5.5~7×4~4.5㎛로 타원형에 표면은 매끄럽고 투명하다. 포자문은 백색이다.

생태 여름~가을 / 분비나무 숲, 가문비나무 숲, 이깔나무 숲 또는 고산대의 툰드라에서 군생한다. 식용한다.

분포 한국, 중국, 일본, 유럽, 북미, 북반구 온대지역

레몬버섯

Chromosera citrinopallida (A. H. Sm. & Hesler) Vizzini & Ercole
Hygrocybe citrinopallida (A. H. Sm. & Hesler) Kobayas

형태 균모의 지름은 0.3~3㎝로 처음 반구형 또는 편평한 둥근산 모양에서 차차 편평해지며 대부분 중앙이 들어간다. 가장자리는 가끔 톱니형이다. 어릴 때 습기와 끈적기가 있으나 곧 건조하고 희미해진다. 퇴색하면 연한 노란색 또는 백색이 되고 가끔 가장자리부터 짧은 투명한 줄무늬선이 중앙으로 있다. 살은 표면과 같은 색이며 냄새와 맛은 보통이다. 주름살은 넓은 바른 주름살에서 내린 주름살이며 노란색이지만 퇴색하여 백색으로 되고 가끔 분지한다. 언저리는 건조성이다. 자루의 길이는 0.5~3.5㎝, 굵기는 0.1~0.4㎝로 보통 원통형이며 때때로 압착한다. 세로 줄무늬선이 있고 균모보다 연한 색으로 연한 노란색에서 투명한 백색으로 된다. 표면은 밋밋하며 어릴 때 끈적기가 있고 건조하거나 오래되면 희미해진다. 자루의 속은 비었다. 포자는 8~10×4.5~5.5㎛로 타원형, 장방형, 난형 등 다양하다. 담자기는 25~45×6~9㎛로 4-포자성이다.

생태 여름~가을 / 이끼류와 관목류가 있는 땅과 풀 속에 군생한다.

분포 한국, 유럽

붉은왕주름버섯

Chrysomphalina aurantiaca (Peck) Redhead

형태 균모의 지름은 1~3㎝이고 둥근 산 모양에서 편평한 둥근 산 모양으로 되며 노쇠하면 가운데가 들어간다. 가장자리는 아래로 말렸다가 편평하게 뒤집힌다. 표면은 밋밋하거나 줄무늬선이 있으며 습기가 있다가 건조해진다. 흡수성이 있고 섬유상에서 잔디 같은 인편으로 된다. 오렌지색에서 노란색-오렌지색으로 되며 퇴색하면 습기가 없어진다. 살은 두께가 0.1㎝ 정도에 부드럽고 오렌지색에서 노란색-오렌지색으로 된다. 냄새와 맛은 불분명하다. 주름살은 내린 주름살이며 성기고 때로 포크형이다. 비교적 폭이 넓고 약간 왁스처럼 미끈거리며 오렌지색에서 오렌지색-담황갈색으로 된다. 자루의 길이는 1~3㎝, 굵기는 0.15~0.25㎝로 원통형이다. 보통 굽었고 속은 스펀지처럼 차 있고 건조성이다. 표면은 밋밋하고 오렌지색에서 노란색-오렌지색으로 된다. 포자는 7~9×4~5㎛이고 타원형에 표면은 매끈하고 투명하다. 난아밀로이드 반응을 보이고 낭상체는 없다.

생태 가을에서 겨울 / 썩은 침엽수림의 고목, 해안가 숲속의 이끼류에 군생 · 속생한다. 식용 여부는 모른다.

분포 한국, 북미

황금왕주름버섯

Chrysomphalina chrysophylla (Fr.) Clém.

형태 균모의 지름은 1~5㎝이고 둥근 산 모양에서 넓은 둥근 산 모양으로 되며 중앙은 들어가거나 배꼽형이다. 가장자리는 안으로 굽고 뒤집힌다. 가끔 물결형이 되고 표면은 건조성 또는 약간 흡수성이 있으며 미세한 인편이 섬유상의 인편으로 되며 회갈색에서 황갈색 또는 노란색-땅색의 바탕색에 살구색-갈색이 뒤덮는다. 가장자리는 연해지고 퇴색하여 습기를 잃어버린다. 살의 두께는 0.1~0.2㎝로 부드럽고 연한 노란색-오렌지색이다. 냄새와 맛은 불분명하다. 주름살은 내린 주름살로 약간 성기고 포크형은 아니다. 비교적 폭이 넓으며 노란색에서 노란색-담황갈색이다. 자루의 길이는 1.5~4㎝, 굵기는 0.2~0.35㎝로 원통형에 속은 차 있다가 비게 된다. 표면은 건조성으로 미끄럽고 황노란색에서 오렌지색-갈색이다. 포자는 9~14×4.5~6㎛로 타원형이다. 표면은 매끈하고 투명하며 난아밀로이드 반응을 보인다. 포자문은 연한 황백색에서 핑크색-담황색이고 낭상체는 없다.

생태 가을에서 겨울, 드물게 봄 / 썩은 참나무류에 군생 · 속생한다. 식용 여부는 모른다.

분포 한국, 북미

주름균강 》 주름버섯목 》 벚꽃버섯과 》 왕주름버섯속

초록왕주름버섯

Chrysomphalina grossula (Pers.) Norvell. Redh. & Amm.
C. grossulus (Pers.) Clem. / Hygrocybe grossula (Pers.) Pätzold & Laux / Hygrophorus wynneae Berk. & Br.

형태 균모의 지름은 1~3㎝로 어릴 때 종 모양에서 둥근 산 모양을 거쳐 차차 편평하게 되며 중앙부가 배꼽 모양으로 약간 오목하다. 나중에 낮은 깔때기형이 된다. 표면은 밋밋하고 둔하며 올리브 황색, 올리브 갈색-녹황색 등이다. 줄무늬선은 반투명하며 균모의 거의 절반까지 발달한다. 가장자리는 연한 색이며 다소 물결 모양으로 굴곡진다. 살은 회황색으로 얇다. 주름살은 내린 주름살로 연한 황색이다. 두꺼우며 폭이 넓고 다소 성기다. 자루의 길이는 1~2.5(4)㎝, 굵기는 0.1~0.3㎝로 원주형이고 때로는 위쪽으로 굵어진다. 표면은 밋밋하고 둔하며 연한 황색-녹황색이며 기부 쪽으로 연하다. 표면에 미세한 섬유가 있다. 자루의 속은 차 있거나 비어 있다. 포자는 7~18×4~6㎛로 타원형이다. 표면은 매끈하고 투명하며 기름방울이 있다.
생태 가을~늦가을 / 전나무 등 침엽수의 그루터기, 낙지, 톱밥 등에 발생한다. 식용한다.
분포 한국, 일본, 유럽

주름균강 》 주름버섯목 》 벚꽃버섯과 》 통잎버섯속

붉은통잎버섯

Cuphophyllus aurantius (Murill) Lodge, K. W. Hughes & Lickey
Hygrocybe aurantia Murrill / Hygrophorus aurantius (Murill) Murill

형태 전체가 오렌지색-황색이고 균모의 지름은 0.5~1.8㎝로 원추형-종 모양에서 중앙이 약간 볼록한 편평형으로 된다. 표면은 끈적기가 없고 밋밋하다. 주름살은 바른 주름살-약간 내린 주름살로 성기다. 자루의 길이는 1~4㎝, 굵기는 0.1~0.2㎝로 때때로 납작한 것도 있고 속은 비었다. 포자의 크기는 4~6×4~5㎛로 구형 또는 아구형이며 표면은 매끈하고 투명하다.
생태 가을 / 숲속의 땅 또는 풀밭에 발생한다.
분포 한국, 일본, 북미(자메이카)

북방통잎버섯

Cuphophyllus borealis (Peck) Bon ex Courtec.
Camarophyllus borealis (Peck) Murrill

형태 균모의 지름은 1~4.5㎝로 둥근 산 모양에서 둔한 둥근 산 모양으로 되며 거의 편평해진다. 표면은 밋밋하고 흡수성이 있으며 싱싱할 때 유백색에서 거의 분필색으로 된다. 건조하면 중앙이 보통 연한 노란색에서 황갈색으로 된다. 가장자리는 밋밋하고 고르다. 물결 모양으로 되고 투명한 줄무늬선이 있다. 살은 백색이며 중앙은 약간 두껍고 연하다. 냄새와 맛은 불분명하다. 주름살은 홈파진 주름살 또는 내린 주름살로 백색을 띤다. 약간 성기며 폭이 좁고 주름살들이 얽힌다. 자루의 길이는 2~9㎝, 굵기는 0.3~0.8㎝로 백색이며 위아래가 같은 굵기지만 간혹 아래로 가늘어지는 것도 있다. 자루의 속은 비었거나 스펀지 모양이다. 포자의 크기는 7~11×4.5~7㎛로 타원형이다. 표면은 매끄럽고 투명하며 벽은 얇다. 난아밀로이드 반응을 보인다. 담자기는 2~4-포자성이고 기부에 꺾쇠가 있다. 포자문은 백색이다.
생태 여름~겨울 / 혼효림에 군생 · 산생한다. 식용한다.
분포 한국, 중국, 북미

처녀통잎버섯

Cuphophyllus pratensis (Fr.) Bon
Hygrocybe pratensis (Fr.) Murrill / Hygrophorus pratensis (Fr.) Fr.

형태 균모의 지름은 3~6㎝이고 둥근 산 모양에서 편평해지며 가운데가 볼록하거나 오목해진다. 표면은 밋밋하고 연한 오렌지색-갈색, 오렌지색-황색, 황토색 등이다. 가장자리가 찢어지기도 한다. 살은 연한 오렌지색이다. 주름살은 내린 주름살로 연한 오렌지색이며 균모보다 연한 색이고 폭이 넓으며 다소 성기다. 자루의 길이는 3~7㎝, 굵기는 0.6~1.5㎝에 상하가 같은 굵기이나 기부의 끝은 가늘다. 표면은 밋밋하고 어릴 때는 유백색을 띠며 나중에는 오렌지색을 가진 크림색으로 된다. 자루의 속은 차 있다. 포자의 크기는 5~7×4~5.5㎛로 광타원형이다. 표면은 매끈하고 투명하며 기름방울을 함유한다. 포자문은 백색이다.
생태 여름~가을 / 목장이나 초지, 잔디밭 또는 숲속의 길가 등에 단생 · 산생한다.
분포 한국, 중국, 일본, 북반구 일대

눈빛통잎버섯

Cuphophyllus virgineus (Wulfen) Kovalenko
Cammarophyllus niveus (Scop.) Wünsche / Hygrocybe nivea (Scop.) P. D. Orton & Watl. / H. virginea (Wulf.) Orton & Watl. var. virginea

형태 균모는 지름이 2.5~7㎝로 편평한 둥근 산 모양 혹은 중앙부가 돌출하는 모양이지만 나중에 편평하게 되고 때로는 약간 오목하다. 표면은 약간 빛나고 건조해지면 둔한 비단결 같고 밋밋하며 크림 백색에서 황백색으로 된다. 가끔 희미한 핑크색이 섞여 있으며 약간 흡수성이다. 나중에 마르며 거북이 등처럼 갈라지고 노후하면 섬유상으로 되고 백색에 중앙부는 황색을 띤다. 가장자리는 처음에 아래로 말리나 나중에 펴지고 희미하며 투명한 줄무늬선이 있고 예리하다. 노후하면 가끔 위로 올려진다. 살은 물색이고 부드러우며 크림 백색에서 회백색으로 된다. 얇고 냄새는 없으며 버섯 맛이고 온화하다. 주름살은 내린 주름살로 백색이고 횡맥으로 얽히며 포크형이다. 자루의 길이는 3~7㎝, 굵기는 0.5~0.8㎝로 아래로 가늘어진다. 속은 차 있다가 건조하면 완전히 비게 된다. 표면은 털이 없고 매끄러우며 가끔 가루상이고 백색이다. 포자의 크기는 9~12×4~6㎛로 타원형 또는 원통형-타원형에 표면은 매끄러우며 투명하다. 난아밀로이드 반응을 보인다. 담자기는 가는 곤봉형이며 40~55×6~9㎛로 기부에 꺾쇠가 있다. 낭상체는 없고 포자문은 백색이다.

생태 가을 / 개암나무 숲 땅에 산생 또는 총생 · 군생 · 단생한다. 식용 가능하다. 개암나무와 외생균근을 형성한다.

분포 한국, 중국, 유럽, 북미, 아시아, 호주

눈빛통잎버섯(백색형)

Cammarophyllus niveus (Scop.) Wünsche

형태 균모의 지름은 1.5~4㎝로 편평한 둥근 산 모양에서 편평한 결절로 된다. 중앙에 둔한 볼록이 생기거나 들어가고 가장자리는 노쇠하면 위로 말린다. 표면은 약간 미끈거리고 흡수성이 있다. 건조하면 둔한 비단결에 밋밋해지고 크림 백색에서 황백색으로 된다. 가장자리는 예리하고 투명한 줄무늬선이 있다. 살은 크림 백색-회백색이며 얇고 냄새는 없으며 맛은 온화하다. 주름살은 내린 주름살이고 폭이 넓고 성기다. 크림 백색을 띠며 언저리는 밋밋하다. 자루의 길이는 3~7㎝, 굵기는 0.3~0.7㎝로 원통형에서 기부로 가늘다. 가끔 굽었고 표면은 크림 백색에 긴 세로의 섬유실이 있고 속은 차 있다가 빈다. 포자는 7~11×4~505㎛로 타원형에서 원주형-타원형이고 표면은 매끈하며 투명하다. 포자문은 백색이다. 담자기는 40~55×6~9㎛로 가는 곤봉형이고 (2)4-포자성이며 기부에 꺾쇠가 있다.

생태 가을 / 풀밭, 과수원, 기름진 땅에 단생 · 군생한다.

분포 한국, 유럽, 아시아, 북미

주름균강 》 주름버섯목 》 벚꽃버섯과 》 통잎버섯속

보라통잎버섯

Cuphophyllus lacmus (Schum.) Bon
Hygrocybe lacmus (Schum.) P. D. Orton. & Watl. / Hygrophorus subviolaceus Peck

형태 균모의 지름은 2~4.5㎝로 어릴 때는 반구형이고 후에 둥근 산 모양-평평한 모양이 된다. 흔히 중앙이 약간 돌출하고 가장자리가 들어 올려진다. 표면은 회갈색-자갈색이다가 회자색으로 연해진다. 습기가 있을 때 약간 끈적기가 있고 또 방사상으로 줄무늬가 나타난다. 살은 백색에 균모의 표면 밑은 다소 회색을 띤다. 주름살은 내린 주름살로 연한 회청색이다. 약간 성기고 맥상으로 연결된다. 자루의 길이는 3~5(6)㎝이고 굵기는 0.3~0.8㎝이다. 위쪽은 연한 회색이고 아래는 백색이다. 포자는 6~8.7×3.9~5.8㎛로 광타원형이다. 표면은 매끈하고 투명하다. 포자문은 백색이다.
생태 가을~초겨울 / 숲속의 이끼가 많은 땅에 발생한다. 식용 가능하다.
분포 한국, 일본, 유럽, 북미

주름균강 》 주름버섯목 》 벚꽃버섯과 》 이끼꽃버섯속

빛이끼꽃버섯

Gliophorus laetus (Pers.) Herink
Hygrocybe laeta (Pers.) Kummer / Hygrophorus laetus (Pers.) Fr.

형태 균모의 지름은 2~3㎝로 편평한 둥근 산 모양에서 차차 편평해지며 중앙은 들어간다. 표면은 흡수성이 있고 선명한 오렌지색-황색, 살색, 핑크색-올리브색, 황색, 회자색 등 다양하다. 끈적기가 있고 습기가 있을 때 투명한 방사상의 줄무늬홈선이 나타난다. 살은 질기고 표면과 같은 색이며 고무 탄 냄새가 난다. 주름살은 바른 주름살-내린 주름살로 성기고 회색, 연한 자회색, 핑크색-살색, 때때로 연한 자색-연한 청색을 나타낸다. 주름살의 폭은 0.2~0.3㎝로 투명하다. 자루의 길이는 4~10㎝, 굵기는 0.2~0.4㎝로 원통형이다. 상부는 핑크색이며 끈적기가 있고 연한 자색 또는 연한 청색을 띤다. 하부는 때때로 황색이며 속은 비었다. 포자의 크기는 6.5~8×4~4.5㎛로 타원형에 난형 또는 장방형이다. 담자기는 40~50×6~7㎛로 4-포자성이며 기부에 꺽쇠가 있다. 연낭상체는 털 모양으로 다수 존재한다.
생태 봄~가을 / 숲속, 죽림, 초지, 이끼류 사이에 군생한다.
분포 한국, 중국, 북반구 일대, 파푸아뉴기니
참고 건조하면 핑크색을 나타낸다.

이끼꽃버섯

Gliophorus psittacinus (Schaeff.) Herink
Hygrocybe psittacina (Schaeff.) P. Kumm. / Hygrophorus psittacinus (Schaeff.) Fr.

형태 균모의 지름은 1~4㎝로 어릴 때 반구형에서 둥근 산 모양으로 되었다가 편평하게 되고 중앙이 둔하게 돌출된다. 습기가 있을 때는 표면이 반들반들하고 끈적기가 있다. 어릴 때는 초록색, 황색-초록색 또는 초록색의 얼룩이 있는 등 다양한 형태로 나타나며 점차 황색으로 되다가 백색으로 된다. 반투명의 줄무늬가 방사상으로 가장자리에서 균모의 절반 정도까지 나타나거나 위로 치켜지기도 한다. 살은 초록색이나 황록색이다. 주름살은 홈파진 주름살로 폭은 넓고 초록색, 황색의 초록색, 오렌지색-황색 또는 이 같은 색들이 혼합되어 나타나기도 한다. 자루의 길이는 4~8㎝, 굵기는 0.3~0.7㎝로 위아래가 같은 굵기이거나 때로는 기부가 약간 굵다. 표면은 아주 매끄럽고 초록색, 황색의 초록색, 오렌지색-초록색 등 다양한 색을 나타내며 위쪽이 약간 더 초록색이다. 어릴 때는 속이 차 있으나, 오래되면 속이 빈다. 포자는 6.7~9×3.6~5.9㎛로 타원형이며 표면은 매끈하고 투명하다.

생태 여름~늦가을 / 초지나 목장, 이끼 사이에서 단생 또는 군생한다. 식용한다.

분포 한국 등 북반구 일대

변두리땅버섯

Humidicutis marginata (Peck) Sing.
Hygrocybe marginata (Peck) Murill / Hygrophorus marginatus var. concolor A. H. Sm.

형태 균모의 지름은 1.5~4㎝로 처음 원추형-종 모양에서 거의 편평하게 된다. 표면은 밋밋하고 습기가 있을 때 약간 끈적거리며 어릴 때 오렌지색-노란색, 밝은 오렌지색-노란색에서 밝은 금색-노란색으로 되며 성숙하면 노란색으로 된다. 살은 얇고 노란색이며 냄새와 맛은 분명치 않다. 주름살은 바른 주름살이고 성기고 폭이 넓다. 왁스처럼 미끈거리고 오렌지색-노란색에서 노란색으로 된다. 자루의 길이는 2.5~10㎝, 굵기는 0.3~0.9㎝로 거의 위아래가 같다. 표면은 밋밋하고 습하며 연한 노란색에서 오렌지색-노란색으로 되며 때때로 기부는 백색이다. 자루의 속은 처음에 차 있다가 오래되면 빈다. 포자문은 백색이다. 포자는 7~10×4~7㎛로 타원형이고 표면은 매끈하며 투명하다. 난아밀로이드 반응을 보인다.
생태 여름~가을 / 땅, 이끼류 속, 혼효림의 땅에 단생 · 산생한다.
분포 한국, 북미

노랑버섯

Gloioxanthomyces vitellinus (Fr.) Lodge, Vizzini, Ercole & Boertm.
Hygrocybe vitellina (Fr.) P. Karst.

형태 균모의 지름은 1~2㎝로 둥근 산 모양에서 차차 편평하게 펴지나 가끔 중앙이 들어가는 것도 있다. 밝은 노란색이고 가장자리에는 줄무늬선이 있다. 살은 얇고 노란색이며 맛은 없고 냄새는 좋다. 주름살은 내린 주름살로 밝은 황색이고 성기다. 자루의 길이는 1~3.5㎝, 굵기는 0.1~0.3㎝로 원통형이나 아래로 약간 가는 것도 있으며 균모와 같은 색이다. 포자의 크기는 6~8×4.5~5㎛로 타원형-난형이고 표면은 매끄럽고 투명하다. 포자문은 백색이다.

생태 늦여름~가을 / 물기가 많은 이끼류에 군생한다. 드문 종이다. 식독은 불분명하다.

분포 한국, 중국, 유럽

빛노랑버섯

Gloioxanthomyces nitidus (Berk. & M. A. Curttis) Lodge, Vizzini, Ercole & Boertm.
Gliophorus nitidus (Berk. & M. A. Curtis) Kovalenko / Hygrocybe nitida (Berk. & M. A. Curtis) Murrill /
Hygrophorus nitidus Berk. & M. A. Curtis

형태 균모의 지름은 1~4㎝이고 넓은 둥근 산 모양에서 편평해지나 중앙은 들어간다. 표면은 고른 살구색-노란색 또는 노란색이 퇴색하여 크림색 또는 백색으로 되며 밋밋하고 끈적기가 있다. 가장자리는 줄무늬선이 있으며 아래로 말린다. 살은 노란색이며 매우 얇고 연하며 부서지기 쉽다. 맛과 냄새는 불분명하다. 주름살은 긴 내린 주름살로 약간 성기고 폭은 좁거나 넓다. 왁스처럼 미끈거리고 연한 노란색이고 주름살의 변두리도 가끔 노란색이다. 자루의 길이는 3~8㎝, 굵기는 0.2~0.5㎝로 속은 비고 부서지기 쉽다. 균모와 같은 색이며 건조성으로 밋밋하고 털은 없다. 포자의 크기는 7~9×5~6㎛로 타원형에 난아밀로이드 반응을 보인다. 포자문은 백색이다.
생태 숲속의 이끼류, 젖은 기름진 땅에 산생 · 군생한다.
분포 한국, 중국, 북미

주름균강 》 주름버섯목 》 벚꽃버섯과 》 꽃버섯속

밀납꽃버섯

Hygrocybe ceracea (Sowerby) Kummer

형태 균모의 지름은 1~2.5㎝이고 둥근 산 모양에서 차차 편평해진다. 짙은 노란색에서 연한 오렌지색으로 되며 매끄럽고 희미한 줄무늬선이 가장자리 쪽으로 발달한다. 살은 얇고 노란색이며 맛과 냄새는 불분명하다. 바른 주름살-내린 주름살이며 맥상으로 주름살들이 연결된다. 주름살의 변두리는 연한 노란색이다. 자루의 길이는 2.5~5㎝, 굵기는 0.2~0.4㎝로 건조성이다. 균모와 같은 색에 기부 쪽으로 가늘고 가끔 미세한 백색의 털로 덮여 있다. 자루의 속은 비어 있다. 포자의 크기는 5.5~7×3㎛로 타원형이며 포자문은 백색이다.
생태 여름 / 풀밭에 군생한다. 흔한 종이다. 식용한다.
분포 한국, 중국

송곳꽃버섯

Hygrocybe acutoconica (Clem.) Sing.
H. persistens var. persistens (Britz.) Sing. / H. subglobisporus (P. D. Orton) M. M. Moser /
H. acutoconica var. konradii R. Haller Agr.

형태 균모의 지름은 2~5㎝이고 원추형 내지 삿갓형으로 중앙부는 뾰족하게 돌출한다. 표면은 황금색 또는 오렌지색-황색이고 끈적기가 있다. 육질은 엷은 황색이고 가장자리는 넓게 갈라지고 엷은 황색이다. 주름살은 떨어진 주름살이고 맥상으로 주름살끼리 연결되며 포크형이다. 자루의 길이는 4~6㎝, 굵기는 0.3~0.6㎝로 황색이며 세로줄무늬가 있고 기부 쪽으로 거칠다. 포자의 크기는 11~12.5×7~10㎛로 유난원형에 광택이 나고 표면은 매끄럽고 투명하다. 담자기는 2-포자성이다.
생태 가을 / 숲속의 땅에서 자란다.
분포 한국, 중국

송곳꽃버섯(크롬황색형)

Hygrocybe acutoconica var. **konradii** (Haller Agr.) Boertm

형태 균모의 지름은 1.5~7㎝로 원추형에서 좁은 또는 둔한 원추형으로 되었다가 편평하게 펴지며 중앙이 돌출한다. 가끔 중앙이 불규칙하게 갈라지며 성숙한 버섯은 가장자리가 찢어진다. 어릴 때 다소 끈적기가 있으며 건조하고 섬유상이다. 노후하면 건조성이 없어지고 크롬 황색으로 되며 오렌지 또는 적색으로 되고 가장자리는 진하다. 살은 백색 또는 연한 노란색이며 오렌지색의 섬유가 있다. 색들은 서서히 회색으로 변하는데 특히 자루의 기부와 균모의 가장자리에서 심하고 냄새는 불분명하다. 주름살은 끝붙은 주름살 또는 올린 주름살로 연한 황색, 오렌지색으로 되고 오래되면 진하게 된다. 가장자리는 톱니상이다. 자루의 길이는 2.5~9㎝, 굵기는 0.4~2㎝로 원통형이나 약간 굽었다. 노란색 오렌지색 또는 적색이다. 표면은 건조하거나 약간 습기가 있으며 세로줄의 섬유상 실이 있다. 기부는 백색이다. 포자의 크기는 9.5~12×7~10.5㎛로 아구형 또는 광타원형이다. 포자문은 백색이고 담자기는 30~47×8~13㎛이다.

생태 여름 / 풀밭에 군생한다. 드문 종이다. 식독은 불분명하다.

분포 한국, 중국, 일본, 유럽

석회꽃버섯

Hygrocybe calciphila Arnolds

형태 균모의 지름은 0.8~1.5㎝로 어릴 때 둥근 산 모양에서 펴져서 편평하게 되며 중앙은 항상 톱니상이다. 표면은 오렌지색-적색으로 무디고 건조성이며 왁스처럼 미끈거린다. 퇴색하면 노란색-오렌지색으로 되며 같은 색의 알갱이와 털로 덮인다. 가장자리는 예리하고 오랫동안 안으로 말리고 투명한 줄무늬선이 거의 균모의 반까지 발달한다. 살은 오렌지색에서 오렌지색-노란색으로 되며 얇고 냄새는 없고 맛은 온화하나 분명치 않다. 주름살은 넓은 바른 주름살에서 약간 내린 주름살로 되며 광폭이다. 어릴 때 맑은 노란색에서 점차 오렌지색-노란색으로 된다. 언저리는 밋밋하다. 자루의 길이는 2~3.5㎝, 굵기는 0.15~0.4㎝로 원통형이며 흔히 굽었다. 밋밋하고 건조하거나 습할 때 왁스처럼 미끈거린다. 노란색에서 오렌지색-노란색으로 되고 기부는 백색이다. 부서지기 쉽고 속은 차 있다가 빈다. 포자는 7.4~8.9×4.8~6.2㎛로 타원형이다. 표면은 매끈하고 투명하며 기름방울을 함유한다. 포자문은 백색이다. 담자기는 40~50×8~11㎛로 곤봉형에 4-포자성이다. 기부에 꺾쇠가 있으며 낭상체는 없다.

생태 여름~가을 / 건조성 또는 약간 건조성의 풀밭에 단생 또는 군생한다. 보통종은 아니다.

분포 한국, 유럽

화병꽃버섯

Hygrocybe cantharellus (Schw.) Murr.
Craterellus cantharellus (Fr.) Sacc. / H. cantharellus f. sphagnicola Hongo / H. lepida Arnolds

형태 균모의 지름은 1~3㎝으로 처음에 원추형에서 중앙이 돌출하며 나중에 넓은 돌기로 된다. 이 돌기의 중앙이 오목해지면서 깔때기형으로 된다. 표면은 처음에 건조하며 비단결 모양이나 나중에 중앙부에 가는 인편이 생긴다. 색깔은 심홍색, 오렌지색-홍색, 황토색 등 다양하며 초기는 색깔이 선명하나 나중에 차차 퇴색한다. 가장자리는 조가비 모양 또는 물결 모양이다. 살은 얇고 오렌지색 또는 황색으로 맛은 온화하다. 주름살은 긴 내린 주름살로 폭은 넓으며 오렌지색 또는 황색이고 반반하다. 자루의 길이는 3~6㎝, 굵기는 0.2~0.4㎝로 위아래의 굵기가 같거나 상부로 갈수록 굵어지며 부서지기 쉽다. 마르면 균모와 같은 색이며 기부는 백색 또는 연한 황색이다. 자루의 속은 차 있으나 나중에 빈다. 포자의 크기는 7~10×5~6㎛로 타원형이며 기름방울이 있다. 표면은 매끄럽고 투명하며 비전분질반응이다. 담자기는 긴 곤봉형으로 35~60×7.5~10㎛에 4-포자성이고 기부에 꺾쇠가 있다. 포자문은 백색이며 낭상체는 없다.
생태 여름~가을 / 혼효림 또는 가문비나무 숲, 분비나무 숲의 땅에 산생 · 속생한다. 식용한다.
분포 한국, 중국, 일본, 유럽, 아시아

주름균강 》 주름버섯목 》 벚꽃버섯과 》 꽃버섯속

끈적노랑꽃버섯

Hygrocybe chlorophana (Fr.) Wünsche

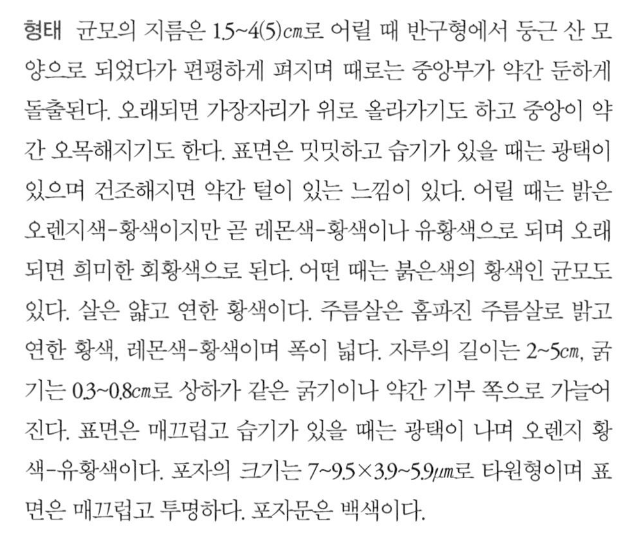

형태 균모의 지름은 1.5~4(5)㎝로 어릴 때 반구형에서 둥근 산 모양으로 되었다가 편평하게 펴지며 때로는 중앙부가 약간 둔하게 돌출된다. 오래되면 가장자리가 위로 올라가기도 하고 중앙이 약간 오목해지기도 한다. 표면은 밋밋하고 습기가 있을 때는 광택이 있으며 건조해지면 약간 털이 있는 느낌이 있다. 어릴 때는 밝은 오렌지색-황색이지만 곧 레몬색-황색이나 유황색으로 되며 오래되면 희미한 회황색으로 된다. 어떤 때는 붉은색의 황색인 균모도 있다. 살은 얇고 연한 황색이다. 주름살은 홈파진 주름살로 밝고 연한 황색, 레몬색-황색이며 폭이 넓다. 자루의 길이는 2~5㎝, 굵기는 0.3~0.8㎝로 상하가 같은 굵기이나 약간 기부 쪽으로 가늘어진다. 표면은 매끄럽고 습기가 있을 때는 광택이 나며 오렌지 황색-유황색이다. 포자의 크기는 7~9.5×3.9~5.9㎛로 타원형이며 표면은 매끄럽고 투명하다. 포자문은 백색이다.

생태 가을~늦가을 / 숲속의 땅, 초지, 나지, 목초지, 길가 등에 단생 · 군생한다.

분포 한국, 중국, 유럽, 북미, 아시아

애배꼽꽃버섯

Hygrocybe citrina (Rea) J. E. Lange

형태 균모의 지름은 1.1~1.7㎝로 반구형에서 둥근 산 모양으로 되고 나중에 편평해진다. 표면은 밋밋한 상태에서 방사상의 섬유상으로 된다. 건조할 때는 무디고 습기가 있을 때는 광택이 나며 끈적기가 있고 레몬색-황색이다. 가장자리는 톱니상이고 가끔 갈라지며 투명한 줄무늬선이 거의 중앙까지 발달한다. 살은 균모와 같은 색으로 얇고 냄새는 없고 맛은 온화하나 불분명하다. 주름살은 바른 주름살에서 약간 내린 주름살로 연한 황색이고 폭은 넓다. 자루의 길이는 2~4㎝, 굵기는 0.15~0.3㎝로 원통형이고 위쪽으로 굵고 가끔 굽었다. 표면은 밋밋하고 왁스같이 미끈거리고 광택이 난다. 습기가 있을 때는 레몬색-황색, 건조할 때는 오렌지색-황색이나 기부 쪽으로 연한 색이다. 자루는 부서지기 쉽고 속은 비었다. 포자는 5~7.5×2.3~3.6㎛로 원주형이다. 표면은 매끄럽고 투명하며 기름방울이 있다. 담자기는 가는 곤봉형이며 30~40×4.5~5.5㎛이다. 담자기는 4-포자성이고 기부에 꺾쇠가 있다. 낭상체는 없다.

생태 여름~가을 / 젖은 풀밭 속에 군생하며 드물게 단생한다. 드문 종이다.

분포 한국, 중국, 일본, 유럽

진빨강꽃버섯

Hygrocybe coccinea (Schaeff.) Kummer
Hygrophorus coccineus (Schaeff.) Fr.

형태 균모는 지름이 2~5㎝이고 처음 종 모양에서 둥근 산 모양을 거쳐 편평하게 된다. 표면은 끈적기가 없고 홍적색 또는 혈적색에서 황적색으로 된다. 습기가 있을 때 광택이 나며 미세한 섬유상 인편이 방사상으로 분포한다. 살은 적색-오렌지색이고 흡수성이며 부서지기 쉽다. 주름살은 바른 주름살-올린 주름살이나 조금 내린 주름살로 되기도 하며 오렌지색-황색이고 균모의 살에 가까운 부분은 적색이다. 자루의 길이는 2.5~6㎝, 굵기는 0.5~1.3㎝이다. 표면은 매끄럽고 균모와 같은 색인데 때로는 편평해지기도 한다. 포자의 크기는 7.5~10.5×4~5㎛로 타원형이다.
생태 봄~가을, 특히 3~4월 / 풀밭, 조릿대밭, 숲속의 땅에 군생한다. 식용한다.
분포 한국, 중국, 일본, 북반구 일대, 호주

진빨강꽃버섯아재비

Hygrocybe coccineocrenata (P. D. Orton) M. M. Moser
H. coccineocrenata var. sphagnophila (Peck) Arnolds / Hygrophorus turundus var. sphagnophila Peck

형태 균모의 지름은 1~2㎝이고 둥근 산 모양이나 위는 편평하며 때때로 중앙이 오목해지기도 한다. 표면은 선명한 적색-주홍색 또는 오렌지색-적색이다. 가장자리는 둥근 톱니상처럼 된다. 주름살은 바른 주름살이면서 내린 주름살로 어릴 때는 붉은 오렌지색이다가 백색-크림색이 된다. 폭이 좁고 성기다. 자루의 길이는 2~5㎝, 굵기는 0.15~0.3㎝로 위아래의 굵기가 같고 선명한 적색이다. 포자의 크기는 7.5~12.5×4.5~7㎛로 난형 또는 타원형이다. 표면은 매끈하고 투명하며 기름방울을 함유한다. 담자기는 40~50×7~8㎛로 가는 곤봉형에 4-포자성이며 기부에 꺾쇠가 있다. 낭상체는 없다.

생태 여름~가을 / 습지의 물이끼 사이에 나며 간혹 벼과 식물의 초본 사이에 발생한다.

분포 한국, 중국, 일본 등 북반구 일대

진빨강꽃버섯아재비(이끼형)

Hygrophorus turundus var. **sphagnophila** Peck

형태 균모의 지름은 1~2(3)㎝으로 위가 평평한 둥근 산 모양이지만 때때로 중앙부가 오목해지기도 한다. 표면은 선명한 적색-주홍색 또는 오렌지색-적색이며 미세한 거스름 모양의 갈색-흑갈색의 인편이 덮여 있다. 가장자리는 둥근 톱니처럼 된다. 주름살은 바른 주름살 또는 내린 주름살로 어릴 때는 붉은 오렌지색이다가 흰색-크림색이 된다. 폭이 좁으며 성기다. 자루의 길이는 2~5㎝, 굵기는 0.15~0.3㎝로 위래 굵기가 같고 선명한 적색이다. 포자의 크기는 7.5~12.5×4.5~7㎛로 난형-타원형이다.
생태 여름~가을 / 습지의 물이끼 사이에 나며 간혹 벼과 식물의 초본 사이에 발생한다.
분포 한국, 중국, 일본, 북반구 일대

꽃버섯

Hygrocybe conica (Schaeff.) P. Kumm.
H. conica var. chloroides (Malenson) Bon / H. conica var. conica (Schaeff.) Kumm.

형태 균모의 지름은 2~5.5㎝으로 처음에는 원추형으로 끝이 뾰족하나 나중에 무딘 원추형으로 되었다가 편평하게 된다. 어릴 때 오렌지색-적색 또는 오렌지색-황색이나 오래되거나 손으로 만지면 흑색으로 변한다. 습기가 있을 때 표면에 끈적기가 있다. 표피층 아래의 살은 오렌지색-황색이며 그 아래는 황색의 백색이다. 가장자리가 불규칙하고 찢어지기도 한다. 주름살은 거의 떨어진 주름살로 연한 황색이며 가장자리는 톱날형인 것도 있다. 자루의 길이는 5~10㎝, 굵기는 0.4~1㎝로 위아래가 같은 굵기이다. 세로의 섬유상 줄무늬가 있으며 황색 또는 오렌지색-황색이며 만지면 흑색으로 변한다. 포자의 크기는 10~12×6~7㎛로 타원형 또는 광타원형이며 표면은 매끈하고 투명하다. 포자문은 백색이다. 담자기는 2-포자성이다.

생태 여름~가을 / 풀밭, 목장, 길가의 관목 아래에 단생 · 군생한다. 식독은 불분명하다.

분포 한국, 중국, 일본, 전 세계

꽃버섯(키다리황색형)

Hygrocybe conica var. **chloroides** (Malencon) M. Bon

형태 균모의 지름은 1~3.5㎝이고 중앙이 돌출된 종 모양에서 편평한 둥근 산 모양으로 되고 중앙은 젖꼭지 모양이다. 표피는 섬유상의 방사상의 줄무늬가 있고 회색, 검은 회색이며 가장자리는 불규칙하다. 주름살은 끝붙은 주름살에 배불뚝이형이고 백회색이다. 자루의 길이는 4~9㎝, 굵기는 0.3~0.7㎝로 원주형이고 압착형으로 납작하다. 골이 있으며 섬유실의 줄무늬선이 있다. 상처를 받으면 균모, 자루, 살 모두 흑회색으로 변한다. 포자는 10~12.5×4.5~6㎛이고 아원주형, 타원형, 난형 등 여러 모양이다. 담자기는 35~48×7.5~12㎛로 곤봉형이고 4-포자성이다.
생태 여름~가을 / 풀숲의 모래가 있는 곳에 군생한다.
분포 한국, 유럽

꽃버섯(원추형)

Hygrocybe conica var. **conica** (Schaeff.) Kumm.

형태 균모의 지름은 0.3~10㎝로 좁은 원추꼴에서 약간 펴져서 둥근 모양으로 된다. 중앙은 젖꼭지가 있고 보통 불규칙한 열편으로 된다. 어릴 때는 흡수성 또는 끈적기가 있다가 건조성으로 되며 미세한 방사상의 섬유실이 있고 가끔 섬유상 인편이 산재한다. 색깔은 주홍색, 오렌지색-적색, 노란색, 올리브 갈색 등이나 나중에 둔한 색, 갈색 또는 흑색으로 변한다. 어릴 때는 짧은 투명한 줄무늬선이 가장자리부터 중앙으로 발달한다. 살은 단단하고 약간 부서지기 쉽고 냄새와 맛은 보통 정도이다. 가장자리는 위로 젖혀진다. 주름살은 끝붙은 주름살 또는 바른 주름살로 백색에서 회색 또는 연한 녹황색으로 되며 가끔 오렌지 또는 적색이나 나중에 회흑색 또는 흑색으로 된다. 자루의 길이는 1.5~10㎝, 굵기는 0.2~1.8㎝로 원통형이나 약간 굽은 형도 있으며 기부는 땅속에 깊게 묻힌다. 처음에 끈적기가 있으나 나중에 다소 건조성으로 되며 손을 대면 습기가 배어 나온다. 색깔은 노란색 또는 오렌지색이나 오래되면 검게 된다. 포자의 크기는 8.5~10×5~6.5㎛로 타원형이고 장방형, 난형 등의 다양하다.

생태 여름 / 숲속의 땅에 군생 · 산생한다.

분포 한국, 일본, 중국

고깔꽃버섯

Hygrocybe cuspidata (Peck) Murrill
Hygrophorus cuspidatus Peck

형태 균모의 지름은 1.5~6㎝이고 처음에는 무딘 원추형에서 편평하게 펴지나 중앙은 원추형으로 약간 돌출된다. 표면은 습기가 있을 때 끈적하며 처음 선명한 적색에서 주황색-오렌지 황색으로 되고 방사상으로 적색의 부분이 남는다. 가장자리는 통상 불규칙하게 굴곡지거나 방사상으로 찢어지기도 한다. 살은 표피층으로 아래는 적색이고 내부는 오렌지색이며 자루의 살은 황색이다. 주름살은 떨어진 주름살로 연한 황색 또는 연한 오렌지색-황색이고 폭이 넓으며 약간 성기거나 성기며 상처 시에도 변하지 않는다. 자루의 길이는 4~9㎝, 굵기는 0.5~1.2㎝로 상하가 같은 굵기이다. 상반부는 황색, 하반부는 백색이고 세로줄의 섬유상 줄무늬가 있다. 포자의 크기는 9~12×4.5~7㎛로 타원형에 표면은 매끈하고 투명하다.
생태 봄~여름 / 숲속의 풀밭에 산생한다.
분포 한국, 중국, 일본, 북미

노란대꽃버섯

Hygrocybe flavescens (Kauffm.) Sing.
Hygrophorus flavescens (Kauffman) A. H. Sm. & Hesler

형태 균모는 지름이 1~3.5㎝이며 어릴 때 반구형에서 차차 편평하게 되고 중앙은 약간 오목하다. 표면은 습기가 있거나 마르면 광택이 나며 황색 또는 오렌지색-황색이고 나중에 연한 황색 또는 연한 오렌지색으로 퇴색된다. 표면에 털은 없으며 습기가 있을 때는 반투명한 줄무늬선이 나타난다. 가장자리는 처음에 아래로 감긴다. 살은 얇고 납질이며 연한 황색이고 맛은 온화하다. 주름살은 바른 주름살 또는 내린 주름살로 성기며 폭이 넓고 연한 황색이다. 자루는 길이가 4~5㎝, 굵기는 0.2~0.5㎝이고 원주형이거나 아래로 가늘어진다. 표면은 털이 없고 습기가 있거나 마른다. 자루의 상부는 주름살과 같은 색이고 중앙부는 오렌지색이며 기부는 백색이다. 포자의 크기는 5~7×3.5~4㎛로 타원형이고 표면은 매끄럽다. 난아밀로이드 반응을 보인다. 포자문은 백색이다.
생태 여름~가을 / 활엽수와 침엽수의 혼성림 또는 신갈나무 숲의 땅에 산생 · 속생한다.
분포 한국, 중국, 일본, 유럽

늪꽃버섯

Hygrocybe helobia (Arnolds) Bon
Hygrophorus helobius Arnolds

형태 균모의 지름은 1.2~2.5㎝로 어릴 때 둥근 산 모양에서 편평하게 되며 가장자리는 안으로 말린다. 중앙은 톱니상 또는 약간 볼록하다. 표면은 무디고 건조하고 미세한 비듬이 적색에서 오렌지색-노란색으로 된 인편을 형성한다. 어릴 때 황적색이며 후에 오렌지색-적색에서 노란색-오렌지색으로 되며 갈색의 색조를 가진다. 가장자리는 줄무늬선이 없거나 희미한 줄무늬선이 있다. 살은 오렌지색에서 노란색으로 되며 얇다. 냄새는 없고 맛은 온화하며 무미건조하다. 주름살은 넓은 바른 주름살로 약간 작은 톱니처럼 내린 주름살이다. 백색이지만 어릴 때 약간 적색이고 후에 맑은 노란색으로 폭이 넓다. 언저리는 톱니상이고 때때로 노란색이다. 자루의 길이는 2~4㎝, 굵기는 0.2~0.4㎝로 원통형이다. 표면은 밋밋하고 건조하며 오렌지색, 노란색-오렌지색 등이 나중에 갈색-오렌지색으로 된다. 자루의 속은 비었고 부서지기 쉽다. 포자는 7.4~10.3×4.4~5.7㎛로 타원형이다. 표면은 매끈하고 투명하며 기름방울을 함유한다. 포자문은 백색이다. 담자기는 가는 곤봉형에 28~40×7~10㎛이고 4-포자성다. 기부에 꺾쇠가 있다. 낭상체는 없다.

생태 가을 / 풀밭, 산성의 풀밭 또는 건초가 있는 들, 이끼류 속에 군생 · 산생한다. 드문 종이다.

분포 한국, 유럽

빨간리본꽃버섯

Hygrocybe hypophaemacta (Corner) Pegler
Hygrophorus hypophaemactus var. boninensis (Hongo) Hongo

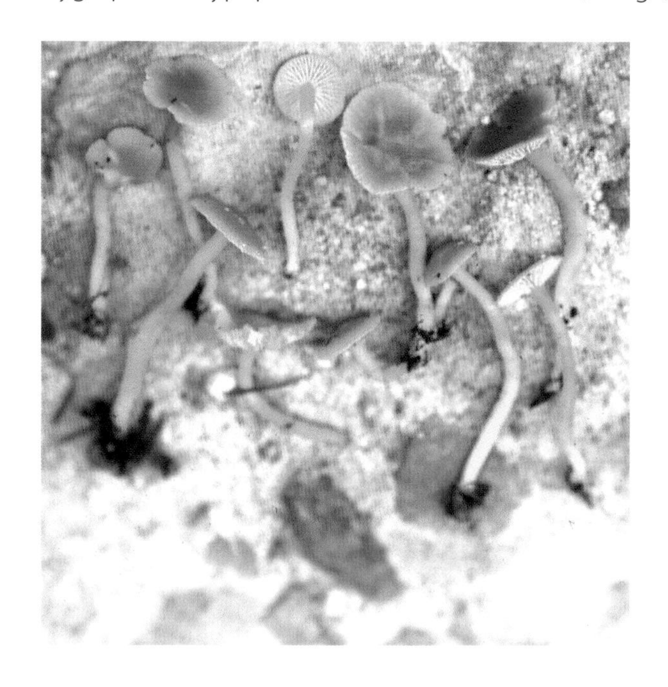

형태 균모와 자루는 끈끈한 점액으로 덮여 있다. 균모의 지름은 1.8~4.5㎝로 둥근 산 모양에서 편평하게 되며 특히 중앙부가 약간 들어간다. 표면은 적색-오렌지색이며 습기가 있을 때 방사상의 줄무늬홈선이 나타난다. 주름살은 바른 주름살로 올린 주름살 또는 거의 끝붙은 주름살이며 적색-오렌지색을 나타내며 성기다. 자루의 길이는 2~4㎝, 굵기는 0.3~0.6㎝로 적색-오렌지색이며 아래쪽은 연한 색이다. 담자기와 포자는 매우 큰 것과 작은 것 두 가지가 있다. 대포자는 8.5~12×6.5~9.5㎛이고 소포자는 5.5~7.5×3.5~5㎛이다. 대담자기는 30~40×12~13.5㎛이며 소담자기는 25~32×4.5~6㎛다. 연낭상체는 털 모양으로 형태가 많다.

생태 여름~가을 / 숲속의 땅에 발생한다.

분포 한국, 일본

황적색꽃버섯

Hygrocybe imazekii Hongo

형태 균모의 지름은 1.5~3㎝이고 처음 원추형의 둥근 산 모양에서 차차 펴져서 중앙이 볼록한 모양으로 된다. 표면은 밋밋하고 선명한 적색-오렌지 적색이며 끈적기는 없다. 가장자리에 약간 줄무늬선이 있다. 주름살은 바른 주름살의 약간 내린 주름살로 폭이 넓다. 거의 삼각형 모양이며 크림색이고 성기다. 자루의 길이는 3~5㎝, 굵기는 0.2~0.5㎝로 위쪽은 균모와 같은 색이고 아래는 연한 색이며 자루의 속은 비었다. 포자의 크기는 7~9.5×3.5~5㎛로 타원형-원주형이며 때때로 중앙이 약간 잘록한 것도 있다.

생태 가을 / 숲속의 땅에 발생한다.

분포 한국, 일본

끈적꽃버섯

Hygrocybe insipida (J. E. Lange) M. M. Moser

형태 균모의 지름은 2~4㎝로 반구형에서 둥근 산 모양으로 되며 중앙이 약간 들어가는 것도 있다. 표면은 끈적기가 있어서 미끈거리고 확대경을 통해 보면 미세한 맥상 또는 미세한 결절이 있다. 오렌지색, 진홍색, 오렌지색-적색 등에서 검은 오렌지색의 맥상으로 되며 광택이 나고 중앙에 투명한 그물눈이 있다. 가장자리는 노란색이며 간혹 위로 뒤집히고 톱니상이다. 살은 노란색-오렌지색이며 냄새가 약간 나고 우유 맛이 난다. 주름살은 넓은 바른 주름살에서 긴 내린 주름살로 오렌지색 또는 노란색이다. 주름살의 가장자리는 연한 색이거나 백색이다. 자루의 길이는 1.5~5.5㎝, 굵기는 0.1~0.3㎝로 원통형이며 아래로 가늘고 잘 휘어진다. 가끔 압착된 상태이고 대부분 속이 차 있다. 표면은 처음에 광택과 습기가 있으나 곧 건조해지고 적색 또는 황금 오렌지색이다. 포자의 크기는 6~7.5×3~4㎛로 타원형 또는 원통형에서 장방형으로 다양한 돌기를 가진다. 담자기의 크기는 25~40×5~7㎛로 4-포자성이다.

생태 여름 / 풀밭의 이끼류에 군생한다.

분포 한국, 중국, 유럽

중심꽃버섯

Hygrocybe intermedia (Pass.) Fayod

형태 균모의 지름은 2.5~5㎝로 처음 원추형에서 차차 펴져서 편평한 둥근 산 모양으로 된다. 흔히 큰 자실체는 균모의 가장자리가 찢어지며 건조성이고 거친 방사상의 줄무늬가 있으며 중앙에 미세한 인편이 있다. 어릴 때 보통 주홍색인데, 퇴색하여 오렌지 또는 드물게 오렌지색-노란색이 되며 습할 때는 무딘 노란색이다. 부식되고 부분적으로 밋밋하며 인편이 있다. 건조할 때는 노란색으로 되며 때때로 중앙은 약간 회색이다. 주름살은 올린 주름살에서 끝붙은 주름살로 되며 백색에서 연한 노란색, 때때로 오렌지색이 된다. 배불뚝이형이며 언저리는 톱니상이다. 자루의 길이는 2~6㎝, 굵기는 0.5~1.3㎝로 원통형이거나 기부로 폭이 넓다. 직립하거나 약간 굽었고 속은 비고 건조성이며 거친 섬유상이다. 표면은 적색에서 오렌지색-노란색 또는 드물게 노란색이다. 기부는 백색이다. 살은 연하고 노란색이며 때때로 회색으로 되고 특히 자루의 기부는 진한 색이다. 포자는 8.5~10×5~6.5㎛이고 타원형, 난형, 서양배 모양 등 다양하다. 담자기는 35~55×7.5~11.5㎛이며 4-포자성이다.

생태 여름 / 풀 속의 진흙에 발생한다.

분포 한국, 유럽

빨강꽃버섯

Hygrocybe marchii (Bres) Sing.
Hygrophorus marchii Bres

형태 균모의 지름은 1~4.5㎝로 반구형-둥근 산 모양이다가 점차 편평하게 펴지며 때때로 중앙부가 약간 오목해진다. 표면은 습할 때 끈적기가 있고 주홍색에서 점차 퇴색되어 거의 황색이 된다. 주름살은 바른 주름살 또는 올린 주름살이지만 때에 따라서는 약간 내린 주름살이며 연한 황색이고 약간 성기다. 자루의 길이는 2.5~6.5㎝, 굵기는 0.2~0.7㎝로 황적색이며 속이 비어 있고 때때로 납작하다. 포자의 크기는 6.5~9×4~4.5㎛로 타원형이고 표면은 매끈하고 투명하다. 포자문은 백색이다. 담자기는 대부분 2-포자성이 많다.
생태 초여름~가을 / 숲속의 땅 또는 초지에 발생한다.
분포 한국, 일본, 유럽, 북미

붉은꽃버섯

Hygrocybe miniata (Fr.) Kummer

형태 균모는 지름이 1~3㎝로 반구형에서 둥근 산 모양을 거쳐 차차 편평하게 되며 중앙부가 조금 오목해진다. 표면은 끈적기가 없고 가는 인편이 중앙에 밀집하거나 가는 비늘조각으로 덮이며 주적색이다. 살은 얇고 적색-오렌지색이며 연하다. 주름살은 바른 주름살-올린 주름살 또는 내린 주름살로 성기고 폭은 넓으며 적색 또는 오렌지색이며 변두리는 밋밋하다. 자루는 길이가 5~8㎝, 굵기는 0.3~0.5㎝로 원통형이다. 밋밋하고 건조성이며 균모와 같은 색이다. 표면은 매끄럽고 섬유상의 가는 털이 있다. 자루의 속은 차 있다가 빈다. 포자의 크기는 7.5~9×4~5㎛로 난형-타원형이다. 표면은 매끄럽고 투명하며 기름방울이 있다. 포자문은 백색이다. 담자기는 33~50×8~11㎛로 곤봉형이고 2~4-포자성이며 기부에 꺾쇠가 있다.

생태 여름~가을 / 숲속의 습지나 풀밭 등의 땅에 군생한다.

분포 한국, 중국, 일본, 유럽, 거의 전 세계

겹양산꽃버섯

Hygrocybe mucronella (Fr.) Karst.
H. reae (Maire) J. E. Lange

형태 균모의 지름은 1~2㎝로 종 모양에서 둥근 산 모양을 거쳐 편평하게 된다. 표면은 밋밋하고 적색-황적색으로 끈적기가 있다. 습기가 있을 때 광택이 나고 줄무늬선이 나타난다. 가장자리는 물결형에 살은 얇고 매운맛이며 오렌지색이다. 주름살은 바른주름살-내린 주름살이며 크림색-오렌지색이다. 폭이 넓고 성기고 포크형이다. 언저리는 밋밋하다. 자루의 길이는 2.5~4㎝, 굵기는 0.1~0.2㎝로 위아래가 같은 굵기이고 굽었으며 균모와 같은 색이다. 표면은 밋밋하고 섬유상의 세로줄이 있고 습기가 있을 때는 끈적기와 광택이 난다. 자루의 기부는 백색이며 속은 차 있다. 포자의 크기는 7.5~10×4~6㎛로 난형-광타원형이다. 표면은 매끄럽고 투명하며 기름방울을 함유하고 불분명한 미세한 반점을 가진 것도 있다. 담자기는 34~40×5~8㎛로 가는 곤봉형이며 2~4-포자성이고 기부에 꺾쇠가 있다. 낭상체는 없다.
생태 여름~가을 / 숲속의 땅, 이끼류가 있는 곳에 단생 · 군생한다.
분포 한국, 중국, 유럽, 북미

질산꽃버섯

Hygrocybe nitrata (Pers.) Wünsche
Hygrophorus nitratus (Pers.) Fr.

형태 균모의 지름은 2~5(7)*cm*로 어릴 때는 반구형에서 차차 중앙이 편평한 둥근 산 모양을 거쳐 편평해지나 중심부는 깊게 오목하다. 표면은 습기가 있을 때 회갈색-암황토 갈색, 건조할 때 황토 갈색으로 되며 방사상으로 진한 색의 섬유상 줄무늬가 있고 가늘게 찢어지기도 한다. 살은 유백색이며 불쾌한 냄새가 난다. 주름살은 바른 주름살이지만 나중에 자루에서 분리되어 깊이 만곡되고 폭이 넓으며 성기다. 색은 유백색-옅은 회색이며 상처를 받으면 붉은색으로 변한다. 자루의 길이는 4~7*cm*, 굵기는 0.5~1*cm*로 회갈색-연한 갈색이며 흔히 눌려 있고 속은 비어 있다. 포자의 크기는 7.1~8.9×4.3~5.6μm로 타원형에 표면은 매끄럽고 투명하다. 포자문은 크림색이다.
생태 여름 / 잔디밭에 주로 단생 · 산생한다.
분포 한국, 중국, 일본, 유럽

투구꽃버섯

Hygrocybe ovina (Bull.) Kühn.

형태 균모의 지름은 2.5~6㎝로 어릴 때는 반구형에서 원추형의 종 모양-편평한 모양으로 된다. 가장자리는 불규칙한 파상이 된다. 어릴 때는 표면이 밋밋하나 오래되면 방사상으로 섬유상 인편이 피복되고 가장자리가 갈라지기도 한다. 올리브 갈색-암갈색이다가 흑갈색으로 된다. 끈적기나 광택이 없다. 살은 회색의 베이지색에서 점차 붉은색을 나타내다가 검은색으로 되며 부서지기 쉽다. 주름살은 홈파진 주름살이며 회갈색-흑갈색이나 만지면 적색으로 되며 약간 성기다. 자루의 길이는 3~8㎝, 굵기는 0.4~1.2㎝로 위아래가 같은 굵기이며 기부는 약간 굵어지거나 가늘어져서 압착되기도 한다. 표면은 밋밋하고 세로로 섬유상 줄무늬가 있으며 회갈색-암갈색이고 꼭대기는 약간 백색의 분말이 덮인다. 자루의 속은 차 있고 자르면 붉은색을 나타내다가 검은색이 된다. 포자는 6.3~8.8×4.4~5.9㎛로 광타원형이다. 표면은 매끈하고 투명하며 기름방울이 있다. 포자문은 백색이다.

생태 여름~가을 / 초지, 숲속의 땅, 풀밭 등에서 단생 또는 군생한다.

분포 한국, 유럽

방사꽃버섯

Hygrocybe radiata Arnolds

형태 균모의 지름은 1~3㎝로 넓은 원추형에서 편평한 둥근 산 모양이 되었다가 편평하게 되며 보통 중앙에 작은 볼록을 가진다. 건조성이고 때때로 어린 자실체는 흡수성이 있다. 중앙은 약간 섬유상이거나 인편이 있다. 회갈색에서 연한 쥐색으로 보통 보라색을 가진다. 중앙부터 가장자리까지 검은 줄무늬가 있으며 줄무늬 사이는 연한 회색이다. 가장자리는 흔히 톱니상이다. 살은 표면과 같은 색으로 매우 얇고 뚜렷한 맛과 냄새는 없다. 주름살은 내린 주름살로 때때로 분지하고 회색이며 언저리는 더 연한 색이다. 자루의 길이는 2~4㎝, 굵기는 0.2~0.4㎝로 원통형에 위아래가 같은 굵기다. 표면은 건조성이고 섬유상으로 광택이 나며 잿빛 회색 또는 은색-백색이나 손으로 만지면 백색의 가루가 퍼져서 덮인다. 속은 푸석푸석하게 차 있다. 포자는 6.5~7.5×5~6㎛로 광타원형, 타원형, 유구형 등 여러 모양이며 꼭대기는 보통 비스듬하다. 담자기는 36~51×6~8㎛로 4-포자성이다.

생태 가을 / 약간 기름진 풀숲의 땅에 군생한다.

분포 한국, 유럽

질긴잎꽃버섯

Hygrocybe russocoriacea (Berk. & T. K. Mill.) P. D. Orton & Watling

형태 균모의 지름은 1~3.5㎝로 어릴 때 반구형이다가 둥근 산 모양에서 편평하게 되며 중앙은 들어간다. 때때로 중앙에 작은 볼록이 있다. 표면은 밋밋하고 약간 흡수성이다. 습할 때 광택이 나고 약간 미끈거리며 끈적기가 있다. 백황색에서 베이지 노란색으로 되며 희미한 올리브색을 가진다. 건조하면 매끄럽고 크림색이다. 가장자리에는 어릴 때 투명한 줄무늬선이 나타나고 오래되면 희미하고 예리해진다. 살은 물기가 있고 크림색으로 얇으며 가죽 냄새에 맛은 온화하다. 주름살은 내린 주름살로 백색에서 크림색이고 폭이 넓다. 언저리는 밋밋하다. 자루의 길이는 3~6㎝, 굵기는 0.3~0.7㎝로 원통형에서 원추형으로 되며 기부로 가늘어진다. 표면은 밋밋하고 무디며 건조성에서 왁스처럼 되기도 한다. 색깔은 백색에서 크림백색으로 되며 때때로 기부 쪽이 핑크색이다. 유연하고 속은 푸석푸석하게 차 있다가 빈다. 포자는 6.5~9×3.3~5.1㎛로 타원형이며 표면은 매끈하고 투명하다. 포자문은 백색이다. 담자기는 40~52×4.5~8㎛로 가는 곤봉형이며 4-포자성이고 기부에 꺾쇠가 있다. 낭상체는 없다.

생태 가을 / 풀밭 또는 젖은 풀밭, 숲속의 가장자리를 따라서 단생 · 군생한다.

분포 유럽, 북미, 북아프리카

진갈색꽃버섯

Hygrocybe spadicea (Fr.) P. Karst.

형태 균모의 지름은 2.5~4㎝로 처음 넓은 원추형에서 차차 편평하게 된다. 중앙은 볼록하고 엽편처럼 되며 가장자리는 찢어진다. 어릴 때는 회색에 끈적기가 있고 곧 건조해지며 방사상의 섬유상으로 되고 방사상의 주름 사이에 살이 노출된다. 색깔은 암회색에서 검은 회갈색을 거쳐 무딘 황갈색으로 된다. 중앙은 올리브 갈색으로 되고 가장자리를 따라서 노란색이 발달한다. 살은 퇴색한 노란색이고 냄새는 자극적이나 분명치 않다. 주름살은 끝붙은 주름살 또는 올린 주름살로 밀생하며 연한 노란색에서 노란색으로 된다. 언저리는 톱니형이다. 자루의 길이는 3.5~9㎝, 굵기는 0.3~1.2㎝로 원통형이다. 기부로 약간 부풀고 세로줄의 섬유상 무늬가 있다. 표면은 주름살과 같은 색이며 연하며 부서지기 쉽고 쉽게 찢어진다. 자루의 속은 차거나 약간 비었으며 꼭대기는 가루상이다. 포자의 크기는 8~10×5~5.5㎛로 타원형, 장방형, 때때로 광타원형 등이다. 담자기는 35~64×8~12㎛로 4-포자성이다.

생태 여름 / 활엽수림의 땅, 불탄 땅에 군생한다. 식독은 불분명하다.

분포 한국, 중국, 유럽, 북미, 뉴질랜드

과립꽃버섯

Hygrocybe sguamulosa (Ellis & Everh.) Arnolds
Hygrophorus sguamulosus Ellis & Ev.

형태 균모의 지름은 1.5~5㎝로 둔한 둥근 산 모양이나 중앙은 가끔 들어간다. 표면은 밝은 적색에서 밝은 오렌지색으로 되었다가 전체가 밝은 노란색으로 된다. 건조성 또는 약간 흡수성이 있고 어릴 때 밋밋하다가 인편으로 되며 특히 가장자리가 뚜렷하다. 가장자리는 노란색-핑크색이고 아래로 말린다. 살은 두껍고 단단하며 균모와 같은 색이나 노란색으로 퇴색한다. 냄새는 불분명하고 맛은 없다. 주름살은 바른 주름살 또는 약간 톱니상의 내린 주름살로 밀생하거나 성기며 폭이 넓다. 적색에서 연한 노란색으로 된다. 자루의 길이는 3~5㎝, 굵기는 0.3~0.6㎝로 가끔 압착된 것도 있다. 살구색이며 꼭대기는 백색에 약간 부푼 것을 제외하고는 밋밋하다. 자루의 속은 비고 백색이다. 포자의 크기는 6~8×4~5㎛로 유타원형에 표면은 매끄럽고 투명하다. 포자문은 백색이다. 연낭상체는 많고 측낭상체는 없다.

생태 여름~가을 / 썩은 고목에 산생 · 군생한다.

분포 한국, 중국, 북미, 중국

송곳꽃버섯아재비

Hygrocybe subacuta (Hongo) Hongo

형태 균모의 지름은 3~4㎝로 원추형에서 점차 편평하게 펴지며 중앙은 약간 원추형의 볼록이 있다. 표면은 끈적액으로 덮이며 오렌지색이고 방사상의 줄무늬선이 있다. 살은 표면과 같은 색이다. 주름살은 홈파진 주름살 또는 거의 끝붙은 주름살로 성기고 폭은 약 0.4㎝ 정도이다. 오렌지색이며 언저리는 연한 색이다. 자루의 길이는 3~3.5㎝, 굵기는 0.6㎝ 정도로 속은 차 있다. 표면은 오렌지색-황색으로 섬유상의 세로줄무늬가 있으며 끈적기는 없다. 포자의 크기는 7~10×5~7㎛이고 광타원형이다. 담자기는 4-포자성이다.

생태 가을 / 숲속의 땅에 군생한다.

분포 한국, 일본

황갈꽃버섯아재비

Hygrocybe subcinnabarina (Hongo) Hongo
Hygrophorus subcinnabarinus Hongo

형태 균모의 지름은 1~2.5㎝로 처음에 둔한 원추형에서 종 모양과 둥근 산 모양을 거쳐 거의 편평하게 된다. 때때로 중앙에 젖꼭지 모양의 돌기가 있다. 표면은 끈적기가 없고 밋밋하다. 칙칙한 붉은색-와인 적색이며 간혹 줄무늬홈선이 있다. 주름살은 바른 주름살의 약간 내린 주름살이며 연한 장미색-연한 와인색으로 성기다. 자루의 길이는 3~8㎝, 굵기는 0.2~0.4㎝로 표면은 밋밋하고 붉은색이다. 자루의 속은 비었고 기부는 백색 균사로 덮인다. 포자의 크기는 6.5~8(9)×5.5~6.5㎛로 광타원형-유구형이다.
생태 가을 / 잡목림의 소나무 숲의 땅에 군생한다.
분포 한국, 일본

젖꼭지꽃버섯

Hygrocybe subpapillata Kühn.

형태 균모의 지름은 0.9~1.5㎝로 반구형에서 둥근 산 모양과 편평한 둥근 산 모양을 거쳐 편평하게 된다. 중앙의 한가운데는 젖꼭지 모양이다. 표면은 밋밋하고 끈적거리며 광택이 난다. 붉은색, 오렌지색-적색이지만 중앙은 어두운 색이다. 가장자리에는 오렌지색-황색, 약간 줄무늬선 또는 투명한 줄무늬선이 있다. 주름살은 바른 주름살로 황색-적색, 적색 등이다. 주름살의 변두리는 황색, 적색 또는 퇴색된 색이다. 자루의 길이는 2~5㎝, 굵기는 0.15~0.3㎝로 원통형에 가늘다. 표면은 밋밋하고 미세한 줄무늬와 섬유실이 있으며 건조성이다. 색깔은 붉은색에서 오렌지색-황색으로 되지만 기부부터 퇴색한다. 살은 거의 없고 표면과 같은 색이며 냄새와 맛은 없다. 포자의 크기는 8~9×5~5.5㎛로 타원형, 난형, 장방형, 약간 원주형 등으로 다양하다. 표면은 매끈하고 투명하다. 담자기는 32~48×8~10㎛로 곤봉형, 배불뚝이형이며 4-포자성이나 간혹 2-포자성도 있다.

생태 여름 / 초원의 풀 사이, 숲속의 땅에 단생 · 군생한다.

분포 한국, 중국

주홍꽃버섯

Hygrocybe suzukaensis (Hongo) Hongo
H. turunda f. macrospora Hongo / Hygrophorus trundus (Fr.) Fr.

형태 균모의 지름은 2~4㎝로 처음에는 둥근 산 모양이다가 차차 편평하게 펴진다. 표면은 끈적기가 없고 밋밋하다. 진한 빨간색-오렌지 적색이다가 나중에는 황색을 띠게 된다. 살은 오렌지색-황색으로 부서지기 쉽다. 주름살은 바른 주름살-내린 주름살로 흰색 또는 황색이고 성기다. 자루의 길이는 2.5~6㎝, 굵기는 0.5~0.7㎝로 때때로 자루가 납작해지며 위쪽은 빨간색, 아래쪽은 연한 색이거나 흰색으로 되며 속은 비었다. 포자의 크기는 11~15×7.5~8.5㎛로 난형에 표면은 매끈하고 투명하다.
생태 가을 / 대나무 숲, 삼나무 숲, 측백나무 숲 등의 땅에 다수가 군생 · 속생한다.
분포 한국, 중국, 일본

애비늘꽃버섯

Hygrocybe turunda (Fr.) P. Karst.
H. turunda f. macrospora Hongo / Hygrophorus trundus (Fr.) Fr.

형태 균모의 지름은 0.8~3㎝로 어릴 때 둥근 산 모양이다가 후에 편평한 둥근 산 모양 또는 편평한 모양으로 된다. 가장자리는 뒤집히고 톱니상이며 중앙은 들어간다. 건조성에 인편이 있고 오렌지색, 오렌지색-노란색이다. 인편은 흑갈색 또는 검은색으로 흔히 직립하며 때때로 완전히 균모를 덮는다. 맛과 냄새는 보통이다. 주름살은 내린 주름살로 성기고 연한 노란색이다. 자루의 길이는 1.5~3㎝, 굵기는 0.2~0.3㎝로 원통형이거나 압착한다. 때때로 아래로 가늘고 오렌지색 또는 오렌지색-노란색을 띠며 기부의 색은 연하고 밋밋하다. 포자의 크기는 9.5~11.5×5.5~7㎛로 타원형, 장방형이다. 담자기는 40~60×8~10㎛에 4-포자성이며 때때로 2-포자성도 있다.
생태 여름~가을 / 산성 땅의 짚 더미, 풀 속의 땅에 군생한다.
분포 한국, 유럽(북유럽)

애비늘꽃버섯(대형포자형)

Hygrocybe turunda f. **macrospora** Hongo

형태 균모의 지름은 0.8~2.3㎝로 편평한 둥근 산 모양이며 황색-오렌지 황색이다. 표면은 가는 인편으로 덮이지만 흑색으로 변하지는 않는다. 주름살은 아치형의 내린 주름살로 연한 황색이며 성기다. 자루의 길이는 6~11㎝, 굵기는 0.15~0.3㎝로 황색-오렌지 황색이다. 포자는 10~15(16.5)×6~7.5㎛로 타원형이다.
생태 여름 / 이끼류에 군생한다.
분포 한국, 일본

날개벚꽃버섯

Hygrophorus agathosmus (Fr.) Fr.
H. hyacinthinus Quél.

형태 균모의 지름은 3~7㎝로 어릴 때 반구형에서 둥근 산 모양으로 되며 톱니상의 물결형이다. 노후하면 가운데가 약간 볼록해진다. 표면은 건조하면 매끈하고 습기가 있을 때 약간 광택이 나며 백색에서 밝은 은회색이다. 육질은 백색이고 가운데는 두꺼우나 가장자리로 얇으며 냄새는 달콤하고 맛은 온화하다. 가장자리는 오랫동안 아래로 굽으나 노후하면 물결형으로 된다. 주름살은 내린 주름살로 백색이고 폭은 넓으며 변두리는 밋밋하다. 자루의 길이는 3~7㎝, 굵기는 0.6~1.2㎝로 원통형이며 굽었고 속은 차 있다. 표면에는 세로줄로 섬유상의 미세한 털이 있으며 백색-은회색이다. 포자의 크기는 7.7~10.2×4.1~5.8㎛로 타원형이다. 표면은 매끄럽고 투명하며 기름방울이 있다. 담자기는 가는 곤봉형으로 36~45×7.5~9㎛이고 기부에 꺾쇠가 있다. 낭상체는 없다.
생태 여름~가을 / 숲속의 이끼류, 풀 속의 땅에 단생 · 군생한다.
분포 한국, 중국, 유럽

단심벚꽃버섯

Hygrophorus arbustivus Fr.

형태 균모의 지름은 2~5(8)㎝로 둥근 산 모양에서 거의 편평하게 펴져서 접시 모양으로 된다. 중앙은 다소 볼록하다. 표면은 끈적기가 있고 중앙부는 다갈색-벽돌색으로 섬유 무늬를 나타낸다. 가장자리는 연한 색이다. 살은 백색이고 표피 아래는 약간 갈색을 나타낸다. 주름살은 바른 주름살-약간 내린 주름살이고 백색에 다소 밀생한다. 자루의 길이는 5~10㎝, 굵기는 0.4~1㎝로 백색이고 습할 때 다소 끈적기가 있다. 꼭대기는 가루상이다. 포자는 8~10×4~6㎛이고 타원형이다.
생태 가을 / 활엽수림의 땅에 발생한다. 식용 가능하다.
분포 한국, 일본, 러시아 연해주, 중국, 유럽, 아프리카

흑갈색벚꽃버섯

Hygrophorus camarophyllus (Alb. & Schw.) Dum., Grandj. & Maire

형태 균모는 지름이 4~10㎝로 둥근 산 모양에서 중앙부가 높은 편평형으로 되지만 간혹 중앙이 돌출하는 것도 있다. 표면은 회갈색-암회갈색이고 습기가 있을 때 끈적기가 조금 있으며 쉽게 마른다. 살은 백색이고 부서지기 쉽다. 주름살은 바른 주름살-내린 주름살로 백색-연한 크림색이고 성기다. 자루의 길이는 5~12㎝, 굵기는 1~2㎝로 아래가 조금 가늘고 위는 가루상이다. 자루의 속은 차 있다. 표면은 섬유상으로 끈적기가 없고 균모보다 연한 색이다. 포자의 크기는 6~9×4~4.5㎛로 광타원형이다. 표면은 매끄럽고 투명하며 기름방울을 함유한다.

생태 가을 / 적송 숲, 졸참나무 숲, 너도밤나무 숲, 졸참나무 숲 등의 땅에 군생한다. 식용한다.

분포 한국, 중국, 일본, 러시아 연해주, 유럽, 북미, 북반구 일대

노란갓벚꽃버섯

Hygrophorus chrysodon (Batsch) Fr.

형태 균모의 지름은 4.5~8㎝로 둥근 산 모양에서 차차 편평하게 되며 중앙부는 돌출하거나 둔하게 볼록하다. 표면은 습기가 있을 때 끈적기가 있고 광택이 난다. 백색이고 난황색의 융털이 있다. 가장자리는 처음에 아래로 감기며 백색의 융털이 있다. 살은 두껍고 백색이며 맛과 향기가 온화하다. 주름살은 내린 주름살이고 폭은 중앙부가 넓으며 백색이다. 가장자리는 황색이다. 자루는 길이가 6~8.5㎝, 굵기는 0.5~2.1㎝로 원주형이다. 끈적기가 있으며 백색이고 난황색의 융털이 있다. 자루의 속은 차 있으나 오래되면 빈다. 포자의 크기는 7~9×4~5㎛로 타원형이고 표면은 매끄럽고 투명하다. 포자문은 백색이다.

생태 여름~가을 / 분비나무 숲, 가문비나무 숲, 잣나무 숲의 땅에 군생한다.

분포 한국, 중국, 일본, 유럽, 북미, 북반구 일대

주름균강 》 주름버섯목 》 벚꽃버섯과 》 벚꽃버섯속

벚꽃버섯

Hygrophorus eburneus (Bull.) Fr.

형태 균모의 지름은 3~7(9)㎝로 어릴 때는 반구형이며 후에 둥근 산 모양에서 거의 편평해진다. 표면은 끈적기가 있고 어릴 때는 순백색을 띠며 후에 중앙에 연한 황색으로 된다. 살은 백색이다. 주름살은 바른 주름살에서 내린 주름살이고 백색이며 폭이 넓고 약간 성기다. 자루의 길이는 4~7㎝, 굵기는 0.5~1㎝로 기부 쪽으로 좁다. 표면은 백색이고 끈적기가 있으며 어릴 때 꼭대기에 가루 같은 물질이 덮여 있다. 포자는 6.8~9.2×4.2~6.2㎛로 타원형이며 표면은 매끈하고 투명하다. 포자문은 연한 크림색이다.
생태 가을 / 자작나무 등의 활엽수 낙엽 사이에서 난다. 식독은 불분명하다.
분포 한국 등 북반구 온대 이북

주름균강 》 주름버섯목 》 벚꽃버섯과 》 벚꽃버섯속

피칠벚꽃버섯

Hygrophorus erubescens (Fr.) Fr.
H. capreolarius (Kalchbr.) Sacc.

형태 균모의 지름은 2~5(7)㎝로 어릴 때는 둥근 산 모양이나 후에 거의 편평해지고 중앙이 약간 오목하게 된다. 표면은 밋밋한데 중앙부에는 압착된 작은 인편이 있고 암적갈색-포도주 적색이다. 습할 때는 점성이 있다. 오래되면 표면에 작은 흑적색 얼룩이 생겨서 사슴의 얼룩점을 연상시킨다. 가장자리는 오랫동안 안쪽으로 감긴다. 살은 흰색 또는 극히 연한 살색이다. 속은 차 있다. 주름살은 바른 주름살-내린 주름살로 포도주 적색-계피색이고 성기다. 자루의 길이는 2~6㎝, 굵기는 0.3~0.8㎝로 위아래가 같은 굵기이다. 기부 쪽으로 가늘고 균모와 거의 같은 색이다. 세로로 섬유상의 줄무늬가 있다. 포자는 6~8×3.8~5.2㎛로 광타원형에 표면은 매끈하고 투명하며 기름방울을 함유한다. 포자문은 백색이다.
생태 가을 / 주로 구슬잣밤나무속의 나무 밑에 단생 · 군생한다. 식용하며 맛이 좋다.
분포 한국 등 북반구 온대 이북

너도밤나무벚꽃버섯

Hygrophorus fagi Becker & Bon

형태 균모의 지름은 6~10㎝로 둥근 산 모양에서 차차 편평하게 펴지며 중앙은 둥근 모양으로 돌출한다. 표면은 끈적액으로 덮여 있고 밋밋하며 가장자리 쪽으로 연한 색-거의 백색이다. 가장자리는 아래로 강하게 감기고 미세한 털이 있다. 육질은 두껍고 백색이며 균모 중앙부의 육질은 홍색이고 냄새는 약간 좋다. 주름살은 내린 주름살로 활 모양이고 성기다. 폭은 0.6~1㎝이며 연한 크림색이다. 자루의 길이는 9~17㎝, 굵기는 1.5~2.5㎝로 다소 굴곡지고 기부는 가늘어진다. 표면은 섬유상이며 백색이고 하부는 황색에 꼭대기는 가루상이다. 포자의 크기는 6.5~8×4.5~5.5㎛로 광타원형으로 표면은 매끄럽다.
생태 가을 / 너도밤나무 숲의 지상에 군생한다. 식용한다.
분포 한국, 중국, 일본, 유럽

회흑색벚꽃버섯

Hygrophorus fuligineus Frost

형태 균모의 지름은 4~12㎝이다. 표면은 밋밋하고 습기가 있을 때 끈적기가 있으며 흑갈색에서 어두운 올리브색-갈색으로 된다. 가장자리는 연한 색이다. 살의 냄새와 맛은 불분명하다. 주름살은 넓게 올린 주름살에서 약간 내린 주름살이다. 백색에서 크림 백색으로 되고 폭은 비교적 넓은 편이다. 자루의 길이는 4~10㎝, 굵기는 0.5~1.5㎝ 정도로 백색이다. 기부에 투명한 끈적기가 있으며 꼭대기는 매끈하거나 약간 인편이 있다. 포자의 크기는 7~9×4.5~5.5㎛로 타원형이다. 포자문은 백색이다. 균사에 꺾쇠가 있다. 난아밀로이드 반응을 보인다.
생태 늦여름~가을 / 활엽수림의 비옥한 땅에 군생한다. 드문 종이다.
분포 한국, 중국, 북미

주름균강 》 주름버섯목 》 벚꽃버섯과 》 벚꽃버섯속

백황색벚꽃버섯

Hygrophorus gliocyclus Fr.

형태 균모의 지름은 3~10㎝로 반구형에서 둥근 산 모양을 거쳐 점차 편평하게 된다. 표면은 유백황색이 밋밋하다. 육질은 약간 두껍다. 주름살은 바른 주름살 또는 약간 내린 주름살로 포크형이고 오백색-황색 또는 약간 황색-살색이다. 자루의 길이는 10~15㎝, 굵기는 1~2㎝로 원주형이다. 기부는 약간 뿌리형으로 균모와 같은 색이다. 표면은 덮개막이 있거나 덮개막의 흔적이 있다. 포자의 크기는 7~10.5×4.5~6㎛로 타원형이며 광택이 난다. 표면은 매끄럽고 투명하다.
생태 여름~가을 / 숲속의 땅에 군생 · 산생한다.
분포 한국, 중국

주름균강 》 주름버섯목 》 벚꽃버섯과 》 벚꽃버섯속

끝말림벚꽃버섯

Hygrophorus marzuolus (Fr.) Bres.

형태 균모의 지름은 3~10㎝로 반구형에서 둥근 산 모양으로 된다. 표면은 밋밋하다가 미세한 솜털상으로 된다. 습할 때 광택의 끈적기가 있고 백색이나 빛을 받으면 흑갈색의 얼룩이 생기며 가끔 녹색인 것도 있다. 가장자리는 아래로 말리며 갈라지고 톱니상이다. 살은 백색이나 자루의 살은 회색이고 두껍고 때때로 표피 밑은 흑색이다. 냄새가 없고 맛은 온화하다. 주름살은 넓은 바른 주름살-내린 주름살로, 백색에서 회색으로 된다. 두껍고 미끈거리며 폭은 좁고 때때로 융합한다. 언저리는 밋밋하다. 자루의 길이는 2.5~8㎝, 굵기는 1~3.5㎝로 원통형으로 굽었고 꼭대기 쪽으로 인편이 있으며 단단하다. 회갈색이며 자루의 속은 차 있다. 포자의 크기는 5.1~7.5×3.9~6.1㎛로 광타원형이며 매끈하고 투명하며 기름방울이 있다. 담자기는 55~80×6.5~8㎛로 가는 곤봉형이고 4-포자성이며 기부에 꺾쇠가 있다.
생태 봄 / 활엽수림과 침엽수림의 땅, 흔히 이끼류, 나뭇잎, 침엽수의 쓰레기에 단생 · 군생 · 속생한다.
분포 한국, 중국, 유럽, 북미

서리벚꽃버섯

Hygrophorus hypothejus (Fr.) Fr.

형태 균모의 지름은 3~5㎝로 처음에는 둥근 산 모양이고 중앙이 낮게 볼록해지며 거의 편평한 형이 된다. 나중에는 중앙이 약간 오목해진다. 표면에는 끈적액이 덮여 있다. 올리브색-암올리브 갈색이고 가장자리는 연한 색이다. 섬유상 무늬가 다소 덮여 있다. 살은 백색-담황색 또는 붉은색을 나타낸다. 주름살은 내린 주름살로 연한 황색에 성기고 폭이 다소 좁은 편이다. 자루의 길이는 4~7㎝, 굵기는 0.7~1㎝로 위쪽에 불완전한 턱받이의 흔적이 있다. 그 위쪽은 다소 가늘고 그 아래쪽은 끈적액으로 덮여 있다. 균모보다 연한 색 또는 연한 황색이며 오래되면 균모나 자루가 황색, 오렌지색, 적색인 경우도 있다. 포자는 7~9×4~5㎛로 타원형이며 표면은 매끈하고 투명하다.

생태 늦가을~초겨울 / 소나무, 곰솔 등 침엽수 숲속 또는 혼효림의 땅에 단생 · 군생한다. 때로는 눈 속에서 나기도 한다. 식독은 불분명하다.

분포 한국, 일본, 유럽

가마벚꽃버섯

Hygrophorus leucophaeus (Scop.) Fr.

형태 균모의 지름은 3~4.5㎝로 어릴 때는 둥근 산 모양에서 거의 평평해지며 가운데가 돌출한다. 표면은 끈적기가 있고 칙칙하고 연한 오렌지 황색-연한 오렌지 갈색이나 중앙부가 진하다. 살은 연한 살색이다. 주름살은 바른 주름살-내린 주름살이며 거의 백색이고 성기다. 자루의 길이는 4.5~11㎝, 굵기는 0.4~0.7㎝로 긴 편이며 다소 굴곡이 있고 기부 쪽으로 좁다. 표면은 백색 또는 균모와 거의 같은 색이고 끈적기가 없다. 꼭대기는 가루상이다. 포자는 7.5~8.5×4~4.5㎛로 난형의 타원형이며 표면은 매끈하고 투명하다. 포자문은 백색이다.

생태 가을 / 너도밤나무 등의 활엽수림의 땅에 난다. 식용한다.

분포 한국 등 북반구 온대

노란털벚꽃버섯

Hygrophorus lucorum Kalchbr.

형태 균모는 지름이 2.5~4㎝로 반구형에서 차차 편평해지며 중앙부는 돌출한다. 표면은 젤라틴질이 있고 털이 없으며 레몬색-황색이다. 가장자리는 처음에 아래로 굽으나 나중에 펴진다. 살은 중앙부가 두껍고 백색 또는 황백색이며 맛은 유화하다. 주름살은 내린 주름살로 백색에서 황백색으로 된다. 자루의 길이는 4~9㎝, 굵기는 0.6~1㎝로 원주형이고 아래로 굵어진다. 백색에서 황백색으로 되며 끈적액이 있다. 자루의 속은 차 있다가 빈다. 포자의 크기는 7~8.4×4~6㎛로 타원형에 표면은 매끄럽고 투명하다. 포자문은 백색이다.

생태 여름~가을 / 가문비나무 숲, 분비나무 숲 또는 이깔나무 숲의 땅에 군생 · 산생한다. 식용한다. 이깔나무와 외생균근을 형성한다.

분포 한국, 일본, 중국

젤리벚꽃버섯

Hygrophorus olivaceo-albus (Fr.) Fr.

형태 균모는 지름이 5~7.5㎝이고 호빵형에서 편평하게 되며 중앙부는 약간 돌출한다. 균모 표면에는 젤라틴질막이 있고 막 아래는 갈색 또는 올리브 회갈색이며 중부는 암다색이다. 살은 백색이고 중앙부는 두껍고 유연하며 맛은 유화하다. 주름살은 바른 주름살 또는 내린 주름살로 빽빽하거나 약간 성기다. 폭은 넓은 편이며 두껍다. 표면은 백색이나 자루의 표면은 회색을 띤다. 자루는 길이가 7~9㎝, 굵기는 1.5~2㎝이고 위아래의 크기가 같거나 위로 가늘어진다. 상부에 젤라틴질막이 있고 갈색의 미세한 유모가 있다. 턱받이 위쪽은 백색이고 아래는 흑갈색 섬유의 동심원의 환대가 있다. 자루의 속은 차 있다. 턱받이는 막질이며 빨리 없어진다. 포자의 크기는 9~13.5×5.5~7㎛로 타원형이며 표면은 매끄럽고 무색이다. 포자문은 백색이다.

생태 여름~가을 / 분비나무나 가문비나무 숲 또는 잣나무 활엽수의 혼효림 땅에 군생 · 산생한다. 분비나무, 가문비나무, 소나무, 신갈나무와 외생균근을 형성한다.

분포 한국, 중국

끈적벚꽃버섯

Hygrophorus persoonii Arnolds

형태 균모의 지름은 5~8㎝로 둥근 산 모양에서 차차 편평하게 되지만 가운데는 약간 돌출한다. 표면은 끈적한 물질로 덮여 있고 그 아래는 섬유상으로 올리브 흑갈색이며 가운데는 검은색이다. 살은 백색이며 거의 맛과 색은 없다 주름살은 바른 주름살-내린 주름살로 백색이며 성기다. 자루는 길이가 5~10㎝, 굵기는 1~2㎝로 상부에 불완전한 턱받이의 흔적이 있다. 그 아래는 끈적한 물질의 올리브 흑갈색의 인편이 밀집하며 꼭대기는 백색의 가루상이다. 오래되면 끈적한 물질은 파괴되고 암색의 망목상으로 되며 백색 바탕이 나타난다. 포자의 크기는 8~10.5×5~6.5㎛로 타원형이다.

생태 여름~가을 / 활엽수림 또는 침엽수림의 땅에 군생한다. 식용한다.

분포 한국, 중국, 일본, 러시아 연해주, 유럽, 북아메리카

진흙벚꽃버섯

Hygrophorus piceae Kühn.

형태 균모의 지름은 1~4.5㎝이고 반구형에서 둥근 산 모양을 거쳐 거의 편평형으로 된다. 표면은 거의 백색 또는 유백색이며 때로는 연노랑색을 나타내기도 하고 가는 털이 있거나 밋밋하다. 육질은 백색이고 비교적 얇다. 주름살은 내린 주름살로 포크형이며 백색 또는 약간 유황색이다. 자루의 길이는 3~7㎝, 굵기는 0.3~0.6㎝로 원주형이거나 약간 만곡진다. 표면은 균모와 같은 색이고 밋밋하며 광택이 있고 어릴 때 꼭대기는 약간 굵다. 포자의 크기는 6~9×4~6.5㎛로 광타원형이다. 표면은 광택이 나고 매끄러우며 투명하고 기름방울을 가지고 있다. 담자기는 40~50×6~8.5㎛로 원통형-곤봉형이다. 4-포자성이고 기부에 꺾쇠가 있다. 연낭상체와 측낭상체는 없다.
생태 여름~가을 / 숲속의 땅에 단생 · 군생한다.
분포 한국, 중국

홍색벚꽃버섯

Hygrophorus pudorinus (Fr.) Fr.

형태 균모의 지름은 5~10㎝로 반구형에서 거의 편평형으로 된다. 표면은 선홍색 또는 주홍색으로 중앙부에 엷은 황색 가루가 분포하기도 한다. 습기가 있을 때 끈적기가 있고 살은 홍색이며 얇다. 가장자리는 밋밋하며 전연이다. 살은 홍색으로 얇고 맛은 없다. 주름살은 바른 주름살 또는 홈파진 주름살로 분지하며 포크형으로 홍색 또는 오렌지색-황색이다. 주름살의 가장자리는 밋밋하다. 자루의 길이는 5~11㎝, 굵기는 0.8~2.3㎝로 거의 원주형이며 약간 만곡지고 귤의 홍색-진한 홍색이다. 기부는 백색이고 긴 세로줄무늬의 홈선이 있으며 광택이 나고 밋밋하다. 자루의 속은 비었다. 포자의 크기는 6.3~8.5×3.6~5.6㎛로 타원형-난원형으로 광택이 난다. 표면은 매끄럽고 투명하다. 담자기는 곤봉형이고 3.2~4.5㎛×3.2~5.6㎛이다.

생태 여름~가을 / 숲속의 이끼류에 단생 · 군생한다.

분포 한국, 중국

보라벚꽃버섯

Hygrophorus purpurascens (Alb. & Schw.) Fr.

형태 균모의 지름은 6~12㎝로 둥근 산 모양에서 거의 편평하게 펴지며 나중에 중앙이 오목해진다. 표면은 끈적기가 있고 약간 섬유상으로 압착된 인편이 생긴다. 중앙부는 포도주 갈색-포도주 적색이다. 가장자리는 다소 연하고 안쪽으로 말린다. 만지면 쉽게 적색으로 된다. 살은 백색이나 포도주 갈색의 흔적이 벌레 먹은 것 같이 있다. 주름살은 바른 주름살-내린 주름살로 백색-담황색이다가 적자색이 되며 약간 성기다. 자루의 길이는 3~10㎝, 굵기는 1~2.4㎝로 위아래가 같은 굵기지만 기부 쪽으로 가늘어진다. 표면은 끈적기가 없고 꼭대기는 백색이며 가루상이다. 아래는 균모와 같은 색이다. 흔히 적자색의 반점이 생긴다. 위쪽에 턱받이가 있지만 쉽게 떨어져 나간다. 포자의 크기는 6~8.5×3~4.8㎛로 타원형이고 표면은 매끈하고 투명하다.
생태 가을 / 전나무, 가문비나무, 소나무 등 침엽수 숲속의 땅에 군생한다. 식용한다.
분포 한국 등 북반구 온대 이북

다색벚꽃버섯

Hygrophorus russula (Schaeff. ex Fr.) Kauffman

형태 균모는 지름이 9~12㎝로 반구형이며 중앙이 넓게 돌출하나 나중에 편평하게 된다. 표면은 습할 때 끈적기가 있으나 빨리 마른다. 처음에 백색이며 가장자리에 분홍색, 자홍색의 반점이 있다. 나중에 중앙부는 자홍색 또는 포도주 홍색으로 된다. 가장자리에 자홍색의 섬유상의 털이 있으며 상처가 나면 황색으로 변한다. 살은 두껍고 단단하며 백색이다. 표피 아래는 복숭아 홍색이고 맛은 유화하다. 주름살은 바른 주름살 또는 내린 주름살로 빽빽하며 폭은 좁거나 보통이다. 색깔은 처음은 백색에서 복숭아 홍색으로 되며 어두운 자홍색의 반점이 생기고 노후하면 전체가 자홍색으로 된다. 자루의 길이는 7~12㎝, 굵기는 0.8~2㎝로 원주형이고 아래로 갈수록 가늘어지며 가끔 중앙부가 굵다. 표면은 건조성이고 상부가 가루상이며 털이 없다. 처음에 백색이고 나중에 균모 표면과 같은 색이다. 자루의 속은 차 있다. 포자의 크기는 6~7.5×4~5㎛로 타원형이고 표면은 매끄럽고 투명하다.

생태 가을 / 신갈나무 숲의 땅에 군생 · 산생한다. 식용한다. 신갈나무와 외생균근을 형성한다.

분포 한국, 일본, 중국

산벚꽃버섯

Hygrophorus subalpinus A. H. Sm.

형태 균모의 지름은 4~12㎝로 넓은 둥근 산 모양에서 편평하게 되며 중앙에 작은 돌기가 있다. 때때로 가장자리는 물결형이며 찢어진 껍질의 파편이 부착한다. 불투명하고 눈처럼 백색으로 광택이 난다. 표면은 밋밋하고 끈적기가 있으며 얇은 표피가 있고 분리되기 어렵다. 살은 두껍고 백색이다. 맛과 냄새는 온화하다. 주름살은 내린 주름살로 밀생하고 폭은 좁으며 자루와 같은 색이다. 자루의 길이는 3~5㎝, 굵기는 1~3㎝로 속은 차있으며 두껍다. 기부는 부풀고 백색이다. 표피는 털상이고 백색이며 자루의 중앙에 턱받이의 흔적이 남아 있다. 포자는 타원형이고 난아밀로이드 반응을 보인다. 포자문은 백색이다.

생태 봄~가을 / 참나무류의 아래에 단생 또는 군생한다. 흔한 종이다. 식용한다.

분포 한국, 미국

주름균강 》 주름버섯목 》 벚꽃버섯과 》 오목버섯속

노랑오목버섯

Lichenomphalia lutiovitellina (Pilát & Nannf.) Redhead, Lutzoni, Moncalvo & Vilgalys
Ompahalina lutiovitellina (Pilát & Nannf.) M. Lange

형태 균모의 지름은 0.7~1.5㎝로 둥근 산 모양에서 차차 편평해진다. 가장자리는 물결형이고 밝은 노란색이다. 주름살은 심한 내린 주름살이며 주름살이다. 주름살의 두께는 두껍고 육질이며 성기고 연한 노란색이다. 자루의 길이는 1~2㎝, 굵기는 0.2~0.4㎝로 균모와 같은 색이거나 균모보다 연한 색이다. 포자의 크기는 6.5~9.5×3.5~4㎛로 타원형이고 포자문은 백색이다.
생태 가을 / 높은 산(보통 해발 2,500ft), 특히 재목에 조류가 덮인 곳에 발생한다.
분포 한국, 유럽

주름균강 》 주름버섯목 》 벚꽃버섯과 》 오목버섯속

패랭이오목버섯

Lichenomphalia umbellifera (L.) Redhead, Lutz., Monc. & Vilgalys
Clitocybe ericetorum (Pers.) Fr. / Gerronema ericetorum (Pers.) Sing. / Ompahlina ericetorum (Pers.) M. Lange

형태 균모의 지름은 0.5~2㎝로 처음에는 둥근 산 모양이나 나중에 가운데가 쏙 들어간 깔때기 모양이 된다. 표면은 밋밋하고 올리브 황색-황갈색 등이고 조금 끈적기가 있다. 가장자리는 약간 진한 색의 반투명의 줄무늬가 있고 아래로 감긴다. 살은 갈색을 띤 황색에 폭이 넓고 연하다. 주름살은 내린 주름살로 연한 황토색이며 폭이 넓고 매우 성기다. 자루의 길이는 1.3~2㎝, 굵기는 0.1~0.15㎝로 매우 가늘고 위아래가 같은 굵기이며 다소 휘어져 있다. 연한 갈색이며 위쪽이 다소 진하다. 자루의 기부에는 미세한 털이 덮여 있다. 포자의 크기는 7.8~10.3×5.9~7.3㎛로 광타원형에 표면은 밋밋하고 투명하며 여러 개의 기름방울이 있다. 포자문은 유백색이다.
생태 봄~가을 / 오래된 그루터기, 썩은 목재의 이탄 덩어리나 산성분이 많은 이끼 사이 등에 군생 또는 중첩하여 발생한다.
분포 한국, 중국, 일본, 유럽

패랭이오목버섯(깔때기형)

Clitocybe ericetorum Quél.

형태 균모의 지름은 3~5㎝로 편평한 둥근 산 모양으로 중앙이 들어가서 넓은 깔때기 모양으로 된다. 백색에서 노란색-크림색으로 된다. 자루의 길이는 3~4㎝, 굵기는 0.3~0.5㎝로 균모와 같은 색이고 미세한 털이 있다. 살은 백색이고 맛은 온화하다가 약간 쓰다. 냄새는 없다. 주름살은 내린 주름살이고 주름의 간격은 넓어서 성기다. 백색에서 노란색-크림색으로 된다. 포자문은 백색이다. 포자의 크기는 4~5×2.5~3㎛로 표면에 미세한 반점이 있다.

생태 여름 / 짚 더미나 짚 더미 속에 군생한다. 드문 종이다. 식용 여부는 모른다.

분포 한국, 유럽

모자술잔버섯

Porpolomopsis calyptriformis (Berk.) Bresinsky
Humidicutis calyptriformis (Berk.) Vizzini & Ercole / Hygrocybe calyptriformis (Berk.) Fayod / Hygrophorus calyptriformis (Berk.) Berk.

형태 균모의 지름은 3~6(10)㎝로 좁은 원추형이며 펴지면 중앙은 원추형으로 튀어나온다. 표면은 방사상으로 찢어지고 습기가 있을 때는 어두운 분홍색이나 건조할 때는 밝은 분홍색이 된다. 살은 중앙이 분홍색이고 나머지는 흰색이다. 주름살은 올린 주름살이고 연한 분홍색에 폭은 넓고 약간 성기다. 자루의 길이는 5~12(15)㎝, 굵기는 0.5~1㎝로 원추형이고 꼭대기는 분홍색-흰색이며 아래쪽은 흰색이다. 때때로 세로로 갈라지기도 하며 속은 비어 있다. 포자의 크기는 5.6~7.6×4.2~5.5㎛로 광타원형이다. 표면은 매끈하고 투명하며 기름방울이 있다. 포자문은 백색이다.
생태 여름~가을 / 목장이나 초지의 풀 사이에 난다. 드문 종이다.
분포 한국, 중국, 일본, 유럽, 북미

귀화구슬버섯

Deconica inquilina (Fr.) Romagn.
Psilocybe inquilina (Fr.) Bres.

형태 균모의 지름은 1~2㎝로 반구형-둥근 산 모양에서 편평해져 넓은 둥근 산 모양이 되며 가운데는 약간 볼록하다. 처음 적갈색이다가 벽돌 갈색을 거쳐 황갈색으로 되며 퇴색하여 볏짚색으로 된다. 흡수성이 있고 습할 때 끈적기가 있는 투명한 줄무늬선이 중앙까지 발달한다. 건조할 때는 불투명하게 되고 때때로 백색의 솜털이 인편으로 덮인다. 주름살은 바른 주름살에서 약간 내린 주름살이며 적갈색에서 보라 회갈색으로 된다. 언저리는 같은 색이다. 자루의 길이는 2~4㎝, 굵기는 0.15~0.2㎝로 위아래가 같은 굵기이며 휘어진다. 속은 비고 백색에서 적갈색으로 된다. 기부의 장식물은 백색에서 갈색 섬유로 되며 백색의 균사체가 부착한다. 균모의 파편은 거미집막 모양이나 곧 사라진다. 포자는 7~8.8×4.5~6.6㎛로 정면에서 보면 연 모양의 유타원형이고 옆면에서 보면 타원형이다. 담자기는 4-포자성이며 포자문은 자갈색이다.

생태 여름~가을 / 개활지의 풀줄기의 기부, 썩은 나뭇가지 또는 비옥한 땅에 단생 · 군생한다.

분포 한국, 북미, 남미, 유럽

산구슬버섯

Deconica montana (Pers.) P. D. Orton
Psilocybe physaloides (Bull.) Quél.

형태 균모의 지름은 0.5~2㎝로 처음 반구형에서 빨리 펴져서 둥근 산 모양으로 되었다가 넓은 둥근 산 모양을 거쳐 오래되면 편평하게 된다. 중앙에 볼록이 있는 경우도 있다. 표면은 밋밋하고 습할 때 끈적기가 있다. 검은 적갈색에서 황토색으로 되며 건조하면 퇴색하여 맑은 황갈색에서 회갈색으로 된다. 가장자리는 습할 때 투명한 줄무늬선이 있고 건조할 때 불분명해진다. 주름살은 바른 주름살에서 약간 내린 주름살로 약간 성기고 얇으나 비교적 광폭이다. 맑은 회갈색에서 매우 검은 적갈색으로 되고 포자가 성숙하면 자갈색으로 된다. 자루의 길이는 1.5~4㎝, 굵기는 0.1~0.2㎝로 대부분 위아래가 같은 굵기이다. 기부는 약간 부풀고 보통 잘 휘어지며 자갈색이거나 균모와 거의 같은 색이다. 표면은 건조하고 밋밋하며 섬유상의 파편이 산재하다가 곧 사라진다. 작은 파편조각이 거미막처럼 있다가 곧 거무스레해진다. 포자는 5.5~8×4~5㎛로 유타원형이며 벽은 두껍다. 포자문은 검은 회갈색이다. 담자기는 4-포자성이며 측낭상체는 없다. 연낭상체는 배불뚝이형으로 긴 꼭대기를 가진다.
생태 여름~가을 / 이끼류가 있는 땅 또는 약간 모래가 있는 땅에 산생한다.
분포 한국, 북미, 남미, 유럽

좀구슬버섯

Deconica coprophila (Bull.) P. Kumm.
Psilocybe coprophila (Bull.) P. Kumm.

형태 균모의 지름은 1~2㎝로 어릴 때 반구형이다가 후에 둥근 산 모양에서 편평하게 된다. 표면은 미끈거리고 어릴 때 광택이 나며 습할 때 중앙은 검은 황토 갈색이고 가장자리로 크림색이 된다. 가장자리는 예리하고 어릴 때 백색의 표피 잔편이 매달리며 표피는 고무 같고 잘 벗겨진다. 살은 베이지색에서 적갈색이고 얇다. 냄새는 희미하고 좋으며 온화한 허브 맛이다. 주름살은 넓은 바른 주름살이며 폭이 넓다. 어릴 때는 백색이나 점차 라일락 갈색이 되며 언저리는 백색의 섬유상이다. 자루의 길이는 2~4㎝, 굵기는 0.1~0.2㎝로 원통형이며 속은 비었고 탄력이 있다. 표면은 갈색의 바탕에 백색의 섬유로 덮이며 꼭대기는 백색의 가루상이다. 포자는 10.4~14.2×6.1~8×7.6~9.2㎛로 정면에서 보면 육각형에서 연 모양이고 측면에서 보면 타원형이다. 표면은 매끈하고 황토 갈색에 벽은 두껍고 발아공이 있다. 포자문은 흑자색이다. 담자기는 20~28×8~12㎛로 곤봉형에서 원통형이고 4-포자성이며 기부에 꺽쇠가 있다.

생태 여름~가을 / 풀밭, 과수원, 말이나 양의 분에 군생한다. 보통종은 아니다.

분포 한국, 유럽, 북미, 아시아

거미집구슬버섯

Deconica crobula (Fr.) Romagn.
Psilocybe crobula (Fr.) Sing.

형태 균모의 지름은 0.4~4㎝로 둥근 산 모양에서 넓은 둥근 산 모양을 거쳐 성숙하면 펴져서 거의 편평하게 된다. 그을린 갈색이고 퇴색하면 황갈색으로 된다. 표면은 밋밋하고 투명한 줄무늬선이 있고 습할 때 끈적기가 있다. 흔히 부서지기 쉬운 외피막 잔존물이 있으며 이것들은 쉽게 소실된다. 주름살은 바른 주름살이며 진흙에서 둔한 녹슨색이다. 언저리는 백색이다. 자루의 길이는 0.5~1.2㎝, 굵기는 0.1~0.4㎝로 분명한 섬유실 조각으로 되며 균모와 같은 색이다. 기부는 검은 적갈색이고 턱받이 위는 맑은 색이다. 부분적으로 외피막은 거미집막과 비슷하다. 포자는 6~8×3.5~5㎛로 유타원형이다. 벽은 얇고 집단적일 때 담배 갈색이다.
생태 가을 / 나뭇가지, 나무 부스러기 등에 나며 풀에는 안 난다.
분포 한국, 북미, 유럽, 러시아

주름균강 》 주름버섯목 》 배주름버섯과 》 구슬버섯속

분구슬버섯

Deconica merdaria (Fr.) Noordel.
Psilocybe merdaria (Fr.) Ricken / Stropharia merdaria (Fr.) Quél.

형태 균모의 지름은 2~3(5)㎝의 소형으로 둥근 산 모양에서 차차 평평해지며 중앙이 돌출한다. 표면은 털이 없고 끈적기가 있는 피막을 가지고 있다. 습기가 있을 때는 적갈색-흑색을 띤 벽돌색이고 건조할 때는 황토색으로 된다. 가장자리는 습기가 있을 때 약간 줄무늬선이 나타나고 소실성의 흰색 피막이 있다. 살은 흰색이고 얇다. 주름살은 바른 주름살로 황색에서 자갈색-암갈색으로 된다. 폭이 매우 넓고 촘촘하다. 자루의 길이는 2~7㎝, 굵기는 0.3~0.6㎝로 거의 위아래가 같은 굵기이거나 아래쪽으로 가늘어진다. 상부는 백색이고 하부는 황갈색 혹은 적갈색이다. 처음에는 미세한 섬유 모양의 손 거스름이 있으나 나중에는 밋밋해진다. 기부는 흔히 뿌리 모양으로 길다. 턱받이는 자루의 중간쯤에 있고 막질이 불완전하게 째져서 붙어 있다. 포자의 크기는 10.9~13.5×6.3~8.2㎛로 타원형이고 표면은 매끈하고 투명하며 황갈색이다. 포자벽이 두껍고 발아공이 있다. 포자문은 자갈색이다.
생태 가을 / 분뇨 위나 거름을 준 토양에 군생 · 속생한다.
분포 한국, 중국, 일본, 유럽, 북미, 거의 전 세계

주름균강 》 주름버섯목 》 배주름버섯과 》 구슬버섯속

콩팥구슬버섯

Deconica phillipsii (Berk. & Broome) Noordel.
Melanotus phillipsis (Berk. & Broome) Sing.

형태 균모의 크기는 0.15~1.1×0.15~0.7㎝. 중심생의 원형에서 콩팥형으로 되며 불규칙하게 갈라진다. 편평한 모양-둥근 산 모양에서 편평해지며 연한 갈색, 핑크색, 노란색이다. 가장자리는 백색, 불규칙하게 주름진다. 표면은 매끈하고 섬유실의 털상으로 덮이는데 특히 중심부가 심하다. 투명한 줄무늬선이 방사상으로 3/4까지 발달한다. 살은 얇고 표면과 같은 색. 냄새는 불분명. 주름살은 바른 주름살 또는 홈파진 주름살이고 때때로 약간 내린주름살로 성기다가 촘촘하다. 언저리는 톱니상, 약간 배불뚝이형이고 연한 갈색, 또는 백색이며 미세한 솜털상이다. 자루의 길이 0.1~0.3㎝, 굵기 0.05~0.1㎝로 원통형이고 굽었다. 균모와 같은 색이나 더 빨갛다. 기부는 투명한 백색의 털상이다. 자루는 편심생에서 측생으로 되고 중심생도 있다. 포자문은 회색-적갈색. 포자는 5~9×2.5~4.5㎛로 좁은 아몬드형-장방형이고 발아공이 있다. 담자기는 11~25×4~7㎛이며 4-포자성이다.
생태 여름~가을 / 골풀, 사초과 식물의 더미 위나 고목에 집단으로 발생.
분포 한국, 유럽

독황토버섯

Galerina fasciculata Hongo

형태 균모의 지름은 2~5㎝로 둥근 산 모양에서 차차 평평하게 펴지며 때때로 중앙이 돌출된다. 표면은 끈적기가 없고 밋밋하고 습기가 있을 때 어두운 계피색-암갈색이며 건조할 때 중앙부에서 가장자리 쪽으로 연한 황색이 되어 마치 젖은 모양처럼 보인다. 가장자리에는 약간 줄무늬선이 보인다. 살은 균모 부분은 연한 갈색이고 자루의 살은 갈색이다. 주름살은 바른 주름살-약간 내린 주름살로 계피색이며 폭은 넓은 편이고 촘촘하거나 약간 성기다. 가장자리는 고운 가루상이다. 자루의 길이는 6~9㎝, 굵기는 0.25~0.5㎝로 가늘고 길며 속이 비어 있다. 표면은 연한 황토색-연한 점토색이고 하부는 탁한 갈색을 띠고 섬유상이며 꼭대기 쪽은 가루상이다. 기부에는 흰색의 균사가 덮인다. 포자의 크기는 6.5~8.5×4~5㎛로 난형-타원형이며 표면에 거친 사마귀점이 덮여 있다.

생태 가을 / 썩은 나무 위나 오래된 톱밥, 쓰레기 버린 곳 등에 군생 · 속생한다. 맹독성이어서 섭취하면 사망하기도 하며 콜레라처럼 심한 설사를 하기도 한다.

분포 한국(백두산, 장백산), 중국, 일본

기둥황토버섯

Galerina stylifera (Atk.) Sm. & Sing.

형태 균모의 지름은 1.5~5㎝로 처음 둥근 산 모양에서 차차 편평해지며 가끔 중앙에 볼록이 있다. 끈적액이 있으며 살은 노란색-연한 황갈색이고 약간 버섯의 맛과 냄새가 난다. 주름살은 바른 주름살-내린 주름살로 처음 노란색-황토색에서 검게 되며 촘촘하다. 자루의 길이는 4~6㎝, 굵기는 0.35~0.5㎝로 위아래가 같은 굵기로 약간 가늘다. 꼭대기는 다소 가루상이며 아래는 드문드문 백색의 섬유상으로 검은 바탕에 띠가 있다. 큰 턱받이 흔적이 있다. 포자는 6~8×4~5㎛로 타원형이고 표면은 매끈하고 투명하다. 포자문은 황토 갈색이다. 연낭상체는 병 모양에서 원통형이다.

생태 가을 / 젖은 썩은 나무, 나무 부스러기 위, 작은 짚단, 잔디 같은 짚단에 발생한다.

분포 한국, 유럽

황갈색황토버섯

Galerina helvoliceps (Berk. & M. A. Curt.) Sing.

형태 균모의 지름은 1.5~4㎝로 처음에는 원추형에서 둥근 산 모양을 거쳐 거의 편평하게 되고 가끔 중앙에 젖꼭지 모양의 돌기가 생긴다. 표면은 밋밋하고 갈색을 띤 황토색-황갈색이고 습기가 있을 때는 줄무늬선이 나타난다. 주름살은 바른 주름살 또는 올린 주름살이고 계피색을 띠고 넓으며 약간 성기다. 자루의 길이는 2~5㎝, 굵기는 0.1~0.3㎝로 자루의 위쪽에 소실되기 쉬운 막질의 턱받이가 있고 턱받이 위쪽은 탁한 황색을 띠고 아래쪽은 암갈색인데 흰색의 가는 섬유가 붙어 있다. 포자의 크기는 8.5~9.5×5~6㎛로 난형-아몬드형이다. 표면에는 비교적 큰 사마귀점이 덮여 있다.

생태 이른 봄~초겨울 / 침엽수 및 활엽수의 그루터기, 낙지 및 부식토에 단생 · 군생한다.

분포 한국(백두산, 장백산), 중국, 일본, 유럽, 남미, 쿠바

이끼황토버섯

Galerina hypnorum (Schrank) Kühn.

형태 균모의 지름은 0.4~1㎝로 반구형에서 종 모양이 되었다가 둥근 산 모양으로 된다. 표면은 밋밋하고 비단결이며 흡수성이다. 습기가 있을 때 오렌지색-갈색이고 투명한 줄무늬선이 거의 중앙까지 발달한다. 건조할 때 밝은 황토색에서 크림 베이지색으로 되며 줄무늬선이 사라진다. 가장자리는 예리하며 고르고 어릴 때 표피에 백색의 가루가 있다. 육질은 밝은 황토색으로 얇다. 부서지면 밀가루 냄새가 나고 밀가루 맛이며 온화하다. 주름살은 올린 주름살로 밝은 크림 황색에서 황토색이며 폭이 넓다. 가장자리에는 백색의 섬모가 있다. 자루의 길이는 1.5~3㎝, 굵기는 0.05~0.1㎝로 원통형이며 유연하고 속은 차 있다가 빈다. 표면은 밝은 갈색이고 어릴 때 표피에 섬유상으로 된 것이 덮였다가 매끈해지며 꼭대기는 가루상이다. 포자의 크기는 9~12×5.1~6.6㎛로 타원형 또는 복숭아 모양이다. 표면에 희미한 사마귀점이 있고 밝은 황토색이다. 담자기는 원통형에서 곤봉형으로 18~30×7~8.5㎛이고 기부에 꺾쇠가 있다.

생태 봄~가을 / 숲속의 이끼류 사이 또는 고목의 이끼류에 군생한다.

분포 한국, 중국, 일본, 유럽, 북미, 아시아

둘레황토버섯

Galerina marginata (Batsch) Kühn.
G. autumnalis (Pk.) Smith & Sing.

형태 균모의 지름은 1.5~2.5㎝로 반구형에서 둥근 산 모양을 거쳐 편평하게 되지만 중앙은 약간 울퉁불퉁하거나 둔하게 볼록하다. 표면은 밋밋하고 끈적기가 있으며 광택이 나고 흡수성이다. 습기가 있을 때는 적색-황토 갈색이며 건조하면 황토 갈색이다. 가장자리는 고르고 예리하며 가끔 습기가 있을 때 줄무늬선이 있다. 육질은 밝은 황토색-갈색으로 얇고 밀가루 냄새가 나며 맛은 온화하다. 주름살은 올린 주름살에서 약간 내린 주름살로 밝은 황토색에서 적갈색이고 폭은 넓다. 가장자리는 백색의 섬유상이다. 자루의 길이는 3~5㎝, 굵기는 0.16~0.6㎝로 원통형이고 어릴 때 속이 차 있다가 빈다. 턱받이 위쪽은 황토색 바탕에 백색 가루가 있고 턱받이 아래는 갈색 바탕에 백색의 섬유실이 있다. 턱받이는 섬유실에서 막질로 되며 아래로 늘어진다. 원래는 백색이나 주름살에서 낙하한 포자로 적갈색으로 보이는 때도 있다. 포자의 크기는 7.7~10.6×4.7~6.4㎛로 타원형 또는 난형에 표면은 사마귀 반점이 있고 황토색이다. 담자기는 원통형에서 곤봉형으로 24~30×7~9㎛로 기부에 꺽쇠가 있다.
생태 여름~가을 / 숲속의 땅에 군생 · 속생한다.
분포 한국, 중국, 일본, 유럽, 북미, 아시아

고랑황토버섯

Galerina sulciceps (Berk.) Boedijn

형태 자실체는 비교적 소형으로 균모의 지름은 1.5~4㎝이다. 반구형에서 차차 편평해지고 중앙은 들어가지만 가운데 조그마한 젖꼭지 같은 돌출이 있다. 표면은 물결형이고 뚜렷한 줄무늬 선이 가장자리에서 꼭대기까지 발달한다. 황갈색 또는 엷은 다갈색이나 후에 암홍갈색 또는 암갈색으로 된다. 표면은 밋밋하고 광택이 나며 막질로 끈적기가 있다. 주름살은 바른 주름살에서 내린 주름살로 갈색이며 길이가 다르다. 노후하면 주름살끼리 횡맥으로 연결된다. 자루의 길이는 3.5~7.5㎝, 굵기는 0.2~0.4㎝로 원주형이거나 납작하다. 균모와 같은 색이고 턱받이는 없다. 자루의 속은 차 있다. 포자문은 황갈색이고 포자의 크기는 6.7~10.7×4.8~5.3㎛로 타원형 또는 은행알 모양이다. 표면에 작은 사마귀 반점이 있다.

생태 여름 / 썩는 고목에 군생한다. 맹독성이다.

분포 한국, 중국

띠황토버섯

Galerina vittiformis (Fr.) Sing.

형태 균모의 지름은 0.5~1(2)㎝로 어릴 때는 반구형-원추형이나 후에 둥근 산 모양-종 모양이 된다. 흡수성이 있고 표면은 밋밋하고 습할 때는 오렌지 갈색-황토 갈색이다. 반투명한 줄무늬가 균모의 중간 절반까지 나타나고 건조할 때는 연한 크림 황토색이며 줄무늬가 없어진다. 주름살은 바른 주름살로 크림 황색에서 황토 갈색으로 되며 폭이 넓고 성기다. 자루의 길이는 2.5~7㎝, 굵기는 0.1~0.3㎝로 원주형에 굴곡이 있고 속이 비었다. 표면은 밋밋하고 연한 황토색-적갈색인데 아래쪽으로 진하다. 어릴 때는 표면에 가루가 있다. 부분적으로 유백색의 내피막 섬유질이 붙기도 하나 후에 밋밋해진다. 기부에는 백색의 실 모양 균사가 붙어 있다. 포자는 8.2~10.8×5.5~7㎛로 편도형-레몬형이다. 연한 황색에 표면은 사마귀점으로 덮여 있다. 포자문은 적갈색이다.

생태 봄~가을 / 숲이나 목초지의 이끼가 많은 곳, 썩은 나무에 난 이끼 사이 등에 단생 또는 군생한다. 식용한다.

분포 한국, 일본, 유럽, 북반구 일대

녹색미치광이버섯

Gymnopilus aeruginosus (Peck) Sing.

형태 균모는 지름이 2~10㎝로 둥근 산 모양에서 차차 거의 편평하게 된다. 표면은 녹색, 황색, 자갈색 등이고 매끄러우며 나중에 다수의 인편이 생기고 불규칙하게 갈라진다. 살은 녹색이며 쓴맛이다. 주름살은 바른 주름살-올린 주름살로 연한 황토색에서 오렌지색-갈색이다. 자루 길이는 3~8㎝, 굵기는 0.3~1㎝로 중심생 또는 편심생이며 균모와 같은 색 또는 어두운 색이다. 세로의 섬유 무늬가 있다가 없어지며 막질의 턱받이를 가졌다. 포자의 크기는 7.5~8.5×4~5㎛로 타원형에 표면은 미세한 사마귀점으로 덮인다.

생태 봄~가을 / 침엽수, 활엽수의 재목 위에 군생한다.

분포 한국, 일본, 중국, 북미

광택미치광이버섯

Gymnopilus fulgens (J. Favre & Maire) Sing.

형태 균모의 지름은 1~2㎝로 어릴 때는 반구형이나 후에 둥근 산모양에서 편평하게 된다. 중앙은 약간 톱니상이거나 작은 볼록이 있다. 표면은 밋밋하고 무디다가 매끄럽게 되고 적오렌지-갈색이다. 가장자리는 노란색에서 오렌지색-노란색이며 고르고 희미한 줄무늬 선이 있는 것도 있다. 살은 맑은 황토색-적갈색이며 얇다. 냄새는 겨자 같이 좋지 않고 맛은 온화하다. 주름살은 넓은 바른 주름살과 약간 내린 주름살이다. 어릴 때는 크림색이나 후에 노란색-황갈색으로 되며 폭은 넓다. 언저리는 밋밋하다가 미세한 백색의 섬모상으로 된다. 자루의 길이는 3~4㎝, 굵기는 0.15~0.25㎝로 원통형이며 빳빳한 털이 있다. 속은 처음 차 있다가 나중에 비고 자루 전체의 표면은 검은 적갈색, 황갈색이다. 꼭대기는 가루상이며 밋밋하고 세로로 긴 줄무늬의 섬유실로 된다. 포자는 8.8~11.4×5~7㎛로 타원형-아몬드형이고 사마귀 반점이 있으며 황토색-노란색이다. 포자문은 황갈색이다. 담자기는 28~32×8~10㎛로 곤봉형이고 4-포자성이며 기부에 격쇠가 있다.

생태 여름~가을 / 토탄이나 토탄의 땅에 이끼류에 군생한다. 드문 종이다.

분포 한국, 유럽

잡종미치광이버섯

Gymnopilus hybridus (Gillet) Maire

형태 균모의 지름은 2~8㎝로 둥근 산 모양에서 차차 펴진다. 가장자리는 아래로 말리며 처음에 연한 황토색에서 밝은 녹슨 오렌지색으로 된다. 살은 황토색이고 가장자리는 연한 색이며 자루는 녹슨색이다. 맛은 쓰고 냄새가 난다. 주름살은 약간 내린 주름살이며 황토색-노란색이다. 자루의 길이는 2.5~5㎝, 굵기는 0.4~0.8㎝로 처음 황토 백색의 거미집막 띠가 있고 후에 기부로 녹슨색이다. 속은 차 있다가 비고 기부는 백색의 솜털로 덮인다. 포자의 크기는 7~9×3.5~4.5㎛로 아몬드 모양이고 표면에 사마귀점이 있다. 포자문은 녹슨색이며 연낭상체는 주교 모자형이다.

생태 늦여름 / 참나무류의 등걸, 밑동과 쓰레기에 군생한다. 흔한 종이다.

분포 한국, 미국

갈황색미치광이버섯

Gymnopilus junonius (Fr.) P. D. Orton
G. spectabilis var. junoinus (Fr.) Kühn. & Romagn.

형태 균모의 지름은 5~15㎝로 둥근 산 모양에서 편평해진다. 진한 황금색-황갈색에 작고 섬유상이며 압착된 비늘로 덮인다. 살은 연한 노란색에 맛은 쓰고 냄새는 분명치 않다. 주름살은 약간 내린 주름살로 노란색에서 녹슨 갈색으로 된다. 자루의 길이는 5~12㎝, 굵기는 1.5~3.5㎝로 아랫부분이 부풀고 기부의 밑 부분은 가늘다. 황갈색에서 황토색-그을린 연한 황갈색으로 된다. 섬유상이며 노란색의 턱받이가 있고 떨어진 포자로 녹슨색이 되며 막질로 쉽게 탈락한다. 포자는 8~10×5~6㎛로 타원형-아몬드형이며 표면은 거칠다. 포자문은 녹슨색이다. 연낭상체는 주교의 모자형이며 벽은 얇고 투명하다.
생태 늦여름에서 초겨울 / 낙엽수림 또는 고목의 등걸의 밑 부분과 주위에 뭉쳐서 속생한다. 보통종이다.
분포 한국, 유럽

미치광이버섯

Gymnopilus liquiritiae (Pers.) P. Karst.
Flammula liquiritiae (Pers.) P. Kumm.

형태 균모는 지름이 1.5~4㎝로 원추형-종 모양에서 둥근 산 모양을 거쳐 거의 편평형으로 된다. 표면은 매끄럽고 오렌지색-황갈색에서 오렌지색-갈색으로 된다. 가장자리에 약간 줄무늬선이 나타난다. 살은 균모와 같은 색이고 쓴맛이 조금 난다. 주름살은 바른 주름살로 황색에서 녹슨 갈색으로 되며 밀생한다. 자루의 길이는 2~5㎝, 굵기는 0.2~0.4㎝로 위쪽으로 가늘다. 표면은 섬유상이고 녹슨 갈색이며 속은 비어 있다. 포자의 크기는 8.5~10×4.5~6㎛로 아몬드형이다. 표면은 미세한 사마귀점으로 덮인다.

생태 가을 / 숲속의 침엽수의 썩은 나무에 군생 · 속생한다.

분포 한국, 일본, 중국, 북미, 북반구 온대 이북

주름균강 》 주름버섯목 》 배주름버섯과 》 미치광이버섯속

침투미치광이버섯

Gymnopilus penetrans (Fr.) Murr.

형태 균모의 지름은 3~7㎝로 처음에는 원추형 또는 둥근 산 모양에서 차차 편평해진다. 표면은 건조하고 밋밋하며 오렌지 황색-적황색이나 보통 중앙이 진하다. 가장자리는 날카롭고 고르며 막편이 매달린다. 살은 황백색-연한 적황색이다. 자루에서는 더 진한 녹슨색으로 된다. 주름살은 바른 주름살로 처음에는 연한 황색에서 진한 황색-적황색으로 되며 폭이 좁고 촘촘하다. 자루의 길이는 4~8㎝, 굵기는 0.3~1㎝로 상하가 같은 굵기이거나 또는 위쪽이 약간 가늘다. 표면은 하얀 거미집막 흔적이 있고 어릴 때는 유백색-연한 황색이나 나중에는 적색의 황색으로 된다. 기부가 암색을 띠거나 털로 덮이기도 한다. 자루의 속은 빈다. 포자의 크기는 7~9×3.5~5㎛로 난형-타원형이고 표면에 미세한 가시가 있거나 매끈하고 황토색이다. 포자문은 황토색이다.

생태 여름~가을 / 침엽수 및 활엽수의 썩은 고목에 군생 · 속생한다.

분포 한국, 일본, 중국, 일본, 북미, 유럽

배불뚝미치광이버섯

Gymnopilus ventricosus (Earle) Hesler

형태 균모의 지름은 6~10㎝로 둥근 산 모양에서 차차 둔한 편평한 모양으로 된다. 오렌지색-노란색에서 적갈색이고 중앙은 밝으며 미세한 노란색 털로 덮인다. 표피는 두껍고 가끔 인편이 있거나 거의 밋밋하다. 가장자리는 고르고 표피 잔존물이 조금 매달린다. 살은 연한 노란색에 냄새는 없고 맛은 쓰다. 주름살은 약간 홈파진 주름살로 밀생하며 비교적 폭이 넓고 적색에서 퇴색한다. 자루의 길이는 14~18㎝, 굵기는 2~3㎝로 속은 차 있고 가운데는 부풀고 연한 갈색이며 밀생한다. 꼭대기에 백색 털이 있고 아래는 미세한 노란색 털이 있으며 근부는 백색의 균사체로 덮인다. 자루의 꼭대기에 턱받이가 있고 영존성이다. 포자의 크기는 7.5~9×4~5.5㎛로 타원형 또는 난형이며 표면은 사마귀 반점이 있다. 포자문은 녹슨 갈색이다. 균사에 꺾쇠가 있다.

생태 가을 / 산 소나무의 기부, 덤불 등에 군생한다. 식용 불가능하다.

분포 한국, 일본, 중국, 북미

담황색자갈버섯

Hebeloma bruchetii Bon

형태 균모의 지름은 1.85~4.4(6)㎝, 반구형에서 둥근 산 모양으로 되었다가 곧 펴진다. 거의 건조성이고 진흙색-담황갈색에서 붉은색으로 된다. 주름살은 홈파진 주름살이고 폭은 보통이다. 처음 연한 색에서 진흙 갈색으로 되며 언저리는 백색이다. 렌즈로 보면 미세한 털상이고 물방울은 없다. 자루의 길이는 1.4~4㎝, 굵기는 0.3~0.5㎝로 원통형이고 꼭대기로 넓다. 표면은 섬유상이고 꼭대기는 솜털상이다. 백색에서 기부부터 서서히 진흙색-담황갈색으로 된다. 자루의 살은 백색이고 오래되면 진흙색-담황갈색으로 변한다. 냄새는 약간 나며 거미집 막이 있고 때때로 자루에 턱받이가 있다. 표피의 잔편이 자루와 균모의 가장자리에 남는다. 맛은 무 같고 쓰다. 포자문은 갈색에서 담황백색으로 된다. 포자의 크기는 8.2~10.9×4.8~6.8㎛로 타원형이다. 담자기는 33~45×7.5~10㎛로 곤봉형이며 4-포자성이다.

생태 여름~가을 / 숲속의 땅에 군생한다.

분포 한국, 노르웨이, 스웨덴, 아이슬란드

무자갈버섯

Hebeloma crustuliniforme (Bull.) Quél.

형태 균모는 지름은 3~8.5㎝로 둥근 산 모양에서 차차 편평하게 되며 중앙부는 언덕처럼 높다. 표면은 끈적기가 조금 있고 연한 다색이며 중앙은 적갈색에 매끄럽다. 가장자리는 아래로 감긴다. 살은 두껍고 치밀하며 무 냄새와 매운맛이 있다. 주름살은 홈파진 주름살로 백색에서 진흙색을 거쳐 갈색으로 되고 밀생한다. 습기가 있을 때는 물방울을 내뿜는다. 자루는 길이가 4~10㎝, 굵기는 0.5~1.5㎝로 백색에 기부가 부푼다. 상부는 흰 가루 또는 솜털로 덮여 있으며 속이 차 있다. 포자의 크기는 10~13.5×6~7.5㎛로 타원형-편도형이다. 표면에 미세한 사마귀 반점이 있거나 없다. 포자문은 연한 갈색이다.

생태 가을 / 숲속의 땅에 군생한다.

분포 한국(백두산, 장백산), 중국, 일본, 유럽, 북반구 온대 이북

큰포자자갈버섯

Hebeloma gigaspermum Gröger & Zschiesch.

형태 균모의 지름은 1.5~5㎝로 처음 반구형에서 둥근 산 모양 또는 종 모양으로 되며 후에 차차 편진다. 중앙에 넓은 볼록을 갖기도 하며 오래되면 때때로 중앙이 갈라진다. 표면은 밋밋하고 끈적기는 거의 마른다. 진흙 같은 연한 황갈색이며 중앙은 적색 또는 검은 벽돌색이고 가장자리는 약간 연한 색이다. 습할 때 약간 투명한 줄무늬선이 나타난다. 살은 건조하면 단단해지고 갈색이며 기부로 갈수록 더 검은 갈색이다. 냄새는 강하고 달콤하며 맛은 쓰다. 주름살은 홈파진 주름살이며 비교적 폭이 넓고 약간 촘촘하다. 진흙색-연한 황갈색으로 되며 물방울은 없다. 자루의 길이는 4~9.5㎝, 굵기는 0.3~0.9㎝로 다소 원통형인데 때때로 기부로 좁으며 뿌리 형태는 아니다. 표면은 섬유상이며 윗부분에서는 가루상에서 섬유 털상으로 된다. 처음에 연한 갈색에서 기부부터 검은 갈색으로 변한다. 거미집막과 외피막의 파편은 없다. 자루의 속은 차 있다. 포자는 11.7~17.8×6.5~9.4㎛로 크며 아몬드형-레몬형이다. 갈색이며 표면은 사마귀점으로 덮인다. 강한 거짓 아밀로이드 반응을 보인다. 포자문은 암갈색이다. 담자기는 2 또는 4-포자성이며 35~45×9~11㎛로 유곤봉형이다.
생태 여름~가을 / 버드나무가 있는 젖은 진흙에 군생한다. 보통 종은 아니다.
분포 한국, 유럽

흰살자갈버섯

Hebeloma leucosarx P. D. Orton
H. velutipes Bruchet

형태 균모의 지름은 2~4.5㎝로 원추형에서 종 모양으로 되었다가 편평하게 된다. 중앙은 둔한 돌출이 있다. 표면은 밋밋하고 건조할 때 광택이 없으나 습할 때 광택이 나고 끈적기가 있다. 중앙은 황토색을 가진 크림색에서 노란색-적황토색으로 된다. 가장자리는 고르고 예리하다. 살은 백색이며 균모의 중앙은 두껍고 가장자리 쪽으로 얇다. 냄새와 맛은 약간 있다. 주름살은 홈파진 주름살 또는 좁은 올린 주름살로 크림색에서 회분홍색을 거쳐 적갈색으로 된다. 어릴 때 젖빛의 방울이 있고 노쇠하면 갈색의 반점을 가지며 폭은 넓다. 언저리는 백색의 섬유상이다. 자루의 길이는 4~8㎝, 굵기는 0.4~0.9㎝로 원통형이며 기부로 갈수록 굵다. 속은 차 있다가 노쇠하면 비며 부서지기 쉽다. 표면은 백색의 가루상이고 어릴 때와 싱싱할 때 물방울이 맺히며 아래는 백색의 바탕색에 드물게 백색의 솜털이 있다. 노쇠하면 밋밋해지고 세로줄의 백색 섬유실이 있다. 포자는 9.5~13×5.5~7㎛로 타원형이며 사마귀 반점이 약간 있고 노란색-황토색이다. 담자기는 35~40×8~11㎛로 곤봉형이며 4-포자성이고 기부에 꺾쇠가 있다. 연낭상체는 원통형에서 곤봉형으로 45~75×5~10㎛이다.

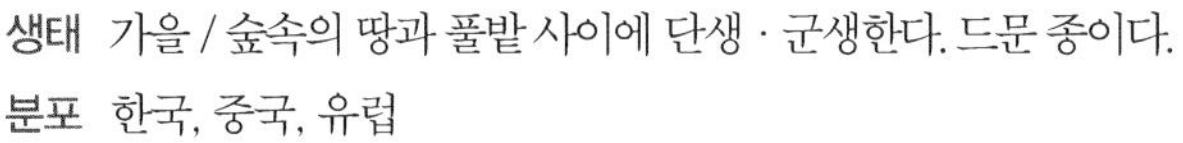

생태 가을 / 숲속의 땅과 풀밭 사이에 단생 · 군생한다. 드문 종이다.
분포 한국, 중국, 유럽

솜털자갈버섯

Hebeloma mesophaeum (Fr.) Quél.

형태 균모는 지름이 2~3.5㎝로 종 모양-원추형에서 둥근 산 모양을 거쳐 편평형으로 되며 중앙부가 오목해지기도 한다. 표면은 갈색의 진한 흙색 또는 다색이며 중앙은 밤갈색이다. 끈적기가 있고 매끄러우며 비단 빛이 난다. 가장자리에 백색 거미집막의 잔편이 있다. 살은 백색이다. 주름살은 바른 주름살로 연한 색-탁한 살색에서 갈색으로 되고 밀생한다. 자루는 길이가 2.5~5㎝, 굵기는 0.25~0.5㎝로 상부는 백색의 가루 모양, 하부는 갈색의 섬유상이다. 표면의 거미집막은 백색이고 섬유상의 막질이며 자루 위에 턱받이를 남긴다. 포자의 크기는 8~10×5~6㎛로 타원형이고 표면은 거칠다. 포자문은 녹슨색이다.

생태 가을 / 숲속의 땅에 군생한다.

분포 한국, 일본, 중국, 유럽, 북반구 일대, 호주

바랜자갈버섯

Hebeloma pallidoluctosum Gröger & Zschiesch.

형태 균모의 지름은 1.5~6㎝로 반구형의 둥근 산 모양에서 차차 편평해진다. 표면은 끈적거리다가 매끄럽게 되며 건조성 또는 약간 흡수성이 있다. 중앙은 어릴 때 연한 크림색에서 연한 핑색-황갈색으로 된다. 나중에 매끈해지며 노쇠하면 중앙은 진흙-황갈색이 된다. 가장자리는 아래로 말리지 않고 흔히 굽어지거나 불규칙하고 가끔 톱니상이다. 살의 냄새는 달콤하나 오래되면 나쁜 냄새가 나며 맛은 온화하고 약간 쓰다. 살은 습기가 있을 때 균모에서는 진흙-연한 황색, 자루에서는 백색에서 진흙-연한 황색으로 변하며 이후 기부부터 암갈색으로 된다. 주름살은 좁은 바른 주름살에서 거의 끝붙은 주름살로 되며 폭이 넓고 약간 성기다. 진한 흙색-연한 황색에서 적갈색으로 된다. 가장자리는 균모와 같은 색이고 물방울은 없다. 자루의 길이는 1.3~7㎝, 굵기는 0.25~0.8㎝로 원통형이고 흔히 기부로 가늘고 뿌리형이다. 섬유실이 있고 가루는 없다. 백색에서 연한 크림색을 보이며 전체가 진한 흙색-연한 황색에서 암갈색으로 되고 기부부터 변한다. 거미집막은 없다. 포자문은 암갈색이다. 포자의 크기는 11~15.5×5.5~8.5㎛로 광타원형이며 표면은 많은 사마귀점으로 덮인다. 거짓아밀로이드 반응을 보인다. 담자기는 30~50×8~11㎛로 곤봉형 또는 원통형이고 4-포자성이다.

생태 여름~가을 / 활엽수림의 땅에 군생한다.

분포 한국, 중국

뿌리자갈버섯

Hebeloma radicosum (Bull.) Ricken

형태 균모는 지름이 8~15㎝로 둥근 산 모양을 거쳐 중앙이 높은 편평형으로 된다. 표면은 황토 갈색이고 매끄러우며 습기가 있을 때 끈적기가 있다. 가장자리는 연한 색이거나 전체가 거의 백색, 갈색의 인편이 있다. 살은 단단하고 백색이고 독특한 냄새가 난다. 주름살은 올린 주름살이며 갈색이고 밀생한다. 자루의 길이는 8~15㎝, 굵기는 1~2㎝로 근부는 부풀고 땅속에 긴 가근이 있다. 표면은 백색이고 상부에 막질의 턱받이가 있으며 하부에 갈색 인편이 있다. 포자의 크기는 7.5~10×4.5~5.5㎛로 유방추형이며 표면에 미세한 사마귀 반점이 있다.

생태 가을 / 활엽수림의 땅 또는 두더지의 갱도에 군생한다.

분포 한국, 중국, 일본, 유럽

작은자갈버섯

Hebeloma pusillum J. E. Lange

형태 균모의 지름은 1~2㎝로 어릴 때 반구형이었다가 후에 종 모양과 둥근 산 모양을 거쳐 편평하게 된다. 중앙은 약간 볼록하고 톱니상이다. 표면은 밋밋하고 습할 때 미끈거린다. 중앙은 적색을 가진 황토 갈색이며 가장자리 쪽으로 더 연한 색이다. 가장자리는 고르고 예리하며 오랫동안 외피막으로부터 생긴 백색의 잔존물이 있다. 살은 백색이며 얇다. 냄새는 약간 나며 맛은 온화하다가 쓰게 된다. 주름살은 바른 주름살로 어릴 때 크림색이었다가 후에 붉은 갈색으로 되며 폭이 넓다. 언저리에는 미세한 백색의 섬모가 있다. 자루의 길이는 2.5~3.5㎝, 굵기는 0.2~0.3㎝로 원통형이며 단단하다. 흔히 기부로 굵고 방추형으로 헛뿌리를 형성한다. 속은 차고 표면은 어릴 때 세로줄의 백색의 섬유실이 있다. 후에 기부의 위부터 갈색으로 변하며 위쪽은 백색의 가루가 인편으로 되고 때때로 희미한 턱받이의 흔적이 있다. 포자는 7.9~10.7×4.9~6.3㎛로 아몬드형이다. 표면에 희미한 사마귀점이 있으며 맑은 노란색이다. 주위에 주변막을 가지는 경향이 있다. 거짓아밀로이드 반응을 보인다. 담자기는 곤봉형으로 22~28×6.5~8.5㎛이고 4-포자성이며 기부에 꺾쇠가 있다.

생태 여름~가을 / 활엽수와 침엽수 숲, 오래된 불탄 자리에 군생한다.

분포 한국, 유럽

사탕자갈버섯

Hebeloma sacchariolens Quél.

형태 균모의 지름은 2~4㎝로 어릴 때 반구형에서 종 모양이고 후에 둥근 산 모양으로 된다. 중앙에 둔한 볼록한 모양이 있다. 표면은 밋밋하다가 약간 압착된 인편을 가진다. 노란색-황토색에서 맑은 노란색-갈색이며 때때로 적색의 반점이 있다. 습할 때 약간 광택이 나며 끈적기가 있다. 가장자리는 고르고 예리하다. 살은 백색이고 얇다. 냄새는 달고 비누향기가 나며 맛은 쓰다. 주름살은 홈파진 주름살로 좁은 바른 주름살이고 어릴 때 베이지색에서 갈색으로 되며 후에 그을린 살색-갈색이 되고 폭은 넓다. 언저리는 톱니상이고 백색이다. 자루의 길이는 4~5㎝, 굵기는 0.3~0.7㎝로 원통형이며 기부로 굵어진다. 어릴 때 속은 차고 노쇠하면 빈다. 표면은 어릴 때 갈색의 바탕에 백색의 섬유실이 있으며 후에 매끄럽다. 기부는 갈색이고 꼭대기는 백색의 가루상이다. 포자는 10~14×5.3~7.7㎛로 방추형에서 아몬드형이며 표면은 희미한 사마귀점으로 덮인다. 노란색이며 가끔 주위에 포자막을 가지기도 한다. 거짓아밀로이드 반응을 보인다. 포자문은 올리브색-갈색이다. 담자기는 곤봉형이며 34~40×8~9㎛로 4-포자성이며 기부에 꺾쇠가 있다.

생태 여름~가을 / 숲속의 진 땅, 수풀, 보통 버드나무 근처에 군생한다. 드물게 단생한다.

분포 한국, 유럽, 북미

물결자갈버섯

Hebeloma sinuosum (Fr.) Quél.

형태 균모는 지름이 7~14㎝로 둥근 산 모양에서 차차 편평하게 되며 중앙은 넓게 돌출한다. 표면은 습기가 있을 때 끈적기가 있고 매끄러우며 연한 벽돌 회색 또는 붉은 점토색이다. 가장자리는 고르지 못한 물결형이고 짧은 줄무늬홈선이 있다. 살은 두껍고 백색이며 유연하고 조금 맵다. 주름살은 떨어진 주름살로 밀생하고 폭은 넓으며 백색 또는 유백색에서 녹슨색으로 된다. 자루는 높이가 5~15㎝, 굵기가 1.5~2㎝로 위아래의 굵기가 같거나 기부가 약간 굵으며 백색 또는 연한 점토색이다. 상부는 백색 융털 모양의 인편으로 덮이고 아래는 섬유상이며 세로로 선이 있고 속은 비어 있다. 포자의 크기는 10~13×5~7㎛로 난형이고 황토색이며 표면에 가시가 있다. 포자문은 녹슨 황색이다. 연낭상체는 가는 곤봉형으로 40~50×2~3㎛이다.

생태 가을 / 침엽수림의 땅에 군생한다. 먹을 수 있으나 맵고 쓰다.

분포 한국, 중국, 일본, 유럽

꿀색자갈버섯

Hebeloma qubmelinoides Kühner
Alnicola submelinoides Kühner

형태 균모의 지름은 0.8~1.5(2)㎝이고 처음 반구형에서 편평한 둥근 산 모양을 거쳐 편평하게 된다. 때때로 중앙에 볼록이 있다. 표면은 밋밋하다가 약간 주름지며 무디고 흡수성이다. 습할 때는 검은 적갈색에서 개암나무색-갈색이며 가장자리는 연하고 투명한 줄무늬선이 중앙의 반까지 발달한다. 건조하면 맑은 황토색으로 된다. 가장자리는 고르고 예리하다. 살은 갈색에서 검은 갈색으로 되며 얇다. 약간 향신료 냄새가 나고 맛은 온화하며 허브맛이다. 주름살은 올린 주름살-넓은 바른 주름살이고 크림색에서 녹슨 갈색으로 되며 폭은 넓다. 언저리에는 백색의 섬모가 있다. 자루의 길이는 1.5~3㎝, 굵기는 0.1~0.2㎝로 원통형이며 속은 차고 부서지기 쉽다. 표면은 어두운 개암나무색-갈색이고 드물게 세로로 백색의 섬유실이 있으며 꼭대기에는 백색의 가루가 있다. 포자는 7.3~11×4.5~6.6㎛로 타원형-아몬드형이고 표면에 희미한 사마귀 반점이 있으며 노란색이다. 포자문은 올리브색-갈색이다. 담자기는 23~32×7.5~9㎛로 곤봉형이며 4-포자성이고 기부에 꺽쇠가 있다.

생태 여름~가을 / 혼효림, 아고산대의 숲에 단생 또는 군생한다. 드문 종이다.

분포 한국, 유럽

포도색자갈버섯

Hebeloma vinosophyllum Hongo

형태 균모의 지름은 1.5~4㎝로 처음에 둥근 산 모양에서 편평한 모양으로 된다. 표면은 밋밋하고 상아색-황토 갈색 또는 거의 백색이다. 습할 때는 끈적기가 있다. 어릴 때는 가장자리에 외피막 잔편이 부착한다. 살은 백색이다. 주름살은 올린 주름살이나 자루에서 분리되어 홈파진 주름살로 된다. 다소 촘촘하거나 약간 성기며 폭은 0.2~0.4㎝로 넓고 백색에서 적색의 갈색으로 된다. 자루의 길이는 2~4㎝, 굵기는 0.2~0.6㎝로 원주형이거나 기부가 더 굵다. 표면은 백색 또는 다소 점토색을 나타낸다. 위쪽에는 거미집막 같은 외피막 잔존물이 붙어 있다. 포자는 9~12×5.5~7㎛로 아몬드형-광타원형이며 표면에는 가는 사마귀 반점이 덮여 있다.

생태 여름~가을 / 숲속의 땅에 난다. 숲에서 죽은 동물의 시체를 분해하는 균으로 알려져 있다.

분포 한국, 일본

모자다발버섯

Hypholoma capnoides (Fr.) P. Kumm.

형태 균모의 지름은 2~4㎝로 어릴 때 둔한 원추형-둥근 산 모양이고 후에 둥근 산 모양에서 편평하게 된다. 표면은 밋밋하고 습할 때 둔한 올리브색-노란색에서 옥수수 노란색으로 되며 중앙은 오렌지색-노란색이다. 건조하면 연한 노란색에서 꿀색-노란색으로 되고 중앙에 오렌지색-노란색이 남아 있다. 가장자리는 오랫동안 안으로 말리고 연한 백색으로 어릴 때 백색의 미세한 섬유실 껍질 파편이 매달린다. 살은 습할 때 올리브색-노란색이며 건조할 때 백색이다. 다소 얇고 버섯 냄새가 나며 맛은 온화하고 버섯 맛이 난다. 주름살은 넓은 바른 주름살로 어릴 때 크림색에서 회백색으로 된 후 라일락색을 거쳐 올리브색-흑색이 된다. 다소 폭이 넓고 언저리는 밋밋하며 백색이다. 자루의 길이는 2~7㎝, 굵기는 0.2~0.7㎝로 원통형이며 흔히 굽었고 유연하며 속은 비었다. 표면은 미세한 세로줄의 섬유실이 있고 꼭대기는 백색이고 절반으로 나누었을 때 위쪽은 맑은 노란색, 아래쪽은 적갈색이다. 포자는 6.9~8.7×3.9~5.2㎛로 타원형이다. 표면은 매끈하고 투명하며 회노란색이고 벽은 두꺼우며 발아공이 있다. 포자문은 자갈색이다. 담자기는 원통형으로 22~28×6~7㎛에 4-포자성이고 기부에 꺾쇠가 있다.

생태 늦여름~봄 / 숲속의 외곽지대의 등걸, 뿌리 또는 파묻힌 나무 등에 속생 또는 군생한다. 보통종이다.

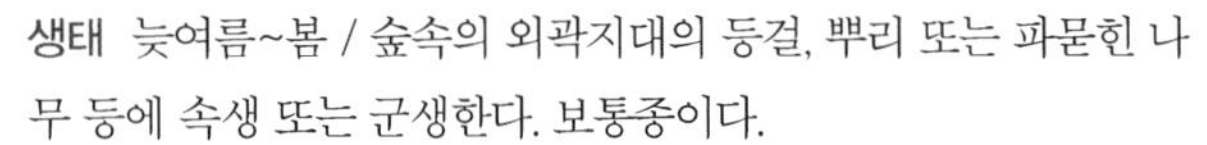

분포 한국, 유럽

노란다발(버섯)

Hypholoma fasciculare (Huds.) P. Kumm.
Naematoloma fasciculare (Hudson) P. Karst.

형태 균모는 지름 2~4㎝로 반구형에서 편평형으로 되며 중앙은 약간 돌출한다. 표면은 마르고 매끄러우며 털이 없다. 연한 황색에 녹색을 띠며 중앙부는 진한 황갈색 내지 흙갈색이다. 가장자리는 안쪽으로 감기며 섬유상 피막의 잔편이 붙어 있다. 살은 얇고 황색이며 아주 쓰다. 주름살은 홈파진 주름살로 밀생하며 폭은 좁다. 처음에 유황색에서 올리브 녹색을 거쳐 올리브 갈색으로 되었다가 거의 흑색으로 된다. 자루는 높이가 4~6㎝, 굵기는 0.3~0.6㎝로 원주형이며 구부정하고 털이 없다. 균모와 같은 색이며 섬유질이고 강인하며 속이 비었다. 턱받이는 상위이고 황백색으로 면모상이나 탈락하기 쉽다. 포자의 크기는 6~7×3.5~4.5㎛로 타원형이다. 표면은 매끈하고 투명하며 회황색이고 벽이 두껍고 발아공이 있다. 포자문은 자갈색이다. 낭상체는 곤봉형이며 30~45×7~10㎛이다.

생태 봄~늦가을 / 각종 활엽수나 대나무의 썩은 부위나 그루터기에 발생한다. 흔히 다수가 속생한다. 매우 흔하며 독버섯이다.

분포 한국, 중국, 일본, 유럽, 북미, 전 세계

개암다발버섯

Hypholoma lateritium (Schaeff.) P. Kumm.
H. sublateritium (Fr.) Quél. / Naematoloma sublateritium (Fr.) Karst.

형태 균모는 지름이 4~6㎝로 반구형에서 편평하게 되고 중앙부는 약간 볼록하다. 표면은 습기가 있을 때 끈적기가 있기도 하고 마르기도 하며 중앙부는 암갈색이다. 가장자리로 갈수록 연한 황갈색이고 털이 없고 매끄럽거나 솜털상의 인편이 있다. 가장자리는 처음에 아래로 감기며 가끔 피막의 잔편이 붙어 있다. 살은 두껍고 단단하며 백색에서 황백색으로 되고 맛은 유화하거나 조금 쓰다. 주름살은 바른 주름살 또는 홈파진 주름살이고 처음은 어두운 황색에서 암갈색 또는 올리브 갈색으로 된다. 밀생하고 폭은 약간 넓다. 자루는 길이가 3~10㎝, 굵기는 0.4~1.8㎝로 위아래의 굵기가 같거나 위쪽으로 가늘어진 것도 있고 아래로 가늘어진 것도 있으며 구부정하다. 위쪽은 연한 황색, 아래쪽은 균모와 같은 색이며 섬유상의 털 또는 섬유상의 인편으로 덮이며 나중에 속이 빈다. 턱받이는 상위이고 솜털 모양, 백색 또는 황색이고 소실하기 쉽다. 포자는 6~7.5×3.6~4.5㎛로 타원형이며 매끄럽고 투명하다. 포자문은 자갈색. 낭상체는 곤봉형이며 작다.
생태 가을 특히 늦가을 / 여러 가지 활엽수의 그루터기, 쓰러진 나무, 썩은 밑동, 또는 매몰된 목재에서 다수가 속생한다.
분포 한국, 일본, 중국, 유럽, 북미

주름균강 》 주름버섯목 》 배주름버섯과 》 다발버섯속

물망초다발버섯

Hypholoma myosotis (Fr.) M. Lange
Pholiota myosotis (Fr.) Sing.

형태 균모의 지름은 1~3㎝로 둥근 산 모양에서 편평하게 되며 중앙이 볼록하거나 들어간다. 표면은 밋밋하고 습할 때 광택이 나며 미끈거린다. 그을린 갈색에서 적갈색, 올리브색이며 중앙은 검다. 건조하면 밋밋하고 사마귀 같은 주름이 잡힌다. 미세한 외피막 파편이 가장자리에 있으며 올리브색-갈색이다. 가장자리는 연하고 올리브색에서 황갈색으로 된다. 살은 황토 갈색, 표피 밑은 갈색으로 얇다. 맛은 온화하나 좋거나 분명하지 않다. 주름살은 홈파진 주름살로 크림색에서 갈색의 적색으로 되며 폭이 넓다. 언저리는 미세한 백색의 솜털상-톱니상이다. 자루의 길이는 5~8㎝, 굵기는 0.2~0.4㎝로 원통형이다. 기부와 꼭대기는 부푼다. 속은 비었다. 표면의 꼭대기는 황토색, 기부는 흑갈색이다. 위는 섬유실의 턱받이가 막편의 섬유로 된다. 포자는 13.6~18.4×7.9~10.6㎛로 난형-타원형이며 매끈하고 투명하며 황토색-노란색이고 발아공이 있으며 벽이 두껍다. 포자문은 적갈색이다. 담자기는 원통형에 28~35×10~13㎛로 4-포자성이다. 기부에 꺾쇠가 있다.
생태 여름~가을 / 황무지, 오리나무, 자작나무 늪지대, 아고산대, 이끼류 근처에 단생 · 군생한다. 보통종은 아니다.
분포 한국, 북미

주름균강 》 주름버섯목 》 배주름버섯과 》 암색애기버섯속

붉은암색애기버섯

Phaeocollybia festiva (Fr.) R. Heim

형태 균모의 지름은 2.5~4㎝로 어릴 때 원추형이고 후에 편평하게 되며 중앙에 둔한 혹이 있다. 표면은 밋밋하고 매끄러우며 습할 때 광택이 나고 검은 갈색-올리브색이다. 가장자리는 오랫동안 굽으며 예리하고 곧다. 살은 백색에 얇다. 냄새는 나며 맛은 온화하나 떫다. 주름살은 좁은 바른 주름살로 어릴 때 밝은 핑크색-갈색에서 적갈색으로 되며 폭은 넓다. 언저리에는 백색의 솜털이 있다. 자루의 길이는 4.5~9㎝, 굵기는 0.3~0.6㎝로 원통형이다. 기부는 가는 뿌리 형태로 휘어지고 속은 비었으며 거미집막이 있다. 표면은 밋밋하고 광택이 나며 위쪽으로 밝은 갈색-올리브색이고 기부 쪽으로 적갈색이다. 포자는 7~9.5×4~5㎛로 방추형-아몬드형이고 표면에 사마귀 반점이 있으며 밝은 노란색이다. 담자기는 20~30×7~8㎛로 곤봉형이며 4-포자성이고 기부에 꺾쇠는 없다. 연낭상체는 20~40×3~7㎛로 원주형에서 곤봉형이며 측낭상체는 없다.
생태 여름~가을 / 혼효림의 참나무류의 땅에 단생 · 군생한다.
분포 한국, 유럽

꿀색헌무리버섯

Naucoria melinoides (Bull.) P. Kumm.
Alnicola melinoides (Bull.) Kühner

형태 균모의 지름은 1.5~2.5㎝로 어릴 때 원추형이며 후에 둥근 산 모양에서 편평하게 된다. 표면은 밋밋하고 둔하며 미세한 털이 비듬처럼 된다. 흡수성이 있고 습할 때 황토 갈색이며 건조할 때 크림색-황토색에서 밝은 노란색-황토색으로 된다. 중앙은 검고 가장자리는 어릴 때 고르다가 나중에 약간 톱니상으로 된다. 살은 크림색-밝은 갈색이고 얇다. 냄새는 희미하며 맛은 온화하지만 약간 쓰다. 주름살은 홈파진 주름살, 넓은 바른 주름살로 크림색-베이지색이며 후에 검은 올리브색-갈색으로 되며 폭은 넓다. 처음 밋밋하다가 갈라진 진다. 어릴 때 언저리에 백색의 깃털이 있다. 자루의 길이는 3~6㎝, 굵기는 0.2~0.45㎝로 원통형이며 기부는 약간 부푼다. 어릴 때 속은 차고 노쇠하면 비고 휘어진다. 표면은 어릴 때 밝은 노란색-올리브색이나 이후 기부부터 검은 올리브색에서 적갈색으로 변한다. 세로줄무늬는 백색-섬유실이며 꼭대기는 백색의 가루상이다. 포자는 9.1~12×5~6.6㎛로 타원형-아몬드형이고 표면에 사마귀 반점이 있고 밝은 노란색이다. 포자문은 올리브색-갈색이다. 담자기는 23~30×8~10㎛로 곤봉형에서 배불뚝이형으로 4-포자성이다. 기부에 꺾쇠가 있다.
생태 여름~가을 / 숲속의 이끼류가 있는 곳에 군생 · 속생한다.
분포 한국, 유럽, 북미

흑갈색환각버섯

Psilocybe atrobrunnea (Lasch) Gillet

형태 균모의 지름은 2~4㎝로 둔한 원추형에서 둥근 산 모양 또는 종 모양으로 된다. 보통 중앙이 볼록하나 때때로 예리한 젖꼭지 모양이 있으며 오래되면 펴져서 넓은 둥근 산 모양이 된다. 검은 적갈색에서 흑색의 적갈색을 거쳐 갈색으로 된다. 흡수성이 강하고 건조하면 퇴색하여 연한 적갈색으로 된다. 표면은 밋밋하고 투명한 줄무늬선이 가장자리에 있다. 습할 때 끈적기가 생긴다. 가장자리는 처음에 아래로 말렸다가 굽어진다. 백색의 외피막 잔존물이 매달린다. 주름살은 바른 주름살에서 올린 주름살로 되며 성숙하면 둔한 적갈색에서 검은 자갈색이 된다. 언저리는 불규칙하다. 자루의 길이는 8~18㎝, 굵기는 0.3~0.5㎝로 위아래가 같은 굵기이다. 휘어지고 기부로 부풀며 백색의 균사체가 있다. 땅속의 압착된 곳은 적색에서 흑색이며 백색의 섬유실 막편이 아래쪽에 있고 위쪽은 가루상이다. 포자문은 검은 자갈색이다. 포자는 9~12×5~7㎛로 타원형이다. 담자기는 4-포자성이다.

생태 가을 / 이끼류가 자라는 통나무, 참나무류, 낙엽성 나무에 군생 또는 산생한다.

분포 한국, 북미, 유럽

하늘색환각버섯

Psilocybe caerulipes (Peck) Sacc.

형태 균모의 지름은 1~3.5㎝로 둔한 원추형에서 종 모양으로 되었다가 오래되면 둥근 산 모양을 거쳐 편평하게 된다. 중앙은 볼록하고 가장자리는 처음 안으로 말리고 흔히 녹색이 있다. 투명한 줄무늬선이 있으며 섬유실의 외피막 잔존물이 있다. 붉은 갈색에서 그을린 갈색이다가 퇴색하면 연한 황토색-담갈색으로 된다. 표면은 습할 때 끈적기가 있으나 곧 건조성으로 되고 광택이 난다. 살은 얇고 유연하며 상처 부위는 녹색으로 된다. 주름살은 바른 주름살에서 홈파진 주름살로 되며 톱니꼴의 주름살에 밀생하고 폭은 좁다. 언저리는 백색이다. 자루의 길이는 3~6㎝, 굵기는 0.2~0.3㎝로 위아래가 같은 굵기거나 기부로 약간 부푼다. 처음은 백색에서 담황갈색으로 되며 성숙하면 아래쪽이 갈색으로 된다. 상처 부위는 녹색으로 변한다. 표면의 꼭대기는 가루상이고 아래로 백색-회색의 섬유실이 덮여 있다. 자루의 살은 푸석푸석하고 처음 속은 차 있다가 곧 결절상으로 된다. 외피막은 얇고 거미집막 같은 것을 형성한다. 턱받이는 소실되는 섬유실로 된다. 포자는 7~10×4~5㎛이며 타원형이다. 포자문은 자갈색이며 담자기는 4-포자성 또는 2-포자성이다.

생태 여름~가을 / 활엽수의 재목, 나무 부스러기, 썩은 나무토막에 군생한다.

분포 한국, 북미, 남미

왕관환각버섯

Psilocybe coronilla (Bull.) Noordel.
Stropharia coronilla (Bull.) W. Saunders & W. G. Sm.

형태 균모는 지름이 2.5~7㎝로 처음에는 중앙이 높고 나중에 편평형으로 되며 때로는 중앙부가 조금 오목하다. 표면은 습기가 있을 때 끈적기가 있고 건조할 때 매끄러우며 털이 없고 백색 또는 연한 황토색이다. 가장자리는 처음에 아래로 감기며 오래되면 위로 들리고 물결 모양으로 되며 백색의 솜털이 있다. 살은 두껍고 백색에 냄새가 고약하다. 주름살은 처음에 바른 주름살이나 나중에 홈파진 주름살로 되며 밀생한다. 폭이 약간 넓으며 처음은 연한 자갈색에서 흑자갈색으로 된다. 주름살의 언저리는 회백색이다. 자루는 높이가 4~9㎝, 굵기는 0.5~1.4㎝로 위아래의 굵기가 같거나 아래로 가늘어진다. 백색이나 오래되면 황색을 띤다. 턱받이 위쪽은 매끄럽고 가루로 덮이며 아래는 섬유상으로 찢어진다. 자루의 속은 차 있다가 빈다. 턱받이는 상위이고 백색으로 좁고 위쪽에 홈선이 있으며 영존성이다. 포자는 9~9.5×4~5㎛로 타원형이다. 표면은 매끄럽고 투명하며 자줏빛이다. 포자문은 자갈색이며 낭상체는 짧고 곤봉형이다.
생태 여름~가을 / 잣나무, 활엽 혼효림의 땅에 군생 · 단생한다.
분포 한국, 일본, 중국, 유럽, 북미

주름균강 》 주름버섯목 》 배주름버섯과 》 환각버섯속

주사위환각버섯

Psilocybe cubensis (Earle) Sing.

형태 균모의 지름은 1.5~8㎝로 원추형-종모양으로 돌출이 있는 둥근 산 모양에서 편평해진다. 중앙에 볼록을 가지기도 한다. 적갈색에서 황금색-갈색으로 되었다가 연한 노란색으로 된다. 볼록은 검은 적갈색이며 가장자리는 백색으로 된다. 표면은 습할 때 끈적거리다가 밋밋해지고 건조하게 된다. 표피는 반점상이다가 밋밋하게 된다. 살은 백색이고 상처가 나면 푸른색이 된다. 주름살은 바른 주름살에서 올린 주름살로 밀생하며 폭은 중앙에서 약간 넓다. 퇴색한 색에서 회색으로 되었다가 검은색으로 된다. 자루의 길이 4~15㎝, 굵기 0.5~1.5㎝로 기부 쪽이 두껍고 백색에서 노란색으로 된다. 상처받은 곳은 푸른색으로 변색한다. 표면은 위쪽이 밋밋하다가 줄무늬가 생기고 건조하게 된다. 표피는 막질이며 백색이다. 포자문은 검은 자갈색에서 보라색-갈색이다. 포자는 11.5~17×8~11㎛로 유타원형이다. 담자기는 대부분은 4-포자성이나 2 또는 3-포자성도 있다.

생태 봄~가을 / 동물의 분이나 기름진 땅에 산생 · 군생한다.

분포 북미, 중앙아메리카, 아시아

주름균강 》 주름버섯목 》 배주름버섯과 》 환각버섯속

가시환각버섯

Psilocybe semilanceata (Fr.) P. Kumm.

형태 균모의 지름은 0.1~2.5㎝로 원추형에서 편평하게 되며 중앙은 젖꼭지 모양이다. 가장자리는 투명한 줄무늬선이 있고 아래로 말리며 흔히 포자의 낙하로 인해 검게 된다. 색깔은 다양하고 흡수성이다. 습기가 있을 때 검은 밤색-갈색에서 밝은 황갈색, 노란색, 올리브색이 된다. 표면은 습기가 있을 때 끈적기가 있다. 주름살은 거의 올린 주름살 또는 바른 주름살이고 밀생하며 폭은 좁다. 퇴색된 색에서 갈색을 거쳐 자갈색이나 가장자리는 흙색인 채로 남아 있다. 자루의 길이는 4~10㎝, 굵기는 0.075~0.2㎝로 가늘고 위아래가 같은 굵기며 잘 휘어진다. 기부는 갈색이고 퇴색하며 균사체가 부착하고 청색이다. 표면은 전체가 밋밋하다. 살은 얇고 섬유상이며 맛과 냄새는 불분명하다. 포자의 크기는 12~14×7~8㎛로 타원형이다. 담자기는 4-포자성이다. 연낭상체는 18~35×4.5~8㎛로 핀셋 모양이며 선단은 굽었으나 가끔 포크형이다. 측낭상체는 아주 적거나 없다.

생태 가을 / 풀이 많고 영양이 풍부한 목장에 단생 · 군생 · 산생한다.

분포 한국, 중국, 북미

다발환각버섯

Psilocybe fasciata Hongo

형태 균모의 지름은 1~6㎝로 원추형-종 모양에서 차차 편져서 둥근 산 모양으로 된다. 중앙에 뾰족한 돌기가 있다. 처음 녹색의 섬유상 피막이 희미하게 부착되어 있다. 표면은 끈적기가 있고 밋밋하며 처음엔 회녹색 또는 올리브 갈색이나 건조하면 거의 백색으로 된다. 표면은 광택과 흡수성이 있고 습할 때 주변에 줄무늬홈선이 생긴다. 살은 얇고 상처를 입으면 청색으로 변한다. 주름살은 바른 주름살 또는 약간 내린 주름살로 약간 성기고 폭은 0.15~0.6㎝로 청백색이나 후에 회색-암자갈색으로 된다. 언저리는 백색이다. 자루의 길이는 4~8㎝, 굵기는 0.2~0.6㎝로 위아래가 같은 굵기며 속은 비었다. 표면은 백색의 섬유상으로 비단결 같은 광택이 있으며 위쪽은 가루상으로 손으로 만지면 청변한다. 턱받이는 없고 기부에 흰색의 거친 털이 있다. 포자문은 자갈색이다. 포자는 9~11×5~6×4.5~6㎛로 정면에서 보면 타원형의 난형이고 측면에서 보면 약간 편평형이다. 발아공이 있으며 꼭대기는 약간 잘린 형이다.

생태 가을 / 죽림 잡목림의 땅, 속생 · 군생한다.

분포 한국, 일본

직립환각버섯

Psilocybe strictipes Sing. & A. H. Sm.

형태 균모의 지름은 0.5~3㎝로 처음 원추형에서 펴져서 둥근 산 모양, 종 모양으로 되며 마침내 넓은 둥근 산 모양이 되는데 낮은 볼록이 있기도 하다. 표면은 밋밋하고 가장자리 근처에 투명한 줄무늬선이 있다. 외피막의 막편을 가지기도 하며 습할 때 끈적기가 있다. 검은 회갈색-붉은 갈색이고 퇴색하면 볏짚색이고 건조하면 노란색으로 된다. 살은 상처를 받으면 청색으로 변하기도 한다. 주름살은 바른 주름살로 때때로 약간 내린 주름살인데, 건조하면 자루로부터 찢어진 끝붙은 주름살로 된다. 초콜릿 갈색으로 성숙하면 언저리가 백색으로 된다. 자루의 길이는 4~7㎝, 굵기는 0.2~0.3㎝로 백색에서 노란색으로 되었다가 노란색-갈색으로 된다. 위아래의 굵기가 같고 곧은 상태에서 휘어지며 단단하다. 표면은 끈적기가 있고 섬유실이며 외피막의 막편이 있다. 기부에 균사체는 상처를 받으면 청색으로 변한다. 부분적으로 외피막은 얇게 거미집막 모양이고 부서지기 쉽다. 드물게 자루의 위쪽에 턱받이 흔적이 남아 있다. 포자는 10~12×5.5~8㎛로 유타원형에서 유장방형이다. 포자문은 검은 자갈색이다. 담자기는 4-포자성이다.

생태 늦여름~가을 / 비옥한 땅, 풀숲 같은 풀밭, 분뇨나 비료 같은 것이 있는 곳에서 발견된다.

분포 한국, 북미, 유럽, 시베리아, 칠레

끈적환각버섯아재비

Psilocybe subviscida (Peck) Kauffman
P. subviscida var. velata Noordel. & Verduin

형태 균모의 지름은 0.5~2㎝로 종 모양에서 펴지며 오래되면 둥근 산 모양이나 넓은 둥군 산 모양이며 볼록을 가진다. 여러 형태가 형성되지만 성숙하면 거의 편평하게 된다. 가장자리는 습할 때 투명한 줄무늬선이 있고 때때로 외피막의 파편조각이 있다. 노란색에서 밤갈색으로 되었다가 적갈색이 되고 건조하면 연한 회노란색이 된다. 보통 볼록은 적갈색이다. 표면은 습할 때 끈적기가 약간 있다가 곧 건조해진다. 주름살은 바른 주름살로 약간 성기고 폭은 넓으며 처음 백색에서 검은 갈색으로 된다. 자루의 길이는 2~4㎝, 굵기는 0.1~0.2㎝이며 위아래의 굵기가 같고 기부 근처로 가늘어진다. 섬유실의 턱받이 흔적이 있다가 소실된다. 표면은 처음 미세한 백색의 섬유실로 덮이고 외피막의 파편이 부분적으로 있다. 자루는 포자의 낙하에 의해 보통 검게 된다. 포자는 6~8.5×4~5.4㎛로 타원형이다. 포자문은 흑자갈색이며 담자기는 4-포자성이다.
생태 여름~가을 / 풀숲, 비옥한 땅, 분뇨에 발생한다.
분포 한국, 유럽, 북미

독청버섯

Stropharia aeruginosa (Curt.) Quél.
S. aeruginosa f. brunneola Hongo

형태 균모는 지름이 3~7㎝로 둥근 산 모양을 거쳐 편평하게 된다. 표면은 끈적액으로 덮이고 백색 솜털 모양의 인편이 산재한다. 청록-녹색에서 황록색으로 되고 마르면 빛이 난다. 살은 백색이다. 주름살은 바른 주름살로 회백색에서 자갈색이다. 주름살의 가장자리는 백색이다. 자루는 길이가 4~10㎝, 굵기는 0.4~1.2㎝로 상하가 같은 굵기이나 간혹 상부가 가늘다. 백색이며 하부는 녹색이다. 자루의 속은 비었으며 기부에 흰색 균사 다발이 있다. 표면은 백색 솜털 모양의 인편이 있고 턱받이는 막질이다. 포자의 크기는 7~9×4~5㎛로 난형-타원형이다. 포자문은 자갈색이다.
생태 여름~초겨울 / 각종 숲의 습기가 있는 땅이나 풀밭에 군생한다. 식독은 불분명하다.
분포 한국, 일본, 중국, 유럽, 북미, 북반구 일대

흰광택독청버섯

Stropharia albonitens (Fr.) Quél.

형태 균모의 지름은 2~5㎝로 원추형-둥근 산 모양에서 편평한 둥근 산 모양을 거쳐 다소 편평하거나 오목해지고 가장자리는 뒤집힌다. 싱싱할 때 중앙은 순백색 또는 황토색이고 오래되면 연한 황갈색으로 된다. 습할 때 끈적기가 있고 껍질은 작은 섬유상 조각으로 된다. 살은 얇고 백색이다. 냄새는 강하고 맛은 온화하다. 가장자리에 인편이 매달리며 약간 안으로 말린다. 주름살은 바른 주름살이나 약간 홈파진 주름살이며 배불뚝이형이다. 비교적 성기고 처음 베이지색에서 회보라색으로 된다. 언저리에는 미세한 털이 있다. 자루의 길이는 4~7㎝, 굵기는 0.5~0.8㎝로 원통형이고 백색-연한 황토색이며 턱받이의 위쪽은 미세한 가루상의 줄무늬가 있고 아래는 섬유상에서 약간 인편으로 된다. 턱받이는 작고 막질로 위쪽은 줄무늬선, 안쪽은 약간 솜털상이다. 포자는 6.5~8×4~5㎛로 옆에서 보면 타원형에서 장방형, 앞면에서 보면 난형이다. 벽이 두껍고 갈색이며 때때로 치우친 발아공이 있다. 포자문은 흑보라색이다. 담자기는 20~26×6~9㎛로 4-포자성이고 기부에 꺾쇠가 있다.

생태 여름~가을 / 비옥한 땅, 썩은 고목, 길가, 공원, 정원, 거친 땅 등에 단생 또는 소수가 집단으로 발생하기도 한다.

분포 한국, 유럽, 북미

톱날독청버섯

Stropharia ambigua (Peck) Zeller

형태 균모의 지름은 5~15㎝로 처음 둥근 산 모양에서 거의 편평한 모양으로 되며 중앙이 넓게 볼록하기도 한다. 표면은 연한 황색-밝은 황토색이고 밋밋하다. 가장자리에 외피막 잔존물이 많이 늘려 붙어 있다. 주름살은 바른 주름살로 처음에는 유백색-연한 회색에서 자갈색으로 되고 촘촘하며 폭이 넓다. 자루의 길이는 7.5~15㎝, 굵기는 1~2㎝로 백색이다. 위쪽에 희미한 턱받이 흔적이 있고 그 아래는 백색의 섬유상 인편이 덮여 있다. 기부에는 많은 백색 균사속이 있다. 포자의 크기는 11~14×6~7.5㎛로 타원형이다. 표면은 매끈하고 투명하며 꼭대기에 발아공이 있다. 포자문은 자갈색이다.

생태 여름~가을 / 침엽수림 토양에 단생 또는 집단으로 군생한다. 식독은 불분명하다.

분포 한국, 북미

독청버섯아재비

Stropharia rugosannulata Farlow ex Murr.
S. rugosoannulata f. lutea Hongo

형태 균모는 지름이 5~15㎝로 반구형에서 편평형으로 된다. 표면은 습기가 있을 때 끈적기가 있고 마르면 광택이 나고 갈색, 회갈색, 녹슨색으로 되고 섬유상 인편이 있으며 때로는 매끄럽다. 가장자리는 처음에 아래로 감기며 피막의 잔편이 붙어 있고 나중에 위로 조금 들린다. 살은 두껍고 백색이며 유연하다. 주름살은 바른 주름살로 밀생하고 폭은 다소 넓고 얇다. 처음에는 백색에서 자회색을 거쳐 암자갈색으로 된다. 자루는 높이가 5~12㎝, 굵기는 0.5~2.1㎝이며 기부에 백색의 균사다발이 있다. 턱받이 위쪽은 백색에 매끄러우며 아래는 연한 황색이거나 연하고 비단털로 덮이며 속은 차 있다가 빈다. 턱받이는 상위 또는 중위이고 2겹으로 되며 백색 또는 황백색이다. 폭은 좁으며 두꺼운 막질로 되어 있고 위쪽에 방사상의 줄무늬홈선이 있으나 없어지기 쉽다. 포자의 크기는 11~12.5×6~8.5㎛로 타원형이며 표면은 매끄럽다. 포자문은 자갈색이다. 낭상체는 곤봉형이며 맨 위에 미세한 돌기가 있고 30~45×6~4㎛이다.

생태 봄~가을 / 하천 기슭의 초지와 숲속 초지에 군생 · 단생한다.

분포 한국, 중국, 일본, 유럽, 북미

독청버섯아재비(황색형)

Stropharia rugosannulata f. **lutea** Hongo

형태 균모의 지름은 3~17cm로 둥근 산 모양에서 편평하게 펴진다. 표면은 연한 황색이며 밋밋하다. 주름살은 바른 주름살이며 백색에서 암자회색으로 되며 밀생한다. 자루의 길이는 3~15cm, 굵기는 0.5~2.5cm로 백색의 턱받이가 있다. 턱받이 위쪽은 백색, 아래쪽은 연한 황색이며 비단결 같은 광택이 있다. 턱받이는 두껍고 방사상으로 갈라진다.

생태 늦은 봄~가을 / 정원, 공원, 목장, 나무껍질 버린 곳, 짚 버린 곳 등에 단생 · 군생 · 속생한다.

분포 한국, 중국, 일본, 유럽, 북반구 온대

참고 이 버섯은 전술한 독청버섯아재비(S. rugosoannulata)의 품종이며 형태는 거의 같다. 다만 색깔이 황색이고 자루도 위쪽은 황색, 아래쪽은 갈색-황색이다. 이 두 가지는 서로 섞여서 나기도 한다.

가는대덧부치버섯

Asterophora gracilis D. H. Cho

형태 균모의 지름은 0.1~0.5㎝로 둥근 모양이나 가운데는 들어간다. 전체가 백색이며 가운데는 약간 회색이다. 육질은 얇고 백색이다. 주름살은 바른 주름살로 백색이며 밀생한다. 자루의 길이는 1~3㎝이고 굵기는 0.05~0.1㎝로 원통형이다. 가늘고 길며 백색 또는 연한 색이다. 포자의 크기는 3~4×2.5~3㎛로 타원형이고 표면에 미세한 점들이 있다. 후막포자의 지름은 6×4㎛로 구형 또는 아구형이지만 포자와 잘 구분되지 않는다. 담자기는 15~20×4~5㎛이고 원통형이며 4-포자성이고 경자의 길이는 2~3㎛이다. 주름살의 균사는 24~47×1.5~3㎛로 원통형이다.

생태 여름 / 숙주 버섯의 밑에 잔뿌리 같은 균사가 수없이 뻗어 있다. 숙주균은 갓버섯으로 추정된다. 군생한다.

분포 한국, 중국

덧부치버섯

Asterophora lycoperdoides (Bull.) Ditm.

형태 균모의 지름은 1~2.5㎝로 구형에서 반구형이고 어릴 때는 가운데가 볼록한 둥근형이나 차차 펴져서 물결형으로 된다. 표면은 밋밋하고 어릴 때는 백색-회백색의 섬유상이나 시간이 흐르면 분말상의 황토색으로 되며 연한 다갈색의 후막포자가 덮여 있다. 살은 백색에서 회갈색으로 되며 두껍다. 습기가 있을 때는 매끄럽다. 가장자리는 어릴 때 아래로 말리나 나중에 물결형이 되어 위로 말리며 갈라지고 안쪽에서부터 회갈색으로 변한다. 주름살은 바른 주름살 또는 약간 내린 주름살이다. 배불뚝이형에 폭이 넓고 두껍다. 주름살의 가장자리에 미세한 가루가 있고 갈라진다. 주름살은 나중에 후막포자의 형성으로 발육이 억제된다. 자루의 길이는 1.5~0.4㎝, 굵기는 0.3~0.4㎝로 원주형이며 가끔 굴곡형도 있다. 표면은 회갈색 바탕에 백색의 섬유상이고 아래는 백색의 털이 있다. 자루의 속은 차 있고 나중에 빈다. 포자의 크기는 5~6×3~4㎛로 타원형이다. 표면은 매끄럽고 투명하다. 후막포자의 지름은 12~19㎛로 구형의 별 모양이고 황색이다.

생태 여름~가을 / 가문비나무 숲의 무당버섯과의 절구버섯(Russula nigricans)의 균모에 속생 · 산생한다.

분포 한국, 중국, 일본, 유럽, 북미

기생덧부치버섯

Asterophora parasitica (Bull.) Sing.
Nyctalis parasitica (Bull.) Fr.

형태 균모의 지름은 0.8~2㎝로 무당버섯류, 젖버섯류 등의 오래된 버섯이나 죽은 버섯에 기생한다. 처음엔 반구형 또는 원추형이다가 둥근 산 모양이 되거나 편평해진다. 표면은 처음에 백색이며 비단처럼 광택이 있는 섬유상이다. 성숙하면 연한 회색-회갈색이 된다. 어릴 때는 가장자리가 안쪽으로 감기나, 오래되면 가장자리가 꾸불꾸불해지거나 갈라지기도 한다. 살은 백색-연한 갈색이다. 주름살은 바른 주름살에서 약간 내린 주름살로 처음에는 백색에 가까우나 회갈색이 된다. 자루의 길이는 1.5~2.5㎝, 굵기는 0.15~0.2㎝로 덧부치버섯보다 가늘고 다소 만곡된다. 회갈색인데 미세한 백색의 털이 덮여 있고 기부에는 면모상 털이 있다. 포자는 5~6×3~4㎛로 타원형이며 표면은 매끈하고 투명하다.

생태 가을 / 늙은 자실체나 죽은 버섯에 기생하며 군생한다. 매우 드물다. 식용하지 않는다.

분포 한국, 일본, 유럽, 북미

밤버섯

Calocybe gambosum (Fr.) Donk
Tricholoma gambosa (Fr.) Donk

형태 균모의 지름은 5~15㎝로 아구형에서 차차 편평해진다. 표면은 밋밋하고 백색, 칙칙한 백색 또는 회갈색이며 가끔 불규칙한 물결형이고 갈라진다. 가장자리는 아래로 말리고 감긴다. 살은 백색이고 매우 두껍고 단단하며 약간 말랑말랑한 느낌이다. 맛과 냄새는 밀가루와 비슷하다. 주름살은 바른 주름살 또는 약간 홈파진 주름살로 백색에서 크림 백색이다. 밀생하며 폭이 좁다. 자루의 길이는 2~4㎝, 굵기는 1~2.5㎝로 원통형이나 간혹 아래가 굵거나 가늘어지는 것도 있다. 표면은 백색이며 연하다. 포자의 크기는 5~6×3~4㎛로 타원형이며 표면은 매끄럽고 투명하다. 포자문은 백색이다.

생태 봄~여름 / 활엽수나 침엽수림의 땅에 단생 · 군생한다. 간혹 균륜을 형성하는 것도 있다. 식용한다.

분포 한국, 중국, 일본, 유럽, 아프리카

황토밤버섯

Calocybe ochracea (R. Haller Aar.) Bon
Lyophyllum ochraceum (R. Haller Aar.) Schwobel & Reutter

형태 균모의 지름은 4~10㎝로 둥근 산 모양에서 차차 펴져서 편평해지고 중앙은 들어가며 물결형이다. 표면은 둔하고 미세하게 압착된 털이 섬유상으로 되며 중앙에 미세한 갈색의 인편이 분포한다. 색은 밝은 녹황색에서 노란색 황토색으로 되며 노쇠하면 올리브색이 된다. 가장자리는 오랫동안 아래로 말리고 예리하다. 살은 백색-크림색에서 백색-노란색으로 되며 얇고 자르면 바로 와인 적색으로 변한 다음에 흑색으로 된다. 냄새는 별로 좋지 않고 온화한 밀가루 맛이다. 주름살은 홈파진 주름살로 녹황토색에서 붉게 되고 상처를 입으면 검게 되며 폭이 넓다. 가장자리는 약간 톱니꼴로 된 물결형이다. 자루의 길이는 4~8㎝, 굵기는 0.8~1.5㎝로 원통형에 기부는 가늘다. 표면은 약간 세로줄의 홈선이 있고 황토색의 가루가 있다. 어릴 때 녹색-노란색에서 올리브색-노란색을 거쳐 올리브색-황토색으로 된다. 자루의 꼭대기는 연한 색에서 백색-노란색으로 된다. 자루의 속은 차 있다가 푸석푸석한 상태로 된다. 포자의 크기는 3~4.5×2~3㎛로 광타원형이며 표면은 매끈하고 투명하다. 담자기는 원통형-곤봉형으로 18~23×4~5㎛이며 4-포자성이고 기부에 꺾쇠가 있다. 연낭상체는 가는 방추형으로 35~46×4~6㎛이다.
생태 여름~가을 / 활엽수림의 숲속의 땅에 단생 · 군생한다. 드문 종이다.
분포 한국, 중국, 유럽

주름균강 》 주름버섯목 》 만가닥버섯과 》 느티만가닥버섯속

느티만가닥버섯

Hypsizigus marmoreus (Peck) Bigelow
Pleurotus elongatipes Peck

형태 균모의 지름은 7~15㎝로 둥근 산 모양에서 차차 편평해지고 가운데는 둔한 볼록이 있다. 표면은 흡수성이 있고 백색 또는 연한 황색이며 중앙부는 갈색을 띠고 가끔 짙은 색깔의 반점이 있다. 표면은 매끄럽고 가늘고 연한 털이 있는 것도 있으며 노쇠하면 거북 등처럼 갈라진다. 살은 두껍고 단단하며 백색에 맛은 온화하다. 주름살은 떨어진 주름살인데 드물게 홈파진 주름살도 있으며 폭이 넓고 백색, 연한 황색이면서 밀생한다. 자루의 길이는 7~9㎝, 굵기는 0.7~1.5㎝로 중심생, 편심생으로 구부러지고 균모와 같은 색이다. 기부는 가늘거나 굵고 털이 있으며 속이 차 있다. 하부는 방추형이며 표면에 미세한 털이 나 있다. 포자의 지름은 4~6㎛로 구형으로 표면은 매끄러우며 난아밀로이드 반응을 보인다. 포자문은 백색이다.
생태 여름~가을 / 느릅나무속 또는 기타의 활엽수의 살아 있는 줄기, 죽은 나무에 단생 · 군생 · 속생한다. 식용이 가능하며 톱밥재배를 한다. 상품명은 만가닥버섯이다.
분포 한국, 중국, 일본, 유럽, 북미

주름균강 》 주름버섯목 》 만가닥버섯과 》 느티만가닥버섯속

주사위느티만가닥버섯

Hypsizigus tessulatus (Bull.) Sing.

형태 균모의 지름은 5~10㎝로 편반구형에서 편평형으로 되며 표면은 백색이나 황갈색으로 미세한 반점의 인편이 있다. 주름살은 내린 주름살로 백색-우윳빛의 백색, 약간 밀생하며 포크형이다. 육질은 백색이다. 자루의 길이는 5~10㎝, 굵기는 1~1.5㎝로 백색이며 속은 차고 표면은 밋밋하고 줄무늬홈선이 있다. 포자의 지름은 5~7㎛로 구형 또는 아구형으로 표면은 매끄럽고 투명하며 광택이 난다.
생태 여름 / 활엽수의 썩은 고목에 단생한다. 식용한다.
분포 한국, 중국

방석느티만가닥버섯

Hypsizigus ulmarius (Bull.) Redhead

형태 균모의 지름은 8~12㎝로 반구형에서 편평하게 되거나 방석처럼 되지만 중앙은 가끔 약간 볼록하다. 표면은 밋밋하고 둔하며 섬유실이 방사상으로 갈라진다. 크림색에서 황토색으로 되지만 흔히 회색 색조가 있으며 노쇠하면 노란색으로 되는 경향이 있고 건조성이다. 가장자리는 가끔 아래로 말리고 예리하다. 살은 백색으로 질기며 섬유상이다. 살은 두껍고 냄새는 시고 맛은 온화하나 분명치는 않다. 주름살은 넓은 바른 주름살 또는 내린 주름살로 백색-크림색 또는 노란색으로 폭이 넓다. 가장자리는 물결형에서 톱니상으로 된다. 자루의 길이는 8~15㎝, 굵기는 1~3㎝로 약간 막대형이고 기부 쪽으로 가늘고 굽었으며 보통 편심생이다. 표면은 거친 세로줄의 섬유실이 기부로 늘어나 주머니처럼 되며 크림-노란색에서 황토색으로 된다. 자루의 속은 차있다. 포자의 크기는 5.5~7×4.5~6㎛로 아구형이며 표면은 매끈하고 기름방울을 함유한다. 담자기는 곤봉형으로 26~30×6~7.5㎛로 4-포자성이고 기부에 꺾쇠가 있다. 낭상체는 없다.

생태 늦여름~가을 / 숲속의 산 나무나 죽은 나무의 등걸 등에 속생하며 드물게 단생 · 산생한다.

분포 한국, 중국, 유럽, 북미

잿빛만가닥버섯

Lyophyllum decastes (Fr.) Sing.
L. fumosum (Pers.) P. D. Otron / L. cinerascens (Bull.) Knor. & Maubl.

형태 균모의 지름은 6~10㎝로 둥근 산 모양에서 차차 편평해지며 중앙은 약간 돌출하거나 드물게 오목한 것도 있다. 표면은 털이 없어 매끈하며 마르면 광택이 나고 연한 회색, 회흑색, 다갈색이다. 가장자리는 아래로 굽으며 물결 모양이고 가끔 째진다. 살은 중앙부가 두껍고 가장자리가 얇으며 탄력성이 있다. 나중에 유연하게 되며 백색이고 맛은 유화하다. 주름살은 바른 주름살, 홈파진 주름살로 노쇠하면 내린 주름살로 되며 밀생하고 폭이 넓고 둔한 물결 모양이다. 연한 황색에서 연한 살색으로 된다. 자루의 길이는 6~10㎝, 굵기는 0.5~1.5㎝로 중심생 또는 편심생이고 위로 갈수록 가늘어진다. 기부는 불룩하고 가끔 구부정하다. 자루의 꼭대기는 가루 모양, 아래는 섬유질로 탄력성이 있다. 백색 또는 연한 색이며 기부는 회색-갈색이다. 포자의 지름은 4~7㎛로 구형이며 표면은 매끄럽고 투명하다. 포자문은 백색이다.

생태 여름~가을 / 침엽수와 활엽수의 혼효림 또는 활엽수림의 땅에 단생 · 속생한다. 소나무와 외생균근을 형성한다. 맛좋은 식용균이다.

분포 한국, 중국, 일본, 유럽, 북미

잿빛만가닥버섯(연기색형)

Lyophyllum fumosum (Pers.) P. D. Otron

형태 균모의 지름은 0.5~1.5㎝로 그 이상에 달하는 것도 있다. 처음은 구형에서 둥근 산 모양을 거쳐 편평하게 되며 간혹 가운데가 들어간 것도 있다. 표면은 밋밋하며 털이 없지만 간혹 불명료한 미세한 털이 있다. 처음 어두운 색에서 백색-회색으로 되었다가 회갈색, 흑색 등으로 된다. 건조할 때 연한 색이고 광택이 나며 습기가 있을 때 끈적기가 있다. 외피는 벗겨지지 않는다. 가장자리는 얇고 아래로 말리고 흰 가루가 있다. 살은 두껍고 치밀하다. 맛은 온화하며 냄새가 약간 난다. 주름살은 홈파진 주름살 또는 바른 주름살로 때때로 약간 내린 주름살로 밀생하며 길고 짧은 것이 상호 교차한다. 자루의 길이는 1~2.5㎝, 굵기는 0.2~0.7㎝로 위아래가 같은 굵기이다. 표면은 백색-회색인데 종종 굽었다. 섬유상으로 탄력이 있고 줄무늬홈선이 있다. 자루의 속은 차 있다. 포자의 지름은 4~5㎛로 구형이며 표면은 매끈하고 투명하다. 포자문은 백색이다.

생태 여름~가을 / 자실체는 괴경상의 굵은 나무에 다수가 1개의 집단을 이룬다. 식용한다.

분포 한국, 중국, 일본, 유럽, 북미

흑변만가닥버섯

Lyophyllum immundum (Berk.) Kühner

형태 균모의 지름은 지름 4~8㎝로 구형에서 둥근 산 모양으로 되지만 중앙은 볼록하다. 표면은 적갈색에서 회갈색으로 되며 약간 흡수성이 있다. 인편은 둥글고 회백색에서 회황색이며 손으로 만지면 검은색으로 빨리 변한다. 살은 연하고 검은색이며 냄새가 나고 맛은 온화하다. 가장자리에 줄무늬홈선이 있다. 자루의 길이는 5~10㎝, 굵기는 5~1.5㎝로 위아래의 굵기가 거의 같다. 표면은 회갈색이며 밀가루 같은 가루가 분포한다. 포자의 크기는 6~8×6~7㎛로 아구형이고 회백색이다. 포자문은 백색이다.
생태 여름 / 침엽수림과 낙엽수림의 땅에 군생한다.
분포 한국, 중국, 유럽

주름균강 》 주름버섯목 》 만가닥버섯과 》 만가닥버섯속

혀만가닥버섯

Lyophyllum loricatum (Fr.) Kühn.

형태 균모의 지름은 3~12㎝로 반구형에서 약간 둥근 산 모양을 거쳐 차차 편평해진다. 표면은 약간 맥상이고 결절에서 주름진 상태로 되며 약간 톱니상이다. 끈적기가 있고 검은 올리브색-갈색에서 밤색-갈색으로 되며 흡수성이다. 가장자리는 고르고 예리하다. 살은 백색이며 표피 밑은 갈색이다. 중앙은 두껍고 가장자리로 갈수록 연하다. 풀 냄새가 나고 맛은 온화하지만 불분명하며 때때로 맵다. 주름살은 넓은 바른 주름살에서 홈파진 주름살로 백색에서 회백색으로 되며 폭은 넓다. 주름살의 가장자리는 밋밋하다. 자루의 길이는 3.5~9㎝, 굵기는 0.7~1.5㎝로 원통형이다. 꼭대기에는 백색의 가루가 있고 유연하고 속은 차 있다. 표면은 갈색이나 노쇠하면 회갈색으로 된다. 포자의 크기는 5~6×4.5~5.5㎛로 아구형이고 표면은 매끈하고 투명하다. 담자기는 가는 곤봉형으로 28~32×7~8㎛이고 4-포자성이며 기부에 꺽쇠가 있다. 낭상체는 없다.

생태 여름~가을 / 풀밭 속의 땅에 속생한다.

분포 한국, 중국, 유럽, 북미, 아시아

주름균강 》 주름버섯목 》 만가닥버섯과 》 만가닥버섯속

다형만가닥버섯

Lyophyllum multiforme (Peck) H. E. Bigelow

형태 균모의 지름은 3~10㎝로 둥근 산 모양에서 차차 편평해지며 오래되면 가장자리는 흔히 물결형으로 된다. 흡수성이 있고 처음에 연한 크림색-그을린 색, 오렌지색-갈색에서 칙칙한 회갈색, 퇴색한 백색으로 되며 가장자리는 더 퇴색된다. 표면은 밋밋하고 거의 매끈거리지 않으며 건조해진다. 살은 백색이며 두껍고 냄새와 맛은 불분명하다. 주름살은 거의 바른 주름살이며 처음에 백색 또는 연한 노란색이고 상처를 입으면 황토색으로 물든다. 촘촘하고 폭은 좁다. 자루의 길이는 4~7㎝, 굵기는 0.5~1㎝로 위아래가 같은 굵기이고 연한 회색-연한 갈색이며 미끈거리거나 또는 미세한 섬유상의 줄무늬선이 있다. 속은 비었다. 포자는 5~6×3~3.5㎛로 타원형이며 표면은 매끈하고 투명하며 무색이다. 포자문은 백색이다. 난아밀로이드 반응을 보인다.

생태 여름~가을 / 비옥한 땅, 활엽수의 숲속에 쓰러진 고목 또는 나뭇가지 더미에 산생 또는 속생한다.

분포 한국, 북미

모래꽃만가닥버섯

Lyophyllum semitale (Fr.) Kühn.

형태 균모의 지름은 5~7㎝로 종 모양에서 둥근 산 모양을 거쳐 중앙부가 높거나 오목한 편평형으로 된다. 표면은 다소 끈적기가 있고 회갈색에서 연한 회색으로 되며 매끄럽다. 가장자리는 습기가 있을 때 줄무늬선이 있고 물결 모양이다. 살은 회백색이며 상처를 입으면 흑색으로 변하고 맛은 쓰고 냄새는 고약하다. 주름살은 홈파진 주름살-올린 주름살로 회백색이며 상처를 입으면 흑색으로 변한다. 자루의 길이는 3~5㎝, 굵기는 0.5~1㎝로 원주형이나 간혹 기부가 굵다. 백회색의 섬유상이고 상부에 인편이 있으나 백색 털이 밀생한다. 자루의 속은 차 있다가 빈다. 포자의 크기는 8~9×4.5~5.5㎛로 난형이다. 표면은 매끄럽고 투명하며 기름방울을 함유한다.

생태 가을 / 졸참나무, 상수리나무의 숲속 또는 소나무, 졸참나무의 혼효림의 땅에 단생 · 군생한다.

분포 한국, 일본, 중국, 유럽

땅찌만가닥버섯

Lyophyllum shimeji (Kawam.) Hongo

형태 균모의 지름은 2~8㎝로 처음에 반구형-둥근 산 모양에서 차차 편평하게 된다. 표면은 처음에 암색에서 때때로 회색-연한 회갈색으로 된다. 육질은 백색이고 치밀하다. 가장자리는 처음에 아래로 심하게 말린다. 주름살은 홈파진 주름살 또는 약간 내린 주름살로 백색-연한 크림색이다. 자루의 높이는 3~8㎝, 굵기는 0.5~1.5㎝로 위아래의 굵기는 같고 질기며 백색이고 아래로 부푼다. 자루의 속은 차 있다. 포자의 지름은 4~6㎛로 구형이며 표면은 매끄럽고 투명하다.
생태 가을 / 혼효림의 땅에 다수가 군생 · 속생하며 간혹 산생한다. 외생균근을 형성한다. 인공재배한다.
분포 한국, 일본, 중국

반투명만가닥버섯

Lyophyllum sykosporum Hongo et Clém.

형태 균모의 지름은 6.5~9㎝로 둥근 산 모양에서 차차 편평해진다. 표면은 회갈색-올리브 갈색이며 매끄럽다. 가장자리는 처음에 아래로 말렸다가 펴진다. 살은 두껍고 백색-회백색인데 상처를 입으면 흑색으로 변한다. 주름살은 홈파진 주름살, 바른 주름살, 내린 주름살로 다양하며 밀생한다. 표면은 백색-연한 회색이나 상처를 입으면 흑색으로 변한다. 자루의 길이는 7~10㎝, 굵기는 1~1.8㎝이며 근부는 부푼다. 표면은 균모보다 연한 색이고 위쪽에 가루가 분포한다. 자루의 속은 차 있다. 포자의 크기는 5.5~8.5×4.5~6.5㎛이고 타원형이다. 표면은 매끄럽고 투명하며 기름방울을 함유한다.

생태 여름~가을 / 침엽수림 내 땅에 군생한다. 식용한다.

분포 한국, 일본, 중국, 유럽 등 북반구 일대

느타리은색버섯(은색느타리)

Ossicaulis lignatilis (Pers.) Redhead & Ginns
Clitocybe lignatillis (Pers.) P. Karst. / Pleurotus lignatilis (Pers.) P. Kumm.

형태 균모의 지름은 2~5㎝로 부채 모양 또는 둥근 산 모양으로 중앙이 오목해진다. 표면은 크림색을 띤 흰색으로 오래되면 다소 갈색을 띤다. 살은 얇고 흰색이고 약간 질긴 편이다. 가장자리는 흔히 물결 모양으로 굴곡되기도 하며 갈라지기도 한다. 주름살은 내린 주름살로 촘촘하며 흰색에서 크림색으로 된다. 자루의 길이는 2~6㎝, 굵기는 0.3~0.8㎝로 흰색이며 편심생 또는 측생이다. 포자의 크기는 4.3~6.3×3.9~5.1㎛로 아구형이다. 표면은 매끈하고 기름방울이 있다. 포자문은 백색이다.
생태 가을 / 활엽수 그루터기에 움푹 파인 부분이나 지면에 접한 부분에 많이 난다. 매우 드물다. 식용 여부는 불분명하다.
분포 한국, 일본, 중국, 유럽, 북미, 북반구 온대

남빛주름만가닥버섯

Rugosomyces ionides (Sacc.) Bon.
Calocybe ionides (Bull.) Donk

형태 균모의 지름은 2~4.5㎝로 둥근 산 모양에서 차차 편평하게 펴진다. 흔히 중앙이 약간 돌출된다. 표면은 밋밋하거나 미세한 섬유상 인편이 있다. 라일락색, 회자색-자갈색이며 중앙은 진하고 살은 백색에 가깝다. 주름살은 올린 주름살 또는 홈파진 주름살로 백색이다. 자루의 길이는 3~4(5)㎝, 굵기는 0.3~0.6㎝로 위아래의 굵기가 같다. 표면은 균모보다 다소 진한 색으로 섬유질이고 속이 비어 있다. 기부에는 백색 균사가 덮여있다. 포자의 크기는 4.6~5.9×2.3~3.1㎛로 타원형이다. 표면은 매끈하고 투명하며 기름방울이 있다. 포자문은 백색이다.

생태 가을 / 숲속의 땅에 발생한다. 매우 드물다. 식독은 불분명하다.

분포 한국, 일본, 중국, 인도, 러시아의 극동지방, 유럽, 북미

황토주름만가닥버섯

Rugosomyces naucoria (Murrill) Boffelli
Calocybe fallax Redhead & Sing. / Lyophyllum fallax Kühner & Romagn. ex Contu

형태 균모의 지름은 1~2㎝로 처음에 둥근 산 모양이나 차차 편평해지며 중앙이 약간 오목해져서 얕은 깔때기 모양으로 된다. 표면은 밋밋하고 황토색으로 중앙부가 진하다. 건조하면 옅은 색으로 된다. 살은 주황색이다. 주름살은 올린 주름살로 연한 황토색-오렌지색이며 다소 성기고 폭이 얇다. 자루의 길이는 1~2㎝ 정도이고 굵기는 0.2~0.5㎝로 표면은 균모와 비슷한 색깔이나 약간 진한 색이다. 포자의 크기는 4~5×3.5~3.6㎛로 난형이며 표면은 매끈하고 투명하다.

생태 여름~가을 / 침엽수림의 땅이나 오래된 그루터기에서 난다. 식독은 불분명하다.

분포 한국, 일본, 유럽, 북미

혹활버섯

Sagaranella tylicolor (Fr.) V. Hofst., Clémencon, Moncalvo & Redhead
Lyophyllum tylicolor (Fr.) M. Lange & Siversten

형태 균모의 지름은 0.5~1.5㎝로 어릴 때 반구형의 종 모양에서 후에 원추형으로 되었다가 편평해지며 중앙에 볼록이 있다. 표면은 어릴 때 비단과 같은 솜털상이다가 약간 섬유상으로 되며 둔한 흡수성이 있다. 검은 회갈색이지만 습할 때 가장자리가 연한 색으로 되며 줄무늬선이 중앙까지 발달한다. 건조할 때 밝은 베이지색에서 황토색이며 가장자리는 예리하다. 살은 회갈색인데 습할 때 물색이고 얇고 맛은 온화하나 약간 밀가루 냄새가 난다. 주름살은 약간 올린 주름살에서 거의 끝붙은 주름살이다. 회색이며 폭이 넓다. 언저리는 균모와 같은 색이나 백색으로 되며 밋밋하다가 톱니형으로 된다. 자루의 길이는 3~5㎝, 굵기는 0.1~0.2㎝로 원통형에 약간 비틀린다. 표면은 밋밋하고 매끈하며 세로의 섬유상의 골이 있다. 은색-백색이나 때때로 희미한 갈색이 있다. 꼭대기는 백색의 솜털상으로 속은 비었고 부서지기 쉽다. 포자는 5.8~7.1×4.8~5.8㎛이고 포자문은 백색이다. 담자기는 곤봉형이고 25~35×8~10㎛이다. 4-포자성이며 기부에 꺽쇠가 있다.
생태 여름~가을 / 자작나무 숲 또는 혼효림, 침엽수림의 잎에 단생에서 군생한다.
분포 한국, 유럽

숯꼽추버섯

Tephrocybe anthracophila (Lasch) P. D. Orton
Lyophyllum anthracophilum (Lasch) M. Longe & Siversten

형태 균모의 지름은 0.7~2(3)㎝로 처음은 둥근 산 모양에서 차차 편평해지며 나중에는 중앙이 오목해진다. 표면은 밋밋하고 습할 때 약간 줄무늬선이 나타나며 올리브 갈색, 암갈색-흑갈색이다. 살은 백색이고 얇다. 주름살은 바른 주름살로 오백색-회색이고 촘촘하거나 약간 성기다. 자루의 길이는 2~3(5)㎝, 굵기는 0.1~0.2㎝로 원통형이다. 표면은 균모와 같은 색이고 속은 차 있다. 포자의 크기는 4.8~5.7×4.4~5.5㎛로 구형이고 아구형-타원형이다. 표면은 매끈하고 투명하며 기름방울을 함유한다. 포자문은 백색이다.

생태 봄~가을 / 숲속 내 불탄 자리에 군생하거나 소수가 속생한다.

분포 한국, 일본, 유럽, 북미

암갈색꼽추버섯

Tephrocybe confusca (P. D. Orton) P. D. Orton
Collybia confusca P. D. Orton

형태 균모의 지름은 1.5~4㎝로 처음 둥근 산 모양에서 차차 편평해지며 중앙은 약간 들어가고 중앙의 한가운데에 젖꼭지가 있다. 표면은 회색 또는 회흑색이며 밋밋하고 무디며 가장자리까지 줄무늬선이 발달한다. 살은 얇고 회색에서 백색으로 된다. 맛과 냄새는 밀가루 같다. 주름살은 바른 주름살-홈파진 주름살로 크림색에서 회갈색이며 비교적 촘촘하다. 자루의 길이는 2.5~5㎝, 굵기는 0.4~0.9㎝로 위아래가 같은 굵기이거나 기부는 부풀어서 아래쪽으로 가늘다. 표면은 비단결 같은 섬유실로 되며 미세한 털이 있고 꼭대기는 가루상이고 기부는 털상이다. 포자는 4.5~6×3~3.5㎛로 타원형이며 표면은 매끈하고 투명하다. 포자문은 백색이다.
생태 가을~겨울 / 산성 땅, 토탄의 땅, 풀 속, 이끼류에 단생 또는 작은 집단으로 발생한다.
분포 한국, 유럽(영국)

송곳흰개미버섯

Termitomyces heimi Natarajan

형태 자실체의 크기는 중간 정도이거나 비교적 대형이다. 균모의 지름은 5~12㎝로 처음은 삿갓 모양에서 편평하게 펴지지만 중앙은 뾰족하다. 가장자리는 위로 말린다. 회백색, 연한 회갈색이며 가장자리로 연한 색깔을 나타낸다. 표면은 밋밋하고 빛나며 습할 때 끈적기가 있다. 살은 백색이며 중앙은 두껍다. 주름살은 떨어진 주름살이다. 처음 백색에서 나중에 연한 분홍색으로 된다. 밀생하며 길이가 다르다. 언저리에 알갱이 같은 것이 있다. 자루의 길이는 10~15㎝, 굵기는 1.2~2.1㎝로 방추형이다. 백색이며 기부는 암색으로 변한다. 자루가 길어서 뿌리처럼 된다. 턱받이는 영존성이며 막질이고 기부는 팽대한다. 포자는 7~8.5×4.5~6.5㎛로 타원형이다. 무색이며 표면은 매끈하고 투명하다. 포자문은 분홍색이다.
생태 여름 / 풀밭의 흙에 단생한다.
분포 한국, 중국

꼬마흰개미버섯

Termitomyces microcarpus (Berk. et Br.) R. Heim

형태 균모의 지름은 0.3~2.5㎝로 처음은 구형 혹은 원추형 내지 삿갓형이며 중앙부는 뚜렷하게 볼록하고 뾰족하다. 표면은 광택이 나고 밋밋하며 뚜렷한 회색, 회갈색, 연한 갈색으로 방사상의 가는 털로 줄무늬선이 있다. 가장자리가 가끔 넓게 갈라진다. 육질은 백색이고 얇다. 주름살은 거의 떨어진 주름살로 백색이며 중앙은 들어가고 밀생하며 포크형이다. 자루의 길이는 4~6㎝, 굵기는 0.2~0.4㎝로 백색이며 섬유질이다. 기부는 약간 뭉툭하거나 가근상이다. 포자의 크기는 6.3~7.5×3.3~5㎛로 광타원형-난원형이다. 표면은 매끈하고 투명하다. 포자문은 분홍색이다.

생태 여름~가을 / 숲속의 땅에 군생 · 속생한다.

분포 한국, 중국

주름균강 》 주름버섯목 》 만가닥버섯과 》 흰개미버섯속

둥근흰개미버섯

Termitomyces globulus Heim & Goos-Font.

형태 균모의 지름은 4~9㎝로 처음 반구형에서 차차 편평해지며 중앙부는 볼록하다. 표면은 옅은 황색이며 광택이 나고 밋밋하다. 약간 섬모상이며 갈라진 무늬가 있다. 가장자리는 옅은 황갈색인데, 처음에 아래로 말리고 나중에 넓게 갈라진다. 육질은 백색이다. 주름살은 떨어진 주름살이고 백색 또는 옅은 갈색이며 폭은 넓고 포크형이다. 자루의 길이는 10.5~15㎝, 굵기는 1.5~2.2㎝로 원주형이다. 속은 차고 기부는 뿌리상이다. 표면은 백색이며 미세한 털이 있고 기부는 흑갈색이다. 포자문은 살색-분홍색이다. 포자의 크기는 6~9×3.3~5㎛로 광난형 또는 광타원형이다. 분홍색이고 광택이 나며 표면은 매끈하고 투명하며 포자벽이 두껍다. 연낭상체는 곤봉형으로 34~40×3~18㎛이다. 측낭상체는 드물고 거의 방추상으로 25~35×13~20㎛이다.
생태 여름~가을 / 숲속의 땅에 단생한다. 식용한다.
분포 한국, 중국

주름균강 》 주름버섯목 》 낙엽버섯과 》 분홍낙엽버섯속

흰분홍낙엽버섯

Atheniella flavoalba (Fr.) Redhead, Moncalvo, Vilgalys, Desjardin & B. A. Perry
Mycena flavoalba (Fr.) Quél.

형태 균모의 지름은 0.8~2㎝로 종 모양-원추형에서 둥근 산 모양을 거쳐 편평하게 된다. 표면은 밋밋하고 투명한 줄무늬가 중앙까지 발달한다. 표면은 밝은 황색에서 옅은 오렌지색을 가진 황색으로 되며 중앙은 진하고 가장자리 쪽으로 연하다. 가장자리는 위로 올라가고 백색, 미세한 톱니상이다. 살은 백색에서 황색으로 되고 매우 얇고 냄새가 나며 맛은 온화하다. 주름살은 내린 주름살로 어릴 때 백색에서 크림 황색으로 되고 폭은 넓다. 언저리는 반반하고 톱니상이다. 자루의 길이는 2.5~4.5㎝, 굵기는 0.1~0.15㎝로 원통형이며 밋밋하다. 백색에서 황색으로 되고 꼭대기는 백색의 가루상이다. 쉽게 부서지지 않는다. 자루의 속은 비었다. 포자의 크기는 6~7.7×3.8~4.1㎛로 타원형 또는 원추형-타원형이며 매끈하고 투명하며 기름방울이 있다. 담자기는 곤봉형으로 20~30×5.5~7㎛이고 기부에 꺾쇠가 있다. 연낭상체, 측낭상체는 방추형의 배불뚝이형으로 40~55×10~15㎛이다.
생태 가을 / 침엽수림 고목의 풀과 이끼류 사이에 군생한다.
분포 한국, 중국, 유럽, 북미

분홍낙엽버섯

Atheniella adonis (Bull.) Redhead, Moncalvo, Vilgalys, Desjardin & B. A. Perry
Mycena adonis (Bull.) Gray / M. adonis (Bull.)Gray var. adonis

형태 균모의 지름은 0.5~1㎝로 어릴 때 원추형의 종 모양에서 종 모양-평평한 모양으로 되며 중앙에 무딘 돌출이 생기기도 한다. 오래되면 가장자리가 위로 치켜 올라간다. 표면은 밋밋하고 주홍색이며 가장자리는 연한 색인데 후에 분홍색-유백색으로 퇴색된다. 습할 때는 반투명의 줄무늬가 거의 절반까지 이른다. 살은 연한 분홍색이고 얇다. 주름살은 올린 주름살-좁은 바른 주름살로 분홍색의 백색이다. 성긴 편이며 폭이 넓다. 언저리는 고르고 미세한 면모상이다. 자루의 길이는 1.5~4.5㎝, 굵기는 0.1~0.2㎝로 원주형이며 위아래가 같은 굵기이다. 표면은 백색이다. 밋밋하고 미세하게 세로로 섬유상이다. 자루의 속이 차 있다가 오래되면 빈다. 포자는 6.7~9.2×4.5~6㎛로 타원형이고 표면은 매끈하고 투명하다.
생태 여름~가을 / 숲의 가장자리, 다소 건조한 풀밭, 이끼 사이 등에 단생 또는 군생한다. 비식용이다.
분포 한국, 일본, 유럽

등색분홍낙엽버섯

Atheniella aurantidisca (Murrill) Redhead, Moncalvo, Vilgalys, Desjardin & B. A. Perry
Mycena aurantiidisca (Murr.) Murr.

형태 균모의 지름은 0.4~1㎝로 처음 원추형-종 모양이고 습기가 있을 때 표면에 줄무늬가 나타난다. 중앙부는 선명한 오렌지적색-오렌지색이고 주변부는 황색이나 나중에 전체가 연한 황색으로 된다. 주름살은 올린 주름살-바른 주름살로 백색이고 성기다. 자루의 길이는 2~5.5㎝, 굵기는 0.1㎝로 담황색-백색이고 속이 비어 있다. 포자의 크기는 7~8×3.5~4㎛로 타원형이다. 난아밀로이드 반응을 보인다. 포자문은 백색이다.
생태 여름~초가을 / 침엽수의 숲속의 땅 또는 침엽수의 낙엽에 발생한다. 식독은 불분명하다.
분포 한국, 일본, 북미

주름균강 》 주름버섯목 》 낙엽버섯과 》 솔방울버섯속

솔방울버섯

Baeosporа myosura (Fr.) Sing.

형태 균모의 지름은 0.5(1)~3㎝로 처음 둥근 산 모양에서 거의 편평하게 된다. 중앙부가 다소 볼록하거나 젖꼭지 모양으로 돌출하지만 때로는 오목해지기도 한다. 표면은 밋밋하고 담황갈색-갈색이고 건조하면 옅은 색으로 된다. 살은 갈색이다. 주름살은 올린 주름살이고 유백색이며 촘촘하다. 자루의 길이는 2~5㎝, 굵기는 0.2~0.3㎝로 균모보다 옅은 색이거나 거의 백색인데 흰 분말이 덮여 있다. 백색의 긴 털이 기부 쪽으로 드러나 있거나 솔방울 내부에 들어 있다. 포자는 3.2~4.4×1.5~2.2㎛로 원주형-타원형이며 표면은 매끈하고 투명하다. 포자문은 백색이다.
생태 여름~늦가을 / 숲속의 땅속에 묻혀 있는 솔방울, 가문비나무 종자 등에서 발생한다. 유럽에서는 흔하나 우리나라는 드물다. 식용한다.
분포 한국, 일본 등 북반구 온대 이북

주름균강 》 주름버섯목 》 낙엽버섯과 》 모자버섯속

종모자버섯

Calyptella campanula (Nees) W. B. Cooke

형태 자실체의 지름은 0.1~0.2㎝로 점차 가늘어져서 작은 자루를 형성하며 자루의 길이는 0.05~0.15㎝이다. 자실체는 두건 모양-종 모양에 황색-녹색 등이다. 바깥 면은 거의 밋밋하고 많은 균사체의 균사로 둘러싸여 있다. 가장자리는 약간 안으로 말린다. 내면은 밋밋하고 노란색이다. 자실체는 건조하면 색깔이 변하지 않는다. 포자는 8.5~9.5×4.5~5.5㎛로 타원형-눈물형이며 표면은 매끈하고 투명하며 알갱이를 함유한다. 아밀로이드 반응을 보인다. 담자기는 곤봉형이며 19~24×6~7㎛로 4-포자성이다. 기부에 꺾쇠가 관찰되지 않는다. 낭상체는 관찰되지 않는다.
생태 여름~가을 / 습기 찬 곳, 나무줄기, 나뭇잎, 뿌리 등 또는 여러 죽은 식물 등에 발생한다. 드문 종이다.
분포 한국, 유럽

머리모자버섯

Calyptella capula (Holmsk.) Quél.

형태 자실체는 자루를 가진다. 직립하거나 컵을 매단 형태인데, 크기는 가로 0.2~0.5, 세로 0.2~0.7㎝로 컵받침형에서 깔때기형으로 된다. 바깥 면은 밋밋하고 백색에서 크림색이다. 내면(주름살)은 백색의 자실층으로 바깥 면처럼 밋밋하고 백색에서 크림색이다. 가장자리는 물결형이고 밋밋하며 약간 톱니형이다. 자루의 높이는 0.2㎝, 굵기는 0.05㎝로 컵 모양이며 섬세하고 부드럽게 융합한다. 포자의 크기는 6~9×3.5~4.5㎛로 타원형이나 한쪽 면이 편평하며 표면은 매끈하고 투명하다. 담자기는 곤봉형으로 20~25×6~8㎛로 4-포자성이며 기부에 꺾쇠가 있다. 낭상체는 없다.

생태 여름~가을 / 잘린 나무나 고목의 옆 또는 위에 군생한다.

분포 한국, 유럽

푸른나무종버섯

Campanella caesia Romagn.

형태 균모의 지름은 0.2~1.7㎝로 자루는 없고 기주에 편심생이다. 처음에는 컵 또는 둥근 산 모양이며 후에 편평한 둥근 산 모양에서 편평하게 된다. 위에서 보면 둥글고 둥근 부채 모양 또는 콩팥형이다. 표면은 전체가 미끈거리고 다소 투명하지만 투명하지 않은 것도 있다. 투명하고 희미한 줄무늬선이 있다. 색깔은 다양하며 자색의 회녹색, 검은 녹회색, 올리브색-회색, 약간 녹회색, 연한 회청색, 회갈색, 연한 황갈색 등이다. 가장자리는 색이 더 연하다. 오래되면 회녹색에서 갈색을 거쳐 백색으로 된다. 처음은 미세한 가루상이나 중앙은 때때로 약간 방사상으로 주름지며 오래되면 그물꼴의 홈선이 생긴다. 살은 미끈거리고 유연하며 냄새는 불분명하거나 버섯 냄새가 난다. 주름살은 맥상처럼 되며 좁고 두꺼우며 균모와 같은 색이거나 약간 옅은 색이다. 언저리에는 백색의 가루가 있다. 포자는 7.5~9.5×4~5.5㎛로 타원형에서 장방형이다. 벽은 얇고 표면은 매끈하고 투명하다. 난아밀로이드 반응을 보인다. 포자문은 거의 백색이다. 담자기는 28~40×7~10㎛이며 4-포자성이고 드물게 2-포자성도 있으며 기부에 꺾쇠가 있다.

생태 여름~가을 / 풀의 죽은 더미, 모래, 늪지대의 나무에 군생한다.

분포 한국, 유럽

유착나무종버섯

Campanella junghuhnii (Mont.) Sing.

형태 균모의 지름은 0.5~1.5㎝로 극히 얇은 막질이다. 표면은 거의 연한 회색을 띤 백색이며 미세한 가루 모양인데, 어릴 때는 다소 연한 자색을 띠기도 한다. 주름살의 폭은 극히 좁고 매우 성기다. 적은 수가 방사상으로 뻗으면서 서로 연결되어 그물 모양을 이룬다. 자루는 균모가 기주에 직접 부착하여 없지만 극히 짧은 대가 있는 것도 있다. 포자의 크기는 7.7~9×4.2~5㎛로 타원형이며 표면은 광택이 나고 매끄럽고 투명하다.
생태 여름~가을 / 죽은 대나무, 침엽수의 낙지에 군생한다.
분포 한국, 중국, 일본, 유럽, 북미, 북반구 온대

애기무리버섯

Clitocybula familia (Peck) Sing.

형태 균모는 지름이 1~4㎝로 종 모양에서 원추형을 거쳐 차차 편평하게 된다. 표면은 습기가 있을 때 밋밋하고 갈색에서 크림색으로 된다. 살은 얇고 부서지기 쉽다. 가장자리는 아래로 말렸다가 나중에 다시 펴지며 간혹 위로 뒤집히고 갈라지기도 한다. 주름살은 떨어진 주름살로 백색이고 폭은 좁고 밀생한다. 자루는 길이가 4~8㎝, 굵기는 0.15~0.3㎝로 가늘고 회백색이다. 표면은 매끄럽고 기부에는 미세한 털이 나 있다. 포자의 지름은 3.5~4.5㎛로 구형이며 표면은 매끄럽고 투명하다. 아밀로이드 반응을 보인다. 포자문은 백색이다.
생태 여름~가을 / 침엽수의 죽은 나무에 군생한다.
분포 한국, 중국, 북미

누더기애기무리버섯

Clitocybula lacerata (Scop.) Metrad

형태 균모의 지름은 2~6㎝로 둥근 산 모양에서 넓은 둥근 산 모양으로 되며 중앙이 들어간다. 가장자리는 위로 들리고 물결형이며 오래되면 찢어진다. 표면은 희미한 방사상의 줄무늬선이 있으며 어릴 때는 회갈색이다. 중앙은 판판하고 습할 때 색깔은 다양해지며 연한 색에서 검은 회갈색이다. 가장자리는 퇴색하여 연하고 둔탁한 갈색에서 그을린 황갈색으로 되며 백색에서 연한 황갈색을 가진다. 살은 백색이며 냄새와 맛은 분명치 않다. 주름살은 바른 주름살에서 내린 주름살로 약간 성기고 흔히 가로상의 맥상이 있다. 백색이며 오래되면 회색의 기미가 있다. 자루는 길이가 2~5㎝, 굵기는 0.2~0.5㎝로 거의 같은 굵기지만 때로는 아래로 가늘다. 흔히 굽었고 밋밋하며 속은 비었고 백색이다. 오래되면 연한 회색으로 된다. 포자는 6~8×4.5~6㎛로 타원형에서 광타원형이고 표면은 매끈하고 투명하다. 아밀로이드 반응을 보인다. 포자문은 백색이다.

생태 여름~가을 / 썩은 고목에 밀집해 속생하며 때때로 땅에 묻힌 나무 또는 참나무류 또는 침엽수림의 땅에 난다. 흔한 종이다. 식용 여부는 모른다.

분포 한국, 북미

주름균강 》 주름버섯목 》 낙엽버섯과 》 애기무리버섯속

검은애기무리버섯

Clitocybula abundans (Peck) Sing.

형태 균모의 지름은 2~4㎝로 둥근 산 모양에서 차차 편평해지며 가끔 중앙은 배꼽형인 것도 있다. 표면은 방사상의 섬유실이고 노쇠하면 역시 방사상으로 갈라지며 숯색-회색에서 회갈색을 거쳐 베이지 회색으로 된다. 가장자리는 퇴색하고 예리하다. 살은 백색이며 얇다. 맛은 온화하다. 주름살은 올린 주름살에서 넓은 바른 주름살로 백색이며 폭은 넓다. 주름살의 언저리는 밋밋하다. 자루의 길이는 2~4㎝, 굵기는 0.2~0.4㎝로 원통형이고 속은 비었다. 표면은 편평하고 백색에서 회백색, 백색의 비듬상-가루상이고 단단하며 유연하다. 포자의 크기는 4~7.5×4~6㎛로 광타원형이다. 표면은 매끈하고 투명하며 기름방울을 함유한다. 담자기는 22~30×5~7㎛로 가는 곤봉형이다. 4-포자성이며 기부에 꺾쇠가 있다. 연낭상체는 50~150×10~20㎛로 가는 곤봉형 또는 원통형이다.
생태 여름 / 숲속의 땅에 군생 · 속생한다.
분포 한국, 중국

주름균강 》 주름버섯목 》 낙엽버섯과 》 애기무리버섯속

눈알애기무리버섯

Clitocybula oculus (Peck) Sing.

형태 균모의 지름은 2~4㎝로 둥근 산 모양에서 종 모양을 거쳐 차차 편하게 되지만 중앙은 들어간다. 중앙은 연한 색에서 검은 회갈색이며 가장자리 쪽으로 점차 연해진다. 방사상의 줄무늬가 있고 인편 또는 섬유실 인편이 있다. 가장자리는 찢어지고 갈라져서 톱니상이며 연한 갈색에서 회갈색으로 된다. 육질은 백색이고 냄새와 맛은 불분명하다. 주름살은 내린 주름살로 약간 성기고 맥상으로 연결된다. 자루는 길이가 6㎝, 굵기는 0.6㎝ 정도로 원통형이며 섬유상의 인편이다가 반점 모양으로 된다. 포자의 크기는 5~6.5×4~4.5㎛로 아구형이다. 포자문은 백색이다.
생태 여름~가을 / 썩은 고목의 등걸 등에 다발로 난다. 식용 여부는 모른다.
분포 한국, 중국, 북미

털가죽버섯

Crinipellis scabella (Alb. & Schwein) Murrill
Crinipellis stipitaria (Fr.) Pat.

형태 균모의 지름은 0.7~1.5㎝로 처음에는 둥근 산 모양에서 차차 편평하게 펴지며 중앙이 오목해지기도 한다. 표면은 베이지색 바탕에 밤갈색-오렌지 갈색의 광택이 있고 털이 덮이며 약간의 테 무늬를 나타낸다. 주름살은 내린 주름살로 백색이고 약간 성기다. 자루는 길이가 2~4.5㎝, 굵기는 0.1~0.2㎝로 매우 가늘며 암갈색이고 짧은 털로 덮여 있다. 포자는 5.7~8.1×4.4~5.6㎛로 넓은 타원형-편도형이며 표면은 매끈하고 투명하며 기름방울이 있다. 포자문은 백색이다.

생태 여름~가을 / 말라 죽은 벼과 식물의 줄기 위에서 난다. 흔히 잔디의 줄기 위에서 단생 또는 군생한다. 가끔 보인다. 비식용이다.

분포 한국, 일본, 중국 시베리아, 유럽

솜털가죽버섯

Crinipellis tomentosa (Quél.) Sing.

형태 균모의 지름은 1~1.8㎝로 둥근 산 모양으로 어릴 때 가장자리는 안으로 말리고 펴져서 편평하게 되거나 중앙은 약간 들어간다. 성숙하면 가장자리는 뒤집힌다. 후에 방사상의 골이 생기고 불규칙한 물결형이 되며 때때로 가장자리는 털상이다. 투명한 줄무늬선은 없고 어릴 때 가장자리는 더 연한 백색이다. 성숙하면 진한 갈색, 회갈색에서 황토색-회색으로 되며 노쇠하면 라일락색이 되는데 중앙이 심하다. 때때로 녹슨 갈색의 반점이 있고 투명한 백색 털로 덮인다. 주름살은 홈파진 주름살-바른 주름살에서 바른 주름살로 되며 약간 배불뚝이형이다. 두껍고 노쇠하면 불규칙하게 빽빽해지며 때때로 포크형이다. 크림 백색에서 바랜 백색으로 되며 균모와 같은 색이다. 언저리에 털이 있다. 자루의 길이는 1.5~3㎝, 굵기는 0.1~0.15㎝로 빽빽하고 위아래가 거의 같은 굵기이다. 속은 차고 폭은 넓거나 드물게 기부로 가늘다. 꼭대기는 크림 백색에서 크림 회색이지만 기부 쪽으로 갈수록 회색 또는 검은 회갈색이다. 살은 질기고 균모와 같은 색이며 냄새는 없고 맛은 온화하다. 포자는 8.1~10.8×4.1~6.5㎛로 타원형 또는 방추형이다. 포자문은 백색이다. 담자기는 28~42×6~8.5㎛로 4-포자성이며 곤봉형이다.

생태 여름~가을 / 건조한 풀밭 안의 나무, 풀 쓰레기의 가지 등에 군생한다.

분포 한국, 유럽

주름균강 》 주름버섯목 》 낙엽버섯과 》 털가죽버섯속

암갈색털가죽버섯

Crinipellis piceae Sing.

형태 균모의 지름은 0.2~0.6㎝로 둥근 산 모양에서 넓은 둥근 산 모양으로 되며 드물게 중앙에 젖꼭지 모양이 있다. 가장자리는 아래로 굽으며 표면은 건조성이 있다. 중앙은 미끈거리며 검은 갈색이나 가장자리는 맑은 갈색이다. 방사상의 섬유상 인편으로 되며 살은 얇고 맑은 갈색이다. 냄새와 맛은 불분명하다. 주름살은 올린 주름살이며 밀생에서 약간 성기며 폭은 좁고 백색이다. 자루의 길이는 2.5~4.5㎝, 굵기는 0.05~0.1㎝로 원통형이다. 철사 같으며 휘어지기 쉽고 자루의 속은 차 있다가 빈다. 표면은 건조성이 있고 가루상에서 연한 털로 되며 갈색에서 검은 갈색이고 가균사는 없다. 포자는 7.5~9×3.5~4㎛로 타원형이며 표면은 매끈하고 투명하다. 난아밀로이드 반응을 보인다. 포자문은 백색이고 연낭상체는 곤봉형이다.

생태 가을에서 겨울 / 관목의 침엽수 사이에 단생 · 산생한다.

분포 한국, 북미

주름균강 》 주름버섯목 》 낙엽버섯과 》 애이끼버섯속

주름애이끼버섯

Gerronema strombodes (Berk. & Mont.) Sing.
Chrysomphalina strombodes (Berk. & Mont.) Clémençon

형태 균모의 지름은 1.5~4㎝로 처음에는 중앙이 오목한 둥근 산 모양에서 가운데가 깊게 파인 깔때기 모양으로 된다. 표면은 회갈색, 황갈색 및 갈색으로 중앙 부위가 진하다. 가장자리는 아래로 감기고 방사상으로 줄무늬선 또는 홈선이 있고 오래되면 갈라지거나 고르지 않다. 살은 유백색이다. 주름살은 내린 주름살이고 어릴 때는 유백색에서 연한 황백색으로 되며 폭이 넓고 성기다. 자루의 길이는 2.5~4.5㎝, 굵기는 0.25~0.4㎝로 매우 가늘다. 위아래가 같은 굵기로 가끔 휘기도 한다. 표면은 유백색, 연한 회갈색이며 자루의 상부에는 가루 모양이 덮여 있고 속은 비어 있다. 포자의 크기는 4.6~6×3~4.1㎛로 타원형이다. 표면은 밋밋하고 투명하며 기름방울이 있다. 포자문은 백색이다.

생태 여름 / 땅속에 매몰되거나 활엽수 고목, 활엽수 가지에 소수 군생한다. 매우 드물다.

분포 한국, 중국, 유럽, 북반구

흰애이끼버섯

Gerronema albidum (Fr.) Sing.

형태 균모의 지름은 2~4㎝로 중앙이 들어가서 깔때기 모양이며 백색이다. 가장자리는 펠트상이며 약간 진흙의 갈색이고 아래로 말린다. 주름살은 심한 내린 주름살이며 촘촘하고 폭이 좁다. 비듬이 있으며 약간 희미한 노란색의 진흙색이다. 자루의 길이는 2~4㎝, 굵기는 0.1~0.2㎝로 미끈거리고 위쪽에 미세하고 연한 털이 있다. 포자의 크기는 5~5.5×3~3.5㎛로 균사에 꺾쇠는 없다.
생태 여름~가을 / 풀밭과 이끼류에 군생한다.
분포 한국, 유럽

순백파이프버섯

Henningsomyces candidus (Pers.) Kuntze

형태 자실체는 침 모양으로 활엽수의 썩은 나무에 나며 기질의 땅 쪽에 난다. 자실체의 폭은 0.02~0.04㎝, 높이는 0.05~0.1㎝로 매우 연약한 백색의 반점 모양의 버섯이 기질에 부착된다. 확대경으로 보면 공 모양-서양배 모양이고 꼭대기 중앙에 파이프 모양과 비슷한 깊은 구멍이 있다. 외벽에는 가는 털이 밀생되어 있다. 포자의 크기는 4~6×3.5~6㎛로 아구형-구형이다.
생태 여름~가을 / 숲속의 침엽수 또는 활엽수의 썩은 나무에 땅 쪽을 향해서 군생한다.
분포 한국, 일본, 유럽, 북미, 뉴질랜드

큰낭상체버섯

Macrocystidia cucumis (Pers.) Joss.
M. cucumis var. latifolia (J. E. Lange) Imazeki & Hongo

형태 균모의 지름은 2~5(8)㎝로 처음에 원추형의 종형을 오래 유지하나 나중에는 편평해진다. 중앙에는 젖꼭지 모양의 돌기를 가지는 경우가 많다. 표면은 습할 때 적갈색-암갈색이고 건조하거나 오래된 것은 오렌지 갈색-황토색이며 가장자리는 황색-황토색이고 고르다. 살은 균모와 같은 색으로 질기다. 주름살은 바른 주름살-올린 주름살로 어릴 때는 크림색에서 붉은색-황토색으로 되며 촘촘하다. 자루의 길이는 3~6㎝, 굵기는 0.15~0.5㎝로 위아래가 같은 굵기이거나 아래쪽이 가늘다. 표면은 암갈색이며 위쪽은 연한 색이고 가는 털이 밀생하여 벨벳 모양이다. 자루의 속이 비어 있다. 포자는 7.2~8.9×3.6~4.4㎛로 타원형이다. 표면은 매끈하고 투명하며 연한 적색이다. 포자문은 오렌지색-갈색이다.

생태 여름~가을 / 정원, 산림, 초원, 나지 등의 지상에 발생한다. 흔하다. 식용한다.

분포 한국, 일본, 유럽, 북아메리카, 북아프리카

주름균강 》 주름버섯목 》 낙엽버섯과 》 낭상체버섯속

큰낭상체버섯(넓은잎형)

Macrocystidia cucumis var. **latifolia** (J. E. Lange) Imazeki & Hongo

형태 균모의 지름은 1.3~2㎝로 큰낭상체 버섯보다 작다. 처음에 원추형-종형을 오래 유지하나 나중에는 편평해진다. 중앙에 젖꼭지 모양의 돌출이 있다. 표면은 오렌지색-갈색인데, 습할 때 줄무늬가 나타난다. 살은 균모와 같은 색이며 질기다. 주름살은 처음에 백색에서 약간 살구색으로 되며 중앙은 폭이 넓어서 거의 삼각형이다. 자루의 길이는 3㎝ 정도이고 굵기는 0.15㎝이다. 내외로 암갈색이며 위쪽은 연한 색이다. 미세한 털이 밀생하며 벨벳 모양에 속은 비어 있다. 포자의 크기는 7~10.5×3.5~4㎛로 타원형-원통형이다.
생태 여름~가을 / 숲속의 땅 또는 길가의 벼과 식물 속에 발생한다. 드문 종이다.
분포 한국, 일본, 유럽

주름균강 》 주름버섯목 》 낙엽버섯과 》 물애주름버섯속

털물애주름버섯

Hydropus floccipes (Fr.) Sing.
Marasmiellus floccipes (Fr.) Sing.

형태 균모의 지름은 1~2㎝로 원추형의 종 모양 또는 원추형에서 차차 편평하게 펴지면서 가운데가 다소 높아진다. 표면은 회갈색-흑갈색이며 가운데는 거의 흑색이고 오래되면 퇴색하며 가장자리에 줄무늬선이 나타나기도 한다. 털이 없고 가장자리는 처음에 안쪽으로 굽는다. 살은 얇다. 주름살은 올린 주름살이며 흰색이고 성기며 폭은 보통이다. 주름살의 변두리는 가루상이고 털이 있다. 자루의 길이는 2.5~8㎝, 굵기는 0.1~0.3㎝이고 흰색이며 실 모양으로 가늘고 위아래가 같은 굵기이며 렌즈로 보면 전면에 더러운 회갈색의 미세한 반점이 흩어져 있는 것같이 보인다. 자루의 기부에는 백색의 섬유가 퍼져 있다. 포자의 크기는 6.5~8×4.5~7㎛로 구형-아구형에 표면은 매끄럽고 투명하다. 난아밀로이드 반응을 보인다. 포자문은 백색이다.
생태 여름~가을 / 숲속의 나무뿌리 또는 죽은 가지에 소수가 군생한다.
분포 한국, 중국, 유럽, 북반구 일대

흑백물애주름버섯

Hydropus atrialbus (Murr.) Sing.

형태 균모의 지름은 0.4~1㎝로 처음에 아구형, 타원형, 난형에서 차차 펴져서 둥근 산 모양을 거쳐 편평해지며 중앙은 들어간다. 표면은 털 같은 섬유상이며 끈적기가 있고 잘 벗겨진다. 백색에서 회백색으로 되며 가장자리는 뒤집히기도 한다. 가장자리에는 백색의 비듬이 있으며 톱니 같은 솜털이 있다. 주름살은 올린 주름살, 좁은 바른 주름살로 배불뚝이형이고 폭은 좁고 백색이며 오래되면 크림색으로 된다. 살은 매우 얇고 약간 질소 냄새가 나거나 냄새가 없다. 자루의 길이는 1~2.7㎝, 굵기는 0.03~0.075㎝로 원주형이며 위아래가 같은 굵기이다. 부서지기 쉬우며 가끔 굽어진다. 기부는 털이 있고 부푼다. 포자는 6~8.5×(3)3.5~4.5(5)㎛로 타원형이며 표면은 매끈하고 투명하다. 아밀로이드 반응을 보인다. 담자기는 12~20×5~9㎛로 곤봉형이며 4-포자성이지만 드물게 2-포자성도 있으며 기부에 꺾쇠가 있다.

생태 늦가을~가을 / 썩은 고목에 군생한다.

분포 한국, 유럽

배꼽물애주름버섯

Hydropus omphaliiformis (Kühner) Honrubia
Marasmiellus omphaliiformis (Kühner) Noordel.

형태 균모의 지름은 0.3~1.3㎝로 반구형에서 편평형의 둥근 산 모양으로 된다. 중앙은 배꼽형이나 오목하게 되며 안쪽 또는 아래로 말린다. 가장자리는 아래로 굽는다. 흡수성과 투명한 줄무늬선은 없고 가장자리에 분명한 방사상의 골이 있다. 습할 때 연한 갈색-황토색을 띠며 건조하면 가장자리 색은 바랜다. 표면은 미세한 알갱이가 있으며 알갱이 모양의 털이 펠트상으로 전체에 덮이거나 미세하게 압착된 인편이 있다. 주름살은 활 모양의 내린 주름살로 때때로 포크형 또는 융합하며 백색, 크림-백색으로 균모와 같은 색이다. 언저리는 미세한 가루에서 총체 술처럼 된다. 자루의 길이는 0.4~1.4㎝, 굵기는 0.07~0.13㎝로 원주형이고 때때로 꼭대기와 기부가 넓다. 꼭대기는 크림색-백색에 아래는 연한 갈색 또는 황갈색이다. 기부는 검은 회갈색이며 미세한 백색-황토색의 털이 기부를 덮는다. 포자는 7~10×4~5㎛로 타원형상의 눈물 모양이며 표면은 매끈하고 투명하다. 난아밀로이드 반응을 보인다. 담자기는 22~35×3.5~7㎛이고 4-포자성이다.

생태 여름~가을 / 혼효림의 죽은 낙엽수 껍질에 군생한다.

분포 유럽, 북미

주름균강 》 주름버섯목 》 낙엽버섯과 》 낙엽버섯속

흑변낙엽버섯

Marasmius alniphilus J. Favre

형태 균모의 지름은 0.1~0.6㎝로 반구형이며 바랜 회갈색이다. 중앙이 볼록하며 거의 검은 색이다. 주름살은 끝붙은 주름살이고 옷깃 모양이다. 약간 백색이고 언저리는 고르다. 자루는 가늘고 어두운 갈색이며 아래쪽으로 가늘다. 포자의 표면에 녹색의 사마귀점이 있다.
생태 여름~가을 / 떨어진 나뭇가지, 낙엽 등에 군생한다.
분포 한국, 유럽, 북미

주름균강 》 주름버섯목 》 낙엽버섯과 》 낙엽버섯속

황소낙엽버섯

Marasmius aurantioferrugineus Hongo

형태 균모의 지름은 3~7㎝로 처음에는 둥근 산 모양에서 거의 평평하게 펴지고 표면은 오렌지색-적색에서 회갈색으로 퇴색한다. 방사상으로 많은 주름이 생긴다. 살은 백색이고 질기다. 주름살은 바른 주름살-올린 주름살로 자루에서 균모가 떨어지기 쉽다. 약간 성기고 폭은 0.5~0.9㎝ 정도로 매우 넓다. 자루의 길이는 5~12㎝, 굵기는 0.3~0.6㎝로 위아래가 같은 굵기이나 기부의 끝은 약간 굵다. 표면은 백색에 섬유상이며 위쪽은 가루로 덮여 있다. 포자는 11~12×4.5㎛로 방추상의 긴 타원형이며 표면은 매끈하고 투명하다.
생태 가을 / 활엽수 숲속의 땅이나 낙엽송 수림의 낙엽 위에 군생한다. 매우 드물다. 식독은 불분명하다.
분포 한국, 일본

실낙엽버섯

Marasmius bulliardii Quél.
M. bulliardii f. acicola S. Lundell

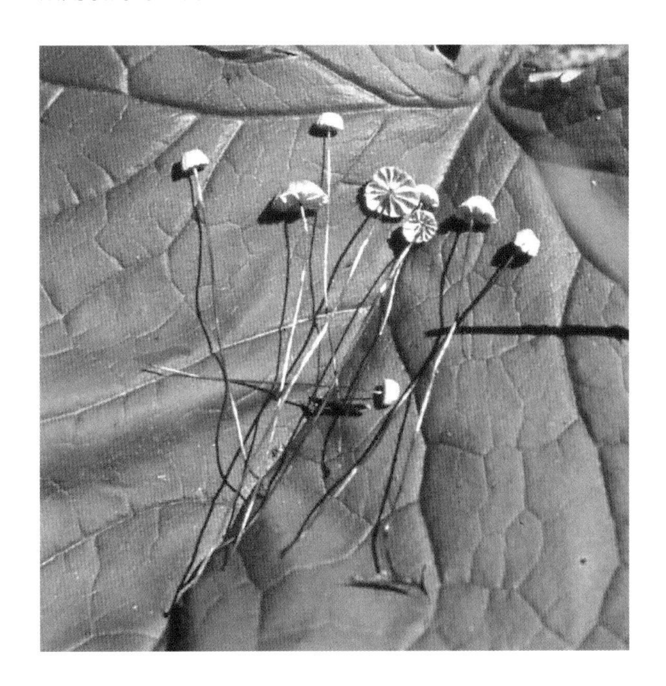

형태 균모의 지름은 0.25~0.8㎝로 반구형이고 중앙에 흑갈색의 작은 젖꼭지 모양의 돌기가 있으며 낙하산 모양이다. 표면은 밋밋하고 무디며 백색의 크림색이다. 방사상의 줄무늬홈선이 있다. 가장자리는 물결 모양이다. 육질은 얇고 냄새는 불분명하며 맛은 온화하다. 주름살은 떨어진 주름살로 백색이고 폭이 넓고 성기다. 주름살의 변두리는 고르다. 자루의 길이는 2~4.5㎝, 굵기는 0.02~0.05㎝로 말 털처럼 가늘고 길다. 표면은 흑갈색이며 밋밋하고 광택이 나며 속은 비었다. 포자의 크기는 6~8.6×3~4.5㎛로 타원형이다. 표면은 매끈하고 투명하며 기름방울이 있다. 담자기는 원주형-곤봉형으로 20~25×6~7㎛이고 기부에 꺾쇠가 있다. 낭상체는 없다.

생태 여름~가을 / 가문비나무 숲의 땅에 군생 · 속생한다.

분포 한국, 중국, 일본, 유럽, 아시아

키다리낙엽버섯

Marasmius buxi Fr. in Quél.

형태 균모의 지름은 0.05~0.2(0.5)㎝로 어릴 때는 반구형에서 둥근 산 모양이나 점차 편평형으로 된다. 표면은 미세한 알갱이나 가루가 붙어 있고 중심부는 적갈색이고 가장자리는 연해지다가 유백색으로 된다. 살은 막질이고 가장자리는 날카롭다. 주름살은 바른 주름살로 유백색이다. 자루의 길이는 0.5~2.5㎝, 굵기는 0.01~0.03㎝이다. 매우 가늘고 말총같이 빳빳하며 상하가 같은 굵기이다. 표면은 어릴 때 위쪽이 유백색, 아래쪽은 암갈색으로 미세한 흰색 가루가 붙어 있다. 나중에는 매끈해지고 암적갈색-흑갈색으로 된다. 포자의 크기는 8.2~12×3.6~4.6㎛로 방추형-타원형이고 표면은 매끄럽고 투명하며 내부에 기름방울이 있다.
생태 늦가을~봄 / 땅에 떨어진 상록 활엽수, 회양목의 잎 또는 가지에 군생한다.
분포 한국, 중국, 유럽

오목낙엽버섯

Marasmius calopus (Pers.) Fr.

형태 균모의 지름은 0.5~1.5㎝이고 균모는 원반 모양으로 펴지면서 중앙이 낮고 오목하게 들어간다. 녹슨 갈색의 크림색이고 밋밋하지 않다. 살은 얇고 균모와 같은 색이다. 주름살은 떨어진 주름살이고 백색-크림색이며 약간 성기다. 자루의 길이는 1~3㎝, 굵기는 0.1~0.2㎝로 녹슨 갈색이다. 포자는 7~8.5×3~4.5㎛로 물방울 모양의 타원형이다. 포자문은 백색이다.

생태 가을 / 낙엽층, 풀 더미 등에 군생 또는 단생한다. 드물다. 비식용이다.

분포 한국, 유럽

우산낙엽버섯

Marasmius cohaerens (Pers.) Cooke & Quél.

형태 균모는 지름이 2~3.5㎝로 원추형에서 반구형-종 모양과 둥근 산 모양을 거쳐 중앙이 높은 편평형으로 된다. 표면은 연한 계피색이며 중앙부는 진하고 가는 털로 덮인다. 어릴 때는 밋밋하지만 노후하면 방사상으로 주름이 잡힌다. 주름살은 끝붙은 주름살로 백색에서 갈색이며 폭은 넓고 성기다. 자루의 길이는 7~9㎝, 굵기는 0.2~0.4㎝로 원주형이다. 표면은 밋밋하고 광택이 나며 각질이다. 상부는 유백색, 하부는 암갈색이며 속은 비어 있다. 기부는 백색의 솜털 균사로 싸여 있다. 포자의 크기는 7~9.5×4~5㎛로 타원형 또는 종자 모양이며 표면은 매끄럽고 투명하다. 포자문은 백색이다.

생태 여름~가을 / 낙엽수림 또는 혼효림의 낙엽이나 썩은 가지에 단생 · 군생한다.

분포 한국, 일본, 중국, 북반구 온대

말총낙엽버섯

Marasmius crinis-equi Muell ex Karlchbr.

형태 균모의 지름은 0.7㎝ 이하로 종 모양-반구형이다. 표면은 처음에 거의 백색이지만 나중에는 황갈색으로 되며 방사상의 줄무늬홈선이 있다. 주름살은 떨어진 주름살이고 균모보다 연한 색이며 매우 성기다. 자루의 길이는 3~10(14)㎝, 굵기는 0.1㎝ 이하로 말총 모양이고 갈색-흑색으로 머리카락처럼 가늘다. 포자의 크기는 11~13×4~6㎛로 타원형이며 표면은 매끈하고 투명하다.
생태 여름~가을 / 활엽수 낙엽 위나 가지에 머리카락 모양으로 모여서 속생한다. 식용하지 못한다.
분포 한국, 일본, 인도, 호주, 유럽

주름균강 》 주름버섯목 》 낙엽버섯과 》 낙엽버섯속

거친줄무늬낙엽버섯

Marasmius calhouniae Sing.

형태 균모의 지름은 1~3㎝로 둥근 산 모양이 펴져서 편평한 둥근 산 모양으로 되고 중앙이 들어가며 가장자리는 아래로 말렸다가 위로 올려진다. 투명한 줄무늬선이 울퉁불퉁한 줄무늬선으로 된다. 표면은 습하다가 건조해지고 매끈하다. 어릴 때는 연한 회색이고 오래되면 회백색, 황백색, 백색으로 된다. 살은 부드럽고 백색이다. 맛과 냄새는 불분명하다. 주름살은 바른 주름살에서 약간 내린 주름살로 성기고 맥상이다. 폭이 넓고 백색에서 연한 황백색으로 된다. 자루의 길이는 1.5~5.5㎝, 굵기는 0.2~0.5㎝로 원통형이나 아래로 약간 가늘다. 때때로 압착하고 휘어지며 속은 비었다. 표면은 건조성이며 꼭대기는 가루상이고 백색이다. 기부는 매끈하고 백색에서 노란색, 연한 회색, 갈색의 오렌지색으로 되며 털이 많다. 포자는 9~11.5×3.5~5㎛로 타원형-아몬드형이고 매끈하고 투명하다. 난아밀로이드 반응을 보인다. 포자문은 백색이다.

생태 가을~겨울 / 소나무 숲에 산생 · 군생 또는 집단으로 발생하기도 한다. 식용 여부는 모른다.

분포 한국, 미국

주름균강 》 주름버섯목 》 낙엽버섯과 》 낙엽버섯속

부챗살낙엽버섯

Marasmius curreyi Berk. & Broome

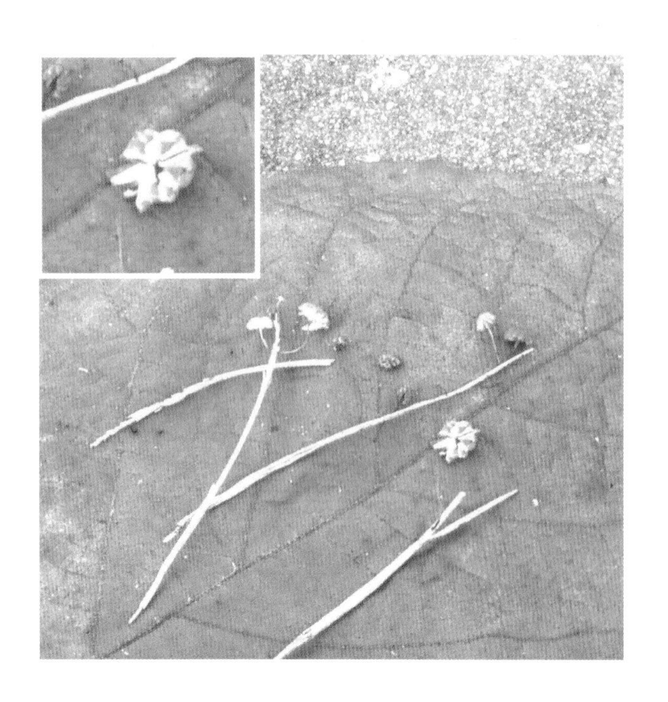

형태 균모의 지름은 0.2~0.9㎝로 둥근 산 모양에서 편평한 둥근 산 모양으로 되며 오래되면 배꼽형이 변하고 보통 검은 젖꼭지가 있다. 줄무늬 고랑은 부채 모양의 줄로 된다. 표면은 건조하고 매끈하다가 미세한 가루상으로 된다. 적갈색, 오렌지색-갈색에서 퇴색하면서 연한 갈색이나 오렌지색으로 된다. 가장자리는 아래로 굽는다. 살은 두껍고 백색이며 냄새와 맛은 불분명하다. 주름살은 바른 주름살이며 성기고 폭은 비교적 넓다. 백색에서 연한 크림색이다. 자루의 길이는 1~3.5㎝, 굵기는 0.02~0.03㎝로 철사 모양에 휘어지고 속은 비었다. 표면은 건조하고 매끈하며 꼭대기는 백색에서 크림색-황갈색으로, 기부는 검은 갈색에서 흑색으로 된다. 포자는 9~12×4~5.5㎛로 장타원형에 표면은 매끈하고 투명하다. 난아밀로이드 반응을 보인다. 포자문은 백색이다.

생태 여름~가을 / 풀숲의 죽은 풀의 줄기, 잎맥에 단생 또는 산생한다. 식용 여부는 모른다.

분포 한국, 미국

환희낙엽버섯

Marsmius delectans Morgan

형태 균모의 지름은 1~3㎝로 볼록한 형이나 중앙은 오목하며 차차 편평해진다. 황갈색에서 바랜 황갈색으로 되며 희미한 줄무늬 선이 있다. 육질은 얇고 냄새와 맛은 불분명하다. 주름살은 바른 주름살이며 주름살의 간격은 보통이고 폭은 넓고 백색이다. 자루의 길이는 0.3~0.7㎝, 굵기는 0.01~0.03㎝이며 흑갈색이다. 위쪽은 부분적으로 백색에 미끈거리며 기부는 부풀고 균사가 부착한다. 포자의 크기는 6~6.5×3.5~4.5㎛로 타원형이고 표면에 침을 가진 것도 있다. 담자기는 25~30×3.8~5㎛로 긴 방망이형이다. 낭상체는 35~45×11.3~15㎛로 배불뚝이형이다. 주름살의 균사는 60~105×7.5~11.3㎛로 세포벽이 두꺼운 것도 있으며 꺾쇠가 있다.

생태 여름 / 고목의 이끼류에 군생 · 산생한다. 식용은 불분명하다.

분포 한국, 중국, 유럽, 북미

표피낙엽버섯

Maasmius epiphylloides (Rea) Sacc. & Trotter

형태 균모의 지름은 0.2~0.5㎝로 어릴 때 반구형이다가 후에는 중심부가 오목한 우산 모양이 된다. 표면에는 방사상으로 골이 있고 밋밋하다. 색깔은 둔한 백색이나 가끔 중앙부가 약간 황토색을 나타내기도 한다. 가장자리는 고르고 날카로우며 살은 얇고 막질이다. 주름살은 바른 주름살-내린 주름살로 백색이며 매우 성기다. 언저리는 밋밋하다. 자루의 길이는 1~3㎝, 굵기는 0.02~0.04㎝로 실 모양이다. 표면은 광택이 있고 꼭대기는 크림색, 아래는 적갈색이다. 전면이 백색의 미세한 털로 덮여 있지만 오래되면 매끈해진다. 포자는 10~16.5×2.6~3.7㎛이고 한쪽 끝은 뾰족하고 다른 쪽은 둥근 원주형이다. 표면은 매끈하고 투명하며 기름방울이 있다. 포자문은 백색이다.

생태 가을 / 축축한 땅의 두릅나무와 떨어진 잎의 잎맥 또는 활엽수의 껍질, 잔가지 등에 난다. 드문 종이다. 비식용이다.

분포 한국, 유럽

껍질낙엽버섯

Marasmius epiphyllus (Pers.) Fr.

형태 균모의 지름은 0.4~1㎝로 처음 둥근 산 모양에서 반구형으로 되며 후에 편평하게 된다. 표면은 무디고 때때로 방사상으로 주름진 줄무늬 선이 있다. 그 외는 밋밋하고 크림색-백색이다. 가장자리는 예리하다. 살은 막질이고 냄새와 맛은 분명치 않다. 주름살은 올린 주름살-바른 주름살이고 백색이다. 주름살이 미발달하여 몇 개 되지 않으며 맥상으로 연결되고 포크형이다. 자루의 길이는 1~2.5㎝, 굵기는 0.01㎝로 원통형이다. 때때로 굽었고 꼭대기는 백색이며 기부로 갈수록 검은 적갈색이다. 자루 전체에 미세한 백색의 가루와 미세한 털이 있고 균사체가 없이 기주에 부착한다. 포자는 8~15.3×2.9~4.4㎛로 방추형-곤봉형이다. 표면은 매끈하고 투명하며 포자문은 백색이다. 담자기는 25~35×8~10㎛로 곤봉형이다. 4-포자성이며 기부에 꺽쇠가 있다.

생태 여름~가을 / 숲속의 나뭇잎, 떨어진 나뭇가지에 군생한다.

분포 한국, 북미, 아시아, 북미 해안 지역

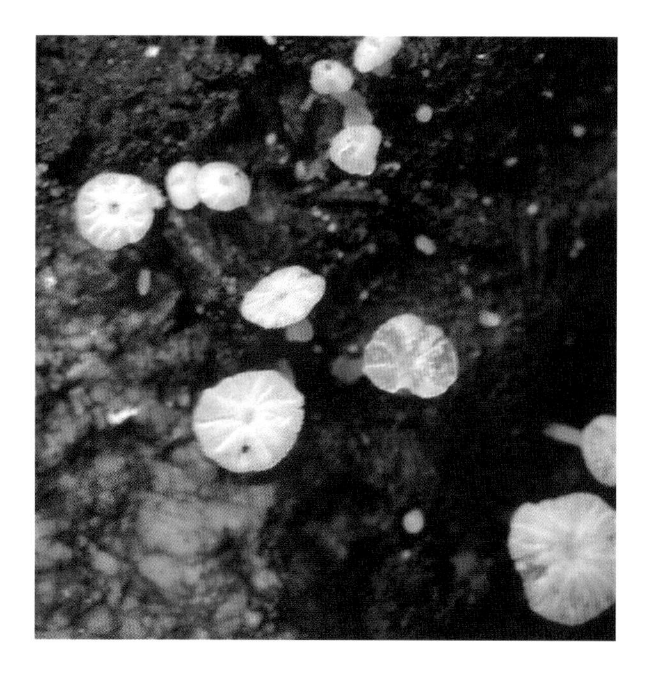

풀잎낙엽버섯

Marasmius graminum (Lib.) Berk.

형태 균모의 지름은 0.2~0.6㎝로 둥근 산 모양에서 차차 편평해지고 중앙이 약간 돌출하며 방사상의 줄무늬홈선이 있다. 표면은 분홍 황토색-벽돌색으로 줄무늬홈선과 중앙은 진하다. 주름살은 떨어진 주름살로 유백색이고 성기다. 자루의 길이는 1~3㎝, 굵기는 0.1~0.2㎝로 매우 가늘고 암갈색-흑갈색이다. 포자의 크기는 8~11×5~5.5㎛로 타원형이며 표면은 밋밋하고 투명하다.
생태 여름~가을 / 죽은 벼과 식물의 줄기에 군생한다.
분포 한국, 중국, 일본, 유럽, 북미, 아프리카

주름낙엽버섯

Marasmius leveilleanus (Berk.) Sacc.

형태 균모의 지름은 1~3㎝로 둥근 산 모양에서 차차 편평하게 되며 중앙은 돌출한다. 표면은 암적갈색으로 방사상의 줄무늬홈선이 있다. 살은 얇고 백색이다. 주름살은 끝붙은 주름살이고 백색에서 황색이며 성기다. 자루는 길이가 3.5~8㎝, 굵기는 0.05~0.1㎝로 상하가 같은 굵기고 아래로 약간 가늘다. 속은 비고 단단하다. 표면은 밋밋하고 흑갈색이며 꼭대기는 연한 색이다. 근부에는 균사체는 없고 기주에 붙는다. 포자의 크기는 7.2~9.5×3.3~4.4㎛로 타원형-약간 아몬드형이고 끝이 침상이다. 연낭상체는 12~15×4~7㎛로 곤봉형-원주형이다. 얇은 막 또는 약간 후막으로 위쪽에 여러 개의 낭상체 돌기가 있다. 측낭상체는 없다.

생태 여름 / 숲속의 낙엽, 낙지, 고목 등에 군생한다.

분포 한국, 일본, 중국, 열대지방

진흙낙엽버섯

Marasmius limosus Quél.

형태 균모의 지름은 0.05~0.3㎝로 어릴 때 반구형-종 모양에서 넓게 펴진 둥근 산 모양이 된다. 표면은 때때로 우글쭈글해지며 크림색인데 중앙은 갈색이다. 가장자리는 날카롭지만 후에 무딘 톱니꼴이 되기도 한다. 균모 전체에 방사상으로 골이 파져 있다. 살은 막질이다. 주름살은 바른 주름살로 칙칙한 백색-크림색으로 성기고 폭이 좁거나 보통 충분히 발달하지 않는다. 자루의 길이는 0.5~1㎝, 굵기는 0.01~0.02㎝로 말총 모양이며 암갈색-흑갈색이고 둔하거나 광택이 있으며 꼭대기 쪽으로는 크림색이다. 포자는 8.3~11.5×3.8~6.3㎛로 타원형-씨알 모양이고 표면은 매끈하고 투명하다.

생태 봄~가을 / 각종 초류의 줄기 또는 썩은 고목에 군생한다.

분포 한국, 유럽

주름균강 》 주름버섯목 》 낙엽버섯과 》 낙엽버섯속

큰낙엽버섯

Marasmius maximus Hongo

형태 균모는 지름이 3.5~10㎝로 종 모양-둥근 산 모양에서 차차 중앙이 높은 편평형으로 된다. 표면은 방사상의 줄무늬홈선이 주름을 이루고 가죽색 또는 녹색을 띤다. 중앙부는 갈색인데 마르면 백색이 된다. 살은 얇고 가죽질이다. 주름살은 올린 주름살-끝붙은 주름살로 균모보다 연한 색이며 성기다. 자루는 길이가 5~9㎝이고 굵기는 0.2~0.35㎝로 위아래 크기가 같고 질기다. 표면은 섬유상이며 상부는 가루 모양이고 속은 차 있다. 포자의 크기는 7~9×3~4㎛로 타원형-아몬드형이다. 연낭상체는 16~29×6.5~9.5㎛로 곤봉형이나 불규칙형이다.

생태 봄~가을 / 숲속, 죽림의 낙엽 위에 군생한다. 균사가 낙엽을 펠트 모양으로 싸고 있다.

분포 한국, 일본, 중국, 전 세계

선녀낙엽버섯

Marasmius oreades (Bolt.) Fr.
Collybia oreades (Bolton) P. Kumm.

형태 균모는 지름은 2~5㎝이고 호빵형에서 편평하게 되고 중앙부가 조금 돌출하거나 편평하다. 반육질로 연하며 질기다. 표면은 마르고 매끄러우며 연한 살색 내지 황토색이고 퇴색하면 희끄무레해진다. 변두리는 반반하며 습기가 있을 때는 줄무늬홈선이 있다. 살은 가운데가 두껍고 조금 강인하며 육질이다. 희끄무레하며 향기롭고 맛이 있다. 주름살은 떨어진 주름살이고 조금 성기며 폭은 넓다. 가끔 주름 사이에 횡맥이 있으며 백색 또는 연한 색이다. 자루는 길이가 4~5.5㎝, 굵기가 0.3~0.4㎝이며 원주형이다. 표면은 매끄럽거나 가는 융털이 있고 어두운 백색이며 아주 강인하나 연골질은 아니다. 자루의 속이 비어 있거나 차 있다. 포자의 크기는 7~9×4~5㎛로 난형-원추형이고 표면은 매끄럽고 투명하다. 포자문은 백색이다.

생태 여름~가을 / 침엽수림 속 땅에 군생 또는 균륜을 형성한다. 식용한다. 소나무와 외생균근을 형성한다.

분포 한국, 중국

접은낙엽버섯

Marasmius plicatulus Peck

형태 균모의 지름은 1~4㎝로 둥근 산 모양에서 둔한 원추형 또는 종 모양으로 된다. 가장자리는 아래로 굽는다. 표면은 밋밋하고 오래되면 줄무늬선이 나타난다. 건조성이며 털이 있다. 검은 적갈색에서 갈색으로 되며 퇴색하면 오렌지색-갈색 또는 핑크색-갈색으로 된다. 살은 두께 0.05~0.1㎝이고 연한 황갈색이며 맛과 냄새는 불분명하다. 주름살은 올린 주름살로 성기고 폭이 넓다. 백색에서 연한 황백색 또는 핑크색-연한 황갈색으로 된다. 자루의 길이는 0.5~11㎝, 굵기는 0.2~0.35㎝로 원통형이다. 끈적기가 있고 속은 비었으며 표면은 광택이 나고 미끈거린다. 꼭대기는 핑크색에서 회적색이다. 기부는 흑갈색이며 빳빳하고 털은 백색이다. 포자는 12~16.5×4.5~6㎛으로 유방추형이다. 표면은 매끈하고 투명하다. 난아밀로이드 반응을 보인다. 포자문은 백색이다.

생태 겨울 / 침엽수 아래의 낙엽 썩은 곳에 산생 · 군생한다. 보통종이다.

분포 한국, 북미

호랑가시낙엽버섯

Marasmius hudsoni (Pers.) Fr.

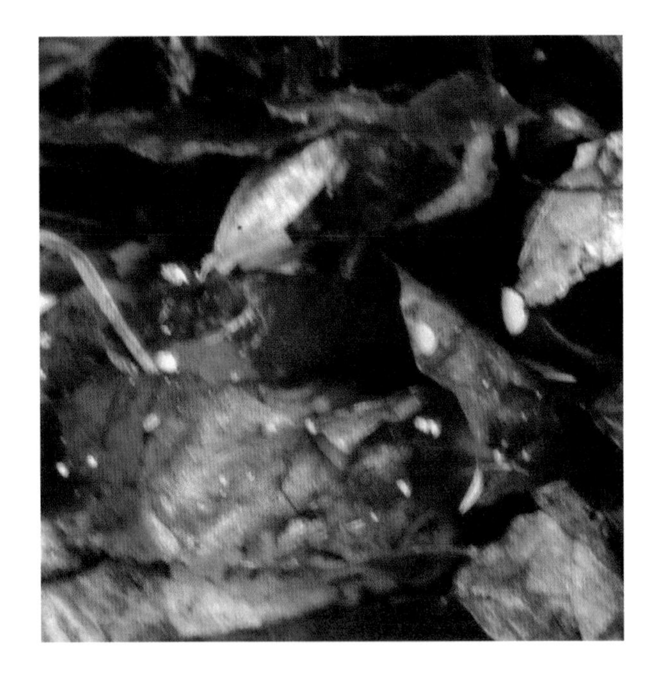

형태 균모의 지름은 0.2~0.6*cm*로 어릴 때는 반구형이다가 후에 둥근 산 모양이 된다. 표면은 둔하고 밋밋하거나 약간 주름이 잡혀 있다. 분홍색을 띤 크림색으로 0.07*cm* 정도의 곤두선 적갈색 강모가 덮여 있다. 가장자리는 날카롭고 다소 크림색으로 연해진다. 주름살은 홈파진 주름살로 백색이고 폭이 좁거나 거의 없으며 매우 성기다. 자루의 길이는 1~4.5*cm*, 굵기는 0.03~0.05*cm*이며 말총 모양으로 가끔 굽어 있다. 표면은 어릴 때 크림색이나 후에 적갈색으로 되고 꼭대기 부근은 백색으로 약간 가루상이며 미세한 적갈색 강모가 덮여 있다. 포자는 10~14.7×4.6~6.3㎛이며 타원형-원주형이고 표면은 매끈하고 투명하다.

생태 늦가을~봄 / 주로 호랑가시나무, 꽝꽝나무 등 감탕나무과 식물의 떨어진 잎에 나며 간혹 참나무류 잎에도 단생 또는 군생한다. 비식용이다.

분포 한국, 유럽

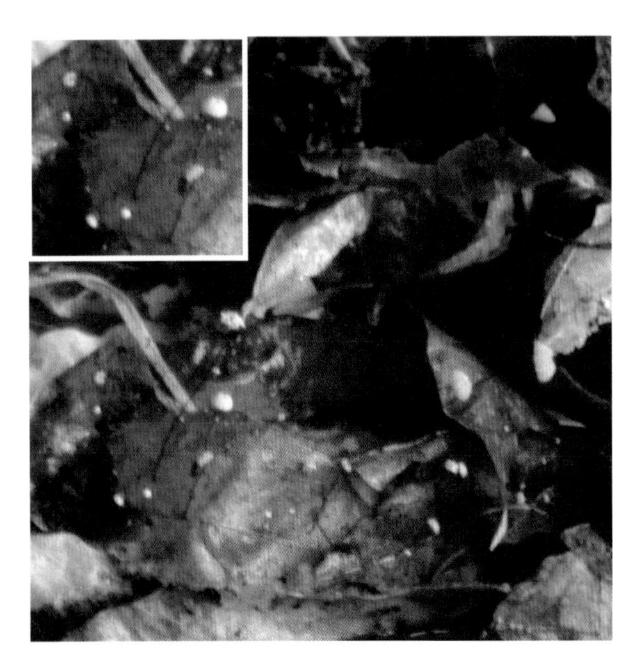

앵두낙엽버섯

Marasmius pulcherripes Peck

형태 균모의 지름은 0.8~1.5㎝이고 처음 종형에서 둥근 산 모양으로 되며 중앙에 작은 돌출이 있다. 표면에 담홍색-자홍색, 황토색, 계피색의 방사상 줄무늬홈선이 깊게 나 있다. 살은 매우 얇고 가장자리는 물결 모양을 이룬다. 우산 모양으로 색깔이 매우 아름다운 버섯이다. 주름살은 바른 주름살 또는 거의 끝붙은 주름살로 홍색이고 폭이 좁고 매우 성기다. 자루의 길이는 3~6㎝, 굵기는 0.1~0.2㎝로 위아래가 같은 굵기다. 표면은 밋밋하고 매우 가늘고 흑갈색이지만 위쪽은 백색이다. 포자는 11~15.5×3.5~4㎛이고 곤봉형으로 표면은 매끈하고 투명하다.

생태 여름~가을 / 숲속의 낙엽 위에 군생 또는 산생한다. 비식용이다.

분포 한국, 일본, 중국 등 북반구 일대

주름균강 》 주름버섯목 》 낙엽버섯과 》 낙엽버섯속

자주색줄낙엽버섯

Marasmius purpureostriatus Hongo

형태 균모의 지름은 1~2.5cm로 처음에는 종 모양에서 둥근 산 모양이 되며 표면에는 방사상으로 홈선이 깊게 파여 있다. 중앙에는 망목상의 작은 주름들이 있다. 바탕색은 연한 황갈색인데 홈 부분은 갈색을 띤 자주색을 나타내어 다소 진하다. 가장자리는 우산살 모양으로 뾰족뾰족하게 튀어나온다. 주름살은 황백색이고 폭이 0.2~0.4cm이다. 대에 치붙음이고 성기다. 자루의 길이는 3.5~11cm, 굵기는 0.1~0.2cm로 위아래가 같은 굵기이다. 표면은 밋밋하고 맨 위쪽은 백색이며 아래쪽은 갈색을 띤 오렌지색-황색으로 가는 털이 덮여 있다. 기부는 다소 굵고 둥근 모양을 하거나 뿌리 모양을 하는데 거친 털이 덮여 있다. 포자는 22.5~30×5~7㎛로 긴 곤봉형이며 표면은 매끈하고 투명하다. 포자문은 백색이다.

생태 여름~가을 / 활엽수 숲속의 낙엽, 낙지에 군생한다. 식독은 불분명하다.

분포 한국, 일본

낙엽버섯

Marasmius rotula (Scop.) Fr.

형태 균모의 지름은 0.5~1.5㎝로 처음에는 중앙이 오목하게 들어가지만 한가운데는 젖꼭지 모양으로 볼록 튀어나오는 것도 있다. 표면은 밋밋하고 방사상의 줄무늬홈선이 있다. 어릴 때 백색-유백색이나 베이지색-황토색으로 되며 때때로 중앙이 진하다. 가장자리는 날카로운 둥근 톱니 모양을 이룬다. 주름살은 떨어진 주름살로 매우 성기고 어릴 때는 백색이나 오래되면 베이지색-연한 황토색으로 된다. 자루의 길이는 2~6㎝, 굵기는 0.05~0.15㎝로 위아래가 같은 굵기이다. 광택이 나고 위쪽은 유백색이나 아래쪽은 암적갈색이다. 자루의 꼭대기에 턱받이가 고리 모양으로 부착한다. 포자의 크기는 6.8~8.5×2.9~4㎛로 타원형이다. 표면은 매끄럽고 투명하며 기름방울이 있다. 포자문은 유백색이다.

생태 여름~가을 / 숲속의 썩은 나뭇가지, 낙엽에 속생하며 때로는 나무의 뿌리에서도 난다.

분포 한국, 일본, 중국, 유럽, 아프리카

애기낙엽버섯

Marasmius siccus (Schw.) Fr.

형태 균모의 지름은 0.5~2㎝로 종 모양-둥근 산 모양이며 표면은 황토색, 계피색, 연한 홍색인데 방사상의 줄무늬홈선이 있다. 살은 종이처럼 아주 얇고 가죽처럼 질기다. 주름살은 바른 주름살-떨어진 주름살인데 주름살의 수는 13~15개로 매우 성기며 백색이다. 자루는 길이가 4~7㎝, 굵기는 0.1~0.15㎝로 상부는 백색이고 그 외는 흑갈색이고 철사 모양으로 매우 질기다. 표면은 광택이 나고 물결 모양으로 굽어진다. 자루의 속은 비어 있다. 포자의 크기는 18~21×4~5㎛로 가늘고 긴데 한쪽이 아주 가늘며 표면은 매끈하고 무색이다. 비전분 반응을 보인다. 포자문은 백색이다.

생태 여름~가을 / 낙엽 위에 단생 · 군생한다.

분포 한국, 일본, 중국, 유럽

강모낙엽버섯

Marasmius sullivanti Mont.

형태 균모의 지름은 0.5~2.5㎝로 둥근 산 모양에서 편평해지며 가장자리에 희미한 줄무늬가 있다. 밝은 녹슨 적색 또는 오렌지색-적색이고 둔하며 지저분하다. 살은 퇴색한 색깔이고 냄새는 없고 맛은 약간 쓰다. 주름살은 끝붙은 주름살이고 백색이다. 밀생하며 폭은 좁고 중앙은 부푼다. 언저리는 처음에 희미한 핑크색이다. 자루의 길이는 0.5~2.5㎝, 굵기는 0.1~0.2㎝로 백색이며 기부로 갈수록 흑색이고 뿔 모양으로 단단하다. 기부로 거칠고 빳빳한 털이 있다. 포자의 크기는 7~9×3~3.5㎛로 타원형이며 표면은 매끈하고 투명하다. 포자문은 백색이다.

생태 여름 / 침엽수림의 나무 부스러기와 비옥한 땅에 단생 · 산생한다. 가끔 집단으로 발생한다.

분포 한국, 미국

목걸이낙엽버섯

Marasmius torquescens Quél.

형태 균모의 지름은 1.5~4㎝로 어릴 때는 반구형이다가 둥근 산 모양-평평한 모양이 된다. 중앙이 다소 볼록하게 튀어나오지만 가끔 오목하게 들어가기도 한다. 표면은 처음에 밋밋하나 오래된 것은 가장자리 쪽으로 방사상의 홈선이 많이 생긴다. 흡수성이고 습할 때는 베이지 갈색이며 중앙이 진하다. 건조할 때는 연한 황갈색이다. 가장자리는 다소 톱니 모양으로 날카롭다. 균모의 색깔과 형태 차이가 심한 편이다. 살은 백색이다. 매우 얇다. 주름살은 떨어진 주름살로 칙칙한 크림색이다. 성기고 폭이 0.3~0.7㎝ 정도로 매우 넓고 띠 모양이다. 자루의 길이는 3~6㎝, 굵기는 0.2~0.3㎝로 위아래가 같은 굵기이며 광택이 있다. 어릴 때는 전체가 크림색이다가 위쪽은 연한 크림색, 아래쪽은 적갈색으로 된다. 기부는 검은색이며 크림색의 균사가 피복되어 있다. 자루의 속은 비어 있다. 포자는 7.7~10.1×4.2~5.8㎛로 타원형이며 표면은 매끈하고 투명하다. 포자문은 크림색이다.

생태 여름~가을 / 자작자무 숲의 낙엽더미에 많이 발생하고 활엽수의 낙엽, 가지, 부식토 위에 군생하며 드물게 혼효림의 바늘잎에서도 난다.

분포 한국, 일본, 유럽, 북미

물낙엽버섯

Marasmius wettsteinii Sacc. & Syd.

형태 균모의 지름은 0.3~0.6(1)㎝로 처음에는 반구형에 방사상으로 골이 있어서 파라솔 모양을 이룬다. 표면은 밋밋하고 연한 백갈색-연한 회갈색이며 중앙이 배꼽 모양으로 쏙 들어가 있고 이 부분은 어두운 갈색이다. 가장자리는 물결 모양이다. 주름살은 떨어진 주름살이며 크림색이다. 폭이 좁고 두꺼우며 성기다. 자루의 길이는 2~4.5㎝, 굵기는 0.02~0.05㎝로 위아래가 같은 굵기이고 매우 가늘어 말총 같다. 표면은 갈색 또는 갈색의 검은색으로 밋밋하고 광택이 있다. 자루의 속은 비어 있다. 포자는 7~9×3.5~4.5㎛로 타원형이며 표면은 매끈하고 투명하다.

생태 여름~가을 / 주로 침엽수 낙엽 사이에 난다.

분포 한국, 유럽

자줏빛낙엽버섯

Marasmius wynneae Berk. & Br.

형태 균모의 지름은 2~6㎝로 반구형에서 차차 편평한 둥근 산 모양으로 되며 자회색 또는 연한 색이다. 습기가 있을 때는 중앙부터 건조해지고 크림 황갈색에서 진흙 핑크색으로 되며 약간 주름진다. 습기가 있을 때는 가장자리에 줄무늬선이 있다. 살은 백색이다. 주름살은 백색에서 퇴색하면서 자색이 된다. 자루의 길이는 2~10㎝, 굵기는 0.2~0.5㎝로 꼭대기는 황갈색 또는 적갈색에서 거의 흑색으로 된다. 기부 쪽으로 미세한 백색의 가루가 있다. 포자의 크기는 5~7×3~3.5㎛로 씨앗 모양이다. 포자문은 백색이다.

생태 가을 / 자작나무 숲의 유기물에 속생한다. 드문 종이다. 비식용이다.

분포 한국, 중국, 유럽

주름균강 》 주름버섯목 》 낙엽버섯과 》 낙엽버섯속

직립낙엽버섯

Marasmius strictipes (Pk.) Sing.

형태 균모의 지름은 2~6.5㎝로 넓은 둥근 산 모양에서 편평하게 되며 중앙에 넓은 볼록이 있고 가장자리는 오래되면 약간 위로 들린다. 표면은 밋밋하고 노란색에서 오렌지색-노란색으로 된다. 맛과 냄새는 무와 비슷하다. 주름살은 바른 주름살로 밀생하고 촘촘하며 폭은 좁다. 노란색에서 핑크색-옅은 황갈색으로 된다. 자루의 길이는 2.5~7.5㎝, 굵기는 0.3~1㎝로 속은 비고 미세한 털이 있다. 포자의 크기는 6~8×3~5㎛로 타원형이다. 표면은 매끈하고 투명하다. 포자문은 백색이다.
생태 여름~가을 / 혼효림 또는 침엽수림의 낙엽에 집단으로 산생한다. 불식용이다.
분포 한국, 북미

주름균강 》 주름버섯목 》 낙엽버섯과 》 팡이버섯속

껄껄이팡이버섯

Mycopan scabripes (Murrill) Redhead, Moncalvo & Vilgalys

형태 균모의 지름은 1.5~4㎝로 원추형에서 종 모양을 거쳐 둥근 산 모양으로 되며 중앙에 돌기가 있다. 가장자리는 어릴 때 아래로 굽어지며 때로는 위로 올려지고 오래되면 찢어진다. 중앙은 검은 회색에서 회갈색으로 된다. 가장자리는 연한 색. 흡수성이지만 오래되거나 건조하면 색이 바랜다. 표면은 어릴 때 가루가 있으며 백색이고 밋밋하다가 주름진다. 맛은 온화, 냄새는 불분명하다. 주름살은 좁은 바른 주름살로 가끔 내린 주름살-홈파진 주름살도 있다. 약간 성기다. 유백색에서 연한 회색, 핑크빛이며 오래되면 적갈색인 것도 있다. 자루의 길이는 3~10㎝, 굵기는 0.3~0.5㎝로 위아래가 같은 굵기이며 기부로 길다. 연한 백색의 회색, 비단 빛이고 때로는 꼭대기 근처에 검은 반점이 있다. 세로줄무늬 섬유상이나 어릴 때 작은 인편이 있으나 후에 밋밋해진다. 포자는 7~10×4~6㎛로 광타원형이며 표면은 매끈하고 투명하다. 아밀로이드 반응을 보인다. 포자문은 백색. 낭상체는 방추형에서 원통형이며 많다.
생태 가을~봄 / 숲속의 고목에 단생 · 산생하며 또는 작은 집단으로 발생. 흔한 종은 아니다. 식용 여부는 모른다.
분포 한국, 미국

큰넓은애기버섯

Megacollybia platyphylla (Pers.) Kotl. & Pouz.
Oudemansiella platyphylla (Pers.) Moser / Tricholomopsis platyphylla (Pers.) Sing.

형태 균모는 지름이 5~15㎝로 반구형에서 둥근 산 모양을 거쳐 편평하게 되고 중앙이 조금 오목하다. 표면은 회갈색 또는 흑갈색인데 방사상의 섬유 무늬를 나타낸다. 살은 백색이다. 주름살은 홈파진 주름살로 백색-회갈색이며 폭은 넓고 성기다. 자루는 길이가 7~12㎝, 굵기는 0.7~2㎝로 단단하며 백색-회백색을 띠고 근부는 백색이다. 섬유상이고 상부는 가루 모양이다. 기부에 실 모양-끈 모양의 균사 다발이 있다. 포자의 크기는 7~10×5.5~7.5㎛로 광타원형이다. 연낭상체는 25~60×13~15㎛로 플라스크 모양-서양배 모양이다. 측낭상체는 없다.
생태 여름~가을 / 활엽수림의 부식토나 그 부근에 군생 · 단생한다. 식용한다.
분포 한국, 중국, 일본, 북반구 온대 이북

막대넓은애기버섯

Megacollybia rodmanii R. H. Petersen, K. W. Hughes & Lickey

형태 균모의 지름은 3~20㎝로 둥근 산 모양이 편평해지나 중앙이 얕은 오목형으로 된다. 표면은 검은 회갈색, 연한 회갈색으로 된다. 밋밋하며 방사상으로 줄무늬선이 있고 검은 섬유실이 있다. 건조성이며 크고 작은 백색의 렌즈 모양이 중앙부터 방사상으로 있다. 살은 백색이며 두껍다. 냄새는 불분명하고 맛은 온화하다. 주름살은 둔한 바른 주름살에 백색이고 밀생하며 폭이 넓다. 자루의 길이는 5~12㎝, 굵기는 1~2.5㎝로 위아래가 같은 굵기이며 곧다. 단단하고 백색이며 건조성이 있고 밋밋하다. 섬유상이며 기부부터 백색의 두꺼운 섬유실이 방사상으로 부착한다. 포자는 6~10×7~7.5㎛로 타원형이며 표면은 매끈하고 무색이다. 난아밀로이드 반응을 보인다. 포자문은 백색이다. 연낭상체는 많고 곤봉 모양이며 투명하다.

생태 여름 / 이끼류가 덮인 썩은 나무, 땅속에 묻힌 침엽수의 등걸, 가지에 단생 · 산생 또는 속생한다.

분포 한국, 미국

넓은옆버섯

Pleurocybella porringens (Pers.) Sing.
Phyllotus porrigens (Pers.) P. Karst. / Pleurotus porrigens (Pers.) P. Kumm.

형태 균모의 지름은 2~6㎝로 처음에는 원형이나 차차 자라서 귀 모양, 부채 모양으로 되지만 간혹 주걱 모양도 있다. 표면은 백색이고 가장자리는 아래로 말린다. 살은 얇고 질기며 백색이다. 주름살은 폭이 좁고 밀생하며 분지한다. 거의 자루가 없지만 기주 부착점에 털이 있다. 포자의 크기는 5.5~6.5×4.5~5.5㎛로 아구형이다.
생태 가을 / 침엽수 특히 삼나무의 오래된 그루터기나 넘어진 나무 등에 많이 겹쳐서 군생한다. 맛있는 식용균이다.
분포 한국, 일본, 중국, 북반구 온대 이북

검은대버섯

Tetrapyrgos nigripes (Fr.) E. Horak
Marasmiellus nigripes (Fr.). Sing. / Marasmius nigripes (Schw.) Fr.

형태 균모의 지름은 0.3~1.5㎝로 자라면 편평해진다. 표면은 백색의 고운 가루상이며 생장하면 약간 방사상으로 고랑이 나타난다. 살은 자루와 같은 색깔이다. 주름살은 처음은 백색이나 나중에 어두운 색이 된다. 폭은 0.1~0.2㎝로 매우 좁고 바른 주름살로 성기다. 주름살이 서로 연결되어 맥상을 이룬다. 자루의 길이는 1~2㎝, 굵기는 0.05~0.1㎝로 위아래가 같은 굵기이고 때로는 아래쪽이 가늘어진다. 위쪽은 백색이나 아래쪽은 청흑색이고 오래되면 전체가 검은 색이 된다. 표면은 고운 가루상이다. 포자의 크기는 6~9×5~8㎛이고 십자형의 4면체상이다. 포자문은 백색이다.

생태 여름~가을 / 죽은 대나무 통, 식물의 마른 잎이나 마른 가지 등에 군생한다.

분포 한국, 일본, 남 · 북미, 아프리카, 열대~아열대

주름균강 》 주름버섯목 》 낙엽버섯과 》 꼬마컵버섯속

꼬마컵버섯

Rectipilus fasciculatus (Pers.) Agerer

형태 자실체는 높이 0.05~0.1㎝, 지름 0.02~0.05㎝로 작은 단지 모양이다. 내부에 구멍을 다소 둥글게 외측 및 하면이 감싸고 있다. 외측 및 하면은 밋밋하거나 미세한 털로 덮여 있다. 전체가 백색이나 오래되면 황토색으로 되고 연하면서도 약간 탄력성이 있다. 중앙이 오목하고 둥글게 형성된 표면에 자실층이 형성된다. 포자는 5~6.5(7)×3~4㎛이고 타원형-난형이다. 표면은 매끈하고 투명하며 가끔 기름방울을 함유한다.
생태 가을~봄 / 굴지성이 있어서 죽은 침엽수나 활엽수 목재의 아래쪽에 속생한다.
분포 한국, 일본, 유럽

주름균강 》 주름버섯목 》 애주름버섯과 》 빗장버섯속

아교빗장버섯

Favolaschia calocera R. Heim

형태 균모의 지름은 0.5~2㎝로 둥근 산 모양이다. 표면은 약간 물결형이고 그물꼴이며 싱싱할 때는 매끈하다. 오렌지색에서 시간이 지나며 연한 오렌지색으로 된다. 건조하면 가끔 희미하고 미세한 가루가 보이며 갈색-오렌지색 또는 오렌지색으로 된다. 자실층은 균모와 같은 색이며 구멍의 수는 46~75개이다. 구멍들은 가장자리 쪽으로 다각형이며 자루의 근처는 타원형이다. 크기는 지름이 0.03~0.25㎝이고 자루 근처로 큰 구멍이 있으며 건조하면 구멍의 가장자리는 가루상이 된다. 자루의 길이는 0.12~1.5㎝, 굵기는 0.08~0.25㎝로 기주에 측생하며 원통형이거나 기부의 폭이 넓다. 때때로 굽었고 균모와 같은 색이며 때때로 건조하면 희미한 가루상이다. 포자는 12.5×6.5~8.5μm로 광타원형-광난형이다. 희미한 아밀로이드 반응을 보인다. 포자문은 백색이다. 담자기는 28~35×6~10μm로 곤봉형이고 기부 쪽으로 가늘고 대부분이 2-포자성이며 기부에 꺾쇠는 없다.
생태 여름 / 썩은 고목에 군생한다.
분포 한국, 유럽

구멍빗장버섯

Favolaschia fujisanensis Kobay.

형태 균모의 지름은 0.1~0.2㎝로 처음에 반구형, 반원형, 원반형이며 등 쪽에 기질이 부착되어 있다. 표면은 젤라틴질이며 백색-연한 회색으로 반투명하다. 자실층은 주름살이 없고 관공으로 되어 있다. 관공의 구멍은 원형이며 지름은 0.02~0.03㎝이고 벽은 두껍다. 1개의 자실층에 구멍이 15~30개 정도가 있다. 자루는 없고 부채꼴로 붙거나, 균모의 중앙이 기주에 붙는다. 포자의 크기는 6~7×5㎛로 난형이다.
생태 초여름 / 조릿대 등 썩은 대나무류나 떨어진 나뭇가지에 군생한다. 식용가치가 없다.
분포 한국, 일본

선녀새끼애주름버섯

Hemimycena cuculata (Pers.) Sing.
Mycena cuculata (Pers.) Bon & Chevassut

형태 균모의 지름은 0.5~2(2.5)㎝로 어릴 때는 종 모양에서 평평한 형이 되면서 중앙이 둔하게 돌출되기도 한다. 표면은 백색인데 오래되면 약간 크림색으로 된다. 가장자리는 날카롭고 때때로 희미한 줄무늬가 있다. 살은 백색이며 얇다. 주름살은 약간 내린 주름살로 백색이고 폭이 좁으며 언저리는 고르다. 자루의 길이는 2~7㎝, 굵기는 0.1~0.2㎝이며 원추형이고 부분적으로 약간 가루상이거나 광택이 있다. 백색이다가 크림 백색이 되고 자루의 속이 비었으며 기부에는 백색 균사가 있다. 포자는 8.9~12.3×3.4~4.7㎛로 방추형-원추형의 타원형이며 표면은 매끈하고 투명하며 기름방울이 있다. 포자문은 백색이다.
생태 여름~가을 / 활엽수 또는 침엽수와 활엽수의 혼효림의 낙엽 사이 또는 썩은 나무 등에 군생한다. 식용가치가 없다.
분포 한국, 유럽

미세새끼애주름버섯

Hemimycena hirsuta (Tode) Sing.
H. crispula (Quél.) Sing.

형태 균모의 지름은 0.2~0.5(0.7)㎝로 원추형-종 모양에서 차차 평평해지고 때로는 중앙이 오목해지기도 한다. 표면은 백색이고 반투명하며 확대경으로 보면 미세한 털이 있다. 가장자리는 고르지 않고 때로는 다소 물결 모양이 된다. 주름살은 바른 주름살로 백색이며 매우 성기다. 주름살이 거의 없는 것도 있고 접힌 모양이 되기도 하며 가장자리까지 닿지 않는다. 자루의 길이는 0.4~0.8㎝, 굵기는 0.02~0.03㎝로 백색이다. 확대경으로 보면 전체 또는 기부 쪽으로 미세한 백색 털이 뚜렷하다. 포자의 크기는 6.9~10.9×4.1~6.2㎛이며 타원형이다. 표면은 매끈하고 투명하며 기름방울이 들어 있다. 난아밀로이드 반응을 보인다. 포자문은 백색이다.
생태 여름~가을 / 초본류를 버린 곳, 각종 낙엽이나 풀이 썩은 곳, 비옥한 토양 등에 난다. 식용가치가 없다.
분포 한국, 유럽

새끼애주름버섯

Hemimycena lactea (Pers.) Sing.
H. delicatella (Peck) Sing. / Mycena lactea (Fr.) Kumm.

형태 균모의 지름은 0.8~2.5㎝로 어릴 때는 종 모양이다가 후에 둥근 산 모양-평평한 형이 되면서 가장자리가 위로 치켜 올라가고 중앙이 돌출된다. 표면은 밋밋하고 백색-크림색이며 백색 분말이 덮이기도 한다. 중앙은 약간 황색이다. 가장자리는 날카로우며 나중에 물결 모양으로 굴곡진다. 살은 얇고 백색이다. 주름살은 바른 주름살이지만 다소 홈파진 주름살로 약간 성기다. 자루의 길이는 2~5㎝, 굵기는 0.1~0.25㎝로 매우 가늘고 백색이다. 속은 비었으며 기부에 방사상으로 거친 흰털이 뻗쳐 있다. 포자는 7.8~10.5×2.7~4.2㎛로 방추형-타원형이다. 표면은 매끈하고 투명하며 기름방울이 있다. 포자문은 백색이다.
생태 가을 / 침엽수림 낙엽 사이나 낙엽송의 썩은 가지 등에 난다. 매우 드물다. 식용가치가 없다.
분포 한국, 일본 등 북반구 온대 이북

심새끼애주름버섯

Hemimycena pithya (Pers.) Dorfelt

형태 균모의 지름은 0.3~1.2㎝로 처음 반구형-종 모양에서 편평해지며 때때로 중앙에 예리한 볼록이 있다. 무디고 방사상의 줄무늬가 있고 투명하다. 표면은 백색에서 그을린 백색으로 되며 중앙은 황토색에서 맑은 갈색이고 흡수성이다. 가장자리는 고르다가 물결형이 되며 줄무늬가 있다. 살은 매우 얇고 냄새는 없고 맛은 온화하다. 주름살은 넓은 바른 주름살 또는 내린 주름살이며 백색이다. 폭이 넓으며 긴 것과 짧은 것이 교차한다. 자루는 길이가 2~5㎝, 굵기는 0.05~0.1㎝로 실 모양이다. 표면은 밋밋하고 무디며 부서지기 쉽고 세로줄의 섬유실이 있다. 백색에서 오백색으로 되며 기부는 백색의 균사체가 있다. 포자는 6.5~10×1.7~2.1㎛이고 원통형으로 때로는 굽었으며 표면은 매끈하고 투명하다. 포자문은 백색이다. 담자기는 원통형-곤봉형이며 15~25×4.5~5.5㎛로 4-포자성이고 기부에 꺾쇠가 있다.
생태 봄~가을 / 침엽수림, 가문비나무 숲, 식물 잔존물 등 식물로 덮인 곳에 군생 · 속생한다.
분포 한국, 유럽

약한새끼애주름버섯

Hemimycena pseudocrispula (Kühn.) Sing.
Mycena pseudocrispula Kühn.

형태 균모의 지름은 0.2~0.5(0.8)㎝이고 어릴 때는 종 모양에서 편평하게 되지만 때로는 중앙이 고르지 않은 둥근 산 모양이 된다. 표면은 백색이며 약간 면모상이거나 밋밋하다. 살은 백색이고 막질이다. 가장자리는 날카롭고 부분적으로 굴곡지거나 무딘 톱날형이 되기도 한다. 주름살은 내린 주름살로 백색이며 성기고 폭은 좁은 편이다. 주름살 끝이 균모의 가장자리에 미치지 못하기도 한다. 자루의 길이는 2~4.5㎝, 굵기는 0.03~0.06㎝로 원주형이며 매우 가늘고 길어 부러지기 쉽다. 표면은 백색이고 확대경으로 보면 미세한 털이 있다. 포자는 7~12×2.8~3.9㎛로 가는 타원형-방추형이다. 표면은 매끈하고 투명하며 작은 기름방울들이 있다. 포자문은 백색이다.
생태 여름~가을 / 낙엽의 퇴적층, 미세한 뿌리, 풀줄기, 잔가지 등에 단생 또는 군생한다. 식용가치가 없다.
분포 한국, 유럽

말린새끼애주름버섯

Hemimycena tortuosa (P. D.) Redhead

형태 균모의 지름은 0.1~0.8㎝로 처음 둥근 산 모양 또는 다소 원추형이었다가 다음에 편평해진다. 매우 미세한 솜털상으로 가장자리에 물방울이 매달린다. 습할 때 줄무늬선이 나타나고 연약해 보이지만 아주 단단하고 질기다. 살은 백색이며 매우 얇고 맛과 냄새는 불분명하다. 주름살은 바른 주름살 또는 치아 모양의 끝붙은 주름살이며 촘촘하다. 자루의 길이는 0.1~2.5㎝로 위아래가 같은 굵기이며 가늘지만 단단하다. 위쪽 또는 아래쪽으로 약간 가늘어서 배불뚝이형이다. 때때로 다소 편심생에 매우 미세한 솜털상이고 물방울이 매달린다. 포자문은 백색이다. 포자는 7~11×2.5~3.5㎛로 방추형-투창 모양이고 표면은 매끈하며 투명하고 백색이다. 난아밀로이드 반응을 보인다. 낭상체는 다소 방추형-투창 모양으로 예리한 점들이 있다. 대부분 4-포자성이나 2-포자성도 있다.

생태 가을~봄 / 활엽수와 참나무류의 썩은 고목, 껍질에 군생한다.

분포 한국, 유럽

우산애주름버섯

Mycena abramsii (Murrill) Murrill
M. alnetorum J. Faver

형태 균모의 지름은 1~2.5㎝로 어릴 때 종 모양에서 종 모양의 원추형으로 되면서 흔히 중앙이 돌출한다. 표면은 밋밋하고 둔하며 방사상으로 미세한 섬유상이 덮여 있다. 습할 때는 균모의 3/4 정도까지 줄무늬선이 있으며 회갈색-베이지 회색 또는 암갈색이다. 가장자리 쪽은 연한 색이다. 살은 얇고 백색-백회색이다. 주름살은 홈파진 주름살로 백색-회백색이며 폭이 넓고 다소 성기다. 자루의 길이는 3~6㎝, 굵기는 0.1~0.4㎝로 원주형이다. 표면은 밋밋하고 때때로 가로로 반투명의 띠 모양이 보인다. 꼭대기는 백색, 아래쪽은 회갈색이 많아지며 때때로 기부에 백색 균사가 있다. 포자는 7.6~11×4.5~5.3㎛이고 원추형-타원형이다. 표면은 매끈하고 투명하며 작은 기름방울이 들어 있다. 포자문은 백색이다.

생태 여름~가을 / 땅에 넘어진 활엽수 줄기, 가지 또는 그루터기 등에 군생 또는 총생한다.

분포 한국, 유럽

우산애주름버섯(젖꼭지형)

Mycena alnetorum J. Favre

형태 균모의 지름은 1~2.5㎝로 어릴 때 반구형-종 모양이다가 후에 종 모양-둥근 산 모양으로 된다. 중앙에 볼록 또는 젖꼭지가 있고 표면은 둔하고 밋밋하고 줄무늬선이 중앙까지 발달한다. 회베이지색이고 볼록은 검은색에서 회갈색이다. 가장자리는 예리하고 고르다. 살은 백색이며 얇고 냄새가 있고 맛은 온화하다. 주름살은 약간 올린 주름살로 백색이고 폭은 넓다. 확대경을 통해 보면 언저리는 미세한 백색의 털상이다. 자루의 길이는 3~7㎝, 굵기는 0.1~0.3㎝로 원통형이고 기부는 약간 부푼다. 표면은 밋밋하고 꼭대기는 때때로 백색의 가루상이다. 윗부분은 회베이지색, 아래는 더 검다가 회갈색으로 된다. 기부는 백색의 빳빳한 털이 있고 자루의 속은 비었다. 포자는 9~13.4×4.5~6.5㎛로 원주형-타원형이다. 표면은 매끈하고 투명하며 기름방울을 함유한다. 담자기는 25~35×6~7.5㎛로 원주형-곤봉형이며 4-포자성이고 기부에 꺾쇠가 있다. 거짓아밀로이드 반응을 보인다.

생태 여름~가을 / 썩은 고목, 이끼류, 묻힌 나무에 군생 · 속생한다. 드문 종이다.

분포 한국, 유럽

빨간애주름버섯

Mycena acicula (Schaeff.) Kummer

형태 균모의 지름은 0.5~1㎝로 어릴 때는 반구형에서 둥근 산 모양이나 종 모양으로 된다. 표면은 광택이 있고 적황색-밝은 오렌지 황색이며 살은 연한 황색이다. 가장자리 쪽은 다소 연하고 줄무늬선이 거의 중앙까지 나타난다. 주름살은 올린 주름살-바른 주름살로 흰색-연한 황색이며 가장자리가 더 희고 약간 성기다. 자루의 길이는 3~5㎝, 굵기는 0.05~0.1㎝로 위아래가 같은 굵기이다. 다소 휘어지기도 하며 가늘고 길며 연한 황색이다. 기부 쪽으로 다소 연해지고 미세한 털이 있다. 포자의 크기는 8.6~9.9×2.3~3.7㎛로 원주형-방추형에 표면은 매끈하며 투명하다. 포자문은 백색이다.

생태 늦은 봄~가을 / 습기가 많은 땅의 죽은 나무 썩은 곳, 장마 등으로 나무 쓰레기들이 모인 곳 등에 단생한다. 드물다.

분포 한국(백두산, 장백산), 중국, 일본, 유럽

쇠우산애주름버섯

Mycena aetites (Fr.) Quél.

형태 균모의 지름은 0.8~0.2㎝로 반구형-종 모양에서 둥근 원추 모양으로 되며 가운데는 둥근 모양의 돌출이 있다. 표면은 밋밋하고 무디며 광택의 인편이 있고 투명한 줄무늬선이 가운데까지 발달한다. 흡수성으로 회갈색이고 습기가 있을 때는 황토 회색으로 되며 건조하면 베이지색으로 되고 중앙은 검은색이다. 가장자리는 연하고 찢어진 줄무늬선이 있다. 육질은 회갈색이며 얇고 냄새가 나며 맛은 온화하다. 주름살은 좁은 바른 주름살로 회색이고 폭이 넓다. 가장자리에 미세한 털이 있고 연하다. 자루의 길이는 2~6㎝, 굵기는 0.1~0.2㎝로 원주형이다. 표면은 밋밋하고 무딘 비단결이다. 회갈색이나 위쪽은 연한 백색이며 가루상이고 기부는 진한 회갈색이다. 부서지기 쉽고 백색의 털이 있다. 자루의 속은 비었다. 포자의 크기는 6~10.5×4~6.5㎛로 타원형이며 표면은 매끈하고 투명하다. 담자기는 가는 곤봉형으로 20~35×6~8㎛로 기부에 꺾쇠가 있다.

생태 여름~가을 / 풀밭, 길가, 풀숲의 땅에 군생한다. 드물다.

분포 한국, 중국, 유럽

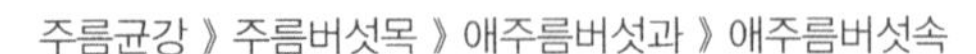

흰보라애주름버섯

Mycena albidoliacea Kühner & Maire

형태 균모의 지름은 0.6~2㎝로 원추형 또는 포물선 모양에서 종 모양으로 되었다가 편평해진다. 얕은 고랑이 있고 투명한 줄무늬선이 있으며 미끈거린다. 흡수성이 있고 핑크 라일락색-백색 또는 약간 핑크색-라일락색이거나 살색이다. 중앙은 더 진한 핑크색-라일락색이고 가장자리는 백색이다. 주름살은 바른 주름살-올린 주름살이고 옆면은 밋밋하고 맥상이며 백색이다. 언저리는 약간 핑크색이다. 자루의 길이는 4~7㎝, 굵기는 0.1~0.15㎝로 원통형에 부서지기 쉽다. 위쪽은 가루상이고 아래는 미끈거리거나 긴 섬유실로 덮여 있고 휘어진다. 백색의 털이 있고 물 같은 백색 또는 약간 핑크색의 광택이 나며 기부는 길고 거친 백색의 섬유상으로 덮인다. 질소 냄새와 온화한 맛이 있다. 포자의 크기는 8~12×4~6㎛로 씨앗 모양이고 원통형이다. 아밀로이드 반응을 보인다. 담자기는 21~40×7~9㎛로 4-포자성이다.

생태 가을 / 풀숲 또는 낙엽수림과 참나무류의 부스러기에 산생 · 군생한다.

분포 한국, 유럽

악취애주름버섯

Mycena alcalina (Fr.) P. Kumm.

형태 균모의 지름은 1~3(5)㎝로 처음 원추형에서 펴지면서 넓은 종 모양이 된다. 표면은 회갈색-흑갈색이고 때로는 녹슨 갈색이며 후에 연한 색이 된다. 흔히 중앙부가 둥글게 돌출하고 방사상으로 줄무늬가 있다. 살은 매우 얇고 유백색이며 암모니아 냄새가 난다. 주름살은 바른 주름살로 휘어진 붙음도 있으며 연한 회색의 백색으로 촘촘하다. 자루의 길이는 2~6.5(8)㎝, 굵기는 0.1~0.3㎝로 위와 아래쪽이 같은 굵기이며 다소 휘어지기도 한다. 균모와 같은 색이고 표면은 밋밋하다. 포자는 8~12×4.5~6㎛로 원추형-타원형이며 표면은 매끈하고 투명하다. 아밀로이드 반응을 보인다. 포자문은 백색이다.

생태 가을 / 썩은 밑동과 침엽수의 밑동에서 난다.

분포 한국, 일본, 유럽, 북미, 아프리카

흰애주름버섯

Mycena alphitophora (Berk.) Sacc.
M. osmundicola J. E. Lange

형태 균모의 지름은 0.2~0.8㎝로 원추형-둥근 산 모양이다. 표면은 백색 또는 연한 회색으로 전면에 백색의 가루를 뒤집어쓴 것 같다. 방사상으로 줄무늬홈선이 나타나기도 하며 약간 부챗살 모양으로 주름이 잡힌다. 주름살은 떨어진 주름살로 백색이며 약간 성기다. 자루의 길이는 1~2(4)㎝, 굵기는 0.05~0.1㎝로 균모와 같은 색이며 기부가 약간 부풀어 있다. 표면은 미세한 털로 덮여 있다. 포자의 크기는 6~8.5×3~4㎛로 타원형이며 표면은 매끈하고 투명하다.

생태 여름 / 침엽수의 낙엽, 떨어진 나뭇가지에 군생한다. 온실에서도 가끔 발견된다.

분포 한국, 일본, 유럽, 북미, 아프리카 중부

푸른애주름버섯

Mycena amicta (Fr.) Quél.

형태 균모의 지름은 0.5~1㎝로 처음에 원추형-종 모양이며 전체가 청색을 나타내고 때로는 퇴색하여 회색-황색으로 된다. 흔히 주변부에 청색과 비슷한 색으로 되며 습할 때 줄무늬홈선이 나타난다. 살은 얇고 회색이다. 주름살은 올린 주름살-끝붙은 주름살이며 연한 회색이다. 폭은 좁고 밀생한다. 자루의 길이는 4~5.5㎝, 굵기는 0.1㎝로 때때로 기부는 뿌리 모양이다. 위쪽은 회색, 아래쪽은 청색이다. 표면은 백색의 미세한 털로 되며 속은 비었다. 포자는 7.5~8.5×4~5㎛로 타원형이다. 연낭상체는 약간 원주형-목이 긴 방추형이며 26~35×5~7㎛이다.
생태 여름~가을 / 침엽수림의 썩은 고목, 낙엽 등에 발생한다.
분포 한국, 북반구 온대

알애주름버섯

Mycena arcangeliana Bres.
M. oortiana Hora

형태 균모의 지름은 0.7~2㎝로 어릴 때는 원추형의 종 모양에서 둥근 산 모양으로 되고 중앙에 무딘 돌출이 생긴다. 표면은 밋밋하고 둔하며 흡수성이 있고 황색을 띤 올리브 갈색으로 습기가 많을 때는 중앙이 다소 진하다. 가장자리 쪽은 반투명한 줄무늬선이 있고 날카롭다. 살은 레몬색-황색으로 얇다. 주름살은 홈파진 주름살로 유백색이며 폭이 넓고 약간 촘촘하다. 자루의 길이는 4~7.5㎝, 굵기는 0.1~0.3㎝로 원주형이며 가늘고 길다. 표면은 밋밋하고 미세한 털이 있다. 꼭대기 부근은 유백색이고 아래쪽은 연한 회색-회올리브색이다. 기부에는 유백색의 거친 털이 있고 자루의 속은 비었으며 단단하다. 포자의 크기는 7.1~8.8×5~6㎛로 광타원형이다. 표면은 투명하며 기름방울을 함유한다. 포자문은 유백색이다.

생태 여름~가을 / 활엽수, 그루터기, 낙지에 단생 · 군생한다.

분포 한국, 중국, 유럽, 북미

암청색애주름버섯

Mycena atrocyanea (Batsch) Gillet

형태 균모의 지름은 6~11㎝로 처음에 둥근 산 모양에서 차차 편평해지며 백색 바탕에 흑색의 섬유상 인편이 분포한다. 표면에 간혹 황갈색 또는 회갈색의 인편이 있는 것도 있으며 인편은 중앙에 밀포하여 검은색을 띤다. 가장자리에는 표피가 너덜너덜하게 부착한다. 살은 백색이고 얇다. 주름살은 끝붙은 주름살로 밀생하고 백색에서 적갈색으로 되었다가 흑색으로 된다. 자루의 길이는 8~13㎝, 굵기는 0.6~1.2㎝로 가는 원통형이다. 백색 또는 황백색이며 기부는 둥글고 굵다. 자루의 속은 비어 있으며 표면과 같은 색깔이다. 약간 섬유상으로 상처를 받으면 황갈색으로 되는 것도 있다. 턱받이는 대단히 커서 주름살 전체를 덮으나 시간이 지나면 떨어져서 자루의 아래쪽 턱받이로 부착한다. 포자의 크기는 5.8~6.8×3.5~4.3㎛로 타원형이고 끝이 뾰족하고 2중 막이다. 1~2개의 기름방울을 가지는 것도 있다. 아밀로이드 반응을 보인다. 포자문은 갈색이다. 연낭상체는 구형 또는 배 모양이며 벽은 얇고 투명하다.

생태 여름~가을 / 혼효림의 땅에 군생한다. 독버섯이다.

분포 한국

긴대애주름버섯

Mycena aurantiomarginata (Fr.) Quél.
M. elegans var. aurantiomarginata (Fr.) Cejp.

형태 균모의 지름은 0.5~2㎝로 어릴 때는 반구형이나 나중에 둥근 산 모양으로 되며 가운데가 돌출한 넓은 종 모양으로 된다. 표면은 밋밋하고 광택이 나며 붉은색의 회갈색-갈색이다. 가장자리는 오렌지색을 띤 연한 갈색이며 연하고 방사상의 줄무늬가 거의 중앙까지 나타난다. 주름살은 홈파진 주름살로 어릴 때는 회색에서 황토 갈색으로 되며 폭은 보통으로 약간 성기다. 가장자리는 고르다. 자루의 길이는 3~5㎝, 굵기는 0.1~0.2㎝로 원추형이다. 가늘고 길며 황갈색, 회황색, 연한 올리브 갈색 등이다. 표면은 밋밋하고 광택이 나며 반투명으로 탄력성이 있다. 자루는 속이 비었고 부러지기 쉽다. 기부에는 유백색 또는 황색의 균사가 있다. 포자의 크기는 7.2~10.5×4~5.5㎛로 타원형이며 표면은 매끈하고 투명하다. 포자문은 유백색이다.

생태 여름~가을 / 침엽수 또는 활엽수 밑의 부식질 토양에 산생한다.

분포 한국, 중국, 유럽, 북미, 북아프리카

점박이애주름버섯

Mycena austromaculata Grgur & T. W. May
M. maculata Cleland

형태 균모의 지름은 1~3㎝로 둥근 산 모양에서 편평해져 종 모양으로 되며 중앙에 분명한 볼록이 있다. 표면은 회색-담갈색에서 녹슨색으로 물든다. 가장자리는 줄무늬선이 있고 위로 뒤집힌다. 살은 매우 얇고 처음 백색에서 녹슨색으로 된다. 맛은 분명치 않고 강한 버섯 냄새가 난다. 주름살은 좁은 바른 주름살이며 연한 회색에서 녹슨색으로 된다. 자루의 길이는 2~6㎝, 굵기는 0.2~0.3㎝로 꼭대기는 백색, 아래는 회담갈색이며 오래되면 녹슨색으로 된다. 자루는 여러 개가 기부에서 뭉쳐지며 백색의 털이 있다. 포자는 7~11×4~5㎛로 타원형이다. 아밀로이드 반응을 보인다. 연낭상체는 서양배 모양이며 꼭대기는 비교적 긴 실 모양으로 불규칙하다. 포자문은 백색이다.
생태 가을 / 고목의 등걸, 통나무에 작게 속생한다. 드문 종이다. 식용할 수 있으나 가치는 없다.
분포 한국, 북미

요정애주름버섯

Mycena belliarum (Jhonst.) P. D. Orton

형태 균모의 지름은 0.5~2.5㎝로 처음 둥근 산 모양에서 편평해진다. 중앙은 배꼽형으로 되고 줄무늬선이 1/2 이상까지 발달한다. 표면은 약간 끈적기가 있고 핑크색-갈색 또는 회갈색이다. 살은 핑크색이고 얇다. 맛은 쓰거나 불분명하며 약간 곰팡이 냄새가 난다. 주름살은 긴 내린 주름살이며 백색에서 연한 핑크색이고 성기다. 자루의 길이는 2~7㎝, 굵기는 0.1~0.35㎝로 위아래가 같은 굵기이나 약간 아래로 가늘다. 균모와 같은 색이며 기부는 균모보다 더 검다. 포자는 10~14×5~7㎛로 광타원형에 표면은 매끈하고 투명하다. 아밀로이드 반응을 보인다. 포자문은 백색이다. 낭상체는 방추형이며 표면은 매끈하고 1~2개의 돌기가 있다.

생태 늦여름 / 잔디밭 등에 단생 또는 작은 집단으로 발생한다.

분포 한국, 유럽

털애주름버섯

Mycena capillaripes Peck

형태 균모의 지름은 0.5~1.5(2.5)㎝로 처음 원추형-반구형이다가 오래되면 종 모양이 되기도 한다. 표면은 밋밋하며 방사상으로 반투명한 줄무늬가 있고 약간 줄무늬홈선이 파여 있다. 밝은 핑크 갈색-적갈색이고 중앙은 진하다. 가장자리 끝부분은 테 모양이며 약간 적색이다. 살은 매우 얇고 거의 막질이다. 주름살은 바른 주름살이면서 내린 주름살이고 핑크색의 연한 크림색이며 적갈색의 반점이 생긴다. 폭이 넓고 약간 성긴 편이다. 자루의 길이는 3~6㎝, 굵기는 0.05~0.2㎝로 위아래가 같은 굵기에 연한 적갈색이다. 꼭대기 쪽으로 약간 가루상이고 아래쪽이 진하고 핑크색 균사가 붙어 있으며 속은 비어 있다. 포자는 7.2~12.8×4~5.5㎛로 타원형이며 표면은 매끈하고 투명하며 기름방울이 있다. 포자문은 백색이다.

생태 봄~가을 / 가문비나무 등 침엽수의 잔가지나 바늘잎 썩은 곳에서 단생 · 군생한다.

분포 한국, 아시아, 유럽, 북미, 북아프리카

받침애주름버섯

Mycena chlorophos (Berk. & Curt.) Sacc.

형태 균모의 지름은 0.7~2.7㎝로 어릴 때는 구형이나 둥근 산 모양으로 되고 나중에는 거의 평평해진다. 표면은 연한 회색-쥐색이고 가장자리는 거의 백색이 된다. 습할 때는 방사상의 줄무늬가 있다. 또 젤라틴질을 함유하고 있어서 강한 끈적기가 있다. 균모는 강한 발광성이 있어서 낮에도 어두울 때는 빛을 볼 수 있으며 밤에는 그 빛이 선명하다. 주름살은 떨어진 주름살로 백색-회색이며 약간 촘촘하다. 자루의 길이는 1~2㎝, 굵기는 0.1~0.2㎝로 위아래가 같은 굵기이다. 기부에 원형의 받침이 붙어 있다. 포자는 6.5~9×4.5~6㎛로 넓은 타원형이며 표면은 매끈하고 투명하다.

생태 소철, 야자나무, 종려나무 등 수목의 마른 줄기나 떨어진 가지 등에 발생한다. 때로는 활엽수의 썩은 가지 등에 발생한다. 식독은 불분명하다.

분포 한국, 일본, 대만, 남태평양군도, 인도네시아, 스리랑카

회색애주름버섯

Mycena cinerella (Karst.) Karst.

형태 균모의 지름은 0.5~1.2㎝로 반구형에서 원추형으로 되지만 가운데는 편평하거나 약간 들어간다. 표면은 밋밋하고 투명한 줄무늬선이 중앙까지 발달하며 흡수성이 있다. 회색-회갈색이고 가장자리는 엷은 색이며 오래되면 퇴색한다. 살은 막질이고 냄새와 맛은 밀가루 같고 온화하다. 주름살은 내린 주름살로 회백색이며 포크형이다. 주름살의 가장자리는 밋밋하다. 자루의 길이는 2~5㎝, 굵기는 0.05~0.1㎝이고 원통형으로 가끔 굽은 것도 있다. 표면은 밋밋하고 연한 회갈색이다. 꼭대기는 더 연한 색이고 어릴 때 가루가 부착한다. 자루의 속은 비었고 기부는 약간 두껍고 털이 있다. 포자의 크기는 7~10×4~5.5㎛로 타원형에 표면은 매끈하고 투명하며 기름방울이 있다. 담자기는 22~30×7~9㎛로 곤봉형이며 기부에 꺽쇠가 있다.

생태 여름 / 혼효림의 낙엽 속에 군생 · 속생한다.

분포 한국, 중국, 유럽

자줏빛애주름버섯

Mycena clavularis (Batsch) Sacc.

형태 균모의 지름은 1~2㎝로 둥근 산 모양이 중앙이 불룩한 모양으로 된다. 가장자리는 오래되면 바르게 펴진다. 표면은 회갈색 또는 회청색으로 어릴 때 약간 백색의 가루상이며 주름지고 표피가 벗겨진다. 습기가 있을 때 희미한 줄무늬선이 나타난다. 살은 매우 얇고 백색 또는 회색에 연골질이다. 맛과 냄새는 없다. 주름살은 바른 주름살로 성기고 폭은 좁거나 약간 폭이 넓다. 적회색-갈색이고 가장자리는 유백색이다. 자루의 길이는 1.3~2.5㎝, 굵기는 0.1~0.2㎝로 균모와 같은 색이고 꼭대기는 밝은 색이다. 끈적기가 있고 백색 털이 기부에 있다. 포자의 지름은 8~10㎛로 구형 또는 아구형이다. 연낭상체는 긴 곤봉형이며 꼭대기는 필라멘트형이다. 아밀로이드 반응을 보인다. 포자문은 백색이다.
생태 봄~가을 / 침엽수림 고목의 껍질, 낙엽에 군생한다.
분포 한국, 중국, 유럽

주름균강 》 주름버섯목 》 애주름버섯과 》 애주름버섯속

실애주름버섯

Mycena capillaris (Schum.) Kumm.

형태 균모의 지름은 0.1~0.3(0.5)㎝로 어릴 때는 반구형이나 나중에 종 모양-둥근 산 모양으로 된다. 표면은 방사상으로 골이 잡혀 있고 둔하며 밋밋하며 백색-회색의 백색으로 간혹 중앙이 황토색으로 되면서 진하다. 때로는 중앙이 오목하게 들어가기도 한다. 가장자리는 미세하게 톱니상으로 된다. 살은 막질로 백색이다. 주름살은 미세한 올린 주름살로 백색이고 폭이 넓으며 간혹 형태적으로만 있는 경우도 있다. 자루의 길이는 0.8~2.5(3.5)㎝, 굵기는 0.01~0.04㎝로 실 모양이고 흔히 꾸불꾸불하다. 표면은 밋밋하고 백색-칙칙한 백색으로 가끔 기부 쪽은 갈색을 나타내기도 한다. 자루의 속은 비어 있다. 포자는 6.9~11.1×2.9~3.9㎛로 원추형의 타원형이다. 표면은 매끈하고 투명하며 기름방울이 들어 있다. 포자문은 백색이다.

생태 여름~가을 / 주로 활엽수 낙엽 위에 몇 개씩 난다. 식용가치가 없다.

분포 한국, 유럽

주름균강 》 주름버섯목 》 애주름버섯과 》 애주름버섯속

곤봉애주름버섯

Mycena coryneophora Maas Geest.

형태 균모의 지름은 0.2~0.5㎝로 종 모양-원추형이다가 둥근 산 모양으로 된다. 표면은 둔하고 미세한 백색의 솜털상이 회백색의 바탕색에 있으며 특히 중앙에 집중한다. 가장자리는 약간 물결형이며 미세한 솜털상의 투명한 줄무늬가 중앙으로 발달한다. 살은 막질이며 냄새와 맛은 불분명하다. 주름살은 넓은 바른 주름살로 백색에 폭이 넓다. 언저리에는 미세한 백색의 솜털이 있다. 자루의 길이는 0.5~1㎝, 굵기는 0.02~0.03㎝로 원통형에 휘어진다. 투명한 회백색으로 백색의 솜털상이다. 포자는 7.1~8.8×6~7.8㎛로 아구형에서 광타원형으로 매끈하고 투명하며 기름방울을 함유한다. 포자문은 백색이다. 담자기는 18~24×8~11㎛로 배불뚝이형-곤봉형으로 4-포자성이며 기부에 꺾쇠가 있다. 희미한 거짓아밀로이드 반응을 보인다. 연낭상체는 곤봉형-자루형으로 25~30×7~14㎛로 꼭대기에 밀집된 사마귀점이 있다.

생태 가을 / 이끼류의 사이와 살아 있는 나무의 위에 있는 이끼류에 군생한다. 드문 종이다.

분포 한국, 유럽

노란애주름버섯

Mycena crocata (Schrad.) P. Kumm.

형태 균모의 지름은 1~2(3)㎝이며 원추형-원추형의 종 모양이다. 표면은 밋밋하고 방사상으로 줄무늬가 있다. 회색을 띤 황색-황갈색으로 흔히 중앙은 붉은색이나 오렌지색 또는 흑자색의 반점이 있다. 가장자리가 다소 연하고 오래되면 황백색으로 된다. 주름살은 홈파진 주름살이고 백색이며 촘촘하고 상처를 받으면 황적색으로 변한다. 자루의 길이는 6~9(12)㎝, 굵기는 0.1~0.3㎝로 위아래가 같은 굵기이며 흔히 구부러져 있다. 표면은 밋밋하며 꼭대기 쪽은 황색이나 아래쪽으로는 밝은 오렌지색이나 주홍색이다. 상처를 받으면 오렌지색-홍색의 물이 나온다. 기부 쪽에는 백색-황색의 솜털 같은 균사가 붙어 있다. 포자는 8.5~10.5×4.5~6.5㎛로 타원형이다. 표면은 매끈하고 투명하며 기름방울이 들어 있다. 포자문은 연한 크림색이다.

생태 여름~가을 / 자작나무 등 활엽수의 쓰러진 나무 또는 가지, 낙엽 위에 군생 또는 속생한다. 식독은 불분명하다.

분포 한국 등 북반구 온대

젖꼭지애주름버섯

Mycena diosma Krieg. & Schwöb.

형태 균모의 지름은 1.5~4㎝이고 어릴 때는 둥근 산 모양이다가 후에 다소 평평해지며 중앙에 젖꼭지 모양의 돌출이 있다. 표면은 밋밋하고 미세하게 방사상으로 섬유상이다. 흡수성이며 보라색-회보라색이고 건조하면 연한 분홍 자색-베이지색이다. 가장자리 쪽에는 동심원 모양으로 다소 진한 띠가 있다. 가장자리는 예리하고 약간 찢어지기도 한다. 주름살은 홈파진 주름살이고 연한 회자색-자갈색이며 폭이 넓고 약간 촘촘하다. 자루의 길이는 5~8(10)㎝, 굵기는 0.2~0.5㎝로 원추형이다. 표면은 밋밋하고 때때로 세로로 약간 홈이 파이거나 눌려 있다. 매끄럽고 윤이 나며 자갈색-회자색이다. 기부 쪽에는 백색의 균사가 기질에 부착되어 있다. 포자는 5.1~8.1×3.1~4.3㎛로 타원형-원추형이다. 표면은 매끈하고 투명하며 기름방울이 들어 있다. 포자문은 백색이다.
생태 가을 / 흔히 물이 고이기 쉬운 습한 지역의 활엽수 낙엽이 쌓인 곳 등에 단생 · 군생 · 총생한다. 독버섯이다.
분포 한국, 유럽

솔잎애주름버섯(레몬애주름버섯)

Mycena epiterygia (Scop.) S.F. Gray
M. epiptorygia var. lignicola A. H. Smith / M. epiptorygia var. splendidipes (Peck) Maas Geest.

형태 균모의 지름은 1~2㎝로 처음 반구형에서 종 모양을 거쳐 가운데가 돌출한 종 모양으로 된다. 표면은 밋밋하고 습기가 있을 때 끈적기가 있으며 광택이 있고 방사상의 줄무늬홈선 또는 반투명의 줄무늬홈선이 나타난다. 표피는 벗겨지기 쉽고 올리브 황색에서 올리브 갈색으로 된다. 중앙부는 탁한 갈색이고 탄력과 끈적기가 있으며 질기다. 가장자리는 회갈색이고 예리하고 톱니형-물결형이다. 살은 회색-올리브색에서 황색-올리브색이 되고 얇다. 맛은 온화하나 쓴 것도 있다. 주름살은 바른 주름살-내린 주름살로 백색에서 황백색으로 되며 폭은 넓고 성기다. 주름살의 변두리는 톱니상이다. 자루의 길이는 3~5㎝, 굵기는 0.1~0.2㎝로 원통형이다. 가끔 굽은 것도 있으며 끈적기와 탄력성이 있다. 자루의 속은 비었고 부서지기 쉽다. 포자의 크기는 8~10.5×5.5~8㎛로 타원형이다. 표면은 매끈하고 투명하며 기름방울이 있다. 아밀로이드 반응을 보인다. 담자기는 25~30×8~9㎛로 곤봉형이며 기부에 꺾쇠가 있다.

생태 여름 / 이끼류가 있는 활엽수림의 땅에 군생한다.

분포 한국, 중국, 유럽, 북반구 일대

솔잎애주름버섯(나뭇잎형)

Mycena epiptorygia var. **lignicola** A. H. Smith

형태 균모의 지름은 1~2㎝로 어릴 때 반구형이었다가 후에 종 모양에서 원추형-종 모양으로 된다. 표면은 밋밋하고 습할 때 광택이 나며 물결 모양의 줄무늬가 있다. 올리브의 노란색에서 올리브색-갈색으로 된다. 가장자리는 회갈색이고 예리하며 약간 물결형이다. 표피는 벗겨지기 쉽고 끈적기가 있으며 질긴 막질이다. 살은 회색-올리브색에서 노란색-올리브색으로 되며 얇다. 풀 냄새가 나고 맛은 온화하나 약간 쓰다. 주름살은 넓은 바른 주름살 또는 치아 모양의 내린 주름살이고 백색에서 황백색이며 폭이 넓다. 언저리는 밋밋하다. 자루의 길이는 3~5㎝, 굵기는 0.1~0.2㎝로 원통형이며 휘었다. 끈적이고 미끌거리며 탄력성이 있다. 표피는 벗겨지기 쉽고 녹색-노란색이 자루 전체를 덮는다. 자루의 속은 비고 부서지기 쉽다. 포자는 7.9~10.4×5.4~7.7㎛로 타원형이다. 표면은 매끈하고 투명하며 기름방울을 함유한다. 포자문은 크림색이다. 거짓아밀로이드 반응을 보인다. 담자기는 곤봉형이며 25~30×8~9㎛로 4-포자성이고 기부에 꺾쇠가 있다.
생태 여름~가을 / 썩은 침엽수의 껍질, 밑동, 가지, 땅에 묻힌 이끼류로 쌓인 곳에 보통 군생한다. 흔한 종은 아니다.
분포 한국, 유럽, 북미

솔잎애주름버섯(빛솔잎형)

Mycena epiptorygia var. **splendidipes** (Peck) Maas Geest.

형태 균모의 지름은 1.2~2.5(3)㎝로 어릴 때 반구형이었다가 후에 둥근 산 모양이 된다. 표면은 밋밋하고 광택이 나며 투명한 줄무늬선이 중앙까지 발달한다. 올리브색-갈색에서 흑갈색이고 중앙은 더 검으며 가장자리는 더 연하다. 습할 때 끈적이고 미끌거리고 표피는 벗겨지기 쉽다. 가장자리는 줄무늬선이 있고 물결형이다. 살은 백색이며 얇다. 냄새는 좋지 않고 맛은 온화하나 불쾌감이 있다. 주름살은 넓은 바른 주름살 또는 치아 모양의 내린 주름살이고 백색에서 크림 백색으로 되며 폭이 넓고 실처럼 벗겨진다. 자루의 길이는 3~7㎝, 굵기는 0.1~0.3㎝로 원통형이며 굽었다. 표면은 밋밋하고 광택이 나며 미끈거리는 끈적기가 있고 레몬색-노란색이다. 자루의 속은 비며 살은 고무 같고 막질이다. 포자는 7.8~10.8×5.8~8.1㎛로 광타원형이다. 표면은 매끈하고 투명하며 기름방울을 함유한다. 포자문은 크림색이다. 거짓아밀로이드 반응을 보인다. 담자기는 곤봉형이며 26~32×6~9.5㎛로 4-포자성이고 기부에 꺾쇠가 있다.

생태 여름~가을 / 침엽수림의 숲속 또는 썩은 고목에 보통 군생한다.

분포 한국, 유럽, 북미

붉은애주름버섯

Mycena erubescens Höhn.

형태 균모의 지름은 0.5~1.5㎝로 어릴 때는 반구형-무딘 원추형에서 종 모양-둥근 산 모양으로 되지만 중앙에 작고 무딘 돌기가 있다. 표면은 밋밋하고 약간의 광택이 나며 황토색, 분홍색-갈색, 적색으로 다양하고 중앙은 진하다. 방사상으로 반투명한 줄무늬선이 있고 주름 모양의 골이 있다. 가장자리는 예리하다. 주름살은 약간 올린 주름살이며 어릴 때는 분홍색-백색이나 회백색으로 되며 손으로 만지면 적색으로 변하고 폭이 넓다. 자루의 길이는 1.5~4㎝이고 굵기는 0.05~0.12㎝로 원주형에 위쪽에서 굽은 것도 있다. 표면은 밋밋하고 꼭대기는 백색 또는 유백색이며 아래쪽은 점점 더 갈색을 띤다. 자루의 속은 비었으며 부러지기 쉽고 신선한 것은 자루를 자르면 물기가 맺히기도 한다. 포자의 크기는 8.8~10.8×7.2~8.6㎛로 광타원형-아구형이다. 표면은 매끈하고 투명하며 많은 기름방울을 함유한다. 포자문은 백색이다.
생태 여름~가을 / 오래된 살아 있는 참나무류, 단풍나무류, 느릅나무류, 전나무류 등 침엽수 나무줄기의 이끼 사이에서 단생 · 군생한다.
분포 한국, 중국, 유럽

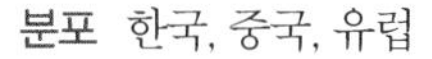

가마애주름버섯

Mycena filopes (Bull.) Kumm.
M. amygadelina (Pers.) Sing.

형태 균모의 지름은 0.8~1.5(2)㎝로 어릴 때 원추형-원통형에서 원추형의 종 모양으로 된다. 표면은 밋밋하고 둔하며 투명한 줄무늬선이 거의 중앙까지 발달한다. 흡수성이 있고 어릴 때 회갈색에서 회베이지색으로 되지만 중앙이 검다. 가장자리로 연한 색에서 백색으로 된다. 살은 회갈색에 막질이며 상처를 입으면 요오드색으로 된다. 맛은 온화하고 버섯 맛이 나지만 분명하지는 않다. 주름살은 약간 올린 주름살이고 백색에서 회갈색으로 되며 폭은 넓다. 언저리는 밋밋하다. 자루의 길이는 6~10㎝, 굵기는 0.1~0.2㎝로 원통형이고 가끔 굽었다. 표면은 밋밋하고 둔한 비단결에 기부는 실 같은 털상이다. 검은 회갈색에서 갈색으로 되고 꼭대기는 백색이며 가끔 희미한 라일락색 또는 녹색을 가미하며 속은 비고 부서지기 쉽다. 포자는 9.1~10.6×4.8~5.2㎛로 타원형이다. 표면은 매끈하고 투명하며 기름방울을 함유한다. 포자문은 백색이다. 거짓아밀로이드 반응을 보인다. 담자기는 22~30×5.5~7㎛로 곤봉형으로 2-포자성이며 기부에 꺾쇠가 있다.
생태 가을 / 숲속의 나뭇잎, 나뭇가지, 땅에 묻힌 나무, 이끼류, 풀 속에 단생 또는 군생한다.
분포 한국, 일본, 중국, 유럽, 북반구 온대

가마애주름버섯(아몬드형)

M. amygadelina (Pers.) Sing.

형태 균모의 지름은 0.5~1.2㎝로 원추형의 종 모양인데 표면은 약간 흡습성이고 연한 회갈색이며 중심부는 암색이다. 습기가 있을 때는 줄무늬선이 보인다. 주름살은 바른 주름살이고 회백색이며 밀생하거나 약간 성기다. 자루의 길이는 0.5~0.9㎝, 굵기는 0.1㎝ 정도로 가늘고 길다. 때때로 아래쪽이 굽어 있으며 밑쪽으로 흰털이 싸고 있다. 표면은 암회갈색이고 꼭대기는 연한 흰색이다. 자루는 속은 비어 있다. 포자의 크기는 9.5~11×5.5~6.5㎛로 타원형-난형이며 표면은 매끈하고 투명하다. 포자문은 백색이다.

생태 가을~초겨울 / 숲속의 낙엽이나 죽은 가지에 군생한다.

분포 한국, 일본, 중국, 유럽, 북반구 온대

황변애주름버섯

Mycena flavescens Vel.

형태 균모의 지름은 0.5~1.8㎝로 어릴 때 원추형에서 종 모양 또는 둥근 산 모양으로 되지만 가끔 둔하게 둥근 모양인 것도 있다. 표면은 밋밋하고 백색-크림색이나 가끔 엷은 황색-녹색인 것도 있으며 오래되면 올리브 갈색으로 되고 중앙은 진하다. 투명한 줄무늬선이 거의 중앙까지 발달한다. 가장자리는 예리하고 톱니상이며 색은 연하다. 육질은 물색-백색으로 막질이며 냄새가 나고 맛은 온화하다. 주름살은 바른 주름살 또는 이빨처럼 된 내린 주름살인 것도 있다. 대부분 크림색이나 간혹 엷은 황색인 것도 있고 폭은 넓다. 주름살의 변두리는 밋밋하고 보통 구리 황색이다. 자루의 길이는 3~7㎝, 굵기는 0.05~0.15㎝로 원통형에 휘어지고 속은 비었다. 표면은 밋밋하고 무딘 비단결에 꼭대기는 가루상이다. 밝은 회갈색 또는 엷은 라일락색이며 윗부분에 검은 흑갈색이 약간 있다. 기부에는 칙칙한 백색 균사가 있고 탄력이 있고 부서지기 쉽다. 포자의 크기는 6.9~9.8×4.4~5.4㎛이고 타원형이다. 표면은 매끈하고 투명하며 기름방울을 가진 것도 있다. 담자기는 곤봉형으로 18~22×6~7㎛로 기부에 꺾쇠가 있다. 적갈색으로 거짓아밀로이드 반응을 보인다. 연낭상체와 측낭상체는 배불뚝이형 또는 곤봉형으로 20~70×13~33㎛이다. 표면에 미세한 사마귀점이 있다.

생태 여름 / 활엽수림 특히 잎, 줄기와 이끼가 있는 고목에 단생 · 군생한다.

분포 한국, 중국, 유럽

흰털애주름버섯

Mycena flos-nivium Kühn.

형태 균모의 지름은 1.5~2.5(3)㎝로 어릴 때는 원추형-종 모양이나 후에 종 모양-둥근 산 모양으로 된다. 중앙은 약간 또는 뚜렷하게 돌출된다. 표면은 밋밋하고 광택이 나며 방사상이고 균모의 중간 바깥쪽으로 반투명한 줄무늬가 있다. 흡수성이 있고 암회갈색-황토 갈색이다. 가장자리는 베이지 회색이고 다소 연하다. 주름살은 홈파진 주름살이며 백색에서 회백색으로 되며 배불뚝이형이고 어떤 것은 엽맥상을 이룬다. 자루의 길이는 3~5㎝, 굵기는 0.1~0.25㎝로 원추형이다. 가늘고 길며 때때로 굽어 있다. 표면은 밋밋하고 광택이 있으며 회갈색으로 꼭대기 쪽은 연하다. 부러지기 쉽고 기부는 백색-유백색이며 털이 덮여 있다. 자루의 속은 비어 있다. 포자는 7.6~11.8×3.5~5㎛로 원추형-타원형이다. 표면은 매끈하고 투명하며 기름방울이 들어 있다. 포자문은 백색이다.

생태 봄~여름 / 썩은 나무 밑동, 침엽수 낙엽층 및 구과 등에 단생 또는 군생한다. 식독은 불분명하다.

분포 한국, 유럽

여린애주름버섯

Mycena fragillima A. H. Sm.

형태 균모의 지름은 1~3.5㎝이며 둥근 산 모양 또는 넓은 종 모양-평평한 모양이다. 약간 갈색을 띤 암회색-회색이다. 습기가 있을 때는 줄무늬가 있다. 표면은 미세한 가루상이고 광택이 있다. 가장자리는 불규칙하며 흔히 성숙하면 치켜 올라간다. 살은 얇고 부서지기 쉬우며 연한 회색-황갈색 또는 백색이다. 주름살은 바른 주름살이며 유백색에 폭이 좁고 촘촘하다. 언저리는 연한 회백색이다. 자루의 길이는 5~15㎝, 굵기는 0.15~0.3㎝로 원주형이거나 기부 쪽으로 다소 굵어진다. 색깔은 황갈색, 연한 유백색 또는 연한 회색 등 다양하다. 미세한 솜털이 있거나 밋밋하며 기부에는 백색 균사가 붙기도 한다. 포자는 7~10×4~5㎛로 광타원형에 아밀로이드 반응을 보인다.

생태 가을 / 고사리, 이끼 등이 많은 토양에 군생한다. 식독은 불분명하다.

분포 한국, 북미

흑갈색애주름버섯

Mycena fusco-occula A. H. Smith

형태 균모의 지름은 0.5~1.5㎝로 둔한 원추형에서 종 모양으로 된다. 표면은 회흑색이고 중앙은 핑크색-갈색이며 그 외는 황갈색이고 가장자리는 연한 색이다. 표면은 물기가 있고 밋밋하며 줄무늬홈선이 있다. 살은 얇고 냄새가 있으며 맛은 온화하다. 주름살은 바른 주름살로 폭은 좁고 백색으로 약간 밀생하거나 약간 성기다. 자루의 길이는 4~8㎝, 굵기는 0.1~0.15㎝이며 잘 휘어지고 연하나 부서지기 쉽다. 표면은 황갈색-갈색이고 상부로 연한 색이며 밋밋하고 꼭대기는 거칠며 끈적기가 있다. 기부는 털이 있고 물기가 있다. 포자의 크기는 10~12×5~6㎛로 타원형이다. 아밀로이드 반응을 보인다. 포자문은 백색이다.

생태 가을 / 침엽수림의 이끼류에 군생한다. 식용 여부는 모른다.

분포 한국, 중국, 유럽, 북미

애주름버섯

Mycena galericulata (Scop.) S. F. Gray

형태 균모의 지름은 2~5.5㎝로 어릴 때는 원추형에서 중앙이 높은 편평형으로 된다. 표면은 회갈색-갈색에 중앙부가 진하다. 건조할 때는 다소 연한 색이며 방사상의 반투명의 줄무늬선이 있다. 살은 백색이다. 주름살은 바른 주름살로 백색-회백색에서 연한 홍색으로 되고 폭이 넓고 약간 성기다. 자루의 길이는 4~8㎝, 굵기는 0.2~0.4㎝로 상하가 같은 굵기이며 균모와 같은 색이다. 기부는 때때로 뿌리 모양으로 미세한 백색의 균사가 덮인다. 포자의 크기는 9~12×6.3~8.6㎛로 난형에 표면은 매끈하고 투명하다. 포자문은 크림색이다.

생태 여름~가을 / 상수리나무, 졸참나무 기타 활엽수의 부후목, 그루터기에 군생 또는 다발로 속생한다. 식용한다.

분포 한국, 일본, 중국, 유럽, 북미 등 거의 전 세계

종애주름버섯

Mycena galopus (Pers.) Kumm.
M. galopus var. candida J. E. Lange

형태 균모의 지름은 0.8~2㎝로 원추형에서 종 모양 또는 둔한 둥근 산 모양으로 된다. 표면은 백색-베이지색에서 회갈색으로 되며 가운데는 진하다. 무딘 물결 모양의 줄무늬선이 중앙까지 발달하며 어릴 때는 미세한 백색 가루가 있다. 가장자리는 옅은 색에서 백색으로 되고 가루가 있다. 표면은 밋밋하다가 톱니형처럼 된다. 육질은 백색이고 얇으며 냄새가 약간 나고 맛은 온화하다. 주름살은 바른 주름살이고 백색에서 회백색으로 되고 폭이 넓다. 자루의 길이는 5~7.5㎝, 굵기는 0.1~0.2㎝로 원통형이다. 기부는 때때로 두껍고 약간 뿌리형으로 백색이다. 표면은 밋밋하고 무디며 꼭대기는 백색에서 크림색이 섞인 진한 회색이고 아래는 적갈색으로 된다. 신선한 것은 상처가 나면 백색의 액이 나온다. 자루의 속은 비었고 탄력이 있다. 포자의 크기는 8.7~11.9×4.5~6㎛로 원추형-타원형이다. 표면은 밋밋하고 투명하며 기름방울이 있다. 담자기는 가는 곤봉형이며 26~31×7~9㎛이고 기부에 꺾쇠가 있다. 연낭상체와 측낭상체는 방추형 또는 배불뚝이형이며 55~75×8~13㎛이다. 측낭상체는 드물다.

생태 여름~가을 / 침엽수림과 활엽수림의 떨어진 가지 등과 이끼류 사이에 군생한다.

분포 한국, 중국, 유럽, 북미

종애주름버섯(백색형)

Mycena galopus var. **candida** J. E. Lange

형태 이 종은 균모, 주름살, 자루가 전부 백색이다. 종애주름버섯의 변종으로 전체가 순수한 백색인 점이 종애주름버섯과 다르다. 오래되면 노란색으로 된다. 하얀 분비물을 방출한다. 이외의 내용은 종애주름버섯과 같다.
생태 여름~가을 / 숲속의 나뭇가지, 낙엽 등에 군생한다.
분포 한국, 유럽

적갈색애주름버섯

Mycena haematopus (Pers.) Kummer

형태 균모의 지름은 1~3.5㎝로 종 모양 또는 원추형의 종 모양이나 가끔 중앙이 돌출한다. 표면은 적갈색 또는 연한 적자색 등인데, 중앙은 진하며 방사상의 줄무늬선이 있고 가장자리는 톱니 모양이다. 주름살은 내린 모양의 바른 주름살이며 백색에서 살구색-연한 적자색으로 되며 상처를 입으면 암색으로 변한다. 자루는 길이가 2~13㎝, 굵기는 0.15~0.3㎝로 균모와 같은 색이다. 상처를 입으면 암혈홍색의 액체가 나온다. 포자의 크기는 7.5~10×5~6.5㎛로 광타원형이다. 연낭상체와 측낭상체는 39~65×9.5~13㎛로 방추형이며 상단 끝은 뾰족하다.

생태 여름~가을 / 활엽수의 썩은 나무나 그루터기 위에 군생·속생한다.

분포 한국, 중국, 유럽, 북미 등 전 세계

참고 이 버섯의 균모나 자루 위에 적갈색 애주름 곰팡이(spinellus)가 마치 많은 바늘을 꽂아 놓은 것처럼 나서 이상해 보인다.

겨울애주름버섯

Mycena hiemalis (Osbeck) Quél.

형태 균모의 지름은 0.4~0.7(1)㎝이고 어릴 때 원추형-종 모양에서 둥근 산 모양으로 되며 때로 중앙에 작은 볼록이 있다. 표면은 밋밋하고 무딘 비단결에 투명한 줄무늬선이 거의 중앙까지 발한다. 회갈색이나 중앙은 검다. 가장자리는 균모의 색과 같으나 연하고 거의 백색으로 되며 예리하다. 살은 막질이며 약간 고약한 냄새가 나고 맛은 온화하다. 주름살은 올린 주름살 또는 톱니상의 내린 주름살이며 백색에 폭이 넓다. 언저리는 밋밋하다. 자루의 길이는 0.5~1.5(2.5)㎝, 굵기는 0.05~0.1㎝로 원통형이며 굽었다. 표면은 밋밋하고 투명한 백색이며 자루 전체가 미세한 백색의 가루로 덮여 있다. 포자는 6.6~8.2×4.7~5.9㎛이고 광타원형이다. 표면은 매끈하고 투명하며 기름방울을 함유한다. 포자문은 백색이다. 담자기는 곤봉형으로 18~24×6~8㎛로 2 또는 3-포자성이며 기부에 꺾쇠는 없다. 희미한 거짓아밀로이드 반응을 보인다.

생태 늦여름~봄 / 등걸 또는 이끼 낀 등걸, 산 나무의 뿌리 등에 군생한다. 보통종은 아니다.

분포 한국, 유럽, 북미

무더기애주름버섯

Mycena inclinata (Fr.) Quél.

형태 균모의 지름은 2~3.5㎝로 원추형에서 종 모양으로 되고 중앙이 볼록하게 돌출된다. 연한 적색을 띤 갈색-회갈색이고 중앙은 암갈색으로 진하며 건조하면 베이지 갈색으로 연해진다. 방사상으로 줄무늬가 있고 건조할 때는 줄무늬선이 홈선 모양으로 파지기도 한다. 가장자리 끝은 다소 톱니 모양이다. 주름살은 홈파진 주름살로 처음에는 흰색-연한 회갈색이나 오래되거나 건조할 때는 핑크색을 띤다. 폭이 넓고 다소 성기다. 자루의 길이는 5~10㎝, 굵기는 0.2~0.4㎝로 위아래가 같은 굵기이며 꼭대기 부근은 흰색이고 아래쪽은 진한 적갈색을 띤다. 기부 쪽에는 흰색의 솜털 모양 균사가 덮인다. 포자의 크기는 8.1~10.9×5.6~6.3㎛로 타원형이다. 표면은 밋밋하고 투명하며 기름방울이 들어 있다. 포자문은 크림색이다.

생태 늦여름~가을 / 활엽수의 썩은 고목에 무더기로 속생한다. 일반적으로 여러 개의 버섯이 무더기 다발로 나는 것이 특징이다.

분포 한국, 중국, 유럽, 북미 등 거의 전 세계

천가닥애주름버섯

Mycena laevigata Gill.

형태 균모의 지름은 1~2㎝로 반구형에서 약간 종 모양으로 되며 중앙은 약간 거칠다. 표면은 밋밋하고 왁스처럼 미끈거리며 약간 빛난다. 백색-크림색에서 맑은 황토색으로 되며 흡수성이고 습기가 있으면 미세한 줄무늬선이 중앙까지 발달한다. 가장자리는 예리하고 약간 치아 모양이다. 살은 백색의 크림색으로 얇고 냄새는 없고 맛은 온화하다. 주름살은 홈파진 주름살로 살과 같은 색이며 폭이 넓고 주름살의 가장자리는 밋밋하다. 자루의 길이는 3~5㎝, 굵기는 0.1~0.2㎝로 원통형이다. 매끈하고 크림색-백색 또는 희미한 회청색이고 부분적으로 투명한 가로띠가 있으며 약간 빛난다. 위로 약간 부풀고 속은 비며 부러지기 쉽고 섬유실이 풀어진 상태다. 포자의 크기는 6.5~8×3~4.5㎛로 타원형이다. 표면은 매끈하고 투명하며 기름방울이 있다. 담자기는 막대형이며 4-포자성이고 기부에 꺾쇠가 있다. 거짓아밀로이드 반응을 보인다. 연낭상체는 송곳 모양에서 방추형으로 25~40×6~10㎛이다.
생태 여름~가을 / 숲속의 썩은 고목의 이끼류에 단생 · 군생 · 속생한다. 드문 종이다.
분포 한국, 중국, 유럽

넓은잎애주름버섯

Mycena latifolia (Peck) A. H. Sm.

형태 균모의 지름은 1~2㎝ 정도로 어릴 때는 반구형-종 모양에서 원추형-둥근 산 모양이 된다. 때때로 가운데가 둔하게 돌출되기도 한다. 표면은 밋밋하고 기름칠한 듯 광택이 있다. 진한 회갈색-흑갈색이며 중앙이 더 진하고 가장자리 쪽이 연하다. 가장자리에서 가운데의 2/3 정도까지 반투명한 줄무늬가 있다. 방사상으로 부챗살 모양의 얕은 골이 있다. 가장자리는 예리하고 이빨 모양이다. 주름살은 넓은 바른 주름살이며 때로는 약간 내린 주름살이고 유백색-회백색이다. 언저리는 밋밋하다. 자루의 길이는 3~6㎝, 굵기는 0.1~0.15㎝로 원추형이고 다소 굴곡이 있다. 표면은 밋밋하고 꼭대기는 미세하게 가루상이며 회백색이다. 아래쪽은 회갈색이다. 기부에는 유백색의 균사가 있다. 자루의 속은 비어 있다. 포자는 6~8.2×3.4~4.2㎛이고 타원형-원추형의 타원형이며 표면은 매끈하고 투명하다. 포자문은 백색이다.

생태 여름 / 분비나무 등 침엽수림이나 자작나무 등 활엽수림 속의 땅, 습지의 이끼, 잡초 사이에 단생 또는 군생한다. 식독은 불분명하다.

분포 한국, 유럽, 북미

쇠머리애주름버섯

Mycena leptocephala (Pers.) Gillet

형태 균모의 지름은 0.8~1.8㎝로 어릴 때 종 모양에서 거의 원통형을 거쳐 원추형의 종 모양으로 된다. 표면은 흡수성이며 밋밋하고 무디며 미세한 가루가 있다. 진한 회갈색에서 밝은 회색으로 되고 가장자리는 연한 색에서 백색으로 된다. 습기가 있을 때 투명한 줄무늬선이 중앙까지 발달하며 가장자리는 예리하고 약간 톱니상이다. 육질은 백색에서 회색으로 되며 얇다. 냄새가 나며 맛은 온화하다. 주름살은 약간 올린 주름살-바른 주름살로 회백색이고 폭이 넓다. 주름살의 변두리는 밋밋하고 톱니상이며 때때로 연하다. 자루의 길이는 3~0.7㎝, 굵기는 0.05~0.2㎝로 원통형이다. 기부는 부풀고 백색의 가근이 있다. 표면은 밋밋하고 무디다. 꼭대기에 백색의 가루가 있고 갈색이며 가끔 황백색이고 거의 투명하다. 아래로 진한 회갈색이고 어릴 때 속은 차 있으나 곧 비고 부서지기 쉽다. 포자의 크기는 7.3~9.3×4.3~5.9㎛로 타원형이며 표면은 매끈하고 투명하며 기름방울이 있다. 담자기는 곤봉형에서 가는 곤봉형으로 20~25×6~8㎛로 기부에 꺾쇠가 있다. 연낭상체와 측낭상체는 방추형 또는 배불뚝이형으로 30~50×8~15㎛이다. 측낭상체는 아주 드물다.

생태 봄~가을 / 숲속의 땅, 낙엽, 이끼류 사이에 군생한다.

분포 한국, 중국, 유럽, 북미, 아시아

큰포자애주름버섯

Mycena megaspora Kauffman

형태 균모의 지름은 1~4㎝로 원추형 또는 종 모양이나 오래되면 편평해지며 중앙이 볼록하다. 표면에 투명한 줄무늬홈선이 있고 가루상이고 매끈하며 어릴 때 검은 갈색에서 거의 흑색으로 되며 오래되면 퇴색하여 검은 회갈색에서 그을린 갈색으로 된다. 가장자리는 흔히 더 연한 색이다. 살은 끈적거리고 질기며 밀가루 냄새가 나며 버섯 맛이 난다. 주름살의 살은 유연하고 질기다. 주름살은 바른 주름살-홈파진 주름살 또는 톱니상의 내린 주름살로 표면은 밋밋하다가 강한 맥상으로 된다. 검은 회갈색이나 오래되면 연한 회색 또는 백색으로 된다. 언저리는 연한 색이다. 자루의 길이는 3~13㎝, 굵기는 0.2~0.4㎝로 끈적거리고 질기며 밋밋하다. 세로줄의 무늬에 미세한 결절상이 있거나 갈라지며 가루가 있다. 습할 때 미끈거리고 위쪽은 백색이고 아래는 연한 색에서 검은 흑갈색으로 된다. 백색의 섬유실은 점차 짧거나 긴 뿌리처럼 펴진다. 담자기는 30~50×10~15㎛이고 곤봉형이며 2 또는 4-포자성이다. 2-포자성은 11.6~17.5×7.6~8.4㎛이고 4-포자성은 9~12.5×6~8.1㎛로 씨 모양이다. 4-포자성에서는 기부에 꺽쇠가 있고 2-포자성은 꺽쇠가 없다. 아밀로이드 반응을 보인다.

생태 여름~가을 / 불탄 짚 더미, 노출된 토탄, 침엽수 아래의 고목에서 군생하거나 약간 다발로 발생한다.

분포 한국, 유럽

주름균강 》 주름버섯목 》 애주름버섯과 》 애주름버섯속

청색애주름버섯

Mycena cyanorhiza Quél.

형태 균모의 지름은 0.3~1㎝로 반구형 또는 종 모양이며 때때로 중앙이 약간 톱니상이다. 표면은 무디고 밋밋하며 미세한 가루상이고 줄무늬선이 거의 중앙까지 발달하며 맑은 회백색에서 회갈색으로 된다. 때로는 껍질이 벗겨진다. 가장자리는 예리하고 약간 규칙적인 물결형이다. 살은 막질이다. 주름살은 올린 주름살-거의 끝붙은 주름살이며 백색-회백색이다. 폭이 넓고 배불뚝이형이며 언저리는 백색이다. 자루의 길이는 1~2㎝, 굵기는 0.02~0.1㎝로 원통형이고 가끔 굽었다. 표면은 미세한 가루상이며 투명한 회백색이다. 자루의 속은 비며 기부는 때로 약간 두껍고 부푼다. 청색이고 털상이며 흔히 미세한 갈고리 같은 균사에 의하여 기질에 부착한다. 포자는 6~7.8×3~5㎛로 타원형이다. 표면은 매끈하고 투명하며 기름방울을 함유한다. 담자기는 12~15×6~7㎛로 곤봉형이며 4-포자성이고 기부에 꺾쇠가 있다.

생태 봄~가을 / 죽은 나무, 나무껍질 등에 발생한다. 보통종이 아니다.

분포 한국, 유럽

주름균강 》 주름버섯목 》 애주름버섯과 》 애주름버섯속

꿀색애주름버섯

Mycena meliigena (Berk. & Cooke) Sacc.

형태 균모의 지름은 0.2~0.5㎝로 반구형에서 둥근 산 모양으로 되었다가 약간 편평해진다. 표면은 밋밋하거나 미세한 과립이 있으며 습기가 있을 때 주름진 줄무늬가 중앙까지 발달한다. 살은 얇고 맛과 냄새는 불분명하다. 주름살은 약간 주름살이고 백색-크림색으로 폭은 넓으며 약간 밀생한다. 자루의 길이는 1~1.5㎝, 굵기는 0.2~0.2㎝로 원통형이며 가늘고 가끔 굽었다. 표면은 미세한 털이 있으며 특히 아래로 털이 아주 많으나 나중에 매끈해진다. 기부에 백색의 균사가 많이 부착한다. 포자문은 백색이다. 포자의 크기는 9~11×7.5~10㎛로 아구형이며 표면은 매끈하다. 아밀로이드 반응을 보인다. 낭상체는 곤봉형이다.

생태 가을~겨울 / 살아 있는 나무의 껍질 또는 가끔 이끼류 속에 단생 · 군생할 때는 큰 군집을 만든다. 매우 드문 종이다.

분포 한국, 중국, 전 세계

테두리털애주름버섯

Mycena metata (Secr. ex Fr.) Kumm.

형태 균모의 지름은 1~2㎝로 원추형-종 모양이지만 드물게 펴지며 중앙은 약간 볼록하다. 표면은 밋밋하고 약간 방사상으로 인편이 분포하며 줄무늬선이 거의 중앙까지 발달한다. 흡수성이고 베이지색-갈색으로 황색이 가미되어 있거나 약간 살색이며 중앙은 진하다. 가장자리에는 미세한 털이 있고 위로 올라간다. 육질은 물색-갈색으로 막질이며 냄새는 요오드 냄새가 나고 맛은 온화하다. 주름살은 약간 올린 주름살이며 간혹 약간 내린 주름살인 것도 있다. 베이지색-살색이며 폭은 넓고 때때로 포크형이다. 주름살의 변두리는 다소 밋밋하다. 자루의 길이는 3~6㎝, 굵기는 0.08~0.2㎝로 원통형이다. 표면은 밋밋하고 엷은 올리브색으로 기부는 진하다. 꼭대기 쪽으로 백색의 가루가 있고 자루의 속은 비었으며 부서지기 쉽다. 포자의 크기는 7.2~9.8×3.8~4.7㎛로 타원형이다. 표면은 밋밋하고 투명하며 기름방울이 있다. 담자기는 원통형의 곤봉형으로 23~30×7~9㎛로 기부에 꺾쇠가 있다. 거짓아밀로이드 반응을 보인다. 연낭상체와 측낭상체는 원통형이며 많고 25~55×8~22㎛로 푸대 모양이다.

생태 가을 / 숲속의 쓰레기 같은 곳, 침엽수림 등에 군생 · 속생한다.

분포 한국, 중국, 유럽, 북미

수피이끼애주름버섯

Mycena mirata (Peck) Sacc.

형태 균모의 지름은 0.5~1㎝로 어릴 때는 원추형이나 이후 종 모양이 된다. 표면은 습할 때 줄무늬가 거의 중앙까지 있으나 건조하면 소실된다. 황토 갈색이고 중앙이 다소 진하며 오래되면 회갈색으로 된다. 가장자리는 날카롭고 약간 톱날 모양을 이룬다. 살은 얇은 막질이다. 주름살은 미세한 올린 주름살로 백색이며 다소 성기다. 언저리는 고르다. 자루의 길이는 1.5~2.5㎝, 굵기는 0.05~0.15㎝로 원주형이다. 표면은 밋밋하고 미세한 가루상이다. 꼭대기 부분은 흰색, 기부 쪽은 회갈색-갈색이다. 자루의 속은 비어 있다. 포자는 8~10×5~6.5㎛로 타원형이다. 표면은 매끈하고 투명하며 많은 기름방울이 들어 있다. 포자문은 백색이다.
생태 여름~가을 / 살아 있는 나무의 수피에 난 이끼 사이에서 산생 또는 군생한다. 식용가치가 없다.
분포 한국, 유럽

끈적애주름버섯

Mycena mucor (Batsch) Quél.

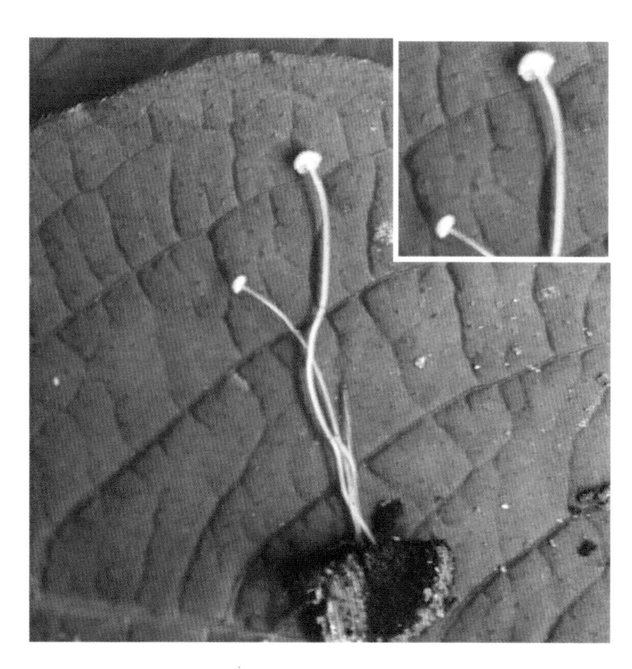

형태 균모의 지름은 0.1~0.3㎝로 종 모양에서 편평한 모양, 둥근 산 모양으로 되며 중앙이 들어간다. 표면은 밋밋하고 줄무늬선이 있다. 주름살은 바른 주름살에서 양복의 옷깃 모양이며 회색이고 성기다. 언저리는 백색이다. 자루의 길이는 0.3~3㎝로 위아래가 같은 굵기이나 간혹 위쪽으로 약간 가늘다. 자루는 매우 길고 실 모양이며 위는 밋밋하고 아래는 드문드문 털상이다. 미세한 솜털 뭉치가 기부 중앙에 있다. 살은 매우 얇고 회백색이며 맛과 냄새는 불분명하다. 포자는 8~12×3~4.5㎛로 원통형에서 타원형이다. 표면은 매끈하고 투명하며 아밀로이드 반응을 보인다. 포자문은 백색이다. 연낭상체는 곤봉 모양으로 손가락처럼 나온다.
생태 넘어진 통나무, 나무 쓰레기, 활엽수의 나뭇잎, 참나무류의 숲에 단생 또는 작은 집단으로 발생한다.
분포 한국, 영국

고깔애주름버섯

Mycena neoavenacea Hongo

형태 균모의 지름은 1~2㎝로 원추형의 종 모양에서 편평해지며 중앙은 볼록하다. 중앙부는 갈색, 주변부는 황토색이며 습할 때 줄무늬홈선이 나타난다. 주름살은 바른 주름살이며 성기고 맥상이다. 백색-연한 회색이며 가장자리는 계피색이다. 자루의 길이는 1.5~4㎝, 굵기는 0.15~0.2㎝로 원통형이며 기부는 뿌리 모양이다. 표면은 황토 갈색이다. 포자는 7.5~10.5×4~5.5(6)㎛로 타원형이다. 측낭상체는 곤봉형-방추형이며 꼭대기 부근에는 하나 또는 몇 개의 작은 돌기가 있고 23~33×8.5~14.5㎛이다. 연낭상체는 20~40×10.5~17.5㎛로 꼭대기에 한 개에서 여러 개의 지문 같은 돌기가 있다.

생태 초여름 / 삼나무 등의 아래에 발생한다.

분포 한국, 일본

홈선애주름버섯

Mycena pearsoniana Dennis ex Sing.

형태 균모의 지름은 0.5~2㎝로 반구형에서 종 모양으로 되나 오래되면 편평한 모양-둥근 산 모양으로 되며 중앙이 약간 볼록하거 들어간다. 다소 투명한 홈파진 줄무늬선이 있다. 흡수성이 있고 매끈하며 습할 때 약간 끈적기가 있으며 연한 장미색-진홁 핑크색이 연한 자색으로 된다. 냄새와 맛은 강하다. 주름살은 넓은 바른 주름살에서 내린 주름살로 되며 주름살은 18~31개로 매우 적어 간격이 넓다. 밋밋하다가 갈라지며 오래되면 기부는 맥상으로 된다. 처음 회보라색에서 점차 갈색으로 되며 약간의 보라색을 가진다. 언저리는 균모와 같은 색이다. 자루의 길이는 0.25~0.65㎝, 굵기는 0.1~0.25㎝로 다소 원통형이며 부서지기 쉽고 단단하고 밋밋하다. 위는 가루상-섬유상의 가루로 되고 아래로 매끈하다. 처음에는 검은 보라색으로 약간 갈색 기가 있고 연한 라일락 갈색에서 연한 그을린 살색으로 된다. 기부는 길고 거칠며 백색의 섬유실이 가끔 뿌리형으로 피복된다. 포자는 6.9×3.5~5㎛로 씨앗 모양이다. 난아밀로이드 반응을 보인다. 담자기는 22~27×6.5~7㎛로 곤봉형에 4-포자성이며 기부에 꺾쇠가 있다.

생태 여름~늦가을 / 낙엽수림, 드물게 침엽수림의 아래 나뭇잎 등에 단생 또는 다발로 발생한다.

분포 한국, 유럽

낙엽애주름버섯

Mycena polyadelpha (Larsh) Kühn.

형태 균모의 지름은 0.05~0.3㎝ 정도로 반구형-종 모양에서 둥근 산 모양으로 된다. 표면은 흰색이며 미세한 방사상의 골이 있고 미세한 솜털이 있으며 반투명하다. 주름살은 바른 주름살-홈파진 주름살로 성기고 흰색이다. 주름살이 발달하지 않은 것도 있으며 거의 없는 것도 있다. 자루의 길이는 0.4~2㎝, 굵기는 0.01~0.02㎝로 매우 가늘며 원주형 또는 실 모양이고 흔히 굽어 있다. 전체가 미세한 흰색 분말로 덮여 있으나 나중에 밋밋해진다. 포자의 크기는 6~10×3.5~4.8㎛로 타원형이다. 포자문은 백색이다.

생태 가을~초겨울 / 전년도에 떨어진 참나무류의 낙엽에 군생한다.

분포 한국, 중국, 유럽

세로줄애주름버섯

Mycena polygramma (Bull.) S. F. Gray

형태 균모의 지름은 2~3(5)㎝로 어릴 때는 원추형-종 모양이고 이후 약간 펴지지만 평평해지는 일은 드물고 중앙부가 약간 돌출한다. 표면은 밋밋하고 회색-회갈색이며 때로는 중앙이 암갈색으로 진하며 방사상의 긴 줄무늬가 있다. 가장자리는 날카롭고 고르다. 살은 얇고 유백색-연한 회갈색이다. 주름살은 올린 주름살로 연한 회색이며 폭이 넓고 약간 성기다. 자루의 길이는 4~10(12)㎝, 굵기는 0.2~0.4㎝로 원주형이다. 가늘고 길며 기부에는 흰털이 덮여 있다. 표면은 균모보다 연한 색이며 세로로 줄무늬가 있고 자루의 속이 비어 있다. 포자의 크기는 8.1~10.6×5.4~7.3㎛로 광타원형이다. 표면은 매끈하고 투명하며 기름방울이 있는 것도 있다. 포자문은 백색이다.

생태 여름~가을 / 활엽수림의 땅의 그루터기, 낙엽, 낙지 등에 단생 · 군생 · 속생한다.

분포 한국, 일본, 중국, 유럽, 북반구 온대

주름균강 》 주름버섯목 》 애주름버섯과 》 애주름버섯속

졸각애주름버섯

Mycena pelianthiana (Fr.) Quél.

형태 균모의 지름은 2.5~5㎝로 어릴 때는 둥근 산 모양에서 차차 편평해진다. 표면은 밋밋하고 흡습성이 있으며 방사상으로 미세하게 눌려 붙은 섬유가 있다. 습기가 있을 때는 회갈색을 띤 자주색이고 건조할 때는 라일락색의 베이지색이다. 가장자리는 띠 모양으로 회갈색-자주색이며 2중 색채를 나타내면서 바깥쪽이 진하다. 습기가 있을 때는 줄무늬선이 나타난다. 주름살은 바른주름살-홈파진 주름살로 어두운 회자색에 폭이 넓으며 주름 사이는 맥상으로 연결된다. 자루의 길이는 4~8㎝, 굵기는 0.4~0.8㎝로 균모와 같은 색이며 세로로 섬유상의 줄무늬가 있다. 자루의 속은 비어 있고 때로는 기부가 굽어 있다. 포자의 크기는 5~7×2.3~3.1㎛로 타원형이다. 표면은 밋밋하고 투명하며 기름방울이 있다. 포자문은 백색이다.
생태 여름~가을 / 활엽수림의 낙엽 사이에서 군생한다.
분포 한국, 중국, 유럽, 일본, 유럽, 북반구 온대

주름균강 》 주름버섯목 》 애주름버섯과 》 애주름버섯속

내린애주름버섯

Mycena praedecurrens Murrill

형태 균모의 자름은 1~2㎝로 넓은 원추형에서 차차 편평하게 되며 낮은 볼록을 가지며 약간 밑바닥이 낮은 냄비형이다. 표면은 밋밋하고 습할 때 약간 끈적기가 있으며 회갈색이고 중앙이 더 검다. 가장자리는 더 연한 색이고 줄무늬선이 있다. 주름살은 긴 내린 주름살로 성기고 백색-회색이다. 자루의 길이는 2~4㎝, 굵기는 0.1~0.2㎝로 속은 약간 차 있고 표면은 거의 밋밋하며 습할 때 약간 끈적기가 있다. 꼭대기 쪽으로 약간 부풀고 꼭대기는 백색이며 아래는 연한 회갈색이다. 포자는 4~5×3~3.5㎛로 타원형이며 표면은 매끈하고 투명하다. 아밀로이드 반응을 보인다. 포자문은 백색이다.
생태 여름~가을 / 젖은 나무의 이끼류 위, 낙엽수림의 이끼류에 군생한다. 식용하지 못한다.
분포 한국, 북미

주름균강 》 주름버섯목 》 애주름버섯과 》 애주름버섯속

거미집애주름버섯

Mycena pseudocorticola Kühner

형태 균모의 지름은 0.3~1㎝로 반구형에서 종 모양이다가 원추형으로 된다. 표면은 밋밋하고 미세한 백색의 가루가 있고 회색에서 녹슨색으로 되며 후에 퇴색한다. 습할 때 투명한 줄무늬선이 거의 중앙까지 발달한다. 가장자리는 톱니상이고 색은 더 연하다. 살은 막질로 냄새는 없고 맛은 온화하다. 주름살은 넓은 바른 주름살이며 백색에서 맑은 살색이며 폭은 넓고 배불뚝이형이다. 언저리는 밋밋하고 약간 미세한 가루상이다. 자루의 길이는 1~2㎝, 굵기는 0.03~0.1㎝로 원통형에 약간 굽었고 밋밋하며 회청색의 바탕 위에 미세한 백색의 가루가 있다. 속은 비고 기부는 약간 백색이다. 포자는 10.3~13×9.3~12.2㎛로 아구형이다. 표면은 매끈하고 투명하며 기름방울을 함유한다. 포자문은 연한 크림색이다. 담자기는 원통형-곤봉형이며 25~35×7~8㎛로 2-포자성이며 기부에 꺾쇠는 없다. 거짓아밀로이드 반응을 보인다.
생태 가을 / 보통 군생하며 드물게 단생한다. 살아 있거나 죽은 단풍나무 등의 이끼 낀 나무에 발생한다.
분포 한국, 유럽, 북미

주름균강 》 주름버섯목 》 애주름버섯과 》 애주름버섯속

흰애주름버섯아재비

Mycena pseudo-inclinata A. H. Sm.

형태 균모의 지름은 1.5~2.5㎝로 둔한 원뿔 모양에서 종 모양으로 되며 흔히 갈라진다. 적색-회갈색이며 중앙은 더 검다. 표면은 밋밋하며 습기가 있고 줄무늬선이 있다. 가장자리는 백색이며 때때로 편평하게 된다. 살은 부서지기 쉽고 중앙이 두껍다. 회색에서 백색으로 되며 밀가루의 냄새와 맛이 난다. 주름살은 올린 주름살-바른 주름살로 밀생하다가 약간 성기게 되며 백색 또는 연한 회색이나 때때로 적색을 가진다. 자루의 길이는 2.5~6㎝, 굵기는 0.15~0.3㎝로 원통형이며 위는 연한 색, 아래는 갈색이며 약간 굽은 것도 있다. 포자의 크기는 8~11×5~6㎛로 광타원형이다. 아밀로이드 반응을 보인다. 포자문은 백색이다.
생태 봄~가을 / 썩은 고목에 밀생한 잔디 위에 발생한다. 식용 여부는 모른다.
분포 한국, 북미

맑은애주름버섯

Mycena pura (Pers.) Kummer

형태 균모는 지름 2~4㎝로 종 모양 또는 둥근 산 모양에서 차차 편평하게 되며 중앙부가 넓게 돌출한다. 표면은 습기가 있고 분홍색, 분홍자색, 연한 자색, 연한 색으로 다양하다. 가장자리는 반반하고 줄무늬홈선이 있다. 살은 얇고 분홍색이며 맛은 유하다. 주름살은 바른 주름살 또는 홈파진 주름살로 빽빽하거나 성기며 폭은 넓다. 주름살 사이에 횡맥이 있어서 서로 연결되며 백색, 분홍색, 자색이다. 변두리는 물결 모양 또는 톱날 모양이다. 자루의 길이는 3~8㎝, 굵기는 0.2~0.6㎝로 위아래 굵기가 같으며 원주형이다. 표면은 매끈하고 광택이 나며 균모와 같은 색이거나 연한 색이다. 기부에 백색의 융털이 있고 자루의 속은 비어 있다. 포자의 크기는 5.5~7.5×3~3.5㎛로 장타원형이고 표면은 매끄럽고 투명하다. 포자문은 백색이다. 낭상체는 방추형 또는 곤봉형이고 38~79×14.5~18㎛이다.

생태 여름~가을 / 숲속의 썩은 고목이나 땅에 단생 · 군생 · 산생한다. 독버섯이다.

분포 한국, 중국, 일본, 유럽

흑보라애주름버섯

Mycena purpureofusca (Peck) Sacc.

형태 균모의 지름은 1~4㎝로 처음 원추형에서 종 모양으로 되며 다음에 편평해진다. 표면은 밋밋하고 혹 모양이 있으며 습할 때 회색이며 줄무늬홈선이 반 정도까지 발달한다. 주름살은 바른 주름살 또는 톱니형의 내린 주름살로 회백색이며 언저리는 자주색이다. 자루의 길이는 5~8㎝, 굵기는 0.2~0.4㎝, 위아래가 같은 굵기로 가늘다. 표면은 밋밋하며 기부는 솜털상이고 뿌리형이다. 살은 얇고 맛과 냄새는 불분명하고 회색이다. 포자문은 백색이다. 포자는 7~13×5~8㎛로 씨 모양이고 표면은 매끈하고 투명하다. 아밀로이드 반응을 보인다. 낭상체는 병 모양이다.

생태 여름~가을 / 땅과 참나무류의 부스러기에 군생한다. 보통 종은 아니다.

분포 한국, 유럽

너도밤나무애주름버섯

Mycena renati Quél.

형태 균모의 지름은 1~2㎝로 종 모양, 원추형, 반구형 등 여러 모양이다. 표면은 밋밋하고 무디며 방사상의 섬유실이 있다. 살색에서 핑크색-갈색으로 되며 중앙에 검은 볼록이 있다. 가장자리는 처음 밋밋하지만 나중에 줄무늬선이 생기고 연한 색에서 백색으로 된다. 살은 백색이며 얇고 싱싱할 때 염소 냄새가 나고 맛은 온화하다. 주름살은 내린 주름살로 톱니상이고 어릴 때 백색에서 핑크색으로 되며 폭은 넓고 약간 배불뚝이형이다. 언저리는 밋밋하다. 자루의 길이는 2~6㎝, 굵기는 0.1~0.2㎝로 원통형이며 관 모양이고 속은 비었다. 부서지기 쉽고 밋밋하다. 황금노란색-오렌지 노란색이며 꼭대기는 연한 색에 기부는 약간 털상이다. 포자는 6.5~10.2×5~7㎛로 타원형이다. 표면은 매끈하고 투명하며 기름방울을 함유한다. 포자문은 백색이다. 담자기는 25~35×5~7㎛로 가는 곤봉형이고 4-포자성이며 기부에 꺾쇠가 있다. 거짓아밀로이드 반응을 보인다.

생태 봄~여름 / 나무들, 특히 너도밤나무의 활엽수림의 썩은 나무에 군생 · 속생한다.

분포 한국, 유럽

주름균강 》 주름버섯목 》 애주름버섯과 》 애주름버섯속

적백색애주름버섯

Mycena pterigena (Fr.) P. Kumm.

형태 균모의 지름은 0.2~0.4㎝로 어릴 때 반구형에서 종 모양-밑이 넓은 종 모양으로 된다. 균모의 중앙은 편평하거나 약간 들어간다. 표면은 밋밋하고 매우 미세한 솜털이 있다. 분홍색이 섞인 백색-유백색이나 가장자리 끝에는 항상 분홍색이 남아 있고 미세한 톱니형이다. 가장자리 쪽으로 줄무늬홈선이 생기기도 한다. 주름살은 바른 주름살로 매우 성기고 유백색이나 언저리 부분은 분홍색이다. 자루의 길이는 1~2.5㎝, 굵기는 0.01~0.03㎝로 매우 가늘고 연약하며 희미한 분홍색-유백색이다. 표면은 밋밋하고 약간 광택이 있다. 기부 쪽으로는 오렌지색이다. 포자는 7.5~11.8×4.2~5.7㎛로 타원형이며 표면은 매끈하고 투명하다.
생태 가을~늦가을 / 습기 있는 썩은 낙엽의 잎맥, 지난해 죽은 고사리의 줄기, 뿌리 등에 군생 또는 단생한다. 식용가치가 없다.
분포 한국, 일본

주름균강 》 주름버섯목 》 애주름버섯과 》 애주름버섯속

가루털애주름버섯

Mycena rhenana M. Geest. & Winterh.

형태 균모의 지름은 0.6㎝ 이하로 처음 둥근 산 모양에서 넓게 펴진 둥근 산 모양이 되며 중앙이 약간 오목하게 들어간다. 표면은 담회색, 중앙은 암회색이고 가장자리에 줄무늬선이 있다가 다소 굴곡이 지며 약간 톱날 모양으로 된다. 주름살은 떨어진 주름살로 백색이며 폭이 좁고 성기다. 자루의 길이는 3㎝ 이하고 굵기는 0.4㎝ 내외로 백색이다. 표면에 미세한 털이 나 있거나 가루상이고 기부에는 둥글게 원반 모양의 받침이 있다. 포자는 6~8.5×3.5~4.5㎛로 타원형이며 아밀로이드 반응을 보인다. 담자기는 12~20×5~9㎛로 곤봉형에 4-포자성이고 기부에 꺾쇠가 있다.
생태 땅에 떨어진 구과에 흔히 나지만 낙엽 썩은 곳 등에도 난다. 식용가치가 없다.
분포 한국, 유럽

장미애주름버섯

Mycena rosella (Fr.) P. Kumm.

형태 균모의 지름은 0.5~1㎝로 어릴 때 반구형에서 원추형-종 모양으로 된다. 표면은 밋밋하고 무디며 줄무늬홈선이 거의 중앙까지 발달한다. 싱싱할 때 맑은 핑크색에서 오렌지색-핑크색으로 되며 중앙은 갈색이다. 가장자리는 예리하고 톱니상이다. 살은 물 같은 백색이며 얇고 막질이다. 냄새는 불분명하고 맛은 온화하다. 주름살은 넓은 바른 주름살에서 약간 내린 주름살로 되며 맑은 핑크색에 폭은 넓다. 언저리는 밋밋하고 검은 핑크색이다. 자루의 길이는 2.5~4(5)㎝, 굵기는 0.05~0.2㎝로 원통형이다. 속은 비고 밋밋하며 투명한 가로 띠가 있고 그을린 백색-연한 갈색이며 흔히 핑크색이 있다. 기부는 짧은 털로 뒤덮인다. 포자는 7~12×3.2~4.7㎛로 원통형-타원형이다. 표면은 매끈하고 투명하며 기름방울을 함유한다. 포자문은 거의 백색이다. 거짓아밀로이드 반응을 보인다. 담자기는 가는 곤봉형이고 22~32×5~7㎛로 4-포자성이고 기부에 꺾쇠가 있다.

생태 여름~가을 / 침엽수림의 낙엽이 쌓인 곳에 군생 · 속생한다.

분포 한국, 유럽

붉은둘레애주름버섯

Mycena rubromarginata (Fr.) Kumm.

형태 균모의 지름은 1~2.5㎝로 어릴 때 반구형에서 둥근 산 모양으로 된다. 표면은 밋밋하고 무디며 미세한 방사상의 섬유상이다. 습기가 있을 때 투명한 줄무늬선이 중앙의 반까지 발달하며 약간 줄무늬홈선이 있다. 색깔은 회색-베이지색이고 중앙은 베이지 갈색 또는 가끔 희미한 라일락색이다. 가장자리는 예리하고 약간 물결형이다. 육질은 물색 또는 베이지 갈색이고 얇다. 냄새는 없으며 맛은 온화하다. 주름살은 넓은 바른 주름살 또는 약간 내린 주름살로 어릴 때 백색에서 밝은 베이지-회색으로 되며 가끔 엷은 핑크색이다. 주름살의 변두리는 밋밋하고 밝은 베이지 핑크색이다. 자루의 길이는 2~4.5㎝, 굵기는 0.15~0.25㎝로 원통형이며 가끔 굽었다. 표면은 무디다가 매끄럽게 되고 희미한 라일락색이 있는 회갈색이다. 자루의 꼭대기는 거의 백색이고 미세한 가루가 있다. 기부는 진하고 균사체로 된 백색의 털로 덮여 있다. 자루의 속은 비었으며 부서지기 쉽다. 포자의 크기는 8.4~13×5.7~7.9㎛로 타원형이며 표면은 매끈하고 기름방울이 있다. 담자기는 24~35×6~8㎛로 원통형에서 가는 곤봉형이며 기부에 꺾쇠가 있다. 연낭상체는 30~70×7~12㎛로 방추형, 곤봉형, 포크형이다.

생태 봄~가을 / 썩은 활엽수림의 재목에 군생한다.

분포 한국, 중국, 유럽

주홍애주름버섯

Mycena sanguinolenta (Alb. & Schwein) P. Kumm.

형태 균모의 지름은 0.5~1.5㎝로 처음 원추형에서 밑이 넓은 종 모양이었다가 둥근 산 모양이 된다. 표면은 밋밋하고 습할 때는 방사상으로 줄무늬가 있으며 자주색이 섞인 적갈색-크림색이 섞인 황토색이다. 가장자리가 연하고 끝은 톱니꼴이 된다. 주름살은 올린 주름살로 유백색-연한 회백색이다. 언저리에는 적갈색의 테 모양이 있으며 폭이 넓고 성기다. 자루의 길이는 3~7㎝, 굵기는 0.05~0.1㎝로 원추형이며 가늘고 길다. 표면은 밋밋하고 균모와 거의 같은 색이거나 다소 진하다. 자루를 자르면 붉은색의 즙이 나온다. 언저리에는 적갈색의 테가 있다. 포자는 7.8~10.4×4.3~5.3㎛로 타원형-원추형이다. 표면은 매끈하고 투명하며 기름방울이 들어 있다. 포자문은 유백색이다.

생태 봄~가을 / 활엽수 및 침엽수림 내의 이끼 사이, 낙엽 사이 등 토양에 주로 발생하고 간혹 떨어진 나뭇가지에 발생한다. 우리나라에는 매우 드물다. 식독은 불분명하다.

분포 한국 등 거의 전 세계

흑백애주름버섯

Mycena silvae-nigrae Mass Geest. & Schwöbel

형태 균모의 지름은 0.8~2.5㎝이고 어릴 때 둥근 산 모양, 원추형-종 모양이다가 후에 종 모양으로 되며 중앙에 둔한 젖꼭지가 있다. 표면은 밋밋하고 광택이 난다. 습할 때 밝은 청회색 가루상이 나타나고 중앙으로 약간 결절상이며 흑갈색이다. 투명한 줄무늬선이 중앙의 반까지 발달한다. 가장자리로 베이지 갈색, 백색이며 예리하다. 살은 얇고 회갈색이고 표피 아래는 더 검다. 질소 냄새가 나고 맛은 온화하다. 주름살은 넓은 바른 주름살 또는 치아 모양의 내린 주름살로 백색-회백색이다. 폭은 넓고 오래되면 심하게 얽힌 맥상이 되고 언저리는 밋밋하다. 자루의 길이는 5~11㎝, 굵기는 0.1~0.25㎝로 원통형에 흔히 굽었다. 표면은 밋밋하고 전체가 라일락색이며 꼭대기는 검은 갈색, 연한 색이나 기부로 갈수록 크림색이다. 어릴 때 백색의 가루가 있고 노쇠하면 매끈해진다. 꼭대기는 가루상에 속은 비고 부서지기 쉽다. 포자는 8.5~14.9×6.6~10.5㎛로 광타원형이다. 표면은 매끈하고 투명하며 기름방울을 함유한다. 포자문은 백색이다. 담자기는 28~40×6~9㎛로 곤봉형이며 2-포자성이고 기부에 꺾쇠는 없다.

생태 봄 / 이끼류 또는 썩은 고목 속에서 뿌리 모양이며 단생 · 군생 · 속생한다.

분포 한국, 유럽

주름균강 》 주름버섯목 》 애주름버섯과 》 애주름버섯속

총채애주름버섯

Mycena stipata M. Geest. & Schwöbel

형태 균모의 지름은 1~2.5㎝로 종 모양에서 원추형-종 모양으로 된다. 표면은 밋밋하고 털이 없으며 약간 백색 가루가 있다. 흡수성으로 습기가 있을 때 광택이 나고 줄무늬선이 중앙까지 발달한다. 밝은 회갈색에서 검은 회색-적갈색으로 되며 가장자리는 톱니상이다. 육질은 백색이며 얇다. 냄새가 나고 맛은 온화하나 약간 불분명하다. 주름살은 바른 주름살로 회백색에서 회갈색으로 된다. 폭이 넓으며 가장자리는 백색이고 밋밋하다. 자루의 길이는 3~7㎝, 굵기는 0.15~0.3㎝로 원통형이며 단단하나 부서지기 쉽고 속이 비어 있다. 표면은 밋밋하고 무딘 상태에서 광택이 나며 꼭대기에는 약간 백색의 비듬이 있다. 자루의 아래는 회갈색으로 가끔 백색의 가루상이고 기부는 약간 백색의 솜털상이다. 포자의 크기는 7.4~10×4.5~6㎛로 타원형에서 곤봉형-타원형이다. 표면은 매끈하고 투명하며 기름방울을 함유한다. 담자기는 곤봉형이며 26~35×7~9㎛로 기부에 꺾쇠가 있다. 연낭상체와 측낭상체는 곤봉형이고 26~35×7~9㎛이다.

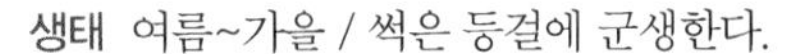

생태 여름~가을 / 썩은 등걸에 군생한다.

분포 한국, 중국, 유럽

주름균강 》 주름버섯목 》 애주름버섯과 》 애주름버섯속

참나무애주름버섯

Mycena strobilina (Pers.) Gray

형태 균모의 지름은 0.6~1.2㎝로 원추형에서 종 모양으로 되며 밋밋하고 건조성이다. 중앙에 날카로운 돌기가 있으며 주홍색이다. 막질이고 약간 줄무늬선이 있다. 살은 적색이며 가장자리는 매우 얇다. 주름살은 바른 주름살 또는 내린 주름살로 톱니상이고 성기고 장미 같은 적색이다. 언저리는 더 검고 짙은 붉은색이다. 자루의 길이는 3~5㎝, 굵기는 0.1~0.2㎝로 위아래 같은 굵기로 단단하다. 표면은 밋밋하고 균모와 같은 색이며 기부는 백색의 빳빳한 짧은 털로 싸인다. 포자의 크기는 7~9×4~4.5㎛로 타원형이다. 무색이고 하나의 기름방울을 함유한다. 낭상체는 45~50×15~18㎛이다.
생태 가을 / 침엽수, 때로는 자작나무 숲에 군생한다.
분포 한국, 영국

주름균강 》 주름버섯목 》 애주름버섯과 》 애주름버섯속

참나무애주름버섯사촌

Mycena strobilinoidea Peck

형태 균모의 지름은 1~2㎝이고 어릴 때 심한 원추형에서 종 모양으로 되며 흔히 가장자리는 가리비 모양이며 노쇠하면 잔존물이 부착한다. 짙은 적오렌지색에서 노란색으로 되며 밋밋하고 습할 때 줄무늬가 나타난다. 살은 얇고 부드러우며 노란색이다. 냄새는 분명치 않고 맛은 불분명하다. 가장자리는 홈파진 줄무늬선으로 된다. 주름살은 올린 주름살-바른 주름살로 약간 성기고 폭은 좁다. 노란색에서 핑크색-오렌지색이다. 언저리는 황토색이다. 자루의 길이는 3~4㎝, 굵기는 0.1~0.2㎝로 전체가 오렌지색-노란색이며 꼭대기 쪽이 미세한 털로 덮이며 기부를 제외하면 전부 밋밋하다. 기부는 오랫동안 거칠고 오렌지색의 섬유실로 덮인다. 포자는 7~9×4~5㎛로 타원형이다. 아밀로이드 반응을 보인다. 포자문은 백색이다.
생태 여름~가을 / 침엽수림의 낙엽에 밀집하여 속생한다. 식용 여부는 모른다.
분포 한국, 북미

빨판애주름버섯

Mycena stylobates (Pers.) P. Kumm.

형태 균모의 지름은 0.3~1㎝로 종 모양-원추형의 종 모양으로 표면에 주름이 잡힌 줄무늬홈선이 있다. 연한 쥐회색-베이지 회색이고 끈적기가 있는 아교질이다. 가장자리는 다소 물결 모양으로 굴곡지기도 하고 약간 톱니형이다. 주름살은 올린 주름살-떨어진 주름살이며 백색-연한 회백색이고 폭이 넓다. 자루의 길이는 2~4㎝, 굵기는 0.05~0.1㎝이고 가늘고 길며 위아래가 같은 굵기이거나 미세하게 아래쪽으로 굵어진다. 표면은 투명하고 백색 또는 약간 회색이다. 기부 쪽에는 백색의 미세한 털이 덮여 있고 원반 모양의 백색 빨판이 붙어 있다. 포자는 7.2~10.8×3.5~4.8㎛로 원추형-타원형이다. 표면은 매끈하고 투명하며 기름방울이 있다. 포자문은 백색이다.

생태 여름~가을 / 지상에 쌓인 식물체 잔유물이나 낙엽, 잔가지 또는 식물 줄기와 부근 지상에 난다. 식용가치가 없다. 비식용이다.

분포 한국, 일본, 유럽, 아프리카

가는애주름버섯

Mycena tenerrima (Berk.) Quél.
M. adscendens Mass Geest.

형태 균모의 지름은 0.2~0.5㎝로 반구형에서 원추형으로 되며 노쇠하면 포물선 모양으로 된다. 표면에는 얕은 투명한 줄무늬홈선이 있고 백색의 비듬이 섬유상으로 있다. 매끈하고 백색 또는 연한 회색이다. 냄새는 없으며 맛은 온화하다. 주름살은 7~13개 정도에 백색으로 올린 주름살 또는 바른 주름살이고 도달하지는 않는 것도 있다. 언저리는 균모와 같은 색이다. 자루의 길이는 0.5~3㎝, 굵기는 0.02~0.03㎝로 실 모양이며 오래되면 매끈해지는데 흔히 아래는 털상이고 납작하며 투명한 회색이다. 기부는 부풀고 백색으로 작고 털상이다. 포자의 크기는 2-포자성에서는 8~10.5×4.5~6㎛로, 4-포자성에서는 8.2~8.8×4.5~4.5(5.5)㎛로 씨앗 모양이고 아밀로이드 반응을 보인다. 담자기의 크기는 14~18×7~9㎛로 곤봉형이고 2-포자성이 대부분이지만 드물게 4-포자성도 있다.

생태 초여름 / 나뭇가지, 낙엽송의 등걸을 덮는 이끼류, 침엽수림, 나뭇잎 등에 발생한다.

분포 한국, 유럽

실애주름버섯(가는대형)

Mycena adscendens Mass Geest.

형태 균모의 지름은 0.2~0.5㎝로 반구형에서 종 모양 또는 원추형으로 된다. 표면은 밋밋하고 미세한 가루가 덮이며 드물게 솜털상이다. 투명한 줄무늬가 중앙까지 발달하고 전체가 크림색이다. 가장자리는 물결형으로 주름진 줄무늬선이 있다. 살은 백색에 막질이고 냄새는 없으며 맛은 온화하다. 주름살은 거의 끝붙은 주름살로 백색이고 폭이 넓으며 배불뚝이형이다. 주름살의 변두리는 밋밋하고 미세한 솜털상이다. 자루의 길이는 1~2㎝, 굵기는 0.02~0.05㎝로 직립하며 백색의 털이 기부로 있다. 표면은 투명한 백색이며 밋밋하고 부서지기 쉽다. 기부는 둥글게 부풀고 자루의 속은 비었다. 포자의 크기는 6~10×3.5~6㎛로 난형에서 광타원형이다. 표면은 매끈하고 투명하며 기름방울이 있고 무색이다. 담자기는 15~20×7~8.5㎛로 배불뚝이형이다. 1~2-포자성이며 기부에 꺾쇠가 있다. 희미하게 거짓아밀로이드 반응을 보인다. 연낭상체는 원통형에서 방추형이며 25~35×4~8㎛로 거친 사마귀점이 있다.

생태 늦여름~겨울 / 넘어진 식물들의 가지에 군생한다.

분포 한국, 중국, 유럽, 북미

주름균강 》 주름버섯목 》 애주름버섯과 》 애주름버섯속

잔다리애주름버섯

Mycena tintinnabulum (Paulet) Quél.

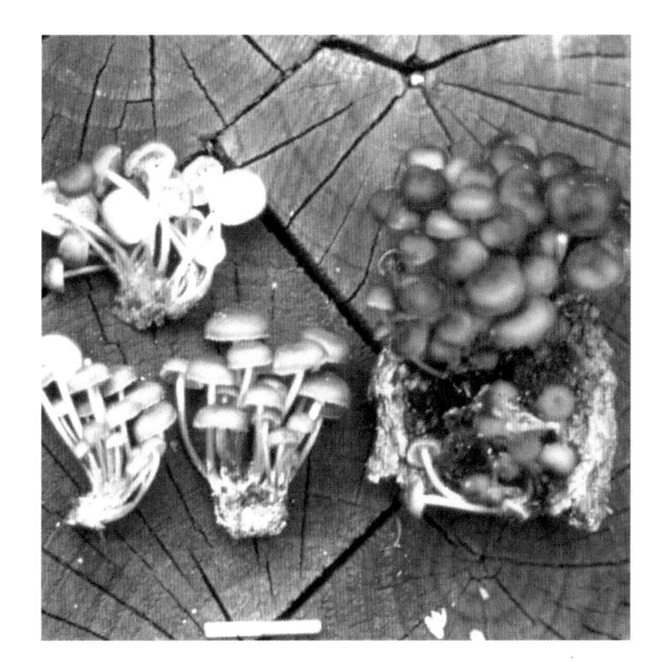

형태 균모의 지름은 1~2㎝로 반구형에서 둥근 산 모양으로 되며 표면은 밋밋하고 끈적기가 있으며 쥐회색-흑회색이다. 습기가 있을 때 가장자리에 줄무늬선이 나타나고 오래되면 가장자리가 얕게 찢어져 톱니 모양을 이룬다. 주름살은 백색이고 밀생한다. 자루의 길이는 1.5~4㎝, 굵기는 0.1~0.3㎝로 백색이며 매우 짧고 여러 개가 모여서 다발로 난다. 포자의 크기는 4~5.5×2~3㎛로 타원형이고 표면은 매끈하고 투명하다. 난아밀로이드 반응을 보인다. 포자문은 백색이다.

생태 여름~가을 / 썩은 목재 또는 목재가 묻혀 있는 땅에 다발로 속생한다.

분포 한국, 중국

고랑애주름버섯

Mycena urania (Fr.) Quél.

형태 균모의 지름은 0.5~1.6㎝로 원추형에서 둥근 산 모양으로 되며 줄무늬 고랑과 투명한 줄무늬선이 있으며 가루상이고 털은 없다. 처음에 검은 보라색에서 청회색 또는 희미한 보라색의 회색으로 되며 중앙은 회흑색 또는 회갈색으로 된다. 맛과 냄새는 불분명하다. 주름살은 올린 주름살에서 바른 주름살로 청보라색에서 회색으로 되었다가 백색으로 되지만 간혹 갈색의 살색으로 되는 것도 있다. 언저리는 균모와 같은 색 또는 더 연한 색이다. 자루의 길이는 2~6.5㎝, 굵기는 0.05~0.1㎝로 원통형이다. 표면은 가루상이고 꼭대기를 제외하면 털이 없다. 라일락 회색, 슬레이트 회색에서 회갈색으로 되며 기부로 더 검다. 기부는 백색의 섬유상의 털로 덮인다. 포자는 7~10.2×3.5~5㎛로 씨앗 모양이다. 아밀로이드 반응을 보인다. 담자기는 23~25×7~8㎛로 곤봉형에 4-포자성이고 드물게 2-포자성도 있다.

생태 여름~가을 / 이끼류 속, 나무 부스러기 또는 참나무류 아래에 군생한다.

분포 한국, 유럽

녹색변두리애주름버섯

Mycena viridimarginata Karst.

형태 균모의 지름은 1~2.5㎝로 원추형-종 모양이고 가장자리는 위로 올라가며 가운데에 둥근 돌출이 있다. 투명한 줄무늬선이 발달하고 청색에서 회흑색으로 된다. 미세한 물결형으로 무디고 건조하면 백색의 가루상이며 습기가 있을 때 광택이 나고 중앙은 검은 올리브색-갈색이다. 가장자리 쪽으로 연한 올리브 황색이며 황색의 띠가 있고 드물게 백색도 있으며 예리하다. 육질은 맑은 갈색이고 건조하면 백색이며 얇다. 냄새가 나며 맛은 온화하다. 주름살은 올린 주름살로 백색에서 연기 같은 회색으로 되며 폭은 넓다. 가장자리 쪽은 백색으로 퇴색한다. 표면은 밋밋하고 회녹색에서 칙칙한 올리브색으로 된다. 자루의 길이는 3~5㎝, 굵기는 0.15~0.3㎝로 원통형이며 표면은 밋밋하고 매끄럽다. 어릴 때 미세한 백색 가루로 덮인다. 색은 꿀색-올리브 갈색이지만 꼭대기는 연한 색이다. 기부는 때때로 백색의 털로 덮인다. 포자의 크기는 7.5~12.3×5.9~8.4㎛로 광타원형이며 표면은 매끈하고 투명하며 기름방울이 있다. 담자기는 가는 곤봉형이고 27~35×6~8㎛로 기부에 꺾쇠가 있다. 연낭상체는 원통형, 곤봉형, 방추형 등이고 35~50×6~17㎛이다.

생태 늦봄~늦여름 / 썩은 고목에 단생 · 군생한다.

분포 한국, 중국, 유럽

포도애주름버섯

Mycena vitilis (Fr.) Quél.

형태 균모의 지름은 1~2.2㎝로 종 모양에서 차차 펴져서 편평하게 되며 중앙은 볼록하다. 표면은 밋밋하고 무디며 미세한 방사상의 주름진 섬유가 있고 밝은 베이지색에서 회갈색이다. 가장자리는 연하고 예리하며 투명한 줄무늬선이 있다. 습기가 있을 때 중앙까지 발달하고 끈적기가 있다. 표피는 탄력적이고 육질은 백색 또는 물 같은 회색으로 얇다. 냄새는 없고 맛은 온화하지만 분명하지 않다. 주름살은 바른 주름살 또는 톱니상의 내린 주름살로 백색에서 밝은 회색이며 폭이 넓고 포크형이다. 가장자리에 백색, 갈색의 반점이 산재한다. 자루의 길이는 4~1.1㎝, 굵기는 0.1~0.3㎝로 원통형-원추형이고 속은 비었다. 표면은 기부쪽으로 밋밋하고 꼭대기는 백색으로 가끔 가루상이며 자루의 아래는 회색으로 습기가 있을 때는 끈적기가 있다. 포자의 크기는 9.4~12×5.5~7.3㎛로 타원형이이다. 표면은 밋밋하고 투명하며 기름방울을 함유한다. 담자기는 22~42×7.5~10㎛로 기부에 꺾쇠가 있다. 연낭상체는 15~30×4.5~10㎛이다.

생태 늦봄~늦여름 / 숲속의 썩은 고목에 단생 · 군생한다.

분포 한국, 중국, 유럽

황백애주름버섯

Mycena xantholeuca Kühner

형태 균모의 지름은 0.8~2.5㎝로 어릴 때 원통형에서 종 모양으로 된다. 표면은 밋밋하고 무디며 희미한 줄무늬선이 거의 중앙까지 발달한다. 어릴 때 백색 크림색에서 노란색-베이지색으로 되며 가장자리는 백색이고 노쇠하면 밝은 갈색으로 된다. 가장자리는 물결형이고 줄무늬선이 있다. 살은 백색이고 얇다. 싱싱할 때는 냄새가 없고 건조하면 요오드 냄새가 나며 맛은 온화하나 분명치 않다. 주름살은 약간 올린 주름살로 어릴 때 백색에서 후에 크림색으로 되나 때때로 핑크색이며 폭은 넓다. 언저리는 밋밋하다. 자루의 길이는 3~8㎝, 굵기는 0.1~0.3㎝로 원통형이다. 표면은 밋밋하고 투명한 백색이며 꼭대기는 백색의 가루상이다. 부서지기 쉽고 속은 비었다. 기부에는 백색의 빳빳한 털이 있다. 포자는 6.7~9.6×3.4~4.8㎛로 타원형이다. 표면은 매끈하고 투명하며 기름방울을 함유한다. 포자문은 백색이다. 담자기는 20~27×5.5~6.5㎛로 원통형-곤봉형이다. (2)4-포자성에 기부는 꺾쇠가 있다. 거짓아밀로이드 반응을 보인다.

생태 여름~가을 / 활엽수, 침엽수림, 썩은 고목, 풀 속과 이끼류 속에 단생 · 군생한다.

분포 한국, 유럽

주름균강 》 주름버섯목 》 애주름버섯과 》 애주름버섯속

포물선애주름버섯

Mycena ustalis Aronsen & Mass Geest.

형태 균모의 지름은 1~4㎝로 포물선 모양에서 원추형 또는 종 모양을 거쳐 둥근 산 모양으로 되었다가 편평하게 된다. 중앙은 볼록하고 고랑이 있다. 표면에는 투명한 줄무늬선이 있고 습할 때 약간 광택이 나며 검은 갈색에서 흑색으로 되지만 중앙은 흑청색이다. 오래되면 회갈색으로 퇴색하며 가장자리는 더 심하다. 주름살은 올린 주름살이고 때때로 치아 모양의 내린 주름살이다. 맥상이며 오래되면 결절상 되고 백색에서 회흑색으로 된다. 언저리는 균모와 같은 색 또는 더 연한 색이다. 자루의 길이는 3~8㎝, 굵기는 0.4~0.5㎝로 원통형이거나 압착되며 세로로 갈라진다. 표면은 매끈하고 처음에는 백색, 회색 또는 검은 회청색이며 꼭대기는 연하고 갈색으로 변한다. 기부는 길고 거칠며 털이 있고 백색의 섬유실로 덮인다. 포자는 9~11.8×6~7.2㎛로 씨앗 모양이다. 아밀로이드 반응을 보인다. 담자기의 2-포자성은 25~35×6.5~8㎛이고 4-포자성은 30~45×8~9㎛로 가는 곤봉형이다.
생태 여름~가을 / 풀밭, 침엽수의 낙엽 위에 군생한다.
분포 한국, 유럽

주름균강 》 주름버섯목 》 애주름버섯과 》 부채버섯속

주걱부채버섯

Panellus mitis (Pers.) Sing.
Pleurotus mitis (Pers.) P. Karst.

형태 균모의 지름은 0.5~1.5(3)㎝로 처음 조개껍질 모양-부채 모양에서 차차 평평해져서 느타리와 비슷하게 된다. 표면은 분홍색의 백색이다가 황토색-분홍 갈색으로 된다. 어릴 때는 미세한 털이 덮이고 껍질이 잘 벗겨진다. 언저리는 날카롭고 살은 얇고 백색이다. 자실체는 백색-크림색이며 끈적기가 있으며 촘촘하다. 자루의 길이는 0.2~1㎝, 굵기는 0.2~0.5㎝로 측생이며 평평하다. 포자는 4.5~6.5×1~1.3㎛로 원주형-소시지형이다. 표면은 매끈하고 투명하며 기름방울이 있다. 포자문은 백색이다.
생태 가을~봄 / 침엽수의 가지에 난다.
분포 한국, 아시아, 유럽, 북미, 아프리카

반지부채버섯

Panellus ringens (Fr.) Romagn.

형태 균모의 지름은 0.5~2㎝로 부채 모양이다. 뚜렷한 짧은 대가 기물에 부착된다. 표면은 살구색을 띤 암갈색이며 방사상으로 줄무늬가 있고 부챗살 모양으로 골이 진다. 가장자리에는 줄무늬 고랑이 있다. 주름살은 살구색의 연한 갈색이고 폭이 넓고 성기다. 언저리 부분이 약간 어두운 색이다. 자루는 측생이며 짧은 대 모양이 형성된다. 자루 부근은 가루상이다. 포자의 크기는 5.1~7×1.5~2.2㎛로 원주형-약간 소시지형이다. 표면은 매끈하고 투명하며 기름방울을 가진 것도 있다. 포자문은 백색이다.
생태 겨울~봄 / 죽은 채 서 있는 버드나무류나 오리나무류 등 활엽수의 가지나 밑동 또는 떨어진 가지 등에 단생 또는 군생한다. 비식용이다.
분포 한국, 유럽

끈적부채버섯

Panellus serotinus (Pers.) Kühner
Hohenbuchelia serotina (Pers.) Sing. / Sarcomyxa serotina (Pers.) Karst.

형태 균모의 지름은 약 10㎝로 반원형-콩팥 모양이다. 표면은 탁한 황색-황갈색인데 간혹 녹색을 띠고 가는 털로 덮여 있다. 표피 아래에 젤라틴층이 있어서 벗겨지기 쉽다. 살은 흰색이고 두꺼우며 자루의 살도 백색이다. 주름살은 붙어 있지만 내린 주름살은 아니고 황색으로 폭이 좁고 밀생한다. 자루는 균모 옆에 붙으며 굵고 짧다. 표면에 갈색의 짧은 털이 있다. 포자의 크기는 4~5.5×1㎛로 소시지형이다. 연낭상체는 25~36×7~10㎛로 방추형이고 끝은 때때로 가늘고 길며 벽은 얇다. 측낭상체는 25~36×7~10㎛로 원주형, 곤봉형, 좁은 방추형으로 처음 얇은 막에서 두꺼운 막으로 된다.
생태 여름~가을 / 활엽수의 고목에 다수가 중첩하여 군생한다. 식용한다.
분포 한국, 일본, 중국, 일본, 북반구 온대 이북

부채버섯

Panellus stypticus (Bull.) P. Karst.

형태 균모의 지름은 0.5~2(3)㎝로 반원형-콩팥형이다. 표면은 연한 황갈색-연한 계피색이고 미세한 털이 있거나 쌀겨 모양이며 안쪽으로 강하게 굽어 있다. 가장자리 쪽은 다소 물결 모양으로 굴곡되기도 한다. 다수가 중첩해서 발생한다. 살은 유백색-연한 황색으로 질기다. 주름살은 연한 갈색-계피색이며 폭이 좁고 촘촘하다. 주름살은 서로 맥으로 연결되어 있다. 자루의 길이는 0.5~1㎝, 굵기는 0.3~0.5㎝로 균모와 비슷한 색 또는 황토 갈색으로 측생한다. 포자는 4~5.5×2.3~3.2㎛로 타원형이며 표면은 매끈하고 투명하다. 포자문은 유백색이다.
생태 죽은 고목에 중첩하여 군생한다.
분포 한국, 전 세계

사촌애주름버섯

Resinomycena rhododendri (Pk.) Redh. & Sing.

형태 균모의 지름은 0.4~1.5㎝이고 처음 둥근 산 모양으로 중앙이 오목하게 펴지며 때때로 중앙에 돌출이 하기도 한다. 가장자리는 처음에 안쪽으로 감겨 있으나 후에 펴지면서 다소 굴곡 진다. 표면은 백색-백황색이고 건조하지만 때때로 끈적기가 있다. 건조할 때는 다소 운모질이다. 살은 유백색이다. 주름살은 바른주름살이면서 약간 내린 주름살로 유백색이고 폭이 좁으며 촘촘하다. 자루의 길이는 1.5~5㎝, 굵기는 0.1~0.2㎝로 유백색이며 위아래가 같은 굵기이거나 약간 위쪽이 굵다. 자루의 속은 비어 있고 기부에는 원반 모양의 균사가 덮이거나 백색 털이 있다. 포자는 5.4~8.5×2.4~4.1㎛로 타원형-넓은 원주형이다. 표면이 매끈하나 뚜렷한 돌기가 있으며 투명하다. 아밀로이드 반응을 보인다. 포자문은 유백색이다.

생태 여름~가을 / 활엽수림의 낙엽, 잔가지, 목질 버린 곳 등에 산생 · 군생한다. 식용가치가 없다.

분포 한국, 북미

젤리애주름버섯

Roridomyces roridus (Fr.) Rexer
Mycena rorida (Fr.) Quél.

형태 균모의 지름은 0.4~1㎝로 반구형에서 낮은 둥근 산 모양으로 되고 중앙이 약간 오목하게 들어간다. 표면은 약간 가루상이고 크림색, 연한 갈색을 띤 회백색, 거의 백색이다. 습기가 있을 때 줄무늬가 나타나고 오래되면 얕은 줄무늬홈선이 생긴다. 주름살은 홈파진 주름살-약간 내린 주름살로 흰색이고 성기다. 자루의 길이는 1.5~4.5㎝, 굵기는 0.05~0.1㎝로 매우 가늘고 연한 회백색-흰색이며 반투명하다. 자루의 아래쪽에 젤라틴질의 끈적액이 다량 붙어 있다. 포자의 크기는 9.5~12.2×4~6㎛로 타원형-원추형이며 표면은 밋밋하고 투명하며 기름방울이 들어 있다. 포자문은 백색이다.

생태 봄~가을 / 숲속의 낙엽, 낙지, 죽은 가지 등에 여러 개가 단생 · 군생한다.

분포 한국, 중국, 일본, 유럽, 북반구 온대

황보라접시버섯

Scytinotus violaceofulvus (Batsch) Courtec.
Panellus violaceofulvus (Batsch) Sing.

형태 균모의 지름은 0.8~2.5㎝로 어릴 때 반구형-모자 모양에서 차차 펴져서 반원형으로 된다. 표면은 무디고 건조하며 흑자색과 자갈색의 바탕 위에 백색의 털이 있다. 균모의 꼭대기는 흔히 백색-갈색이다. 가장자리는 고르고 균모와 같은 색이지만 백색으로 된다. 살은 막질이며 냄새는 없고 맛도 독특하진 않지만 온화하다. 주름살은 거의 바른 주름살로 어릴 때 연한 크림색에서 자갈색으로 되며 폭은 넓다. 언저리는 밋밋하다. 자루는 발달하지 않거나 거의 없다. 그러나 균모는 보통 껍질에 부착한다. 기질의 아래에서 자랄 때 거꾸로 되어 꼭대기가 기질에 부착한다. 포자는 6.5~9.5×2.6~4.2㎛로 원통형 또는 타원형이다. 표면은 매끈하고 투명하며 기름방울은 없다. 포자문은 백색이다. 담자기는 가는 곤봉형이며 20~25×4~5㎛로 (2)4-포자성이고 기부에 꺾쇠가 있다.

생태 늦겨울~봄 / 단풍나무 등의 죽은 가지, 또는 작은 등걸에 군생 · 속생하거나 겹쳐서 발생한다.

분포 한국, 유럽

골무버섯

Tectella patellaris (Fr.) Murr.
T. operculata (Berk. & Curt.) Earle / Panus operculatas Berk. & Curt.

형태 균모의 지름은 0.7~2㎝로 어릴 때는 적갈색-황토 갈색의 썰매 방울 모양, 솥뚜껑 모양이다. 기질에 부착된 균모의 아래로 백색 막이 덮여 있으나, 후에 이 막이 찢어지고 주름살이 드러나는 특이한 형태이다. 표면은 미세한 벨벳 모양으로 짧은 털이 덮여 있다. 가장자리는 안쪽으로 감겨 있으며 가장자리 끝에 막질 잔존물이 붙기도 한다. 주름살은 어릴 때는 백색의 막질로 보호되다가 백색 막질이 소실되면서 드러난다. 우산살 모양이고 한 점으로 모이며 녹슨 갈색-갈색으로 촘촘하다. 자루의 대가 없거나 중심생이고 크기는 0.2~0.3×0.2~0.3㎝ 정도이다.
생태 가을~늦가을 / 자작나무류, 버드나무류, 너도밤나무류 등의 말라 죽은 가지, 그루터기 등에 군생한다. 식용가치가 없다.
분포 한국, 일본, 유럽, 북미

이끼살이버섯

Xeramphalina campanella (Batsch) Maire

형태 균모는 지름이 1~2㎝로 종 모양 또는 반구형에서 차차 편평하게 되며 중앙부는 오목해지거나 깔때기 모양처럼 된다. 표면은 습기가 있을 때 수침상이고 털이 없으며 방사상의 줄무늬 홈선이 있다. 오렌지색-황색 또는 홍색이며 마르면 연한 색이다. 살은 얇고 막질이며 황색이다. 주름살은 초기에 바른 주름살이나 나중에 깊은 내린 주름살로 밀생 또는 약간 성기며 폭이 넓고 활 모양이다. 주름살 사이는 횡맥상으로 연결되고 황백색이다. 자루의 길이는 1~3㎝, 굵기는 0.05~0.1㎝로 처음은 윗부분이 황색, 아랫부분이 밤갈색이고 나중에는 전부 밤갈색으로 된다. 기부에 백색 또는 황색의 거친 털이 있다. 각질에 가깝고 속이 비어 있다. 포자의 크기는 5~5.5×3~3.5㎛로 타원형에 표면은 매끄럽고 투명하다. 아밀로이드 반응을 보인다. 포자문은 백색이다.

생태 여름~가을 / 썩은 고목이나 그루터기에 군생 · 속생한다.

분포 한국, 일본, 중국, 유럽, 북반구 일대

가랑잎이끼살이버섯

Xeramphalina cauticinalis (With.) Kühn. & Maire

형태 균모의 지름은 1~2.5㎝로 중앙이 오목한 둥근 산 모양에서 평평하게 펴지며 중앙에는 젖꼭지 모양의 돌기가 있다. 표면은 털이 없고 방사상으로 줄무늬홈선이 있고 갈색의 황색이며 중앙부는 암갈색으로 진하다. 살은 얇고 가죽질이다. 가장자리는 고르거나 불규칙하게 들쑥날쑥한다. 주름살은 바른 주름살이면서 내린 주름살로 성기고 맥상으로 연결되며 크림색-황토색이다. 자루의 길이는 2~8㎝, 굵기는 0.05~0.2㎝로 매우 가늘고 각질이며 흑갈색으로 상부는 색이 연하다. 기부에는 둥글게 뭉친 황갈색의 균사 덩어리가 덮여 있다. 포자의 크기는 5~6×2.5~3㎛로 타원형이며 표면은 매끈하고 투명하다.

생태 가을 / 침엽수 밑 또는 물이끼 사이에 군생한다.

분포 한국, 일본, 중국, 유럽, 북반구 일대

다닥이끼살이버섯

Xeromphalina curtipes Hongo

형태 균모의 지름은 0.4~1㎝로 거의 평평하게 되며 중앙부가 약간 오목해진다. 표면은 다소 미세한 털이 덮여 있으며 황갈색이다. 살은 얇고 가죽질이다. 주름살은 내린 주름살로 연한 크림색이다. 폭이 0.1㎝ 내외로 매우 좁고 서로 맥상으로 연결되며 때에 따라서는 두 가닥으로 분지된다. 자루의 길이는 0.2~0.6㎝, 굵기는 0.1㎝ 내외로 균모의 가장자리 쪽에 붙으며 암갈색이다. 매우 가늘고 짧은 편이며 각질이고 미세한 털로 덮여 있다. 포자는 4.1~6×2.1~3.3㎛이고 타원형이다. 표면은 매끈하고 투명하며 기름방울이 들어 있다. 포자문은 백색이다.

생태 봄~가을 / 침엽수의 썩은 밑동이나 그루터기에 군생한다. 소수가 속생한다.

분포 한국, 일본

황갈색이끼살이버섯

Xeromphalina fulvipes (Murill) A. H. Sm.

형태 균모의 지름은 1~2.5㎝로 중앙은 밝은 황갈색, 가장자리는 황토색의 솜털상으로 서서히 퇴색한다. 습할 때 약간 줄무늬선이 있으며 표면은 미끈거린다. 습할 때 다시 생생하게 된다. 살은 표피와 같은 색이며 맛은 쓰다. 주름살은 바른 주름살이고 밀생하며 노란색에서 갈색으로 된다. 자루의 길이는 2~8㎝, 굵기는 0.1~0.25㎝로 적갈색에서 검은 갈색이며 오렌지색의 털로 덮인다. 기부는 빳빳하고 자루가 움푹 파이기도 한다. 포자는 4.5~6×15~2㎛이며 측낭상체는 많고 20~32×3~9㎛로 길고 휘어지며 털 모양이다. 연낭상체는 측낭상체와 비슷하다. 주름살의 조직은 약간 끈적이며 KOH 용액에서 갈색으로 염색된다.

생태 봄~가을 / 참나무류의 부스러기, 드물게 오리나무의 위에 발생한다. 단생 · 산생한다. 보통종이 아니며 쉽게 발견되지 않는다. 휘어지고 질기다.

분포 한국, 미국

갈색이끼살이버섯

Xeromphalina picta (Fr.) A. H. Sm.
Mycena picta (Fr.) Harmaja

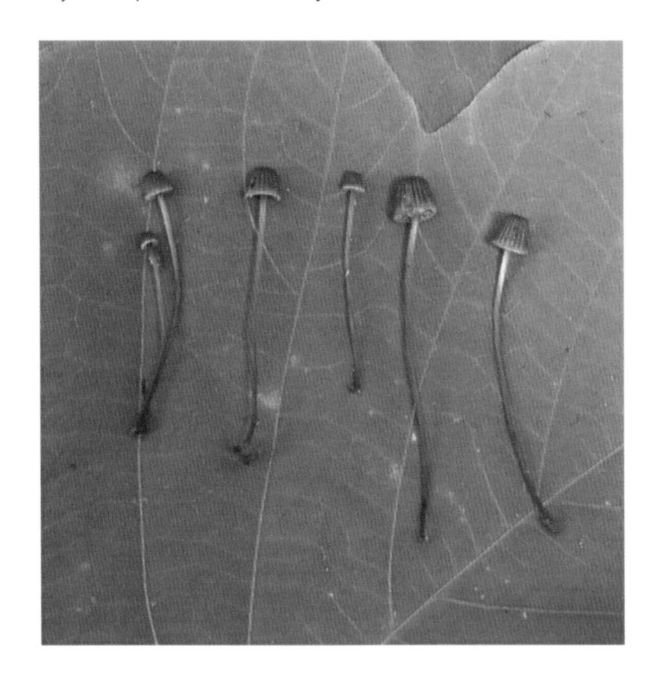

형태 균모의 지름은 0.3~0.6㎝, 높이는 0.2~0.4㎝로 원주형-원추형의 종 모양이며 때로는 종 모양인 경우도 있다. 오래되어도 펴지지 않는다. 윗부분은 절각된 모양이고 중앙이 약간 오목 들어가 배꼽 모양이다. 표면은 밋밋하고 암갈색-붉은색이다. 가장자리 쪽은 다소 연하다. 중앙의 배꼽 부분은 약간 진하다. 줄무늬홈선은 암색이며 거의 중앙까지 발달한다. 가장자리는 약간 고르지 않다. 주름살은 넓은 바른 주름살로 흑색의 적갈색-암적갈색으로 어린 것보다 자란 것이 더 암색을 띤다. 성기며 주름살은 폭이 넓게 늘어져서 가장자리와 거의 수평을 이룬다. 자루의 길이는 2~3.5㎝, 굵기는 0.1~0.15㎝로 원주형 또는 실 모양이다. 표면은 밋밋하고 적갈색이며 아래쪽은 흑갈색으로 연골질이다. 포자는 6.4~9×3.8~5.1㎛로 타원형이고 표면은 매끈하고 투명하다.
생태 여름~가을 / 숲속의 토양, 숲속의 목질 쓰레기 버린 곳, 낙엽 위, 이끼 사이 등에 군생하며 드물게 단생하기도 한다. 식용가치가 없다.
분포 한국

표고(표고버섯)

Lentinula edodes (Berk.) Pegler
Lentinus edodes (Berk.) Sing.

형태 균모의 지름은 4~10㎝이고 중앙은 언덕처럼 올라오나 가장자리로 갈수록 차차 편평해진다. 가장자리는 안쪽으로 말린다. 표면은 다갈색 또는 흑갈색이며 습기가 있고 갈라진다. 백색 또는 연한 갈색의 솜털 인편이 붙어 있다. 균모 아래에 막질의 외피막이 생기나 터져서 균모의 둘레에 붙는다. 살은 흰색이고 향기가 진하다. 주름살은 홈파진 주름살 또는 올린 주름살로 백색이다. 자루의 길이는 3~8㎝, 굵기는 1㎝이며 거칠다. 턱받이가 있지만 곧 탈락하여 없어진다. 턱받이 위는 백색, 아래는 갈색이며 섬유상이다. 자루의 속은 살로 차 있다. 포자는 5~6.5×3~3.5㎛로 타원형이다. 포자문은 백색이다.

생태 봄과 가을(2회에 걸쳐 발생) / 활엽수의 죽은 나무에 단생 또는 군생한다. 식용한다.

분포 한국, 일본, 동남아시아, 유럽, 뉴질랜드, 인도

단풍밀버섯

Gymnopus acervatus (Fr.) K. W. Hughes, Mather & R. H. Petersen
Collybia acervata (Fr.) P. Kumm.

형태 균모의 지름은 2~5㎝로 처음에는 종 모양 또는 둥근 산 모양에서 차차 편평해진다. 습할 때는 적갈색이고 중앙이 진하고 가장자리는 연한 색이다. 가장자리에 줄무늬가 나타난다. 건조할 때는 황토 갈색-담갈색으로 옅은 색이 된다. 살은 매우 얇고 연한 크림색이다. 주름살은 올린 주름살-떨어진 주름살로 백색-크림색이며 폭이 좁고 촘촘하다. 자루의 길이는 3~10㎝, 굵기는 0.2~0.5㎝로 원주형이지만 자루의 대가 납작하다. 위쪽은 크림색-연한 색이고 아래쪽은 적갈색이며 때로는 전체가 적갈색이다. 속이 비어 있다. 포자는 5.8~7.4×3.2~4.4㎛로 타원형이며 표면은 매끈하고 투명하다. 포자문은 크림색이다.
생태 여름~가을 / 침엽수의 그루터기나 쓰러진 나무에 군생 또는 속생하며 때로는 침엽수 숲속의 낙엽 사이에도 발생한다.
분포 한국, 일본, 유럽, 아프리카

알칼리밀버섯

Gymnopus alkalivirens (Sing.) Halling
Collybia alkalivirens Sing.

형태 균모의 지름은 6~11㎝로 처음에 둥근 산 모양에서 차차 편평해지며 백색 바탕에 흑색의 섬유상 인편이 분포한다. 표면은 간혹 황갈색 또는 회갈색의 인편이 있는 것도 있으며 중앙에 밀포하여 검은색을 띤다. 가장자리에는 표피가 너덜너덜하게 부착한다. 살은 백색이고 얇다. 주름살은 끝붙은 주름살로 밀생하며 백색에서 적갈색으로 되었다가 흑색으로 된다. 자루의 길이는 8~13㎝, 굵기는 0.6~1.2㎝로 가는 원통형이다. 백색 또는 황백색이며 기부는 둥글고 굵다. 자루의 속은 비어 있으며 표면과 같은 색깔이다. 약간 섬유상으로 상처를 받으면 황갈색으로 되는 것도 있다. 턱받이는 대단히 커서 주름살 전체를 덮으나 시간이 지나면 떨어져서 자루의 아래쪽 턱받이로 부착한다. 포자의 크기는 5.8~6.8×3.5~4.3㎛로 타원형이며 끝이 뾰족하고 2중 막이다. 1~2개의 기름방울을 가지는 것도 있다. 아밀로이드 반응을 보인다. 포자문은 갈색이다. 연낭상체는 구형 또는 배 모양이며 벽은 얇고 투명하다.

생태 여름~가을 / 혼효림의 땅에 군생한다. 독버섯이다.

분포 한국

연잎밀버섯

Gymnopus androsaceus (L.) Della Magg. & Trassin
Marasmius androsaceus (L.) Fr.

형태 균모의 지름은 0.5~1㎝로 처음에는 둥근 산 모양에서 차차 평평해지며 중앙이 다소 오목해지고 방사상으로 얕은 주름살이 잡힌다. 표면은 다갈색이나 중앙은 적갈색이고 진하다. 살은 얇고 균모보다 다소 연한 색이며 자루는 검은색이다. 주름살은 떨어진 주름살로 균모와 같은 색이고 약간 성기다. 자루의 길이는 2~6㎝, 굵기는 0.03~0.1㎝로 위아래가 같은 굵기이고 검은색이다. 말총같이 길고 뻣뻣하다. 포자는 5.4~6.9×3.2~4.1㎛로 타원형이다. 표면은 매끈하고 투명하며 기름방울이 있다. 포자문은 백색이다.
생태 늦은 봄~가을 / 숲속의 땅의 잔가지나 솔잎, 나뭇잎, 솔방울 등에 발생하며 간혹 검은색의 균사가 가늘고 짧게 생긴다. 비식용이다.
분포 한국, 일본, 중국, 유럽, 북반구 일대, 아프리카

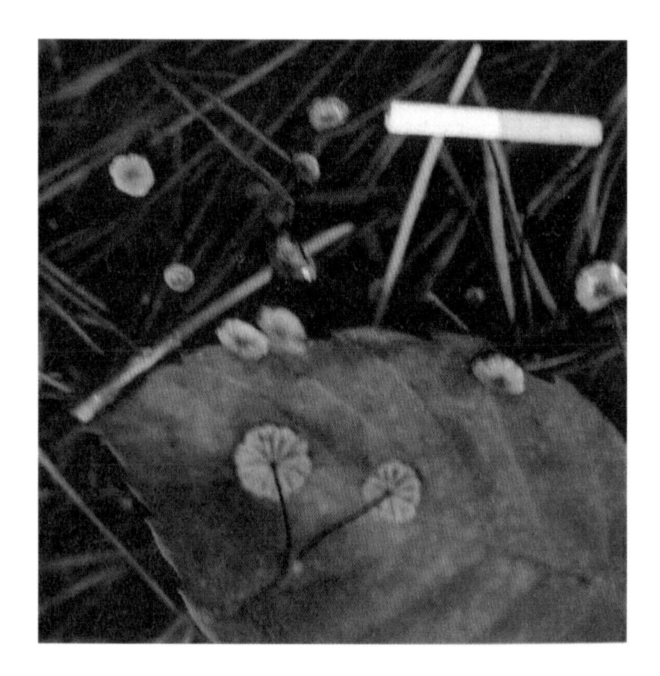

물밀버섯

Gymnopus aquosus (Bull.) Antonin & Noordel.
Collybia aquosa (Bull.) P. Kumm.

형태 균모의 지름은 2.5~6.5㎝로 반구형에서 둥근 산 모양을 거쳐 편평하게 되며 중앙이 약간 들어간다. 가장자리는 안으로 말리나 이후 뒤집혔다가 곧게 되거나 다시 굽어진다. 오래되면 물결형이 되고 흡수성이 있으며 습할 때 연한 노란색에서 황토색으로 된다. 투명한 줄무늬선이 거의 중앙까지 발달한다. 표면은 밋밋하고 매끈하며 습할 때 만지면 미끈거린다. 살은 균모와 같은 색이며 거미집막의 털이 있고 표면은 부분적으로 퇴색한다. 살은 버섯 냄새가 나며 맛은 온화하다. 주름살은 바른 주름살-홈파진 주름살이며 비교적 촘촘하다. 결절형 또는 거의 배불뚝이형으로 폭은 0.3~0.5㎝이다. 백색-크림색으로 균모와 같은 색이며 언저리는 가루상이다. 자루의 길이는 1.5~7㎝, 굵기는 0.2~0.35㎝로 원통형에 기부 갈수록 분명하게 폭이 넓다. 꼭대기로 연한 노란색이며 아래는 균모와 같은 색이다. 표면은 밋밋하고 매끈하며 기부는 핑크색-황토색이며 균사체가 부착한다. 포자는 5.5~7.5×2.7~3.5㎛로 타원형에서 장방형이다. 포자문은 백색이다. 담자기는 17~24×4.5~8.5㎛로 4-포자성에 곤봉형이며 꺾쇠가 있다. 거짓아밀로이드 반응을 보인다.

생태 비옥한 땅, 풀 속, 길가, 낙엽수림, 드물게 참나무 숲에 군생하며 부생성이다.

분포 한국, 유럽, 남미

평원밀버섯

Gymnopus benoistii (Boud.) Antonin & Noordel.
Collybia benoistii Boud.

형태 균모의 지름은 1.5~2.2㎝로 반구형에서 둥근 산 모양으로 되었다가 펴져서 편평하게 된다. 중앙은 낮은 볼록이 있거나 없으며 들어가기도 한다. 표면은 밋밋하다가 약간 방사상으로 울퉁불퉁하게 되며 핑크색-갈색, 적갈색에서 황토 갈색으로 된다. 살은 표면과 같은 색이다. 맛과 냄새는 불분명하다. 가장자리는 아래로 말리고 다음에 곧게 되며 습할 때 투명한 줄무늬선이 나타나고 톱니상이다. 연한 갈색 또는 크림색이며 건조하면 바랜 색으로 된다. 주름살은 깊은 홈파진 주름살에서 거의 끝붙은 주름살로 성기고 약간 배불뚝이형다. 백색에서 연한 크림색이고 매끄럽거나 가루상이다. 언저리는 균모와 같은 색이다. 자루의 길이는 2~4.5㎝, 굵기는 0.1~0.3㎝로 원통형이거나 꼭대기와 기부가 넓고 압착된다. 매우 연한 색이고 어릴 때 거의 크림색이며 오래되면 기부부터 위쪽으로 검게 된다. 꼭대기는 연한 갈색, 아래는 갈색에서 적갈색이다. 꼭대기는 솜털상으로 아래로 밀집한 털이 있고 희미한 백색에서 황토 갈색의 털이 있다. 포자는 6~9×3~4㎛로 타원형-장방형에서 눈물 모양이다. 담자기는 17~25×5.5~7㎛로 4-포자성이며 곤봉형이다.

생태 봄~가을 / 참나무류의 잎, 다른 혼효림의 활엽수 잎, 관목류에 군생한다.

분포 한국, 북유럽, 북아프리카

칼집밀버섯

Gymnopus brassicolens (Romagn.) Antonin & Noordel.
Collybia brassicolens (Romagn.) Bon

형태 균모의 지름은 1.5~4㎝로 둥근 산 모양에서 차차 편평하게 펴지며 중앙이 들어가거나 넓은 볼록을 가진다. 투명한 줄무늬 선이 있고 표면은 습기가 있다가 건조하며 매끈하다. 중앙은 검은 갈색에서 갈색으로 된다. 가장자리는 안으로 말렸다가 곧게 되며 물결형이고 갈색에서 회색-오렌지색 또는 크림-담갈색으로 된다. 살은 0.1~0.3㎝로 부드럽고 담황색이다. 썩은 양배추 또는 마늘냄새가 난다. 주름살은 올린 주름살이고 밀생하며 폭은 0.2~0.4㎝로 백색에서 담황색 또는 연한 회갈색이다. 자루의 길이는 2~7㎝, 굵기는 0.2~0.4㎝로 꼭대기는 불규칙한 광택이 나며 아래로 갈수록 폭이 좁아진다. 흔히 압착되고 갈라지며 질기다. 속은 처음에 푸석푸석하다가 빈다. 자루의 표면은 건조성으로 가루상이며 꼭대기는 갈색에서 회색-오렌지색, 기부는 암갈색-흑색이다. 포자는 5.5~7.5×2.5~4㎛로 타원형이며 표면은 매끈하고 투명하다. 난아밀로이드 반응을 보인다. 균사에 꺾쇠가 있다. 포자문은 백색이다.

생태 늦가을~겨울 / 활엽수림과 참나무류 숲의 나뭇잎 더미에 산생 · 군생한다. 보통종은 아니다. 식용 여부는 모른다.

분포 한국, 북미

다발밀버섯

Gymnopus confluens (Pers.) Ant. Hall. & Noordel.
Collybia confluens (Pers.) Kumm.

형태 균모의 지름은 2~3.5㎝로 반구형에서 차차 편평해지며 중앙부는 둔한 볼록형이다. 표면은 습기가 있을 때 짧은 줄무늬홈선이 나타나고 분홍색이며 마르면 황토색이 되고 중앙부의 색은 진하다. 가장자리는 처음에 아래로 감기나 나중에 펴지고 노후하면 위로 들린다. 살은 얇고 균모와 같은 색이다. 주름살은 떨어진 주름살로 밀생하며 폭이 아주 좁고 백색이다. 자루는 길이가 5~6㎝, 굵기가 0.1~0.2㎝로 원주형으로 위아래의 굵기가 같거나 기부가 다소 굵으며 질기고 속이 비어 있다. 윗부분은 균모와 같은 색이며 아랫부분은 밤갈색, 백색의 부드러운 털이 밀생한다. 기부는 면모상의 균사가 기물에 부착한다. 포자의 크기는 5~6.5×3~4㎛로 타원형에 표면은 매끄럽고 투명하다. 포자문은 백색이다. 연낭상체의 벽은 얇고 30~45×6~10㎛이다.
생태 여름~가을 / 숲속 낙엽이 썩은 곳에 군생 · 속생하며 균륜을 형성하기도 한다. 식용한다.
분포 한국, 일본, 중국

밀버섯

Gymnopus dryophilus (Bull.) Murr.
Collybia dryophila (Bull.) Kummer

형태 균모는 지름이 1~4㎝로 반구형에서 차차 편평해지며 중앙부는 둔하게 돌출하거나 약간 오목하며 가끔 모양이 비뚤어진다. 표면은 습기가 있을 때 끈적기가 있고 털이 없으며 매끄럽다. 황백색, 연한 황토색이고 중앙부는 황갈색을 띤다. 가장자리는 색이 연하거나 백색에 가는 줄무늬홈선이 있다. 살은 얇고 균모와 비슷한 색깔이고 맛은 온화하다. 주름살은 홈파진 주름살로 밀생하며 폭은 아주 좁다. 길이가 같지 않고 백색 또는 연한 색깔이다. 가장자리는 반반하거나 잔 톱니상이다. 자루는 길이가 2~5㎝, 굵기는 0.2~0.3㎝로 원주형으로 위아래 굵기가 같거나 기부가 약간 불룩하다. 윗부분은 색이 연하고 아래는 균모와 같은 색이다. 표면은 매끄럽고 연골질이며 털이 없다. 자루의 기부에 백색의 융털이 있다. 포자의 크기는 5~6×3~3.5㎛로 타원형에 표면은 매끄럽고 투명하다. 포자문은 백색이다. 낭상체는 없다.
생태 여름~가을 / 숲속 유기물이 많은 곳에 군생 · 속생한다. 식용한다.
분포 한국, 중국, 일본

선녀밀버섯

Gymnopus erythropus (Pers.) Antonin, Hall. & Noordel.
Collybia erythropus (Pers.) Kummer

형태 균모의 지름은 1~3㎝로 처음에 둥근 산 모양에서 거의 편평해지고 때때로 가장자리가 불규칙한 파상을 이룬다. 오래되면 표면에 다소 쭈글쭈글한 주름이 잡힌다. 습기가 있을 때는 분홍색-황토 갈색이고 마르면 연한 황토색 또는 크림색이고 중앙이 다소 진하다. 주름살은 떨어진 주름살로 흰색-연한 황토색이며 폭이 좁고 밀생한다. 자루의 길이는 4~7㎝, 굵기는 0.2~0.4㎝로 가늘고 길며 흔히 한쪽이 납작해진 모양이다. 어두운 적갈색에 기부 부근에는 거친 솜털이 덮인다. 자루의 속은 빈다. 포자의 크기는 6~8×3.5~4㎛로 타원형에 표면은 매끈하고 투명하다. 포자문은 백색이다.
생태 가을 / 활엽수림의 숲속의 낙엽층에 속생한다. 매우 드물다.
분포 한국, 일본, 중국, 유럽, 북미

악취밀버섯

Gymnopus foetidus (Sowerby) P. M. Kirk
Marasmius foetidus (Soweby) Fr.

형태 균모의 지름 0.8~3㎝로 둥근 산 모양이지만 중앙이 들어가고 다음에 펴져서 불규칙한 편평한 모양-둥근 산 모양이며 중앙은 배꼽형이다. 어릴 때 가장자리는 뒤집힌다. 때때로 배꼽 안에 아주 작은 젖꼭지가 있다. 흡수성이고 습할 때 투명한 줄무늬선이 중앙까지 발달하며 적갈색, 황갈색 또는 갈색 황토색이다. 건조하면 퇴색하여 황토 적색으로 되며 밋밋하고 매끈하거나 쭈글쭈글하며 무디다. 살은 얇고 균모와 같은 색이며 썩은 양배추처럼 냄새가 고약하고 맛도 고약하다. 가장자리는 고르고 흔히 톱니상이다. 주름살은 끝붙은 주름살에서 좁은 바른 주름살 또는 약간 내린 주름살로 된다. 흔히 길고 짧은 것이 있으며 활 모양-결절형이고 연한 핑크 갈색-적갈색이다. 고르고 균모와 같은 색이며 언저리는 약간 연한 색이다. 자루의 길이는 1.5~3㎝, 굵기는 0.1~0.4㎝로 매우 단단하며 원통형이거나 압착되었고 흔히 세로줄무늬의 능선이 있다. 기부로 가늘고 어릴 때 황갈색에서 핑크색-갈색으로 되며 아래는 검은 적갈색에서 흑갈색이다. 노쇠하면 흑자색이고 가루 같은 검은 털이 있으며 꼭대기부터 기부까지 밀집하고 무디다. 포자문은 백색이다. 포자는 7.5~10×3.5~5㎛로 넓은 장방형이다. 난아밀로이드 반응을 보인다. 담자기는 30~42×7~9㎛로 4-포자성이며 곤봉형이고 기부에 꺾쇠가 있다.
생태 여름~가을 / 부생성으로 죽은 나뭇가지, 낙엽수림과 관목림의 땅에 군생한다.
분포 한국, 유럽, 아프리카

방추밀버섯

Gymnopus fusipes (Bull.) Gray
Collybia fusiceps (Bull.) Quél.

형태 균모의 지름은 3~9㎝로 반구형에서 둥근 산 모양이다가 노쇠하면 편평한 모양-둥근 산 모양으로 되며 중앙은 들어가나 넓은 볼록이 있다. 뒤집힌다. 흡수성이 있고 습할 때 투명한 줄무늬선이 있으며 검은 적갈색 또는 녹슨 갈색이다. 균모의 중앙은 연한 색으로 반점이 있으며 녹슨색 또는 노란색의 반점이 있다. 건조하면 퇴색하여 적황색으로 되고 밋밋하나 약간 결절상이다. 주름살은 넓은 바른 주름살이고 때때로 홈파진 주름살이며 성기다. 폭은 0.4~0.8㎝이고 연한 회갈색 또는 연한 갈색-적갈색으로 되며 녹슨 반점이 있고 고르다. 자루의 길이는 5~11㎝, 굵기는 0.8~2㎝로 방추형이나 위쪽은 다소 원통형이며 아래로 방추형이다. 불규칙하게 압착되며 굽었고 속은 차 있다. 위쪽은 주름살과 같은 색이며 아래로 검은 적갈색이고 녹슨 반점이 있으며 강한 섬유실-홈선이 있다. 비틀리고 매끈하거나 미세한 백색의 가루상이다. 기부에 균핵 덩어리가 있다. 살은 백색에서 적갈색이며 냄새는 불분명하나 약간 버섯 맛이 나고 때때로 달콤하다. 포자는 5.4~6.6×3.2~3.8㎛로 타원형-장방형이며 때때로 아몬드형이다. 포자문은 백색이나 건조하면 약간 노란색으로 된다. 담자기는 30~40×5~7㎛로 4-포자성이며 곤봉형이고 기부에 꺾쇠가 있다.

생태 여름 / 부생성 또는 기생성이고 원래 불규칙한 흑색의 균핵이 있다. 뿌리 깊은 곳에서부터 단생 또는 작은 집단이 뭉쳐서 발생한다.

분포 한국, 유럽

혀밀버섯

Gymnopus hariolorum (Bull.) Antonin, Halling & Noordel.
Collybia hariolorum (Bull.) Quél.

형태 균모의 지름은 2~5㎝로 반구형-둥근 산 모양이며 오래되면 불규칙한 편평한 모양-둥근 산 모양이 되고 중앙이 약간 볼록하며 노쇠하면 중앙이 약간 들어간다. 흡수성이 있고 핑크 갈색-연한 갈색으로 되고 중앙이 검게 된다. 중앙은 건조하면 퇴색하고 습할 때 오백색이 되며 검은 연한 갈색 또는 황토색이다. 습할 때 손으로 만지면 매끈하고 밋밋하다. 살은 백색이며 썩은 양배추 또는 오물냄새가 강하게 나고 맛은 좋지 않다. 가장자리는 안으로 말리며 다음에 곧게 되고 투명한 줄무늬선이 있거나 없다. 주름살은 올린 주름살에서 거의 끝붙은 주름살이며 비교적 촘촘하고 폭은 좁다. 연한 크림색이며 언저리도 같은 색이다. 자루의 길이는 4~8㎝, 굵기는 0.3~0.5㎝로 원통형이며 위는 굵고 기부로 넓으며 부풀지 않는다. 표면에 약간 세로줄의 홈선이 있고 속은 차 있으며 백색에서 크림색이고 위는 백색의 가루상에서 약간 털상이다. 포자는 6.2~7.3×3~4.1㎛로 타원형-장방형이다. 포자문은 백색이다. 담자기는 22~31×5.4~6.2㎛로 4-포자성에 곤봉형이다. 기부에 꺾쇠가 있다.

생태 여름~가을 / 부생성이며 비옥한 땅이나 혼효림의 땅에 군생·속생하며 드물게 단생한다.

분포 한국, 유럽

보라밀버섯

Gymnopus iocephalus (Berk. & M. A. Curtis) Halling
Collybia iocephalus (Berk. & M. A. Curtis) Sing.

형태 균모의 지름은 2~3㎝로 처음에는 둥근 산 모양에서 거의 평평해지고 중앙이 약간 볼록해지기도 한다. 방사상으로 약간 줄무늬홈선이 나타난다. 표면은 적자색-회적자색이다. 가장자리는 어릴 때 안쪽으로 말리고 오래되면 물결 모양으로 굴곡되기도 한다. 살은 얇고 표면과 같은 색이며 마르면 백색으로 퇴색된다. 마늘 냄새가 강하게 난다. 주름살은 올린 주름살-떨어진 주름살로 균모와 거의 같은 색이며 약간 성기다. 자루의 길이는 3~5㎝, 굵기는 0.2~0.3㎝로 가늘고 위와 아래가 같은 굵기이거나 위쪽이 다소 가늘기도 하다. 균모와 거의 같은 색이거나 약간 연한 색이며 아래쪽으로 백색의 가는 털이 덮여 있다. 자루의 속은 비어 있다. 포자는 5.5~9×2.5~4.5㎛이고 타원형이며 표면은 매끈하고 투명하다.
생태 여름~가을 / 활엽수림의 땅의 낙엽층에 군생하거나 때로는 다발로 난다. 매우 드물다. 비식용이다.
분포 한국, 일본, 북미

주름균강 》 주름버섯목 》 배꼽버섯과 》 밀버섯속

무취밀버섯

Gymnopus inodorus (Pat.) Antonin & Noordel.
Collybia inodora (Pat.) P. D. Orton

형태 균모의 지름은 0.8~3㎝로 둥근 산 모양으로 되며 중앙은 들어가고 드물게 한가운데가 젖꼭지 모양이다. 습할 때 투명한 줄무늬선이 반 정도까지 발달하며 검은 황갈색이다. 건조하면 퇴색하여 연한 갈색이 된다. 표면은 밋밋하며 압착된 섬유실이 있다. 살은 얇고 냄새와 맛은 불분명하다. 가장자리는 안으로 말리다가 뒤집힌다. 주름살은 바른 주름살-올린 주름살로 성기고 폭은 좁으며 때때로 끝이 갈라진다. 연한 회색, 노란색, 핑크색-크림색이며 과립상이다. 자루의 길이는 0.8~3㎝, 굵기는 0.1~0.4㎝로 원통형 또는 기부로 가늘고 때로는 압착된다. 세로의 홈파진 줄무늬선이 있으며 단단하다. 꼭대기는 황갈색이며 기부는 적갈색을 거쳐 자갈색에서 흑색으로 된다. 기부는 적갈색의 빳빳한 털이 있고 백색에서 갈색으로 된다. 속은 차 있다. 포자는 7.5~9.5×3.5~4.5㎛로 장방형에서 유원통형이다. 포자문은 크림색-백색이다. 담자기는 21~30×6.2~7.7㎛로 4-포자성에 곤봉형이며 기부에 꺾쇠가 있다.
생태 여름~가을 / 부생성이며 죽은 나뭇가지에 주로 단생 또는 작은 집단으로 발생한다. 드물게 비옥한 낙엽수림 속에서 난다.
분포 한국, 유럽

주름균강 》 주름버섯목 》 배꼽버섯과 》 밀버섯속

화려한밀버섯

Gymnopus luxurians (Peck) Murrill
Collybia luxurians Peck

형태 균모의 지름 3~11㎝이고 반구형에서 둥근 산 모양을 거쳐 편평해진다. 표면은 검은 적갈색에서 적황토의 갈색으로 되며 얼룩이 있고 밋밋하며 손으로 만지면 미끈거리며 분명한 방사상의 섬유실이 있으며 건조 시 갈라진다. 가장자리로 투명한 줄무늬선이 있고 안으로 말리고 다음에 뒤집힌다. 노쇠하면 가장자리는 물결형이 되고 흡수성이다. 살은 균모에서는 얇고 핑크색-갈색이며 냄새와 맛은 불분명하다. 주름살은 좁은 바른 주름살에서 거의 끝붙은 주름살로 되고 얇고 폭은 좁으며 촘촘하다. 백색에서 오렌지색-핑크색이며 물결형으로 고르다. 자루의 길이는 5~10㎝, 굵기는 0.5~1㎝로 원통형이며 흔히 압착되고 기부로 납작하며 짧은 뿌리형이다. 연한 갈색에서 황갈색으로 균모보다 약간 연한 색이고 섬유상-줄무늬가 있으며 비틀리고 갈라진다. 속은 비었다. 기부는 백색의 털상이다. 포자는 7~11×3.5~5.5㎛로 타원형에서 장방형 또는 유원통형으로 된다. 포자문은 연한 크림색. 거짓아밀로이드 반응. 담자기는 25~40×6~8㎛로 좁은 곤봉형에 4-포자성이고 기부에 꺾쇠가 있다.
생태 여름~가을 / 쓰레기더미, 공원, 정원에 집단으로 발생.
분포 한국, 유럽, 북미

산밀버섯

Gymnopus oreadoides (Pass.) Antonin & Noodel.
Collybia oreadoides (Pass.) P. D. Orton

형태 균모의 지름은 2~5㎝이고 어릴 때 둥근 산 모양에서 차차 펴져서 편평하게 된다. 흡수성이 있고 습기가 있어도 분명한 투명한 줄무늬는 없다. 어릴 때 연한 크림색이나 후에 연한 황토색이 되고 적황토색 또는 적갈색의 반점이 있다. 표면은 밋밋하고 미끈거리며 비단결이고 무디다. 가장자리는 고르거나 위로 올려진다. 주름살은 좁은 올린 주름살에서 거의 끝붙은 주름살로 비교적 성기고 넓은 배불뚝이형이다. 백색-연한 크림색이고 언저리는 균모와 같은 색이다. 자루의 길이는 3~6㎝, 굵기는 0.3~0.8㎝로 원통형이며 유연하고 비틀리며 흔히 약간 압착한다. 백색에서 크림색에서 오렌지색-황토색으로 되며 미세한 가루상이며 반들반들하다. 살은 백색에서 크림색이고 얇으며 냄새는 약간 나고 맛은 약간 쓰며 분명치 않다. 포자는 5.5~8.5×3~4㎛로 장방형에서 유원통형이다. 포자문은 크림색이다. 거짓아밀로이드 반응을 보인다. 담자기는 22~25×6~7.5㎛로 4-포자성이며 곤봉형이다.
생태 여름~가을 / 숲속 근처, 비옥한 땅, 숲속 개괄지의 근처에 큰 집단으로 발생한다. 흔히 속생한다.
분포 한국, 유럽

적갈색밀버섯

Gymnopus perforans (Hoffm.) Antonin & Noordel.
Microphale perforans (Hoffm.) Gray

형태 균모의 지름은 0.8~2㎝로 둥근 산 모양에서 차차 편평하게 펴지며 중앙이 약간 오목하게 들어간다. 표면은 방사상으로 쭈글쭈글하게 골이 져 있으며 습할 때는 적갈색, 건조하면 황토 갈색-베이지 갈색이 된다. 살은 크림색이고 얇으며 막질이 있다. 주름살은 바른 주름살로 균모보다 다소 연한 색이며 폭이 좁고 약간 성긴 편이다. 자루의 길이는 1.5~3(5)㎝, 굵기는 0.08~0.2㎝로 표면에 미세하게 벨벳 모양의 털이 있다. 꼭대기는 연한 적갈색, 아래쪽은 암적갈색-거의 흑색이다. 포자는 5.7~8×2.8~4㎛로 타원형이고 표면은 매끈하고 투명하며 기름방울이 있다. 포자문은 백색이다.

생태 여름~가을 / 침엽수 또는 활엽수림의 땅의 낙엽 사이에 군생 · 총생한다.

분포 한국, 유럽, 북미

가랑잎밀버섯

Gymnopus peronatus (Bolt.) Gray
Collybia peronata (Bolt.) P. Kumm.

형태 균모의 지름은 1.5~5㎝이며 처음에는 둥근 산 모양에서 거의 평평하게 되고 후에 중앙이 낮아지기도 한다. 표면은 약간 불규칙한 방사상의 주름이 잡혀 있고 그을린 살갗색-진한 갈색이며 건조하면 담갈색이 되고 점차 가죽질처럼 보인다. 살은 얇고 가죽질인데 연한 황색이고 쓴맛이 있다. 주름살은 올린 주름살-떨어진 주름살로 연한 황갈색이며 폭이 다소 넓고 약간 성기다. 자루의 길이는 3~5㎝, 굵기는 0.3~0.6㎝로 균모보다 다소 연한 색이고 하부는 연한 황색의 거친 밀모로 싸여 있다. 자루의 속은 차 있다. 포자는 7.5~11.2×3.6~4.5㎛로 방추형-타원형이며 표면은 매끈하고 투명하다. 포자문은 크림 황토색이다.
생태 여름~가을 / 활엽수 또는 침엽수림의 땅에 군생한다. 매우 흔하다.
분포 한국, 일본, 중국, 유라시아

가루밀버섯아재비

Gymnopus subpurinosus (Murill) Desjardin, Halling & Hemmes
Collybia subpruinosa (Murrill) Dennis

형태 균모의 지름은 1.5~4㎝로 둥근 산 모양이 펴져서 편평하게 되지만 중앙은 들어가거나 낮은 넓은 볼록이 있다. 울퉁불퉁한 줄무늬선이 중앙으로 발달하고 표면은 습하다가 건조해진다. 섬유상 또는 가루상이나 흔히 매끈하게 된다. 흡수성이 있고 갈색-적갈색이고 퇴색하면 밝은 갈색, 크림-갈색 또는 그을린 황갈색으로 된다. 방사상으로 줄무늬선이 있다. 살은 두껍고 연하며 크림색-황갈색이고 상처가 나면 회적색으로 물든다. 냄새와 맛은 불분명하다. 가장자리는 아래로 굽었다가 위로 올려진다. 주름살은 올린 주름살-바른 주름살이며 약간 성기고 폭은 좁다. 언저리는 가루상이며 연한 오렌지색-백색에서 황갈색이다. 자루의 길이는 2~5㎝, 굵기는 0.1~0.3㎝로 원통형이고 휘어지며 속은 차 있다가 빈다. 표면은 건조성이고 가루상이며 꼭대기는 크림색-황갈색이고 기부는 갈색에서 흑갈색으로 된다. 포자는 7.5~10×4~5㎛로 타원형-아몬드형이고 표면은 매끈하고 투명하다. 난아밀로이드 반응을 보인다. 포자문은 백색이다.

생태 늦여름~가을 / 비옥한 땅, 나무 부스러기에 산생 · 속생한다. 흔한 종은 아니다. 식용 여부는 모른다.

분포 한국, 미국

봄밀버섯

Gymnopus vernus (Ryman) Antonin & Noodel.
Collybia nivalis Luthi & Plomb ex M. M. Moser / G. nivalis var. pallidus Antonin, Hauskn. & Noordel.

형태 균모의 지름은 2~5㎝로 둥근 산 모양에서 편평한 모양-둥근 산 모양으로 되며 오래되면 펴져서 편평하게 되고 중앙이 들어간다. 흡수성이 있고 습할 때 투명한 줄무늬선은 없으며 적갈색이다. 건조하면 퇴색하여 연한 갈색-베이지 핑크색으로 된다. 손으로 만지면 미끄럽고 끈적기는 없으며 밋밋하다. 중앙은 건조하면 약간 맥상-과립상이 된다. 살은 끈적거리며 질기고 갈색에 냄새는 버섯 냄새가 나나 불분명하고 맛은 온화하다. 가장자리는 약간 안으로 말렸다가 뒤집히며 털이 있고 분명치 않은 테두리가 있다. 주름살은 끝붙은 주름살로 연한 갈색이고 성기며 균모와 같은 색이고 고르다. 언저리는 균모와 같은 색이다. 자루의 길이는 2.5~7㎝, 굵기는 0.4~0.6㎝로 원통형이다. 어릴 때는 곤봉형으로 위가 넓고 기부도 넓은 배불뚝이형이다. 표면은 밋밋하고 분명한 털상이며 유연하다. 적갈색이고 균모보다 연한 색이며 주름살보다 검고 기부로 갈수록 더 검다. 기부는 노란색의 균사체가 있다. 자루의 속은 처음 푸석푸석하다가 빈다. 포자는 6.3~8.3×3.8~5.1㎛로 타원형-광타원형이다. 담자기는 27~38×5.8~8.5㎛로 4-포자성에 드물게 2-포자성도 있으며 곤봉형이고 기부에 꺾쇠가 있다.

생태 여름~가을 / 나뭇가지, 나뭇조각, 떨어진 나뭇잎 등에 집단으로 발생한다. 드문 종이다.

분포 한국, 유럽

봄밀버섯(바랜형)

Gymnopus nivalis var. **pallidus** Antonin, Hauskn. & Noordel.

형태 균모의 지름은 1~3㎝로 둥근 산 모양에서 편평하게 되나 중앙은 들어가며 가장자리는 안으로 말린다. 매우 연한 갈색으로 중앙은 더 검으며 노쇠하면 약간 더 검게 된다. 흡수성이며 투명한 줄무늬선이 1/3까지 발달한다. 어릴 때 작은 백색의 섬유실-펠트 모양이 있는데 특히 중앙이 많다. 표면은 매끈거리고 밋밋하며 건조하면 방사상으로 울퉁불퉁하다. 주름살은 바른 주름살-홈파진 주름살로 촘촘하고 폭은 좁다. 연한 오렌지색-회색, 회색-핑크색이다. 자루의 길이는 1~3.5㎝, 굵기는 0.2~0.45㎝로 원통형이며 약간 기부로 납작하다. 연한 오렌지색-회색이며 매끈거리거나 미세한 섬유실이다. 살은 질기고 탄력적이며 냄새와 맛은 없다. 포자는 6.5~8.9×3.3~4.2㎛로 타원형이다. 담자기는 18.5~25.5×5.8~6.9㎛로 곤봉형이다. 4-포자성이며 모든 조직세포에 꺾쇠가 있다.

생태 봄~여름 / 낙엽수의 썩은 고목에 작은 집단으로 발생한다.

분포 한국, 유럽

민혹밀버섯

Gymnopus ocior (Pers.) Antonin & Noordel.
Collybia extuberans (Fr.) Quél.

형태 균모의 지름은 1.5~3(4)㎝로 어릴 때 둥근 산 모양-편평한 형이 되며 때때로 가장자리가 위로 굽는다. 표면은 약간 흡습성이며 밋밋하고 둔하다. 적황토색-적갈색이고 때로는 진한 밤갈색이다. 가장자리 쪽은 연한 색이고 날카로우며 습할 때는 희미한 줄무늬가 생긴다. 살은 크림 백색-회갈색이며 중앙은 두꺼운 편이고 가장자리는 얇다. 주름살은 홈파진 주름살로 어릴 때는 백색이나 후에 크림색으로 되며 폭이 넓다. 언저리는 고르거나 가는 톱니꼴이다. 자루의 길이는 2~5㎝, 굵기는 0.2~0.5㎝로 원주형이나 흔히 기부 쪽이 굵어진다. 표면은 밋밋하고 둔하며 크림색-황토색이다. 기부 쪽은 오렌지색-갈색이고 꼭대기는 연한 색-크림색이며 오래되면 자루 전체가 적갈색으로 된다. 기부는 미세한 면모상이다. 속이 비었고 탄력성이 있다. 포자는 4.6~5.4×3~3.2㎛로 타원형이며 표면은 매끈하고 투명하다. 포자문은 백색이다.

생태 여름~가을 / 살아 있거나 죽은 나무의 수피 또는 목재, 썩은 그루터기, 숲속의 토양 등에 총생하며 드물게 단생한다.

분포 한국, 유럽

주름균강 》 주름버섯목 》 배꼽버섯과 》 밀버섯속

민혹밀버섯(혹형)

Collybia extuberans (Fr.) Quél.

형태 균모의 지름은 1.5~3㎝로 둥근 산 모양에서 편평하게 되며 가장자리가 위로 올라간다. 표면은 건조하면 적갈색, 검은 밤색-갈색이며 가장자리로 연한 색이다. 흡수성이 있고 가장자리는 예리하며 습할 때 희미한 줄무늬선이 있다. 살은 크림색-백색에서 회갈색으로 되며 균모의 중앙은 두껍고 가장자리로 갈수록 얇다. 버섯 냄새가 나며 맛은 온화하다. 주름살은 홈파진 주름살로 백색에서 크림색으로 되며 폭이 넓다. 언저리는 밋밋하고 톱니상이다. 자루의 길이는 2~5×0.2~0.5㎝로 원통형에 기부로 두껍다. 표면은 밋밋하고 크림색에서 황토색으로 된다. 기부는 오렌지색-갈색이고 꼭대기는 연한 색-백색이다. 노쇠하면 전체가 적갈색이 되며 기부는 백색의 털상이다. 자루의 속은 비고 탄력적이다. 포자는 4.6~5.4×3~3.2㎛로 타원형에 표면은 매끈하고 투명하다. 포자문은 백색이다. 담자기는 16~20×5~6㎛로 가는 곤봉형이고 4-포자성이며 기부에 꺾쇠가 있다.
생태 여름~가을 / 나무의 껍질, 죽은 나무, 썩은 고목, 땅에 묻힌 나무에 보통 속생한다. 드물게 단생한다.
분포 한국, 유럽

주름균강 》 주름버섯목 》 배꼽버섯과 》 선녀버섯속

흑백선녀버섯

Marasmiellus albofuscus (Berk. & M. A. Curtis) Sing.

형태 자실체는 비교적 소형이다. 균모의 지름은 1.2~3㎝로 오황백색 또는 연한 황갈색이다. 거의 편평하지만 중앙은 약간 볼록하고 거의 막질이다. 표면은 광택이 나고 밋밋하며 줄무늬 고랑이 있다. 가장자리는 아래로 말리고 살은 얇다. 주름살은 바른 주름살이며 연한 황백색으로 분지 교차하며 미세하게 횡으로 연결되고 길이가 다르다. 자루의 길이는 0.8~2㎝, 굵기는 0.08~0.3㎝이고 원주형이다. 중심생 혹은 편심생이며 백색 또는 오백색이고 속은 차 있다. 포자의 크기는 10~15×4~5.5㎛로 거의 콩팥형이며 무색이다. 표면은 매끈하고 투명하며 광택이 난다. 포자문은 백색이다.
생태 여름~가을 / 활엽수의 떨어진 가지 등에 군생한다.
분포 한국, 홍콩

총채선녀버섯

Marasmiellus caespitosus Sing.

형태 균모의 지름은 0.4~1.5㎝로 매우 작고 둥근 산 모양에서 편평하게 된다. 노쇠하면 흔히 중앙이 들어가며 젖꼭지가 있다. 오백색이고 중앙은 황갈색이다. 살은 균모에서 매우 얇고 백색이며 특별한 냄새와 맛은 없다. 가장자리는 미세한 서리 모양이고 아래로 굽는다. 주름살은 내린 주름살로 성기다. 백색이며 두껍고 폭은 좁다. 자루는 백색이며 기부는 알갱이가 있으며 녹색-검은색에서 흑색으로 된다. 표면은 서리같은 솜털상이다. 포자는 12~18×5.5~7㎛이며 긴 타원형이다.
생태 여름~가을 / 썩은 고목에 군생한다. 식용은 불가하다.
분포 한국, 유럽

하얀선녀버섯

Marasmiellus candidus (Fr.) Sing.
Marasmius candidus (Bolt.) Fr.

형태 균모의 지름은 0.7~3㎝로 처음 둥근 산 모양에서 차차 편평해진다. 표면은 백색이다. 가장자리는 고랑 같은 줄무늬가 있다. 살은 백색이며 막질이다. 주름살은 바른 주름살로 백색이고 매우 폭이 좁고 성기며 때에 따라서는 분지하거나 맥이 있다. 자루의 길이는 0.8~2㎝, 굵기는 0.1~0.15㎝이며 위아래가 같은 굵기이다. 표면은 미세한 가루상이며 전체가 거의 백색이지만 때로는 기부 쪽은 검은색이다. 포자는 12~17×4~5㎛로 종자형-곤봉형이며 대형이다. 포자문은 백색이다.
생태 여름~가을 / 임내의 쓰러진 나무, 나뭇가지 등에 발생한다.
분포 한국 등 북반구 온대

삼나무선녀버섯

Marasmiellus chamaecyparidis (Hongo) Hongo
Marasmius chamaecyparidis Hongo

형태 균모의 지름은 0.5(0.3)~1.2㎝로 처음 둥근 산 모양에서 중앙이 높은 편평한 모양으로 된다. 전체가 회백색이나 어릴 때는 연한 보라색이다. 표면은 미세한 가루상이며 성숙하면 가장자리에 방사상으로 얕고 불명료한 고랑이 생긴다. 살은 백색이다. 주름살은 바른 주름살로 균모와 같은 색이며 매우 성기다. 자루의 길이는 2.5(1.5)~4㎝, 굵기는 0.05~0.1㎝로 위아래가 같은 굵기이고 위쪽은 백색, 아래쪽은 적갈색이며 표면은 미세한 백색의 가루상이다. 포자는 7.5~8.5×3~3.5㎛로 긴 타원형이며 한쪽 끝이 뾰족하고 표면은 매끈하고 투명하다. 난아밀로이드 반응을 보인다.

생태 봄~가을 / 삼나무, 편백나무, 향나무, 소나무 등의 침엽수 낙엽, 낙지, 구과 등에 군생한다. 편백나무 또는 삼나무 수피에도 발생한다. 비식용이다.

분포 한국, 일본

무리선녀버섯

Marasmiellus ornatissimus Noordel. & Barkm.

형태 균모의 지름은 0.2~0.3㎝로 종 모양에서 둥근 산 모양으로 되며 때때로 중앙은 약간 배꼽형이다. 방사상의 줄무늬홈선이 있고 흡수성은 아니며 투명한 줄무늬선도 없다. 백색이며 중앙은 갈색기가 있으며 둔하고 가루상이다. 주름살은 바른 주름살에서 내린 주름살로 성기고 분절형이다. 연한 핑크색이며 언저리에는 가루가 있다. 자루의 길이는 0.2~0.5㎝, 굵기는 0.03㎝로 원통형이며 휘었고 크림색이다. 기부는 균모와 같은 색이며 백색의 가루가 있다. 기부는 백색의 빳빳한 털상이 방사상으로 된다. 살은 표면과 같은 색이고 냄새는 없으며 맛은 모른다. 포자는 11~13×4.5~6.5㎛로 장방형-눈물형이고 포자벽은 얇고 무색이다. 포자문은 백색이다. 담자기는 27~40×9~12.5㎛로 4-포자성이나 드물게 2-포자성도 있으며 곤봉형이고 기부에 꺾쇠가 있다.
생태 가을~봄 / 죽은 나뭇가지, 산성인 땅, 나무 더미에 매우 큰 집단으로 발생한다.
분포 한국, 유럽

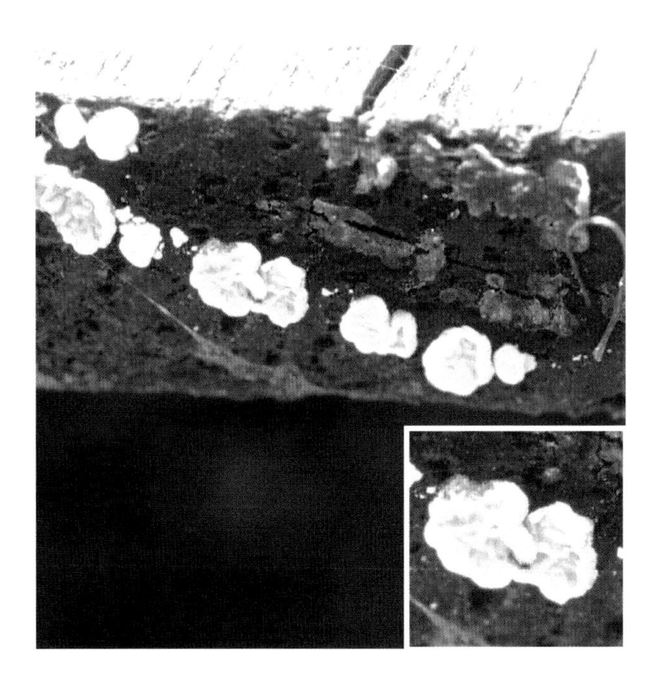

마른가지선녀버섯사촌

Marasmiellus pseudoramealis (Hauskn. & Noordel.) Hauskn. & Noordel.
Marasmiellus pachycraspedum var. pseudoramealis Hauskn. & Noordel.

형태 균모의 지름은 0.7~1.4㎝로 둥근 산 모양에서 편평하게 되며 중앙이 들어간다. 흡수성이고 물기가 있을 때 투명한 줄무늬선이 나타난다. 습할 때는 암갈색이며 가장자자리는 연한색이다. 건조하면 연한 갈색으로 된다. 가장자리는 황갈색 또는 적황색이며 때로는 회색-오렌지색이고 압착된 인편이 있으며 흔히 중앙은 매끈하다. 살은 질기고 냄새와 맛은 불분명하다. 가장자리는 울퉁불퉁하다. 주름살은 끝붙은 주름살에서 넓은 바른 주름살로 두껍고 물결형이며 베이지 백색에서 오렌지색-회색으로 된다. 언저리에는 강한 섬유상의 파편이 부착한다. 자루의 길이는 0.8~2㎝, 굵기는 0.1~0.15㎝로 원통형이며 위아래가 같은 굵기이다. 꼭대기는 갈색이고 기부는 검은 흑갈색이며 때때로 적색의 살색이고 연한 가루상-섬유상이다. 포자는 6~8.5×3~4㎛로 장방형-눈물 모양이다. 표면은 매끈하고 벽은 얇고 투명하다. 담자기는 25~35×6~8㎛로 4-포자성이고 기부에 꺾쇠가 있다.
생태 여름~가을 / 혼효림의 고목에 군생한다.
분포 한국, 유럽

벗은선녀버섯

Marasmiellus vaillantii (Pers.) Sing.

형태 균모의 지름은 0.5~1.7㎝로 어릴 때 둥근 산 모양이나 중앙이 들어가며 후에 펴져서 깔때기 모양으로 된다. 표면은 둔하고 밋밋하다가 약간 주름지며 투명한 줄무늬선이 중앙으로 발달한다. 어릴 때 칙칙한 백색에서 후에 밝은 크림색이 되고 중앙은 검다. 약간 흡수성이다. 살은 막질이며 백색으로 질기다. 희미한 버섯 냄새와 맛이 난다. 가장자리는 예리하며 약간 물결형이다. 주름살은 바른 주름살 또는 약간 내린 주름살이며 크림색이고 폭이 넓고 포크형이다. 언저리는 솜털상-치아 모양이다. 자루의 길이는 1.5~3㎝, 굵기는 0.05~0.15㎝로 원통형이다. 꼭대기로 부풀고 질기며 탄력성이 있고 밋밋하다. 미세하게 압착된 털이 있으며 가루가 있다. 꼭대기는 연한 크림색이며 기부로 갈수록 적갈색에서 검은 갈색이다. 포자는 7.5~9.4×3~4.3㎛로 타원형, 원통형-타원형이다. 표면은 매끈하고 투명하며 기름방울을 함유한다. 포자문은 백색이다. 담자기는 20~25×5.5~7㎛로 곤봉형이며 4-포자성이며 기부에 꺾쇠가 있다.

생태 여름~가을 / 죽은 풀, 살아 있는 풀에 군생한다.

분포 한국, 유럽

주름균강 》 주름버섯목 》 배꼽버섯과 》 선녀버섯속

마른가지선녀버섯

Marasmiellus ramealis (Bull.) Sing.
Marasmius ramealis (Bull.) Fr.

형태 균모의 지름은 0.3~1.5㎝로 어릴 때는 반구형이다가 후에 둥근 산 모양-편평한 모양이 되며 중앙이 다소 오목해진다. 표면에 미세한 털이 있고 방사형으로 줄무늬가 있으며 담갈색-크림색을 띠며 중앙이 다소 진하다. 살은 얇고 자루와 같은 색이다. 식용한다. 주름살은 올린 주름살로 처음에는 백색이나 나중에는 연한 크림색으로 되며 폭이 넓고 성기다. 자루의 길이는 0.5~2㎝, 굵기는 0.1㎝ 정도로 위아래가 같은 굵기이고 균모와 같은 색이다. 표면에 비듬 같은 분질물이 붙어 있다. 포자는 7.7~10.3×2.7~3.6㎛로 방추형-타원형이고 표면은 매끈하고 투명하며 기름방울이 있다. 포자문은 백색이다.
생태 여름~가을 / 혼효림 내의 썩은 가지 또는 그루터기 등에 군생한다. 가끔 보인다.
분포 한국, 일본, 중국, 유럽, 남북아메리카, 아프리카

주름균강 》 주름버섯목 》 배꼽버섯과 》 쇠배꼽버섯속

철쭉쇠배꼽버섯

Micromphale arbuticolor Desjardin

형태 균모의 지름은 0.5~1㎝로 둥근 산 모양에서 종 모양으로 되며 펴져서 편평한 모양-둥근 산 모양이나 편평한 모양으로 되며 중앙에 작은 볼록이 있다. 가장자리는 아래로 말리며 줄무늬선이 줄무늬 고랑으로 된다. 표면은 건조성이고 중앙은 가루상-과립상이며 가장자리는 매끈하다. 어릴 때 검은 갈색에서 갈색으로 되고 오래되면 회오렌지색으로 된다. 살은 얇고 갈색의 황갈색이다. 주름살은 바른 주름살로 성기며 폭은 좁고 황갈색에서 연한 회색-오렌지색으로 된다. 자루의 길이는 0.5~1㎝, 굵기는 0.05~0.1㎝로 원통형이며 질기고 휘어지며 속은 차 있다. 표면은 건조성이 있고 미세한 가루상이다. 갈색-검은 갈색으로 균사는 없다. 맛과 냄새는 파와 비슷하다. 포자는 7~8×3.5~4㎛로 타원형이며 표면은 매끈하고 투명하다. 난아밀로이드 반응을 보인다. 포자문은 백색이다.
생태 가을 / 나무의 껍질에 군생한다. 식용 여부는 모른다.
분포 한국, 미국

말총굳은대버섯

Mycetinus alliaceus (Jacg.) Earle ex A. W. Wilson & Desjardin
Marasmius alliaceus (Jacq.) Fr.

형태 균모의 지름은 1.5~4㎝로 둥근 산 모양이나 중앙은 오목하게 돌출한다. 표면은 방사상으로 다소 주름이 잡히기도 하며 둔하다. 베이지 황토색-갈색이고 중앙이 약간 진하며 습할 때는 줄무늬선이 나타난다. 가장자리는 날카롭다. 살은 얇고 회색-베이지 회색이다. 주름살은 올린 주름살로 칙칙한 백색-크림색이고 폭이 좁고 촘촘하다. 자루의 길이는 6~10㎝, 굵기는 0.3~0.6㎝로 원주형이며 꼭대기 부근이 약간 가늘어지기도 한다. 단단하고 밋밋하다. 암갈색이며 기부 쪽은 거의 검은색이고 꼭대기는 연한 색이거나 유백색이다. 속은 비었다. 포자는 9.1~11.1×5.8~6.9㎛이다. 포자문은 백색이다.
생태 여름~가을 / 참나무류 등의 활엽수 가지, 썩은 나무 등에 군생 · 속생한다. 식용한다.
분포 한국, 유럽

냄새굳은대버섯

Mycetinis olidus (Gillian) R. H. Petersen
Marasmius olidus Gilliam

형태 균모의 지름은 0.3~2㎝로 방석 모양 또는 둥근 산 모양에서 차차 편평해지며 흔히 배꼽 모양이다. 다음에 편평한 모양에서 오목해지며 가장자리는 물결형이다. 밝은 갈색-황갈색으로 핑크빛이 약간 있다. 건조성이고 둔하며 미세한 벨벳 모양이고 중앙에서 미세하게 주름진다. 주름살은 바른 주름살로 올린 주름살 또는 약간 내린 주름살이다. 성기고 밀생하며 밝은 황갈색이다. 살은 얇고 단단하며 황백색이고 마늘의 얼얼한 맛 또는 양파 맛이 난다. 자루의 길이는 1.2~3㎝, 굵기는 0.1~0.2㎝이고 기부로 약간 가늘고 곧거나 굽었다. 속은 비었고 꼭대기는 백색 또는 연한 노란색이며 중앙은 밝은 황갈색, 아래는 회갈색에 핑크색이 섞여 있거나 검은색이다. 건조성이 있고 둔하고 위는 가루상이며 아래는 털이 있다. 기부에 백색의 균사체가 있다. 포자는 10.2~16.5×2.8~3.8㎛로 좁은 곤봉형이며 보통 휘었다. 포자문은 백색이다.

생태 여름~가을 / 낙엽수림의 낙엽 등에 군생한다.

분포 한국, 미국

마늘굳은대버섯

Mycetinis scorodonius (Fr.) A. W. Wilson & Desjardin
Marasmius scorodonius (Fr.) Fr.

형태 균모의 지름은 1~2㎝로 어릴 때는 반구형에서 둥근 산 모양을 거쳐 차차 편평형으로 펴지며 때때로 중앙이 오목해지고 한가운데에 작은 돌출이 생기기도 한다. 표면은 밋밋하고 약간 미세한 주름이 잡히기도 하며 분홍 갈색-황토 갈색이다. 가장자리는 날카롭고 오래되면 불규칙하게 물결 모양으로 굴곡된다. 살은 유백색의 얇은 막질이고 마늘 냄새가 난다. 주름살은 홈파진 주름살로 밀생하며 유백색-크림색이다. 자루의 길이는 2.5~5㎝, 굵기는 0.1~0.2㎝로 위아래가 같은 굵기이며 광택이 난다. 위쪽은 연한 적갈색이고 기부로 갈수록 흑갈색으로 진해진다. 기부에는 백색의 균사가 덮인다. 포자의 크기는 6.6~9.2×3.2~4.3㎛로 타원형이다. 표면은 매끄럽고 투명하며 기름방울을 가진 것도 있다. 포자문은 백색이다.

생태 여름~가을 / 소나무, 잣나무 등 침엽수림의 낙엽이나 나무 잔재물 또는 풀밭 등에 단생 · 군생 · 속생한다.

분포 한국, 중국, 일본, 유럽

화경버섯

Omphalotus japonicus (Kawam.) Kirchm. & O. K. Miller
Lampteromyces japonica (Kawam.) Sing.

형태 균모의 지름은 10~25㎝로 반원형이며 점차 신장형-부채형으로 된다. 표면은 습기가 있을 때 끈적기가 있고 처음에는 오렌지색-황색 또는 계피색이다. 자루의 기부에는 실 같은 가느다란 솜털의 인편이 있다. 성숙하면 암자색의 방사상 반점이 밀포하여 표면이 암자색, 자갈색으로 보이고 기름 같은 광택이 난다. 살은 백색이고 황색을 띠며 자루의 기부는 두껍고 부서지기 쉽다. 자루의 살은 노후하면 암자색으로 된다. 가장자리는 처음에 아래로 말리나 나중에 위로 약간 말리고 섬유상 인편이 있다. 주름살은 내린 주름살로 고리 모양의 부푼 부분이 있다. 처음 백색에서 연한 황색으로 되고 폭이 넓으며 노후하면 갈라진다. 밤이나 어두운 곳에서 인광의 빛을 볼 수 있다. 자루의 길이는 0.5~2㎝, 굵기는 1~2㎝로 원주형이며 연한 황색으로 측생이다. 처음에 두꺼운 맥상의 턱받이가 탈락하면서 턱받이 모양의 부푼 부분을 남긴다. 포자의 지름은 12~15㎛로 구형이며 매끄럽고 투명하며 포자벽은 두껍다. 포자문은 백색으로 희미하게 연한 자주색을 가진다.
생태 봄~가을 / 넘어진 단풍나무속의 나무에 겹쳐서 중생한다. 독버섯이다.
분포 한국, 일본, 중국
참고 절단하였을 때 자루의 기부가 검은색 또는 자흑색인 점이 특징이다.

올리브화경버섯

Omphalotus olivascens H. E. Bigelow, O. K. Mill. & Thiers

형태 균모의 지름은 4~25㎝로 넓은 둥근 산 모양에서 편평하게 되고 오래되면 가장자리는 위로 올려지며 물결형이다. 색깔은 올리브색-오렌지색, 노란색-오렌지색이거나 칙칙한 오렌지색에서 올리브색으로 된다. 때로는 올리브색-갈색의 얼룩이 있다. 습할 때는 올리브색-녹색이고 건조하면 적색으로 된다. 표면은 밋밋하며 섬유상이고 건조하면 거칠게 갈라진다. 살은 두껍고 섬유실 같고 단단하거나 탄력성이 있다. 연한 회백색에서 회색-포도주색으로 되며 오래되면 대리석 같다. 냄새와 맛은 불분명하다. 주름살은 내린 주름살로 폭은 넓고 자루 근처는 포크형이다. 자루의 길이는 3~15㎝, 굵기는 1.5~7㎝로 원통형에서 방추형이다. 기부는 굽고 가늘며 뿌리형으로 나무 속으로 깊이 들어간다. 중심생에서 약간 편심생이며 노란색-오렌지색에서 무딘 올리브색으로 된다. 표면은 밋밋하거나 거칠고 섬유상이다. 포자는 6.5~8×6~6.5㎛로 구형-난형이다. 포자문은 백색이다.

생태 가을~봄, 늦가을 또는 초겨울 / 자실체는 등걸, 죽은 뿌리에서 발생한다. 겹쳐서 속생하며 때때로 단생 또는 작은 집단을 형성하여 속생한다.

분포 한국, 북미

버터붉은애기버섯

Rhodocollybia butyracea (Bull.) Lennox
Collybia butyracea (Bull.) Kumm. / Rhodocollybia (Bull.) Lennox f. butyracea

형태 균모는 지름이 3~6㎝로 둥근 산 모양에서 차차 편평하게 된다. 표면은 매끄럽고 흡수성이다. 습기가 있을 때는 적갈색-암올리브 갈색으로 되며 마르면 회백색으로 된다. 살은 연한 홍색-연한 갈색에서 백색으로 된다. 주름살은 올린 주름살-끝붙은 주름살로 백색이며 밀생한다. 자루의 길이는 2~8㎝, 굵기는 0.4~0.8㎝로 기부는 부풀고 구부러진다. 표면은 적갈색이며 세로줄무늬선이 있고 속은 비어 있다. 포자의 크기는 5~7×2.5~4㎛로 타원형이며 표면은 매끄럽고 투명하다.
생태 여름~가을 / 활엽수, 침엽수림의 땅에 군생한다. 흔한 종이다. 식용한다.
분포 한국, 중국, 일본, 북반구 일대

황토붉은애기버섯

Rhodocollybia fodiens (Kalchbr.) Antonin & Noordel.

형태 균모의 지름은 4~7㎝로 어릴 때 원추형-둥근 산 모양이다가 후에 펴져서 편평한 모양-둥근 산 모양으로 되지만 중앙에 넓은 볼록이 있다. 표면은 밋밋하고 매끈하며 가끔 중앙이 울퉁불퉁하다. 중앙은 핑크색-갈색이고 가장자리는 백색이다. 살은 균모의 껍질에 있는 표면과 같은 색이며 속 부분은 백색이다. 냄새는 불분명하나 약간 달콤하고 맛은 약간 쓰다. 가장자리는 아래로 말리고 다음에 위로 올려진다. 주름살은 바른 주름살-홈파진 주름살로 비교적 촘촘하고 균모와 같은 연한 황토색이다. 언저리는 전연이거나 부식된 톱니꼴이다. 자루의 길이는 6~10㎝, 굵기는 0.3~0.8㎝로 보통 기부로 가늘어서 뿌리 같다. 윗부분은 백색이고 미세한 가루상이며 아랫부분은 균모의 중앙처럼 핑크색-갈색이고 섬유상-줄무늬상이다. 포자는 6.5~9.5×4~5㎛로 타원형 또는 장방형이며 때때로 눈물형도 있다. 벽은 얇거나 두껍다. 같은 종에서도 거짓아밀로이드 반응을 보이는 것도 있고 아닌 것도 있다. 포자문은 핑크색이 있는 노란색-크림색이다. 담자기는 23~26×7~9㎛로 4-포자성이며 곤봉형이다.

생태 여름~가을 / 혼효림의 땅에 군생한다. 독버섯이다.

분포 한국

점박이붉은애기버섯

Rhodocollybia maculata (Alb. et Schw.) Sing.
Collybia maculata (Alb. et Schw.) Kumm.

형태 균모의 지름은 4.5~6㎝로 반구형에서 둥근 산 모양을 거쳐 차차 편평해지며 중앙부는 넓게 돌출하거나 둔하다. 표면은 마르고 매끈하며 백색이고 녹슨 반점이 생기며 나중에 전부 황색으로 된다. 살은 질기고 단단하며 균모의 중앙부는 두껍다. 백색이고 맛은 온화하다. 가장자리는 아래로 감기고 불규칙한 물결형이다. 주름살은 홈파진 주름살로 폭이 좁고 백색 또는 크림색으로 녹슨 반점이 있다. 언저리는 톱니상이다. 자루의 길이는 11~12.5㎝, 굵기는 0.7~0.8㎝로 원주형이며 기부는 가근상으로 뾰족하고 단단하며 연골질이다. 속은 차 있다가 빈다. 표면은 세로줄무늬 또는 세로줄무늬의 홈선이 있고 녹슨 적색의 반점이 생기기도 한다. 포자의 지름은 4~6.5㎛로 구형이다. 표면은 매끈하고 투명하며 기름방울을 함유한다. 포자문은 백색 또는 살색이고 낭상체는 없다.

생태 여름~가을 / 분비나무, 가문비나무 숲의 땅에 단생 · 군생한다. 식용한다.

분포 한국, 중국, 일본, 유럽, 북미, 북반구 일대

원뿔붉은애기버섯

Rhodocollybia prolixa (Fr.) Antonin & Noordel.
R. prolixa var. distrota (Fr.) Antonin, Halling & Noordel.

형태 균모의 지름은 3~13.5㎝로 원추형-둥근 산 모양에서 둥근 산 모양으로 되며 보통 둥근 볼록을 가지고 물결형-오목형인 것도 있다. 표면은 밋밋하고 매끈하며 건조하면 매우 미세한 방사상의 섬유상이 있다. 약한 흡수성이고 오렌지 갈색-적갈색이며 흔히 검은 반점이 산재한다. 건조하면 퇴색하여 황갈색으로 된다. 가장자리는 아래로 말린다. 주름살은 홈파진-바른 주름살로 매우 촘촘하고 폭이 좁다. 백색에서 크림색을 거쳐 갈색으로 되고 검은 녹슨 갈색 반점이 있으며 거친 치아 모양이다. 자루의 길이는 5~16㎝, 굵기는 0.5~1.4㎝로 원통형이며 때때로 기부로 폭이 넓고 압착하며 기부는 뿌리 모양이다. 어릴 때 단단하고 백색에서 적갈색으로 되며 검은 반점이 있다. 세로로 미세한 고랑이 있으며 때때로 비틀린다. 꼭대기는 백색의 가루상이며 아래쪽으로 매끈하다. 살은 단단하고 질기며 백색이고 약간 견과류 맛과 향기가 있으며 약간 쓰고 떫다. 포자문은 크림색이다. 포자는 4~6×3~4.5㎛로 구형에서 아구형이다. 벽은 얇고 때때로 두꺼운 벽이 있다. 거짓아밀로이드 반응을 보인다. 담자기는 18~24×4.5~7.5㎛로 4-포자성이고 좁은 곤봉형이다.

생태 여름~가을 / 낙엽수림의 땅에 단생 또는 군생하며 비옥하지 않은 땅에 나기도 한다.

분포 한국, 유럽

물렁뽕나무버섯

Armillaria borealis Marxmuller & Korhonen

형태 균모의 지름은 2.5~7(10)㎝로 어릴 때는 둥근 산 모양에서 차차 편평형으로 되고 가장자리가 불규칙하게 굴곡되기도 하며 중앙부에는 작은 돌출이 있다. 표면은 흡습성이고 중앙에서 가장자리 쪽으로 미세한 황토색, 황토 갈색, 황색의 섬유상의 인편이 분포한다. 습기가 있을 때는 황토색, 건조할 때는 크림 황색이다. 가장자리에는 반투명한 줄무늬가 있고 날카롭고 고르며 백색 피막의 잔존물이 붙기도 한다. 살은 백색이고 얇다. 주름살은 바른 주름살-내린 주름살로 어릴 때는 백색에서 황토 갈색으로 되고 폭이 넓고 촘촘하다. 가장자리는 상처를 입으면 약간 갈색으로 된다. 자루의 길이는 6~10㎝, 굵기는 5~15㎝로 원추형이며 흔히 기부 쪽으로 굵어진다. 표면은 연한 황색이고 아래쪽으로 암색, 세로로 백색 섬유가 부착되어 있다. 위쪽에 백색 섬유질로 된 막질의 턱받이가 있다. 포자는 5.5~8.7×4.3~5.1㎛로 광타원형이다. 표면은 밋밋하고 투명하며 기름방울이 들어 있다. 포자문은 연한 크림색이다.

생태 여름~가을 / 활엽수 또는 침엽수의 떨어진 가지나 줄기, 살아 있는 나무의 상처 부위 등에 난다. 사물기생 및 활물기생을 함께 한다.

분포 한국, 중국, 유럽, 북반구 일대

민뽕나무버섯

Armillaria cepistipes Velen

형태 균모의 지름은 4~15㎝로 어릴 때 반구형에서 편평하게 되었다가 깔때기형으로 된다. 가장자리는 어릴 때 안으로 말리며 섬유상의 표피를 가진다. 표면은 습할 때 개암나무 갈색-적갈색이고 광택이 나며 건조하면 퇴색하고 띠를 형성한다. 가장자리로 밝은 갈색이다. 균모의 중앙은 크림색-황토색이며 비늘은 없고 보통 섬유상 인편을 가진다. 가장자리는 강한 투명한 줄무늬선이 있고 표피의 섬유상 잔편이 매달린다. 살은 백색이며 습할 때 회갈색이 되고 얇으며 버섯 냄새가 나고 맛은 온화하다. 주름살은 올린 주름살-내린 주름살로 백색, 적갈색 반점이 있고 폭은 넓다. 자루의 길이는 4~10㎝, 굵기는 0.5~1.5㎝로 원통형-원추형이며 기부는 약간 부풀고 흔히 굽었다. 표면의 위쪽은 백색이고 탈락하기 쉬운 턱받이 띠가 있다. 턱받이 아래쪽은 칙칙한 크림색에서 노란색으로 되고 기부로 갈수록 노란색이다. 세로의 긴 섬유상이고 속은 처음에 차 있다가 빈다. 탄력이 있고 질기다. 포자는 7.1~8.2×5.1~6.3㎛로 광타원형이다. 표면은 매끈하고 투명하며 기름방울을 함유한다. 포자문은 크림색이다. 담자기는 곤봉형이며 30~40×6~8㎛로 4-포자성이고 기부에 꺾쇠가 있다.

생태 여름~가을 / 침엽수의 썩은 부분의 등걸, 줄기, 뿌리 등에 군생한다.

분포 한국, 유럽

천마뽕나무버섯

Armillaria gallica Marxm. & Romagn.

형태 균모의 지름은 3~10(15)㎝로 처음 둥근 산 모양-중앙이 돌출된 방패형으로 되며 황갈색, 황토 갈색, 그을린 갈색-암갈색이다. 표면에는 암색의 섬유상 인편이 중앙에 밀집되어 있다. 살은 백색이다. 주름살은 내린 주름살로 처음에는 백색에서 후에 황색으로 되었다가 분홍색-갈색이 된다. 오래되면 흔히 암색의 반점이 생긴다. 자루의 길이는 6~15㎝, 굵기는 0.5~1.5㎝로 기부 쪽으로 굵어진다. 황색으로 기부 쪽은 적갈색이고 처음에는 유백색-황색의 솜털 고리가 있다. 포자의 크기는 8~9×5~6㎛로 타원형이며 연한 크림색이다.

생태 여름~이른 겨울 / 활엽수 또는 침엽수의 썩은 목재 위나 부근의 토양에 난다. 흑색의 균사속이 기질과 연결되어 있다. 식용하기도 하나, 위장 장애를 일으킬 수 있다.

분포 한국, 일본, 유럽, 북미

뽕나무버섯

Armillaria mella (Vahl) P. Kumm.

형태 균모의 지름은 4~13㎝로 둥근 산 모양에서 차차 편평하게 되고 중앙부가 둔하거나 약간 파진다. 표면은 거의 건조성이고 습기가 있을 때 끈적기가 있다. 색깔은 연한 황토색, 밀황색, 황갈색이나 노후하면 흙갈색이 된다. 중앙부에 직립되거나 압착된 가는 인편이 있으며 털이 없어서 매끈한 것도 있다. 가장자리는 처음에 아래로 감기며 줄무늬홈선이 있다. 살은 백색이며 맛은 온화하거나 조금 쓰다. 주름살은 바른 주름살 또는 내린 주름살로 성기며 처음은 백색에서 분홍 살색으로 되고 노후하면 암갈색의 반점이 생긴다. 자루는 길이가 5~14㎝, 굵기가 0.7~1.9㎝로 원주형이고 기부는 불룩하며 구부러진다. 표면은 균모와 같은 색이며 줄무늬홈선 또는 털 모양의 인편이 있고 섬유질이다. 자루의 속은 갯솜질이나 나중에 빈다. 턱받이는 상위이고 처음에는 두 층이며 갯솜질이다. 포자의 크기는 7~11×5~7㎛로 타원형 또는 난원형이며 표면은 매끄럽고 투명하며 황색이다.
생태 여름~가을 / 활엽수 또는 침엽수의 줄기, 기부, 뿌리 또는 땅에 묻힌 고목에 속생 · 군생한다. 이 버섯은 여러 가지 나무의 근부병을 일으킨다. 맛 좋은 야생의 식용버섯이다. 천마의 공생균으로서 천마 재배에 이용된다.
분포 한국, 일본, 중국, 전 세계

주름균강 》 주름버섯목 》 뽕나무버섯과 》 뽕나무버섯속

속찬뽕나무버섯

Armillaria solidipes Peck

형태 균모의 지름은 5~14㎝로 둥근형 또는 둥근 산 모양으로 되며 오래되면 물결형이 된다. 중앙은 검은 갈색, 핑크색에서 핑크색-베이지색, 그을린 황색-크림색이지만 습기가 없으면 퇴색한다. 표면은 약간 끈적이다가 마르며 검은 털로 덮인다. 살은 섬유상이며 백색이고 냄새는 분명하고 맛은 온화하다. 가장자리는 안으로 말리고 투명한 줄무늬선이 있으며 백색의 치아 모양의 표피조직이 매달린다. 주름살은 넓은 바른 주름살 또는 약간 홈파진 주름살이며 밀생한다. 백색에서 크림색으로 되고 오래되면 베이지색으로 된다. 자루의 길이는 5~15㎝, 굵기는 0.7~1.7㎝로 기부는 부풀고 곤봉 모양이며 백색에서 크림색으로 된다. 꼭대기는 핑크색에 기부는 황갈색이다. 표면은 건조성이고 밋밋하다가 줄무늬선이 나타난다. 백색에서 회갈색 펠트 파편과 섬유상의 인편으로 피복된다. 속은 차 있다. 포자문은 백색이다. 포자는 7.5~9.5×5~6.5㎛로 타원형이며 균사에 꺾쇠가 있다.
생태 가을~겨울 / 서서 죽은 나무의 등걸 위, 썩은 고목의 그루터기에 속생, 커다란 집단으로 발생한다. 식용이 가능하다.
분포 한국, 미국

주름균강 》 주름버섯목 》 뽕나무버섯과 》 뽕나무버섯속

잣뽕나무버섯

Armillaria ostoyae (Romagn.) Herink
Armillariella ostoyae Romagn.

형태 균모의 지름은 3~10㎝로 반구형-둔한 원추형에서 편평해지거나 가운데가 오목해진다. 어릴 때 암갈색이다가 나중에 유백색 또는 암갈색의 섬유상 인편이 산재한다. 습기가 있을 때는 적갈색이고 건조하면 연한 색으로 된다. 가장자리는 유백색이며 줄무늬선이 있고 아래로 감기며 물결 모양으로 굴곡되기도 한다. 어릴 때는 가장자리 끝부분에 피막의 잔재물이 붙는다. 살은 두터운 편이고 백색에서 유백색으로 된다. 주름살은 올린 주름살-내린 주름살이며 백색에서 크림색, 회백색으로 되고 적갈색의 얼룩이 생기기도 하며 촘촘하다. 자루의 길이는 6~15㎝, 굵기는 0.5~2㎝로 원주형이며 간혹 눌린 것도 있다. 위쪽은 백색, 아래쪽은 갈색이며 기부 쪽은 흑갈색이다. 섬유상이고 면모상의 흑갈색 비늘이 붙어 있다. 턱받이는 백색의 막질이다. 속은 차 있다가 빈다. 포자의 크기는 6.4~7.9×4.8~6.9㎛로 아구형-광타원형이다. 매끈하고 투명하며 기름방울이 있다. 포자문은 유백색.
생태 봄~가을 / 가문비나무 등 침엽수의 그루터기 또는 썩은 나무에 군생한다.
분포 한국, 일본, 중국, 유럽

흑뽕나무버섯

Armillariella obscura (Schaeff.) Herink
A. polymyces (Pers.) Sing. & Clémençon

형태 균모의 지름은 3.5~11㎝로 처음 반구형에서 차차 편평하게 되고 중앙은 약간 들어가거나 볼록하다. 표면은 거의 황토색이고 인편은 백색에서 갈색으로 변한다. 가장자리는 옅은 백색이며 물결형 또는 날개 모양이다. 주름살은 바른 주름살 내지 홈파진 주름살로 길이가 다르다. 색은 오백색, 옅은 살색으로 종종 홍갈색의 반점이 있다. 자루의 길이는 5~13㎝, 굵기는 0.5~2㎝로 원주형이며 기부는 약간 팽대한다. 표면은 백색으로 뚜렷한 인편이 부착하며 턱받이는 막질이다. 자루의 윗부분은 옅은 오백색, 아랫부분은 갈색, 암갈색, 흑갈색이고 속은 차 있다. 포자의 크기는 6.5~7.8×4.5~6.9㎛로 구형 혹은 광타원형이다. 광택이 나며 표면은 매끄럽고 투명하다.
생태 여름~가을 / 썩은 고목에 속생하며 드물게 단생한다. 식용한다.
분포 한국, 중국

쇠은화낙엽버섯

Cryptomarasmius minutus (Peck) T. S. Jenkinson & Desjardin
Marasmius capillipes Sacc.

형태 균모의 지름은 0.05~0.2㎝로 어릴 때 거의 반구형이다가 후에 둥근 산 모양을 거쳐 약간 편평하게 된다. 표면은 방사상으로 주름지며 적갈색에서 회갈색으로 된다. 살은 막질이며 뚜렷한 맛이나 냄새는 없으나 온화하다. 가장자리는 물결형이다. 주름살은 넓은 바른 주름살이고 때때로 흔적만 있거나 맥상처럼 되며 백색이다. 자루의 길이는 0.5~1.5㎝, 굵기는 0.005~0.02㎝로 실 모양이고 미세한 가루가 분포하며 적갈색에서 흑갈색으로 되고 꼭대기는 백색으로 된다. 기부는 균사체로 털은 없다. 포자는 6~8.1×2.6~3.4㎛로 원주형-타원형이고 표면은 매끈하고 투명하다. 담자기는 16~22×5.5~7㎛로 원통형-곤봉형이다. 4-포자성이며 기부에 꺾쇠가 있다. 낭상체는 방추형이고 배불뚝이형으로 15~32×4~6.5㎛이다.
생태 여름~가을 / 낙엽수의 떨어진 낙엽에 군생한다. 낙엽분해균에 발생한다.
분포 한국, 유럽

꽃고약버섯

Cylindrobasidium evolvens (Fr.) Jül.

형태 자실체는 배착생이며 드물게 가장자리가 반전되어 반배착생이 된다. 어릴 때는 유백색의 둥근 반점들이 떨어져서 발생하다가 서로 융합되어서 큰 모양이 된다. 두께는 0.05~0.1㎝로 자실층의 표면은 고르지 않고 결절이 있다. 크림색, 베이지 갈색, 적갈색이다. 가장자리는 백색이고 미세하게 꽃술 모양으로 펴진다. 건조할 때는 갈라진다. 균모가 가장자리에 형성될 경우, 폭 1㎝은 정도에 달하며 표면은 미세하게 털이 나 있다. 유백색이며 때때로 말류(조류)에 의해서 녹색을 나타내기도 한다. 포자는 8~12×5~6(7.5)㎛로 난형 또는 물방울 모양이다. 표면은 매끈하고 투명하며 간혹 알갱이나 기름방울을 함유하는 것도 있다. 담자기는 가는 곤봉형으로 45~65×5~7㎛로 4-포자성이고 기부에 꺾쇠가 있다. 낭상체는 벽이 얇고 밋밋하며 45~70×5~7㎛이다. 균사형은 1균사형이고 균사는 벽이 얇거나 두꺼우며 어떤 것은 기름방울이 들어 있고 폭은 3~5㎛이다.

생태 일반적으로 활엽수의 수피 위 또는 재목 위에 나지만, 드물게 침엽수에도 난다. 서 있는 죽은 나무에도 난다.

분포 한국, 일본, 유럽, 북미

등색가시비녀버섯

Cyptotrama asprata (Berk.) Redhead & Ginns

형태 균모의 지름은 1~3㎝로 처음에는 반구형-둥근 산 모양에서 차차 평평한 모양이 된다. 표면은 오렌지색-황색의 바탕에 오렌지색 인편이 밀포하는데 이 인편은 탈락성 솜 찌꺼기 모양이다. 가장자리는 주름이 약간 밖으로 나와 있다. 살은 백색이며 단단하다. 주름살은 올린 주름살-바른 주름살로 백색이며 성기다. 자루의 길이는 1.5~5㎝, 굵기는 0.2~0.4㎝로 원통형이며 표면은 담황색-오렌지 황색의 솜 찌꺼기 모양이 분포한다. 기부는 부풀어 있고 균모와 같은 모양의 인편이 덮여 있다. 포자는 7~8×5~6㎛로 넓은 레몬형이다.

생태 봄~가을 / 숲속 활엽수의 쓰러진 나무, 떨어진 나뭇가지 등에 단생 또는 몇 개씩 집단으로 난다. 식독은 불분명하다.

분포 한국 등 거의 전 세계

부치원시뽕나무버섯

Desarmillaria tabescens (Scop.) R. A. Koch & Aime
Armillariella tabescens (Scop.) Sing.

형태 균모의 지름은 3~8㎝로 둥근 산 모양에서 차차 편평하게 되고 중앙부는 둔하게 볼록하다. 표면은 끈적기가 없고 밀황색, 황갈색이며 노후하면 녹슨 갈색이 된다. 중앙부는 가끔 진한 색이고 섬유상의 인편이 있다. 가장자리는 위로 들리는 경우가 있다. 살은 백색 또는 황백색을 띤다. 주름살은 내린 주름살로 폭이 좁으며 포크형이다. 백색 또는 연한 분홍색-살색이다. 자루는 길이는 3~12㎝, 굵기는 0.3~1㎝로 위아래의 굵기는 같고 상부는 어두운 백색이며 중하부는 회갈색 내지 흑갈색이다. 자루는 항상 굽어 있고 털이 누워 있으며 속은 차 있다가 빈다. 포자의 크기는 8~10×5~7㎛로 타원형, 난원형이며 표면은 매끄럽고 투명하다. 포자문은 백색이다.

생태 여름~가을 / 나무의 줄기, 기부, 뿌리에 속생한다. 식용하나 설사를 유발한다.

분포 한국, 중국, 일본, 전 세계

주름균강 》 주름버섯목 》 뽕나무버섯과 》 원시뽕나무버섯속

껍질원시뽕나무버섯

Desarmillaria ectypa (Fr.) R. A. Koch & Aime
Armillariella ectype (Fr.) Sing.

형태 균모의 지름은 3~4.5㎝로 둥근 산 모양에서 차차 편평하게 펴지며 가장자리는 처음에 아래로 말린다. 표면은 약간 끈적기가 있고 황갈색 또는 연한 황토색이며 중앙에 암회갈색의 미세한 섬유상 인편이 밀집한다. 주름살은 바른 주름살 또는 내린 주름살로 연한 황색이며 약간 성기고 때때로 2분지한다. 자루의 길이는 4.5~9㎝, 굵기는 0.4~0.8㎝로 위쪽으로 갈수록 가늘다. 균모와 같은 색이고 섬유질이며 위쪽은 거의 백색이다. 자루의 속은 비었다. 기부는 거의 곤봉형으로 부풀고 암회갈색이다. 자실체는 손으로 만지면 흑색으로 변한다. 포자의 크기는 7.5~9(10.5)×5~6.6(7)㎛로 난형 또는 타원형이다.
생태 가을 / 이끼류, 습지 등에 단생 · 군생한다. 드물게 속생한다. 식용한다.
분포 한국, 중국, 일본, 유럽, 북미

주름균강 》 주름버섯목 》 뽕나무버섯과 》 뿌리낙엽버섯속

껍질뿌리낙엽버섯

Rhizomarasmius epidryas (Kühn. ex A. Ronikier) A. Ronikier & M. Ronikier
Marasmius epidryas Kühner ex A. Ronikier / Mycetinis epidryas Kühn. ex Ant. & Noordel.

형태 균모의 지름은 0.5~1.3㎝로 반구형-종 모양에서 편평해진다. 가장자리는 안으로 말린다. 중앙은 들어가며 표면은 가장자리로부터 방사상의 물결형이며 결절상이다. 노란색-황토색이지만 가장자리는 크림색이고 중앙에 검은 갈색, 흑갈색의 반점이 있다. 가장자리는 예리하고 물결형이다. 살은 백색이며 얇고 냄새는 없고 맛은 온화하나 불분명하다. 주름살은 넓은 바른 주름살로 연한 크림색-황토색이며 폭이 넓다. 언저리는 밋밋하다. 자루의 길이는 1.5~3.5㎝, 굵기는 0.07~0.15㎝로 원통형이며 꼭대기로 갈수록 부푼다. 표면은 검은 갈색에서 흑갈색으로 되며 미세한 연한 털이 있다. 꼭대기는 유연하고 탄력성이며 질기다. 자루의 속은 비었고 백색-살색이다. 포자는 7.3~9.1×4.3~6.7㎛로 레몬형, 타원형이다. 표면은 매끈하고 투명하며 기름방울을 함유한다. 포자문은 백색이다. 담자기는 35~40×8~10㎛로 곤봉형이며 4-포자성이고 기부에 꺾쇠가 있다.
생태 여름 / 죽은 나무줄기 또는 뿌리에 군생한다. 보통종은 아니다.
분포 한국, 유럽

강모뿌리낙엽버섯

Rhizomarasmius setosus (Sowerby) Antonin & A. Urb.
Marasmius recubans Quél. / Marasmius setosus(Sowerby) Noordel.

형태 균모의 지름은 0.1~0.4㎝로 어릴 때 반구형이다가 후에 종 모양-둥근 산 모양이 된다. 중앙으로 방사상의 홈선으로 고랑이 있으며 중앙은 편평형-톱니상이다. 표면은 둔하고 밋밋하며 백색이다. 중앙은 때때로 더 검고 가장자리는 물결형이며 예리하다. 주름살은 넓은 바른 주름살로 백색이고 폭이 넓다. 언저리는 밋밋하다. 자루의 길이는 1.5~4.5㎝로 원통형이다. 꼭대기는 백색이고 아래는 적갈색이며 광택이 난다. 미세한 털이 있고 기부는 털상-섬유상으로 덮인다. 포자의 크기는 9.3~11.4×4.6~5.7㎛로 타원형-레몬형, 방추형이고 표면은 매끈하고 투명하다. 담자기는 23~33×8~9㎛로 원통형-곤봉형이고 4-포자성이며 기부에 꺾쇠는 없다.
생태 여름~가을 / 침엽수림, 젖은 곳, 침엽수의 잎에 단생하며 소수가 집단으로 군생한다.
분포 한국, 유럽

팽나무버섯(팽이버섯)

Flammulina velutipes (Curt.) Sing.

형태 균모의 지름은 2~8㎝로 처음에는 반구형이다가 둥근 산 모양을 거쳐 편평하게 된다. 표면은 끈적기가 현저히 많고 황갈색-오렌지 갈색이다. 가장자리는 연한 색이다. 지역에 따라 색깔이 다른 것도 있다. 살은 백색 또는 황색이며 자루 아래쪽은 검은색이다. 주름살은 올린 주름살로 백색-연한 크림색이며 약간 촘촘하다. 자루의 길이는 2~9㎝, 굵기는 0.2~1㎝로 비교적 가늘고 위와 아래가 같은 굵기이다. 표면은 암갈색 또는 황갈색인데 위쪽은 연한 색이다. 표면에 짧은 털이 빽빽이 덮여 있다. 포자는 8~11×3.2~4.5㎛로 원추형의 타원형이며 표면은 매끈하고 투명하다. 포자문은 백색이다.

생태 가을~봄 / 살아 있는 활엽수 줄기의 썩은 부분, 죽은 줄기, 그루터기에 많은 양이 다발로 나며 간혹 한두 개가 나기도 한다. 우수한 식용균으로 널리 병 재배가 되고 있으며 병 재배한 팽이버섯은 주로 백색이고 콩나물 모양이다.

분포 한국 등 널리 분포하고 있으며 온대와 아한대 지방

흰보라머리버섯

Gloiocephala caricis (P. Karst.) Bas
Marasmius caricis P. Karst.

형태 균모의 지름은 0.05~0.5㎝로 둥근 산 모양에서 편평한 둥근 산 모양으로 된다. 백색에서 연한 황토색으로 되며 짧은 털이 있다. 가장자리는 백색이다. 주름살은 매우 성기고 폭이 좁다. 두껍고 맥상이며 백색이다. 언저리에는 미세한 털이 있다. 자루의 길이는 0.15~0.4㎝, 굵기는 0.01~0.03㎝이며 중심생에서 편심생으로 되고 위아래가 같은 굵기이거나 꼭대기 쪽이 납작하며 굽는다. 기부는 약간 부풀거나 접시 모양이며 백색에서 연한 갈색이고 털이 많다. 포자는 16.5~22.5×5~6.5㎛로 방추형이고 좁은 곤봉형이다. 담자기는 보통 2-포자성이나 1 또는 3-포자성도 있다. 기부에 꺾쇠가 있다.
생태 여름~가을 / 늪지대의 나뭇가지나 낙엽에 군생한다.
분포 한국, 유럽, 북미

비듬껍질버섯

Hymenopellis furfuracea (Peck) R. H. Petersen
Xerula furfuracea (Peck) Redhead, Ginns & Shoemaker

형태 균모의 지름은 2~10㎝로 넓은 둥근 산 모양에서 거의 편평하게 되며 살은 두껍고 탄력성이다. 껍질이 있으며 중앙의 볼록 주위에 주름이 있고 오래되면 미세한 벨벳상에서 거의 밋밋하게 된다. 건조성에서 미끄럽게 된다. 밝은 갈색에서 검은 회갈색으로 되고 살색-백색이며 맛과 냄새는 분명치 않다. 주름살은 바른 주름살이지만 오래되면 자루부터 떨어지며 약간 성기고 비교적 폭이 넓으며 백색이다. 자루의 길이는 7.5~20㎝, 굵기는 0.3~2㎝로 보통 기부 쪽이 부푼다. 회색-갈색의 인편 또는 섬유상으로 둘러싸이며 아래는 백색이다. 포자는 14~17×9.5~12㎛로 광난형-타원형이지만 한쪽 끝은 둥글다. 표면은 매끈하고 투명하며 벽은 두껍다. 난아밀로이드 반응을 보인다. 포자문은 백색이다.
생태 봄~가을 / 땅, 썩은 낙엽수에 단생 · 산생 또는 집단으로 발생한다. 흔한 종이다. 식용이 가능하다.
분포 한국, 북미

민긴뿌리껍질버섯

Hymenopellis radicata (Relhan) R. H. Petersen
Oudemansiella radicata (Relhan) Sing.

형태 균모의 지름은 3~10(15)㎝이고 어릴 때는 둥근 산 모양에서 차차 편평해지며 흔히 중앙에 돌기가 생긴다. 표면은 어릴 때 밋밋하나 곧 방사상으로 쭈글쭈글한 주름이 잡히고 가장자리는 날카롭다. 색깔은 황토색-담황토색, 황갈색, 암갈색 등 여러 가지이다. 주름살은 올린 주름살로 백색이며 폭이 넓고 촘촘하다. 자루의 길이는 8~20㎝, 굵기는 0.5~1㎝로 표면은 밋밋하며 윗부분은 백색이다. 기부 쪽은 갈색이며 약간 굵어졌다가 다시 가는 뿌리 모양으로 가늘어지며 흙 속으로 깊게 들어간다. 자루의 속이 비어 있다. 살은 얇고 백색이다. 자루의 살은 백색이나 기부 쪽으로 갈색을 나타낸다. 포자는 13~15.6×9~10.5㎛로 넓은 타원형이다. 표면은 매끈하고 투명하며 기름방울이 있다. 포자문은 크림색이다.
생태 여름~가을 / 활엽수 및 침엽수의 숲속의 땅에 발생하며 특히 자작나무 뿌리부근이나 가지 썩은 곳에 많이 발생한다.
분포 한국 등 북반구 일대, 파푸아뉴기니, 아프리카

끈적뿌리버섯

Mucidula mucida (Schrad.) Pat.
Oudemansiella mucida (Schrad.) Höhn. / Oudemansiella venosolamellata (Imaz. & Toki) Imaz. & Hongo

형태 균모는 지름이 3~15㎝로 반구형에서 차차 편평하게 되고 중앙부가 둔하게 돌출한다. 표면은 습기가 있을 때 끈적기가 있고 털이 없어서 매끄럽다. 순백색 또는 연한 회색이며 중앙부는 황갈색이다. 습기가 있을 때 반투명하고 마르면 광택이 난다. 표피는 벗겨지기 쉽다. 가장자리는 처음에 아래로 감기며 뚜렷한 줄무늬홈선이 있다. 살은 젤라틴질로 유연하며 백색이고 맛은 유화하다. 주름살은 바른 주름살 또는 내린 주름살로 성기고 폭이 넓다. 끈적기가 있으며 약간 투명하고 백색에서 황색으로 된다. 자루의 길이는 1.5~10㎝, 굵기는 0.3~0.8㎝로 원주형이며 기부는 팽대하고 기물에 접촉 부위는 구부정하다. 표면은 백색, 회색, 황색으로 다양하다. 질기고 연골질에 가까우며 속은 차 있다. 턱받이는 자루의 위쪽에 있으며 막질이고 수평 또는 아래로 드리운다. 백색 또는 황백색이며 가끔 줄무늬홈선이 있고 영존성이다. 포자의 지름은 14~20㎛로 구형이며 표면은 매끄럽고 포자벽은 두껍다. 낭상체는 방추형 또는 원주형으로 90~110×15~30㎛이다. 포자문은 백색이다.

생태 여름~가을 / 활엽수의 죽은 나무나 쓰러진 나무에 군생·속생한다. 식용한다.

분포 한국, 일본, 중국

끈적뿌리버섯(민뿌리형)

Oudemansiella venosolamellata (Imaz. & Toki) Imaz. & Hongo

형태 균모의 지름은 2~6㎝로 반구형이지만 위가 편평한 둥근 산 모양이 된다. 표면은 끈적기가 있고 어릴 때는 중앙이 회갈색이며 나중에 연한 회색 또는 거의 백색으로 된다. 살은 얇고 흰색 또는 회색이다. 주름살은 바른 주름살-홈파진 주름살로 폭이 넓고 성기다. 유백색이며 쭈글쭈글하게 주름진다. 표면은 가루상이고 때로는 주름살 사이가 맥상으로 연결된다. 자루의 길이는 1.5~4㎝, 굵기는 0.3~1㎝로 위쪽은 흰색, 아래쪽은 회갈색이며 턱받이는 흰색의 막질이다. 속은 차 있다. 포자의 크기는 18.5~25.5×14~23㎛로 아구형이며 표면은 매끄럽고 투명하다.
생태 봄~가을 / 특히 너도밤나무 등의 활엽수의 죽은 줄기에 발생한다. 식용한다.
분포 한국, 중국, 일본

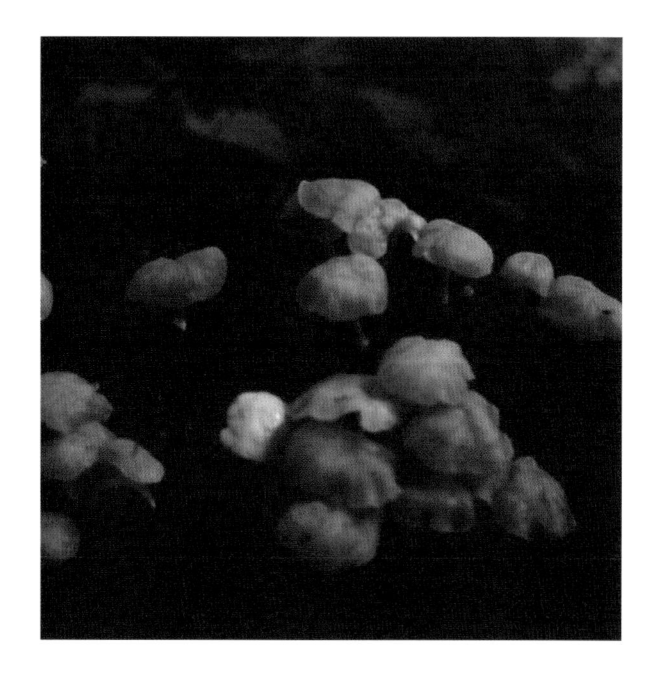

갈색날민뿌리버섯

Oudemansiella brunneomarginata Lj. N. Vass

형태 균모의 지름은 3~15㎝로 처음 둥근 산 모양에서 거의 편평해진다. 표면은 처음에 자주색을 띤 갈색에서 회갈색-황색을 띤 흰색으로 된다. 표면은 습기가 있을 때는 강한 끈적기가 있고 줄무늬홈선이 있다. 가장자리는 때때로 방사상의 줄무늬가 나타난다. 살은 씹는 맛이 좋다. 주름살은 바른 주름살로 흰색-연한 황색이며 폭이 넓으며 약간 성기다. 주름살의 가장자리에는 진한 자갈색의 테두리가 있다. 자루의 길이는 4~10㎝, 굵기는 0.4~1㎝로 거의 위아래가 같은 굵기이며 속은 비었다. 표면은 자갈색의 인편이 덮여 있으며 위쪽이 옅은 색이다. 포자의 크기는 14~20(22)×9.5~12.5㎛로 광타원형-아몬드형이며 표면은 매끈하고 투명하다.

생태 가을 / 활엽수의 죽은 나무에 다수 군생한다. 식용한다.

분포 한국, 일본, 중국, 러시아 연해주

얼룩민뿌리버섯

Oudemansiella canarii (Jungh.) Höhn.

형태 균모의 지름은 3~7㎝로 둥근 산 모양에서 거의 평평해진다. 표면은 연한 황백색-연한 회갈색 또는 거의 백색이다. 흔히 외피막의 파편을 부착하고 있어서 얼룩얼룩하며 강한 끈적기가 있다. 살은 백색이고 유연하다. 주름살은 바른 주름살이면서 내린 주름살로 백색이고 폭이 넓다. 자루의 길이는 3~8㎝, 굵기는 0.4~0.9㎝로 기부는 약간 구근상으로 부푼다. 표면은 백색-연한 회색이다. 포자의 지름은 18~28㎛로 구형-아구형이고 표면은 매끈하고 투명하며 포자벽은 두껍다.

생태 여름~가을 / 숲속의 썩은 나무에서 군생한다. 식용한다.

분포 한국, 아시아, 북미, 아프리카의 열대 및 아열대 지방

요리맛솔방울버섯

Strobilurus esculentus (Wulfen) Sing.

형태 균모의 지름은 1~2.5(3)㎝로 어릴 때는 반원형에서 둥근 산 모양으로 되었다가 차차 편평하게 되며 중앙이 오목해지지만 가끔 돌출하기도 한다. 표면은 밋밋하며 부분적으로 방사상 주름살이 생기기도 한다. 암갈색이다가 황토색으로 되며 드물게 유백색 등으로 다양하게 나타나기도 한다. 보통 중앙이 진한 색을 나타낸다. 살은 백색 또는 유백색이다. 주름살은 올린 주름살로 백색-회백색이며 폭이 좁고 촘촘하다. 자루는 지상부의 길이는 2~6㎝, 굵기는 0.1~0.3㎝로 위아래가 같은 굵기이고 표면에 가는 털이 덮여 있다. 균모와 같은 색이거나 황토색-적황토색이다. 꼭대기는 다소 연하고 고운 가루상이며 기부는 길게 뿌리 모양이 되고 주로 구과 식물의 열매 속에 있다. 지하부의 표면은 긴 솜털 모양의 가는 털이 덮여 있다. 포자는 4.5~7.5×2.8~4㎛로 타원형이며 표면은 매끈하고 투명하다. 포자문은 크림색이다.

생태 봄~여름 / 숲속에 묻혀 있는 소나무, 가문비나무 등의 구과나 구과가 버려진 땅속에서 난다. 식용하나 식용가치가 적다.

분포 한국, 일본, 유럽, 북미, 호주

가시맛솔방울버섯

Strobilurus ohshimae (Hongo & I. Matsuda) Hongo ex Katum.
Strobilurus ohshimae (Hongo & I. Matsuda) Hongo & Izawa

형태 균모의 지름은 1~5㎝로 처음 둥근 산 모양에서 차차 편평해지고 나중에 중앙이 다소 오목하게 된다. 가끔 중앙이 약간 돌출된 것도 있다. 표면은 끈적기가 없고 유백색이며 중앙이 연한 회색이나 쥐회색을 띤다. 가장자리는 고르고 습기가 있을 때는 미세한 줄무늬선이 있다. 주름살은 올린 주름살-떨어진 주름살로 흰색이고 촘촘하나 약간 성긴 것도 있다. 자루의 길이는 3~7㎝, 굵기는 0.15~0.4㎝로 위아래가 같은 굵기이고 때때로 기부 쪽이 굵다. 표면은 암황토색-오렌지 황갈색이고 가루상-미세한 융털로 되며 꼭대기는 백색이고 연골질이다. 자루의 속은 빈다. 포자의 크기는 4.5~6.5×2~3㎛로 타원형-원통형이며 표면은 매끈하고 투명하다.

생태 늦가을~초겨울 / 숲속에 묻힌 침엽수(특히 삼나무)의 낙지에서 발생한다. 식용한다.

분포 한국, 일본, 중국, 유럽, 북미, 북반구 온대

맛솔방울버섯

Strobilurus stephanocystis (Kühner & Romagn. ex Hora) Sing.

형태 균모의 지름은 1.5~3㎝로 처음 둥근 산 모양에서 편평하게 되며 후에 접시 모양으로 가운데가 오목해진다. 표면은 밋밋하고 흑갈색, 회갈색, 황토색이고 때로는 회백색 등 다양하다. 살은 백색-회백색이다. 주름살은 올린 주름살로 백색-약간 회백색이며 폭이 좁고 촘촘하다. 자루의 지상부 길이는 4~6㎝, 굵기는 0.1~0.2㎝로 위아래가 같은 굵기이고 표면에 가는 털이 덮여 있다. 꼭대기는 백색, 아래는 오렌지색-황갈색이다. 땅속으로 뿌리 모양이 4~8㎝ 정도 깊게 더 들어가며 끝은 땅속에 묻힌 솔방울에 연결되어 있다. 땅속에 묻힌 부분의 표면은 긴 솜털 모양의 가는 털이 덮여 있다. 포자는 5.5~10×3~4㎛로 타원형-씨앗 모양이며 표면은 매끈하고 투명하다. 포자문은 크림색이다.

생태 여름~초겨울 / 숲속에 묻혀 있는 오래된 솔방울에서 난다. 식용한다.

분포 한국, 일본, 중국, 유럽

점질맛솔방울버섯

Strobilurus tenacellus (Pers.) Sing.

형태 균모의 지름은 1~2.5㎝로 둥근 산 모양에서 차차 편평하게 되며 중앙은 볼록하다. 표면은 갈색이고 중앙은 연한 색이다. 살은 균모와 같은 색이며 얇고 맛은 쓰며 냄새는 분명치 않다. 주름살은 끝붙은 주름살로 백색이다. 자루의 길이는 4~8㎝, 굵기는 0.1~0.3㎝로 원통형이다. 기부는 매우 길고 뿌리 형태이다. 꼭대기는 백색, 아래는 황토색-갈색이며 질기다. 포자는 6~7.5×2.5~3.5㎛로 좁은 타원형이며 표면은 매끈하고 투명하다. 난아밀로이드 반응을 보인다. 포자문은 백색이다. 낭상체는 긴 방추형이다. 연낭상체와 측낭상체는 방추형으로 얇고 벽은 두껍다. 균모의 세포는 구형세포로 기부에 자루가 있다.

생태 봄 / 긴 뿌리 형태로 땅에 묻힌 솔방울 열매에 부착하여 발생한다. 식용하지 못한다.

분포 한국, 유럽, 북미

잣맛솔방울버섯

Strobilurus trullisatus (Murr.) Lennox.

형태 균모의 지름은 0.5~2㎝로 편반구형에서 차차 편평형으로 된다. 표면은 광택이 나며 밋밋하고 가는 작은 인편이 있다. 오백색 또는 분홍-황백색으로 중앙은 연한 홍갈색이다. 육질은 얇다. 가장자리는 처음에 아래로 말린다. 주름살은 바른 주름살로 백색이고 백황색의 가루가 있다. 자루의 길이는 2.5~5㎝이고 폭은 0.01~0.15㎝로 백색 또는 황갈색으로 된다. 포자의 크기는 3~5×1.5~3㎛로 타원형이다.

생태 여름~가을 / 솔방울 위에 군생한다.

분포 한국, 중국

털긴뿌리버섯

Xerula pudens (Pers.) Sing.
Oudemansiella pudens (Pers.) Pegler & T. W. K. Young / Oudemansiella longipes (P. Kumm.) M. M. Moser

형태 균모의 지름은 4~10㎝로 둥근 산 모양에서 거의 평평해진다. 표면은 회갈색 바탕에 녹슨 갈색-초콜릿 갈색의 벨벳 모양이다. 가는 털이 밀생하며 때때로 방사상으로 주름이 잡혀 있고 끈적기는 없다. 주름살은 홈파진 주름살로 백색-크림색으로 폭이 넓고 다소 성기다. 자루의 길이는 6~20㎝, 굵기는 0.3~0.5㎝로 표면은 밀모가 덮여 있다. 갈색을 띤 오렌지색-암갈색이며 위쪽이 연하다. 기부는 약간 굵어졌다가 다시 뿌리 모양으로 가늘어지며 흙 속에 깊이 들어간다. 속은 비어 있다. 포자의 크기는 9.3~12×8.3~11.2㎛로 아구형이고 표면은 매끈하고 투명하며 기름방울이 있다. 포자문은 백색이다.
생태 여름~가을 / 활엽수림의 땅에 띄엄띄엄 단생한다. 식용한다.
분포 한국 등 북반구 일대, 파푸아뉴기니, 호주

좁은꼬막버섯

Hohenbuehelia angustata (Berk.) Sing.
Pleurotus stratosus G. F. Atk.

형태 균모의 지름은 2~5㎝이고 주걱 또는 혀 모양-부채 모양이며 흔히 좁아져 기부는 포대처럼 된다. 표면은 처음 회백색의 가루상이고 광택이 나며 붉은기가 있다. 맛은 온화하다. 주름살은 촘촘하며 폭은 좁고 백색이나 나중에 연한 갈색으로 된다. 자루는 거의 없고 균모가 기질에 부착하며 많은 백색의 가균사가 기부 주위의 기질에 있다. 포자의 지름은 3~4㎛로 구형이다. 측낭상체는 40~60×10~15㎛로 꼭대기에는 장식물이 있다. 연낭상체는 측낭상체와 비슷하며 얇은 벽을 가진 곤봉형이다.
생태 여름~초가을 / 침엽수, 톱밥 더미 등의 나무 부스러기 주위에 발생한다.
분포 한국, 미국

검은꼬막버섯

Hohenbuehelia atrocoerrula (Fr.) Sing.

형태 균모의 지름은 1.5~3㎝로 반원형에서 부채형으로 되며 표면은 검은 올리브색-갈색으로 회백색의 털이 기질에 부착하는 곳에 있다. 가장자리로 연한 색에서 베이지색-갈색이며 오랫동안 안으로 말린다. 어릴 때 균모의 꼭대기가 기질에 붙었다가 편심생의 자루가 없는 것으로 된다. 살은 백색이며 얇고 껍질의 아래에 끈적층을 가진다. 냄새와 맛은 밀가루와 같다. 주름살은 짚색-노란색이며 폭이 넓고 측생의 점으로 모인다. 언저리는 밋밋하다. 자루는 없거나 아주 짧고 한곳으로 뭉친다. 포자는 5.8~9×2.7~4㎛로 원통형-타원형이며 약간 요막형이다. 표면은 매끈하고 투명하다. 포자문은 백색이다. 담자기는 곤봉형으로 16~21×5.5~7㎛이고 (1~2)-4포자성이며 기부에 꺾쇠가 있다.
생태 여름~가을 / 숲속의 고목, 드물게 침엽수에 군생 · 산생한다.
분포 한국, 유럽

개꼬막버섯

Hohenbuehelia cyphelliformis (Berk.) O. K. Mill.

형태 균모의 지름은 0.2~1.5㎝로 컵 모양, 조개껍질 모양이며 기주에 매달린 형태로 측생으로 부착한다. 다소 원형이며 표면은 밋밋하다. 건조하면 백색의 작은 다발을 가지며 자루는 없다. 살은 얇고 백색이며 끈적기는 없다. 맛과 냄새는 약간 밀가루와 비슷하다. 주름살은 백색으로 거의 색의 변화가 없으나 약간 회갈색으로 되며 성기다. 중앙의 점으로부터 방사상의 모양이 있다. 포자는 7~10×3~4㎛로 소시지 모양이며 표면은 매끈하고 투명하다. 포자문은 백색이다.

생태 여름~가을 / 활엽수와 관목류의 죽은 가지에 군생한다. 쓰러진 나무, 죽은 초본류의 줄기 등에 단생 또는 작은 집단으로 발생한다. 흔한 종은 아니다.

분포 한국, 유럽

주름균강 》 주름버섯목 》 느타리과 》 꼬막버섯속

유동꼬막버섯

Hohenbuehelia fluxilis (Fr.) P. D. Orton

형태 균모의 지름은 0.5~2㎝로 처음 위에서 보면 동물의 발굽 모양에서 부채 모양-콩팥 모양이고 때때로 약간 엽편 모양이다. 옆에서 보면 원추형-둥근 산 모양이지만 이후 편평해진다. 표면은 처음 끈적거리고 젤라틴질이나 건조하면 연해지며 한곳으로 모인다. 살은 백색이나 젤라틴질이고 균모의 아래는 먹물색이다. 밀가루 맛이고 냄새는 불분명하며 상처가 나면 밀가루 냄새가 난다. 자루는 없고 흔히 기주의 부착점에 백색 덩어리로 부착한다. 주름살은 올린 주름살 또는 끝붙은 주름살이다. 백색에서 크림색으로 되며 성기나 약간 촘촘하기도 한다. 포자는 8.5~10×3.5~4.5㎛로 긴 타원형에서 원통형이다. 포자문은 백색이다. 담자기는 2-세포성이다.

생태 가을~겨울 / 활엽수림과 관목류의 죽은 나무, 작은 집단에서 큰 집단을 이루어 발생한다.

분포 한국, 유럽

주름균강 》 주름버섯목 》 느타리과 》 꼬막버섯속

털꼬막버섯

Hohenbuehelia myxotricha (Lev) Sing.

형태 균모의 지름은 1.5~2(3)㎝로 혀 모양-주걱 모양 또는 부채 모양이다. 표면은 밋밋하고 둔한 백색-연한 크림색이다. 습할 때 맑은 오렌지색의 반점이 나타나고 어릴 때 미세한 백색의 비듬이 있는데 나중에 백색의 빽빽한 털로 된다. 특히 자루 쪽으로 심하다. 가장자리는 고르고 홈파진 모양이다. 살은 백색이며 얇고 스폰지 모양으로 질기다. 습할 때 끈적기가 있고 풀 냄새와 맛이 난다. 주름살은 긴 내린 주름살로 백색-크림색이며 폭이 넓다. 언저리는 밋밋하다. 자루의 길이는 0.3~1㎝, 굵기는 0.2~0.4㎝로 편심생이며 원통형이다. 크림색에 미세한 백색의 털이 있고 속은 차 있다. 포자는 6.6~8.7×3.6~4.6㎛로 타원형이고 표면은 매끈하고 투명하다. 포자문은 맑은 크림색이다. 담자기는 16~21×4.5~5.5㎛이고 (2)4-포자성으로 가는 곤봉형이며 기부에 꺾쇠가 있다.

생태 여름~가을 / 침엽수의 썩은 나뭇가지와 등걸에 단생 또는 군생한다.

분포 한국, 유럽

꼬막버섯

Hohenbuehelia petaloides (Bull.) Schulzer
Hohenbuehelia geogenia (DC.) Sing.

형태 균모의 지름은 2~8㎝로 느타리 모양-조개 모양이며 귀 모양, 깔때기 모양 또는 한쪽이 뚫린 깔때기 모양이다. 표면은 광택이 나며 밋밋하고 백색-회색, 연한 회색이다. 가장자리에 줄무늬 홈선이 있다. 주름살은 긴 내린 주름살로 포크형이고 유백색이다. 밀생하고 폭은 좁으며 주름살이 길게 밑 부분까지 이어진다. 자루는 길이가 1~3㎝, 굵기는 0.5~1㎝로 측생하고 오백색이며 털이 있다. 포자의 크기는 4.5~6×3~4.5㎛로 타원형이다. 표면은 매끈하고 이물질을 함유하며 포자벽은 얇다. 낭상체는 많고 무색 또는 옅은 황색에 벽이 두껍고 35~85×10~20㎛이다. 포자문은 백색이다.
생태 가을 / 부러진 나무, 그루터기, 땅에 묻힌 고목에 군생 · 속생한다. 식용한다.
분포 한국, 중국, 일본, 유럽

꼬막버섯(흙색형)

Hohenbuehelia geogenia (DC.) Sing.

형태 균모의 지름은 4~16㎝로 혀 모양, 조개 모양, 부채 모양이며 반원형에서 거의 깔때기형이다. 표면은 둔하다가 물결형이 되고 약간 광택이 나며 때때로 백색의 가루가 있다. 습할 때는 광택이 나며 건조하면 털상이고 회갈색-적갈색이다. 가장자리는 예리하고 부분적으로 안으로 말린다. 살은 백색이며 연하고 얇고 밀가루 냄새와 맛으로 온화하다. 주름살은 내린 주름살로 백색이고 폭이 넓다. 자루 쪽으로 포크상이다. 언저리는 물결형이며 톱니상이다. 자루의 길이는 2~6㎝, 굵기는 0.6~1.5㎝로 편심생이며 원통형이고 휘었다. 꼭대기는 맥상이고 약간 밋밋하며 아래는 털상이고 회갈색-황토색이다. 속은 차고 백색의 살색이다. 포자는 5.5~8.5×3.7~4.9㎛로 광타원형이며 표면은 매끈하고 투명하다. 포자문은 백색이다. 담자기는 20~25×5~7㎛로 가는 곤봉형이고 4-포자성이며 기부에 꺾쇠가 있다.

생태 여름~가을 / 젖은 땅, 톱밥 더미 등에 뭉쳐서 속생한다. 때때로 커다란 밀집된 군락을 형성한다.

분포 한국, 중국, 유럽

콩팥꼬막버섯

Hohenbuehelia reniformis (G. Mey.) Sing.

형태 균모의 지름은 0.7~2(3)㎝이며 반원형-부채형이다. 표면은 회색 또는 회갈색이며 가는 벨벳 모양이다. 살은 이중으로 되어 있는데, 상층은 회색의 젤라틴질이고 하층은 백색의 육질이다. 주름살은 내린 주름살로 백색-연한 회색이며 폭이 좁고 약간 촘촘하다. 자루가 짧거나 없으며 측생하고 담회갈색이다. 기부에 백색 털이 있고 살은 얇고 백색이다. 포자는 7.5~9.5×4~4.5㎛로 원추형-타원형이고 표면은 매끈하고 투명하다. 난아밀로이드 반응을 보인다.

생태 초여름 / 여러 가지의 활엽수 고목에 군생한다. 식독은 불분명하다.

분포 한국, 일본, 중국, 유럽

흰끝말림느타리

Pleurotus albellus (Pat.) Pegler

형태 균모의 지름은 4~11㎝로 중앙은 들어가고 깔때기형 또는 부채형이다. 시간이 지나면 표면이 찢어져 위쪽으로 말리며 인편 모양으로 된다. 표면은 백색으로 매끄럽고 편평하게 된다. 가장자리는 홈선의 주름무늬가 있다. 육질은 백색이고 광택이 나며 맛은 없다. 주름살은 짧은 내린 주름살로 백색이며 언저리는 미세하게 거치상이다. 자루의 길이는 1~8㎝, 굵기는 0.5~1.5㎝로 원추형이고 중심생, 측생, 편심생 등 다양하며 속은 차 있다. 표면은 백색으로 처음에 털이 있으며 나중에 털이 없어지고 매끈해지며 광택이 난다. 표피는 약간 갈라지며 기부에 여러 개가 붙어서 연결된다. 포자의 크기는 6~7×2.5~3㎛로 타원형 또는 난형-타원형이며 매끈하고 광택이 나며 투명하다.

생태 여름~가을 / 썩은 고목에 군생 · 속생한다. 식용한다. 목재부후균이다.

분포 한국, 중국

끝말림느타리

Pleurotus anaserinus Sacc.

형태 균모의 지름은 6~11㎝로 처음에 둥근 산 모양에서 차차 편평해지며 백색 바탕에 흑색의 섬유상 인편이 분포한다. 표면은 간혹 황갈색 또는 회갈색의 인편이 있는 것도 있으며 중앙에 밀포하여 검은색을 띤다. 가장자리에는 표피가 너덜너덜하게 부착한다. 살은 백색이고 얇다. 주름살은 끝붙은 주름살로 밀생하며 백색에서 적갈색으로 되었다가 흑색으로 된다. 자루의 길이는 8~13㎝, 굵기는 0.6~1.2㎝로 가는 원통형이다. 백색 또는 황백색이며 기부는 둥글고 굵다. 자루의 속은 비어 있으며 표면과 같은 색깔이다. 약간 섬유상으로 상처를 받으면 황갈색으로 되는 것도 있다. 턱받이는 대단히 커서 주름살 전체를 덮으나 시간이 지나면 떨어져서 자루의 아래쪽 턱받이로 부착한다. 포자의 크기는 5.8~6.8×3.5~4.3㎛로 타원형이며 끝이 뾰족하고 2중 막이다. 1~2개의 기름방울을 가지는 것도 있다. 아밀로이드 반응을 보인다. 포자문은 갈색이다. 연낭상체는 구형 또는 배 모양이며 벽은 얇고 투명하다.

생태 여름~가을 / 혼효림의 땅에 군생한다. 독버섯이다.

분포 한국

모자느타리

Pleurotus calyptratus (Lindbl. ex Fr.) Sacc.

형태 균모의 지름은 5~12㎝로 거의 부채형이다. 중앙은 처음에 들어가지만 차차 편평해지며 오백색에서 유백색으로 된다. 표면은 밋밋하고 미세한 흠선의 줄무늬가 있다. 털은 없으며 흡수성이고 어릴 때 갈라진다. 육질은 백색이고 약간 얇다. 주름살은 내린 주름살로 밀생하며 유백색이다. 폭은 약간 넓고 포크형이다. 자루의 길이는 0.5~1㎝, 굵기는 0.8~1㎝이며 하부는 가늘고 백색이다. 자루의 속은 차 있지만 자루가 없는 것도 있다. 포자의 크기는 9~12×3~5㎛로 장타원형이고 광택이 나며 표면은 매끈하고 투명하다.

생태 가을 / 썩은 고목에 속생한다.

분포 한국, 중국

노랑느타리

Pleurotus citrinopileatus Sing.
P. cornucopiae subs. citrinopilatus (Sing.) O. Hilber

형태 균모의 지름은 3~10㎝로 구형 또는 반구형이며 중앙부는 오목하고 나중에 펴져서 깔때기형으로 된다. 표면은 매끄러우나 끈적기는 없으며 황색-레몬색이고 오래되면 색깔이 연해진다. 육질은 백색이고 표피 아래는 황색으로 밀가루 냄새가 난다. 주름살은 내린 주름살로 다소 빽빽하며 포크형이다. 서로 융합하여 2~4회 분지하며 백색, 황백색이다. 자루의 길이는 2~5㎝, 굵기는 0.4~0.9㎝로 편심생이며 가끔 줄무늬홈선이 있고 속은 차 있다. 기부는 서로 맥상으로 연결된다. 포자의 크기는 7.5~9.5×3~4㎛로 원주형이며 표면은 매끄럽고 투명하며 무색이다. 포자문은 연한 자색 또는 암회색이다.
생태 여름~가을 / 느릅나무 등의 활엽수의 넘어진 나무나 그루터기 또는 오래된 살아 있는 나무에 군생 · 속생한다. 맛있는 식용균이다. 인공재배한다.
분포 한국, 중국, 일본, 아시아

흰느타리(맛느타리)

Pleurotus cornucopiae (Paul.) Rolland
P. sapidus Sacc.

형태 균모의 지름은 5~12㎝로 편평형이지만 중앙이 들어간 깔때기형이 되고 때때로 가장자리가 물결형이 되거나 갈라진다. 표면은 크림색에서 연한 황갈색으로 된다. 살은 백색이다. 주름살은 긴 내린 주름살이고 백색에서 연한 살구색으로 된다. 폭이 넓고 성기다. 자루의 길이는 3~8㎝, 굵기는 0.7~2.5㎝로 편심생, 중심생이며 주름살과 같은 색이나 오래되면 진한 색으로 된다. 포자의 크기는 8~11×3.5~5㎛로 약간 장타원형이다. 포자문은 연한 라일락색이다.
생태 봄~가을 / 참나무류, 활엽수 등의 죽은 나무나 그루터기에 여러 개의 자루가 기부에서 갈라져 나오며 속생한다. 식용한다.
분포 한국, 중국, 유럽, 북미

전복느타리

Pleurotus cystidiosus O. K. Miller
P. abalonus Y. H. Han, K. M. Chen & S. Cheng

형태 균모의 지름은 6~11㎝로 처음에 둥근 산 모양에서 차차 편평해지며 조개형-부채형이다. 표면은 거의 밋밋하고 처음에 암갈색에서 회갈색-황갈색으로 되었다가 거의 연한 황색으로 된다. 흑갈색의 미세한 인편이 있으며 중앙에 밀집하고 연기 갈색이다. 육질은 두껍고 치밀하며 백색이다. 주름살은 내린 주름살로 그 말단에 자루의 위에서 상호 맥상으로 연결되며 백색-엷은 크림색이고 약간 성기다. 자루의 길이는 1~4㎝, 굵기는 1~3.5㎝로 측생한다. 보통 짧고 굵지만 아래로 가늘며 가근상이고 털이 있다. 표면은 거의 밋밋하고 상부는 백색, 하부는 회색이고 기부에 거친 황갈색 털이 있다. 포자의 크기는 10~15×5~6㎛로 원주형, 장타원형이다. 담자기는 50~60×8~10㎛로 4-포자성이다. 연낭상체는 12.5~30×5~7.5㎛로 곤봉형-원추형이고 꼭대기에 1개의 치아 모양 또는 짧은 돌기를 가지며 벽이 두껍다. 포자문은 백색이다.

생태 초여름~가을 / 포플러나무, 살아 있는 나무 등의 상처 부위에 단생하거나 다수가 중첩하여 군생한다. 식용한다. 인공재배한다.

분포 한국, 대만(인공재배), 중국, 일본, 북미

분홍느타리

Pleurotus djamor (Rumph. ex Fr.) Boedijn
P. salmoneostramineus Lj. N. Vass.

형태 균모의 지름은 3~10.5㎝이고 조개형 또는 부채형이다. 처음 회홍색에서 선명한 가루상의 홍색으로 되었다가 퇴색하여 백색으로 된다. 육질은 분홍색이고 얇다. 가장자리는 물결형이 아래로 말린다. 주름살은 내린 주름살로 폭이 좁고 밀생한다. 자루는 짧거나 없다. 포자의 크기는 6~10×4~6㎛로 타원형이고 분홍색이다. 표면은 매끄럽고 투명하며 광택이 난다. 담자기는 4-포자성이다. 연낭상체는 곤봉형이다.
생태 여름~가을 / 고목에 속생한다. 식용한다. 인공재배한다.
분포 한국, 중국

큰느타리(새송이)

Pleurotus eryngii (DC.) Quél.
Pleurotus eryngii var. ferrulae (Lanzi) Sacc.

형태 균모의 지름은 5~10㎝로 처음 둥근 산 모양이다가 중앙이 들어간 깔때기 모양으로 된다. 균모의 주변부가 고랑 모양을 이루기도 하며 균모의 끝이 안쪽으로 말린다. 처음에는 표면에 미세한 털이 덮이나 이후에 매끄러워진다. 어릴 때는 칙칙한 백색이지만 점차 갈색이 진해지거나 회갈색으로 된다. 살은 두껍고 백색이며 단단하다. 주름살은 길게 내린 주름살이고 약간 성기다. 처음에는 흰색이나 연한 갈색-황갈색으로 된다. 자루의 길이는 3~10㎝, 굵기는 1~3㎝로 백색이고 약간 갈색이 있다. 중심생이나 약간 편심생이 되기도 한다. 포자는 9~13.2×4.3~5.7㎛로 원추형-타원형이다. 표면은 매끈하고 투명하며 기름방울을 함유한다. 포자문은 유백색이다.

생태 여름~가을 / 활엽수의 썩은 그루터기나 뿌리에 발생한다. 우수한 식용균이다. 인공재배한다.

분포 한국, 일본

아위느타리

Pleurotus eryngii var. **ferrulae** (Lanzi) Sacc.

형태 균모의 지름은 5~15㎝로 거의 반구형에서 점차 편평형으로 되며 나중에 중앙이 약간 들어간다. 표면은 처음 갈색에서 차차 연한 갈색으로 되며 빛이 나고 밋밋하다. 노후하면 갈라져서 거북이 등 같은 환문을 이룬다. 가장자리는 어릴 때는 아래로 말린다. 육질은 백색이고 두껍다. 주름살은 내린 주름살로 백색에서 연한 황색으로 되며 밀생한다. 자루의 길이는 2~6㎝, 굵기는 1~3㎝이고 편심생으로 백색이며 아래쪽으로 가늘고 속은 차 있다. 포자의 크기는 12~14×5~6㎛로 장방형의 타원형이다. 표면은 매끈하고 투명하며 광택이 나고 무색이다.
생태 봄 / 고목에 단생 · 속생한다. 식용한다.
분포 한국, 중국

부채느타리

Pleurotus flabellatus Sacc.

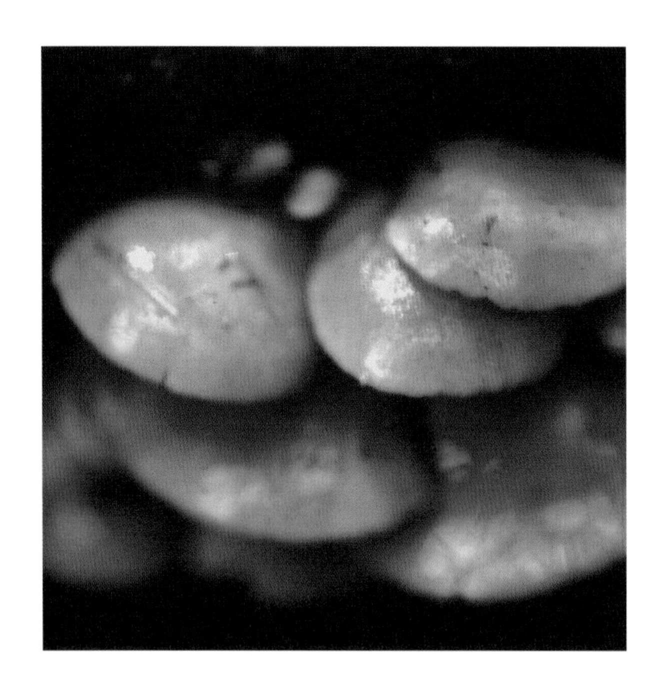

형태 균모의 지름은 2~7㎝로 반원형 또는 부채꼴에서 나중에 편평해진다. 표면은 광택이 나고 밋밋하며 백색이나 오래되면 약간 황색이 된다. 습기가 있을 때 가장자리에 미세한 줄무늬가 있고 간혹 갈라지는 것도 있다. 육질은 백색이고 자루 기부 부분의 살은 두껍다. 주름살은 내린 주름살로 백색이고 약간 밀생하며 포크형이다. 자루의 길이는 0.4~3㎝, 굵기는 0.5~1㎝로 짧고 측생한다. 위아래 굵기가 다르며 속은 육질로 차 있다. 표면은 백색의 털이 있다. 기부는 요철형이고 털이 있다. 포자의 크기는 6~9×3~3.5㎛로 타원형 또는 유원주형에 표면은 매끈하고 투명하며 포자벽은 얇다.

생태 여름~가을 / 혼효림의 땅에 군생한다. 독버섯이다.

분포 한국

투명느타리

Pleurotus limpidus (Fr.) P. Karst.

형태 균모의 지름은 2~4.5㎝로 반원형, 도란형이며 그 외에 신장 모양, 부채 모양 등 다양하다. 표면은 백색이고 광택이 나며 밋밋하다. 육질은 백색으로 얇고 연하다. 주름살은 내린 주름살로 백색이다. 치밀하고 밀생하며 반투명하다. 자루의 길이는 2~3㎝로 거의 원주형으로 측생하며 백색이다. 표면은 미세한 털이 있고 자루의 속은 차 있다. 포자의 크기는 5.6~8×3.5~4㎛로 장타원형이고 광택이 나며 표면은 매끈하고 투명하다. 포자문은 백색이다.

생태 여름~가을 / 상록활엽수의 넘어진 고목에 겹쳐서 군생한다. 식용한다. 싱싱하면 밤에 빛을 내기도 한다.

분포 한국, 중국

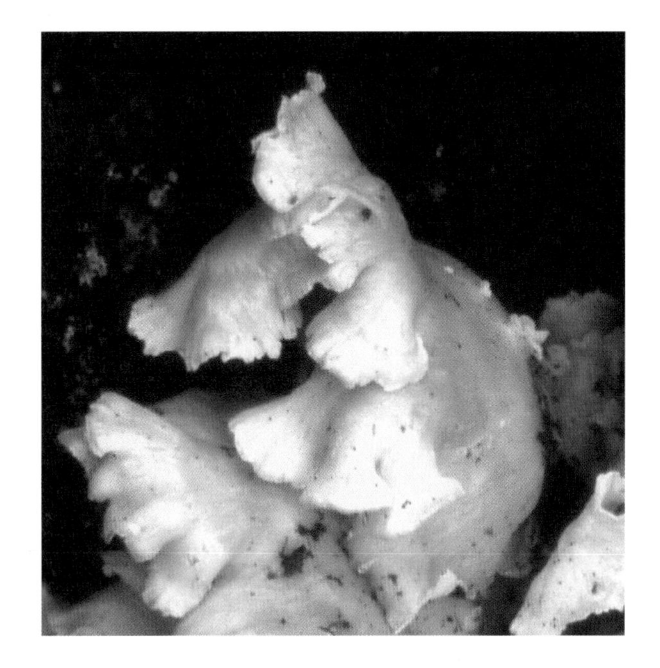

느타리

Pleurotus ostratus (Jacq.) Kummer

형태 균모의 지름은 5~17㎝로 둥근 산 모양에서 차차 펴져서 부채 모양, 조개껍질 모양, 신장 모양 등 여러 가지로 되며 때로는 중앙이 오목하여 깔때기형처럼 된다. 표면은 자주색에서 회색, 회백색, 어두운 백색으로 되며 매끄럽고 습기가 있다. 육질은 두껍고 탄력성이 있다. 향기롭고 백색이며 맛이 좋다. 가장자리는 처음에 아래로 감기나 나중에 펴진다. 주름살은 길게 내린 주름살로 서로 얽히고 다소 밀생하거나 성기며 백색이다. 자루의 길이는 1~3㎝, 굵기는 1~2㎝로 짧고 측생, 편심생, 중심생이며 세로줄의 홈선이 있고 백색이며 속이 차 있다. 기부에 백색의 짧고 미세한 털이 있다. 자루가 없는 것도 있다. 포자의 크기는 7.5~11×3~4㎛로 원주형이고 백색이며 표면은 매끄럽고 투명하다. 포자문은 백색이다.

생태 여름~가을 / 피나무, 자작나무, 황철나무, 사시나무 또는 버드나무 등의 활엽수의 고목, 그루터기 등에 군생하거나 중첩하여 발생한다. 맛있는 식용균이며 인공재배한다. 백색 부후균이다.

분포 한국, 중국 등 전 세계

산느타리

Pleurotus pulmonarius (Fr.) Quél.

형태 균모의 지름은 2~8㎝로 부채 모양, 조개껍질 모양으로 처음 흰색에서 연한 회색으로 되며 또는 약간 갈색에서 흰색, 연한 황색으로 되기도 한다. 균모가 느타리에 비해서 얇고 가장자리가 더 날카롭다. 살은 흰색이며 연하다. 주름살은 내린 주름살로 밀생하며 흰색에서 연한 황토색-흰색으로 된다. 자루의 길이는 매우 짧거나 없다. 자루가 있는 것은 0.5~1.5㎝ 정도로 측생한다. 포자의 크기는 7.5~11×3~4㎛로 원주형이며 표면은 매끈하고 투명하다. 포자문은 백색이다.

생태 여름~가을 / 활엽수의 그루터기나 쓰러진 등걸에 여러 개의 버섯이 중첩하여 군생한다. 식용한다.

분포 한국, 중국, 일본, 유럽, 북미

느타리아재비

Pleurotus spodoleucus (Fr.) Quél.

형태 균모의 지름은 3~7.5㎝로 둥근 산 모양에서 부채 모양으로 된다. 표면은 매끄러우며 백색이고 중앙부는 연한 황색이나 마르면 황갈색으로 된다. 육질은 두껍고 백색이며 맛은 온화하다. 주름살은 긴 내린 주름살이고 빽빽하며 폭은 넓고 백색이다. 자루의 길이는 3~9㎝, 굵기는 0.6~0.8㎝로 원주형이다. 편심생, 측생이고 백색이며 속은 차 있다. 포자의 크기는 7~8.5×4㎛로 원주형이며 표면은 매끄럽고 투명하며 백색이다. 포자문은 백색이다.
생태 여름 / 활엽수의 썩은 고목에 속생한다. 식용균이다.
분포 한국, 중국

주름균강 》 주름버섯목 》 느타리과 》 느타리속

사철느타리

Pleurotus floridanus Sing.

형태 균모의 지름은 3~12㎝로 저온일 때는 백색이고 고온일 때는 청남색, 황색에 백색이 가미된다. 자실체는 기와를 포개 놓은 모양이며 처음 반구형에서 편평해져서 부채형 또는 얕은 깔때기형으로 된다. 가장자리는 아래로 말리고 깊게 갈라지기도 한다. 살은 약간 얇고 백색이다. 주름살은 내린 주름살로 아래로 갈수록 가늘며 엷은 황백색에서 오래되면 연한 황색으로 된다. 밀생하나 드물게 성긴 것도 있다. 자루는 길이가 3~7㎝, 굵기는 1~2㎝로 측생하며 편심생, 중심생이며 가늘고 길다. 항상 자루 위에 맥상이 있다. 자루의 속은 차 있고 백색이며 기부에는 백색의 융모가 있다. 포자의 크기는 6~9×2.5~3㎛로 아구형이다. 포자문은 백색이다.

생태 여름~가을 / 활엽수의 썩은 고목에 군생한다. 식용한다.

분포 한국, 중국, 북미

주름균강 》 주름버섯목 》 난버섯과 》 난버섯속

회흑색난버섯

Pluteus cinereofuscus J. E. Lange

형태 균모의 지름은 1.5~3㎝로 원추형-종 모양에서 둥근 산 모양을 거쳐 편평하게 된다. 중앙은 들어가거나 볼록을 가지기도 한다. 표면은 밋밋하며 올리브색-갈색에서 회갈색으로 되며 중앙은 가끔 어두운 색이다. 가장자리는 희미한 줄무늬선이 있거나 없으며 예리하다. 살은 백색-밝은 회갈색으로 얇다. 냄새는 없으며 맛은 온화하고 떫은맛. 주름살은 끝붙은 주름살로 백색에서 회색-핑크색을 거쳐 핑크색-갈색으로 되며 폭은 넓다. 가장자리는 백색의 섬유상. 자루의 길이는 4~6㎝, 굵기는 0.25~0.6㎝로 원통형이고 비틀리며 부풀거나 기부로 가늘어진다. 미세한 세로줄의 백색 섬유실이 있다. 자루의 속은 비고 부서지기 쉬우며 백색에서 회색으로 된다. 포자는 6~9×5~7㎛로 광타원형, 매끈하고 투명하며 회색-핑크색이다. 담자기는 16~30×8~10㎛로 배불뚝이형이다. 4-포자성이며 기부에 꺾쇠는 없다. 연낭상체는 30~68×10~26㎛로 방추형이다. 측낭상체는 50~80×12~25㎛이다.

생태 여름~가을 / 숲속, 썩은 고목에 단생, 간혹 군생.

분포 한국, 중국, 유럽

큰난버섯

Pluteus admirabilis (Peck) Peck

형태 균모의 지름은 1~3㎝로 둥근 산 모양에서 차차 편평해지고 중앙에 작은 볼록이 있다가 약간 들어간다. 표면은 건조성이고 밝은 노란색에서 황갈색으로 되며 밋밋하고 중앙 쪽으로 주름진다. 가장자리는 줄무늬선이 있다. 살은 얇고 냄새와 맛은 불분명하다. 주름살은 끝붙은 주름살로 밀생하며 백색에서 노란색으로 되었다가 핑크색으로 변한다. 자루의 길이는 3~6㎝, 굵기는 0.1~0.25㎝로 부서지기 쉽다. 표면은 백색의 연한 노란색이고 밋밋하고 기부는 솜털상이다. 포자의 크기는 6~7×4.5~6㎛로 광타원형이며 표면은 매끈하고 투명하다. 포자문은 핑크색이다.
생태 여름~가을 / 썩은 고목에 군생한다. 식용한다.
분포 한국, 중국, 북미

흑갈색난버섯

Pluteus atrofusens Hongo

형태 균모의 지름은 2.5~4.5㎝로 둥근 산 모양에서 편평형으로 되고 가운데가 약간 오목하게 들어간다. 표면은 끈적기가 없고 흑갈색-거의 흑색이고 방사상의 섬유상으로 된다. 중심부에는 가는 인편이 밀생한다. 살은 흰색이고 얇으며 물기가 많은 편이다. 주름살은 떨어진 주름살로 처음에 흰색에서 살색으로 되며 폭이 약간 좁으나 촘촘하다. 주름살의 언저리는 가루상이다. 자루의 길이는 5~7.5㎝, 굵기는 0.2~0.3㎝로 위쪽으로 약간 가늘다. 표면은 섬유상으로 덮이고 균모보다 연한 색이다. 꼭대기는 거의 흰색이며 자루의 속은 차 있다. 포자의 크기는 7.5~8.5×6.5~7.5㎛로 구형-아구형이며 표면은 매끈하고 투명하다.

생태 여름~가을 / 썩은 보리 짚 또는 쓰레기 버린 곳에 군생 또는 소수가 속생한다.

분포 한국, 중국, 일본

끝검은난버섯

Pluteus atromaginatus (Konrad) Kühn.
P. nigrofloccosus (R. Schulz.) Favre / P. tricuspidatus Velen.

형태 균모는 지름 3.5~9㎝이며 종형 또는 반구형에서 편평해지고 중앙부는 둔하거나 조금 돌출한다. 표면은 거칠고 중앙에 가는 인편이 있고 황갈색 내지 흑갈색이다. 균모의 가장자리는 얇고 섬유상이며 줄무늬홈선은 없다. 살은 얇고 백색이나 표피 아래는 흑갈색이고 유연하다. 맛은 온화하다. 주름살은 떨어진 주름살이고 밀생하며 폭은 넓고 얇다. 백색에서 연한 오렌지색-갈색으로 된다. 주름살의 가장자리는 솜털 모양이고 흑갈색이다. 자루의 높이는 3.5~9㎝, 굵기는 0.4~0.9㎝이고 원주형이다. 표면은 균모와 같은 색이거나 연한 색깔이고 섬유상의 홈선이 있으며 하부에 가는 인편이 있다. 자루의 속은 차 있다. 포자의 크기는 6.5~7×4.5㎛로 타원형이다. 표면은 매끄럽고 투명하며 무색이거나 연한 황색이다. 포자문은 분홍색이다. 측낭상체는 72~80×18~22㎛로 방추형 또는 곤봉형이고 꼭대기에 2~3개의 뿔이 있고 무색이다. 연낭상체는 40~50×15~20㎛로 난형 또는 타원형으로 갈색의 물질이 들어 있다.

생태 여름~가을 / 침엽수 부목에 산생 · 속생한다. 식용한다.

분포 한국, 일본, 중국, 전 세계

끝검은난버섯(검은털형)

Pluteus nigrofloccosus (R. Schulz.) Favre

형태 균모의 지름은 4~8㎝로 어릴 때 원추형-반구형이다가 후에 둥근 산 모양에서 편평하게 되며 중앙에 둔한 볼록이 있다. 표면은 둔하고 미세한 방사상의 섬유실이 압착된 인편으로 된다. 습할 때는 버터 같고 검은 황토색에서 회갈색으로 되며 중앙은 더 검다. 가장자리는 보통 연한 색이고 예리하며 때로는 줄무늬선이 있다. 살은 백색이며 표피 밑은 회갈색이다. 균모 중앙의 살은 두껍고 가장자리로 갈수록 얇으며 곰팡이 냄새가 나고 맛은 온화하며 무미건조하다. 주름살은 끝붙은 주름살이고 어릴 때 백색이 핑크색-갈색으로 되며 폭은 넓다. 언저리는 검은 올리브색-갈색이다. 자루의 길이는 4~8㎝, 굵기는 0.8~1.5㎝로 원통형이며 기부 쪽으로 부풀고 약간 곤봉형이다. 부서지기 쉽고 속은 차며 표면 전체가 백색의 바탕에 회갈색 섬유실로 덮인다. 포자는 5.3~8.1×3.8~5.3㎛로 광타원형이며 표면은 매끈하고 투명하며 핑크색-회색이다. 포자문은 적갈색이다. 담자기는 22~35×8~10㎛로 곤봉형-배불뚝이형이며 4-포자성이고 어떤 것은 기부에 꺾쇠가 있다.

생태 초여름~가을 / 숲속, 죽은 침엽수의 밑동, 나무 등에 단생 · 군생 · 속생한다.

분포 한국, 유럽, 북미, 아시아

빨간난버섯

Pluteus aurantiorugosus (Trog.) Sacc.

형태 균모는 지름 2~4.5㎝이며 종 모양 또는 반구형에서 편평해지고 중앙부는 둔하거나 조금 돌출한다. 표면은 습기가 있고 오렌지색-홍색이며 중앙은 색깔이 진하다. 가장자리는 습기가 있을 때 짧은 줄무늬홈선이 있다. 살은 얇고 백색이며 표피 아래는 분홍색을 띤다. 주름살은 떨어진 주름살이고 밀생하며 너비는 넓은 편이다. 백색이나 나중에 분홍색으로 된다. 자루는 높이가 2.5~6㎝, 굵기는 0.3~0.5㎝로 원주형이고 가끔 구부정하다. 기부의 위쪽은 오렌지색-홍색이나 나중에 오렌지색-황색으로 되고 섬유질이다. 자루의 속은 비어 있다. 포자의 크기는 5~6×4.5~5㎛로 아구형이며 표면은 매끄럽다. 포자문은 분홍색이다. 연낭상체는 33~55×15~25㎛로 방추형 또는 주머니 모양이다. 균모 표피의 세포 지름은 22~33㎛로 구형이고 오렌지색이다.

생태 여름~가을 / 잣나무, 활엽수 등의 혼성림 속의 부목에 단생 · 군생한다.

분포 한국, 일본, 중국

난버섯

Pluteus cervinus (Schaeff.) Kumm.
P. atricapillus (Batsch) Fayod

형태 균모는 지름 3~4㎝이며 종 모양에서 차차 편평해진다. 균모의 표면은 습기가 있을 때 끈적기가 있으며 암회색 또는 회갈색이다. 중앙은 색깔이 진하고 매끄럽거나 진한 방사상의 섬유상 인편으로 덮인다. 살은 백색으로 얇고 유연하며 맛이 유화하나 냄새는 좋지 않다. 주름살은 떨어진 주름살이고 밀생한다. 폭은 넓고 길이는 같지 않으며 백색에서 분홍색으로 된다. 자루는 높이가 4.5~9㎝, 굵기는 0.5~1㎝이며 위아래의 굵기가 같거나 아래로 가늘어진다. 상부는 백색이고 매끄럽거나 회흑색의 섬유모가 있으며 하부는 균모와 같은 색이다. 자루는 속이 차 있으며 기부는 둥근 모양으로 부풀었다. 포자의 크기는 6.5~7.5×4.5~5.5㎛로 타원형이다. 표면은 매끄럽고 투명하며 무색이다. 포자문은 분홍색이다. 낭상체는 60~85×14~20㎛로 방추형이고 꼭대기에 3~5개의 뿔이 있다.

생태 봄~가을 / 잣나무, 활엽수림 속의 땅 또는 부목에 단생 · 산생한다. 소나무와 외생균근을 형성한다. 식용한다.

분포 한국, 중국, 유럽, 북미, 거의 전 세계

꾀꼬리난버섯

Pluteus chrysophaeus (Schaeff.) Quél.
P. luteovirens Rea

형태 균모는 지름이 2~4㎝로 종 모양에서 둥근 산 모양을 거쳐 편평해지나 중앙이 약간 볼록하다. 표면은 겨자의 노란색에서 올리브 황토색으로 된다. 살은 얇고 맛과 냄새는 불분명하다. 주름살은 떨어진 주름살로 백색에서 핑크색으로 되며 노란색은 없다. 자루의 길이는 2~6㎝, 굵기는 0.2~0.5㎝로 백색에서 크림색으로 되고 기부는 노란색이다. 포자의 크기는 5~6×5㎛로 아구형이고 표면은 매끈하고 투명하다. 포자문은 핑크색이다. 측낭상체는 병 모양으로 벽이 얇다.
생태 여름 / 썩은 고목에 군생한다.
분포 한국, 중국, 유럽

운모난버섯

Pluteus diettrichii Bres.

형태 균모의 지름은 3~4cm로 어릴 때 원형-종 모양에서 둥근 산 모양을 거쳐 편평하게 되며 중앙은 들어가고 한가운데에 낮은 둔한 볼록을 가진다. 때때로 노쇠하면 가장자리가 들어 올려진다. 표면은 건조성이고 무디며 미세한 운모상의 털은 과립상과 이랑의 맥상으로 연결된다. 가장자리 쪽으로 그물눈 모양이다. 크림색이며 살은 그물눈 사이로 드러나는데 검은색-흑갈색이다. 가장자리 쪽으로 연한 색이고 예리하며 갈라진다. 살은 크림색으로 얇고 냄새는 없으며 맛은 온화하고 곰팡이와 비슷하나 분명치는 않다. 주름살은 끝붙은 주름살로 오랫동안 짙은 크림색이고 나중에 핑크색으로 되며 폭은 넓다. 언저리는 솜털상이다. 자루의 길이는 3~6cm, 굵기는 0.4~0.7cm이며 원통형이다. 속은 차고 노쇠하면 비며 단단하다. 표면은 전체가 크림색이고 은색-백색의 섬유실로 덮이며 나중에 회갈색으로 된다. 기부는 약간 부풀고 백색의 털상이다. 포자는 7.4~10.5×5.2~6.6㎛로 타원형-난형이며 표면은 매끈하고 투명하며 회색-핑크색이다. 포자문은 적황토색이다. 담자기는 곤봉형이고 27~41×9~11㎛로 4-포자성이며 기부에 꺾쇠는 없다.

생태 여름~가을 / 길가를 따라서 모래땅과 썩은 나뭇잎 등에 단생한다. 드문 종이다.

분포 한국, 유럽

흑노랑난버섯

Pluteus flavofuligenus G. F. Atk.

형태 균모의 지름은 2~8㎝로 종 모양에서 차차 편평해지며 작은 볼록이 있다. 질은 흑노란색에서 녹황색으로 되고 이후 노란색-황토색으로 되며 벨벳과 비슷한 모양이다. 주름살은 끝붙은 주름살로 폭이 넓고 촘촘하며 처음에 백색이 퇴색하여 핑크색으로 된다. 자루의 길이는 4~10㎝, 굵기는 0.4~0.8㎝로 위아래가 같은 굵기이며 핑크색에서 노쇠하면 노란색으로 된다. 살은 노란색이고 냄새는 분명치 않으며 맛도 분명치 않다. 포자는 6~7×4.5~5.5㎛로 난형이고 표면은 매끈하고 투명하다. 포자문은 핑크색이다. 측낭상체는 많으며 끝은 날카롭다.
생태 여름~가을 / 활엽수림의 쓰러진 나무에 단생 · 군생한다. 식용한다.
분포 한국, 북미

과립난버섯

Pluteus granularis Peck

형태 균모의 지름은 2~6㎝로 어릴 때 둥근 산 모양이다가 넓은 둥근 산 모양에서 거의 편평하게 되며 중앙에 볼록이 있다. 표면은 주름지고 중앙부터 가장자리까지 줄무늬홈선이 있다. 표면에 부착된 알갱이는 벨벳 모양으로 되며 중앙은 갈색으로 이랑 사이에 노란색이 있다. 살은 노란색이고 냄새는 분명치 않으며 맛은 좋지 않다. 주름살은 끝붙은 주름살로 촘촘하며 백색에서 핑크색으로 된다. 자루의 길이는 3~7㎝, 굵기는 0.2~0.6㎝로 위아래의 굵기가 거의 같으며 벨벳 모양이다. 건조성이며 갈색 또는 연한 색이다. 자루의 속은 차 있다. 포자는 5~6.5×4~5㎛로 광타원형이며 표면은 매끈하고 투명하다. 포자문은 둔한 핑크색이다.
생태 여름~가을 / 참나무류 또는 침엽수의 썩은 고목에 단생 또는 산생한다. 흔한 종이다. 식용 여부는 모른다.
분포 한국, 북미

갈잎난버섯

Pluteus exiguus (Pat.) Sacc.

형태 균모의 지름은 0.7~1.5㎝로 어릴 때는 반구형에서 낮은 둥근 산 모양으로 된다. 표면은 흡수성이고 미세하게 알갱이 모양의 비늘이 있다. 습할 때는 가장자리에서 균모의 중간 정도까지 반투명한 줄무늬가 있으며 황토색-갈색이다. 건조할 때는 크림색-베이지색이다. 가장자리는 날카롭고 다소 물결 모양이며 굴곡이 있다. 살은 백색이고 얇다. 주름살은 떨어진 주름살이고 흰색-크림 분홍색이며 촘촘하다. 언저리에는 미세하게 백색의 섬모가 있다. 자루의 길이는 1~2.5㎝, 굵기는 2㎝ 정도로 원추형이다. 기부는 작은 구형이고 속이 차 있으며 부러지기 쉽다. 표면은 흰색이고 전체에 미세한 털이 있다. 포자는 5.7~8.2×5~6.8㎛로 넓은 타원형-아구형이다. 표면은 매끈하고 투명하며 막이 두껍다. 포자문은 적갈색이다.
생태 여름~가을 / 숲속에 떨어진 나뭇가지, 작은 가지에 단생한다.
분포 한국, 유럽

명갈색난버섯

Pluteus ephebeus (Fr.) Gillet
P. murinus Bres. / P. lepiotoides A. Pearson

형태 균모의 지름은 3~7㎝로 반구형-종 모양에서 둥근 산 모양을 거쳐 편평해지지만 중앙이 돌출한다. 표면은 회갈색, 베이지색-갈색이고 털이 덮이며 방사상으로 섬유가 덮인다. 중앙은 흑갈색의 인편이 밀집된다. 가장자리 쪽으로 인편이 거의 없거나 눌려 붙어 있으며 날카롭거나 무딘 톱니꼴이 되기도 한다. 살은 백색이고 얇다. 주름살은 떨어진 주름살로 처음에는 백색에서 칙칙한 분홍색, 오렌지색-분홍색으로 되며 폭이 넓고 빽빽하다. 주름살의 변두리는 유백색이며 치아 모양이다. 자루의 길이는 5~7㎝, 굵기는 0.3~0.5㎝로 원추형이고 기부는 굵어지며 부러지기 쉽다. 표면은 밋밋하고 백색 또는 회갈색 섬유가 아래쪽으로 덮이며 부분적으로 섬유상으로 덮이거나 인편이 분포한다. 자루의 속은 차 있다. 포자는 6.5~8×5.5~7㎛로 유구형-타원형이다. 광택이 나며 표면은 매끄럽고 투명하다. 낭상체는 14~25×4.5~6.5㎛이다.
생태 여름~가을 / 숲속의 그늘지고 습기 많은 땅, 나뭇가지를 버린 곳, 톱밥 등에 난다.
분포 한국, 중국, 유럽

명갈색난버섯(쥐색형)

Pluteus murinus Bres.

형태 자실체는 비교적 소형이며 균모의 지름은 3~5.5㎝로 편반구형에서 차차 편평해지며 중앙은 볼록하다. 회갈색이며 작은 인편이 있고 항상 표면이 갈라진다. 살은 백색이며 얇다. 주름살은 떨어진 주름살로 분홍색이며 밀생한다. 자루의 길이는 3~6㎝, 굵기는 0.3~0.4㎝로 원주형이다. 백색이고 털이 있으며 흔히 만곡지며 속은 차 있다. 포자의 크기는 6.5~8×5.5~7㎛로 타원형 또는 아구형이며 광택이 나고 표면은 매끈하고 투명하다. 낭상체는 4.5~6.5×14~25㎛로 4-포자성이다.
생태 여름~가을 / 숲속의 땅에 단생 · 군생한다.
분포 한국, 중국, 유럽

연기색난버섯

Pluteus griseoluridus P. D. Orton

형태 균모의 지름은 1~4㎝로 처음에 둥근 산 모양에서 차차 편평하게 펴지나 중앙에 예리한 볼록이 있다. 회갈색에서 약간 붉은색이며 중앙의 볼록은 거의 검다. 방사상으로 갈라져서 살이 보이기도 한다. 살은 연한 갈색에서 백색으로 된다. 맛과 냄새는 불분명하다. 자루의 길이는 2~5.5㎝, 굵기는 0.15~0.4㎝로 위아래가 같은 굵기이거나 위쪽으로 가늘다. 표면은 은색의 비단결 같다. 주름살은 끝붙은 주름살로 백색에서 연한 핑크색-연한 황갈색으로 되었다가 핑크색으로 된다. 포자의 크기는 6~8×5~6㎛로 광타원형이며 표면은 매끈하고 투명하다.

생태 가을 / 활엽수의 썩은 재목 또는 나무 부스러기 더미에 단생하나 때로는 작은 집단으로 발생하기도 한다. 매우 드문 종이다.

분포 한국, 유럽

노랑난버섯

Pluteus leonius (Schaeff.) Kummer

형태 균모는 지름이 2~7㎝이며 반구형 또는 종 모양에서 차차 편평해지며 중앙부는 조금 돌출한다. 표면은 습기가 있으며 황색, 녹황색, 오렌지색-황색 등이고 털은 없으며 비단의 광택이 난다. 가장자리는 전연이며 줄무늬홈선이 없다. 살은 얇고 부서지기 쉬우며 백색 또는 황백색으로 맛은 유화하다. 주름살은 떨어진 주름살로 밀생하며 폭은 넓다. 얇으며 처음 백색에서 분홍색으로 된다. 가장자리는 황색이나 나중에 분홍색으로 된다. 자루는 높이가 3~9㎝, 굵기는 0.5~1.4㎝로 위아래의 굵기가 같거나 위로 가늘어진다. 기부는 조금 불룩하고 투명한 백색 또는 황백색이며 털이 없거나 비단실 같은 줄무늬선이 있다. 자루는 부서지기 쉽고 속이 차 있다. 포자의 크기는 6~7×5~6㎛로 난형, 아구형이며 표면은 매끄럽고 투명하며 황색을 띤다. 포자문은 분홍색이다. 낭상체는 많고 방추형이다. 균모 표피의 세포는 방추형이다.

생태 봄~가을 / 활엽수 고목에 군생 · 속생한다.

분포 한국, 중국, 유럽, 북미, 전 세계

긴줄난버섯

Pluteus longistriatus (Peck) Peck

형태 균모의 지름은 1~5㎝로 원추형-둥근 산 모양, 종 모양이며 차차 편평하게 되며 중앙에 낮은 볼록이 있거나 없다. 중앙으로 강한 줄무늬선, 고랑을 가지며 회색 또는 회갈색이고 알갱이가 있다. 살은 매우 얇고 부드럽고 유연하다. 주름살은 끝붙은 주름살이고 백색에서 살색-핑크색으로 된다. 밀생하거나 촘촘하며 폭은 넓고 매우 부드럽다. 자루의 길이는 2~8㎝, 굵기는 0.15~0.4㎝로 위아래가 같은 굵기이며 흔히 기부로 부푼다. 백색이며 세로줄의 섬유실 줄무늬가 있고 연하고 쉽게 부서진다. 냄새와 맛은 분명치 않다. 포자문은 살색-핑크색이고 포자는 6~7.5×5~5.5㎛로 타원형이다. 표면은 매끈하고 투명하며 무색이다. 난아밀로이드 반응을 보인다. 낭상체의 벽은 얇고 대부분이 부푼다.
생태 여름~가을 / 썩은 침엽수의 고목, 나무 부스러기에 단생 · 산생 · 속생한다.
분포 한국, 북미

빛난버섯

Pluteus luctuosus Boud.

형태 균모의 지름은 2~5㎝로 처음 둥근 산 모양에서 차차 편평해진다. 중앙이 미세하게 갈라지며 그 외는 미세한 벨벳이다. 표면은 회색의 분홍색이다. 살은 백색에서 회색이며 맛과 냄새는 불분명하다. 주름살은 끝붙은 주름살로 백색에서 핑크색으로 되며 가장자리는 흑갈색이다. 자루의 길이는 2~6㎝, 굵기는 0.5~1㎝로 원통형이며 위쪽으로 가늘어진다. 꼭대기는 미세한 백색의 털이 있으며 기부에 보통 백색의 털이 있다. 포자의 크기는 6~8×5~7㎛로 아구형 또는 광타원형이며 표면은 매끈하고 투명하다. 포자문은 핑크색이다.

생태 가을 / 고목, 활엽수의 나무 쓰레기 등에 단생 · 군생한다. 매우 드문 종이다.

분포 한국, 중국, 영국, 전 세계

애기난버섯

Pluteus nanus (Pers.) Kummer
P. nanus f. nanus (Pers.) P. Kummer

형태 균모의 지름은 1.5~3㎝로 어릴 때는 원추형의 종 모양에서 둥근 산 모양을 거쳐 편평형이 되지만 흔히 가운데가 높게 돌출한다. 표면은 가루상이고 회갈색이지만 중앙부는 흑갈색이며 때에 따라 중앙에 가는 맥상의 주름이 있다. 가장자리에 습기가 있을 때 미세한 줄무늬선이 나타난다. 살은 얇고 백색이며 냄새는 없고 맛은 온화하다. 주름살은 떨어진 주름살로 처음에는 흰색에서 연한 살색, 분홍색으로 되고 폭이 넓으며 촘촘하다. 가장자리는 밋밋하다. 자루의 길이는 2~5㎝, 굵기는 0.2~0.5㎝로 원통형이다. 부분적으로 세로줄무늬홈선이 있고 비틀리며 부서지기 쉽다. 자루의 속은 차 있다. 표면은 섬유상으로 덮이며 흰색-연한 갈색을 띤다. 포자의 크기는 6.3~8.5×5~7.1㎛로 아구형-광타원형이고 핑크색-회색이며 표면은 매끄럽다. 포자문은 오렌지색-갈색이다. 담자기는 23~35×6~8.5㎛로 배불뚝이형-원통형이고 4-포자성이다.

생태 여름~가을 / 숲속의 낙지나 썩은 나무에 발생한다. 드문 종이다.

분포 한국, 중국, 유럽, 북반구 일대

마귀난버섯

Pluteus pantherinus Courtrc. & M. Uchida

형태 균모의 지름은 4~7.5㎝로 종 모양-둥근 모양에서 편평형으로 되며 시간이 지나면 중앙이 약간 들어가기도 한다. 표면은 건조하고 미세한 벨벳 모양이며 갈색-암황토색 바탕에 유백색-황백색의 크고 작은 반점상 얼룩이 밀포한다. 가장자리에 줄무늬 홈선이 있다. 살은 연한 황색-백색이며 두껍다. 주름살은 끝붙은 주름살로 백색에서 살색으로 된다. 폭이 넓거나 다소 좁고 촘촘하다. 자루의 길이는 5~7㎝, 굵기는 0.4~0.5㎝로 원주형이며 위아래가 같은 굵기이나 간혹 위쪽이 약간 가는 것도 있다. 표면은 백황색이고 섬유상으로 덮이며 다소 만곡된다. 자루의 속이 차 있고 단단한 편이다. 포자는 6.1~6.5×4.5~4.8㎛로 광타원형-아구형이며 벽이 얇다. 포자문은 적색이다.
생태 초여름~가을 / 활엽수의 썩은 줄기에 발생한다.
분포 한국, 일본, 북미

갈색비늘난버섯

Pluteus petasatus (Fr.) Gill.
P. patricius (S. Schulz.) Boud.

형태 균모의 지름은 5~15㎝, 원추형-종 모양에서 둥근 산 모양을 거쳐 차차 편평형으로 되지만 중앙이 약간 돌출한다. 표면은 흰색-크림색 바탕에 미세한 갈색의 인편이 방사상으로 분포되어 있는데 중앙은 강하게 눌려 붙어 있다. 가장자리는 백색이며 밋밋하다. 살은 백색이며 두껍고 상처를 입어도 변하지 않는다. 주름살은 떨어진 주름살로 처음에는 흰색에서 연한 살색으로 되고 폭이 넓으며 빽빽하다. 자루의 길이는 6~8㎝, 굵기는 1~2㎝로 아래쪽이 굵거나 곤봉형이다. 꼭대기는 백색이고 아래쪽은 칙칙한 백색이다. 기부는 갈색의 섬유상 인편으로 덮인다. 자루의 속은 차 있다. 포자의 크기는 6~7.5×4~5㎛로 광타원형이다. 표면은 매끄럽고 투명하며 회색-분홍색이다. 포자문은 황토 적색이다.
생태 봄~가을 / 활엽수의 썩은 나무나 톱밥에 발생한다.
분포 한국, 중국, 유럽, 북반구 온대

망사난버섯

Pluteus phlebophorus (Ditm.) Kumm.

형태 균모는 지름이 2~7㎝이며 반구형에서 호빵형을 거쳐 편평해지고 중앙은 약간 돌출한다. 균모 표면은 암다색-암육계색 또는 황갈색으로 되며 흑색의 늑맥 , 주름이 있으나 중앙은 반반하고 매끈하다. 가장자리에 줄무늬홈선은 없다. 살은 얇고 연약하며 백색으로 맛은 유화하다. 주름살은 떨어진 주름살이고 밀생하며 폭이 넓고 백색에서 살색으로 된다. 자루는 높이가 2~7㎝, 굵기는 0.5~0.9㎝이며 원주형이고 기부가 다소 불룩하며 구부정하다. 표면은 백색이며 털이 없고 비단 광택이 난다. 자루는 속이 비어 있다. 포자의 크기는 5~6.5×4~5㎛로 아구형, 광타원형이며 표면은 매끄럽고 투명하며 무색이다. 포자문은 붉은 인주색이다. 낭상체는 여러 가지 모양으로 40~75×17~31㎛이다.
생태 여름~가을 / 피나무 등의 부목에 단생 · 군생한다.
분포 한국, 중국

살갗난버섯

Pluteus plautus (Weinm.) Gill.
P. depauperatus Romagn. / Pluteus plautus (Weinm) Gill. white form

형태 균모의 지름은 2.5~5㎝로 원추형-종 모양에서 둥근 산 모양으로 되었다가 차차 편평해지며 중앙이 약간 돌출하기도 한다. 흡수성이고 표면은 방사상으로 얕은 줄무늬홈선이나 줄무늬가 있고 연한 황토색-연한 갈색이다. 건조할 때는 유백색이 되며 중앙에는 미세한 황토색 또는 연한 황갈색의 인편이 덮인다. 살은 얇고 백색이다. 주름살은 떨어진 주름살로 백색에서 연한 살색으로 되며 폭이 넓고 빽빽하다. 자루의 길이는 2.5~4㎝, 굵기는 0.2~0.4㎝로 원추형이고 백색에서 황색으로 된다. 기부가 다소 굵고 미세하게 거스름 모양의 털이 있다. 표면은 광택이 나며 밋밋하고 자루의 속은 차고 부러지기 쉽다. 포자의 크기는 7~8×5.5~6.5㎛로 광타원형-아구형이며 표면은 매끄럽고 투명하다. 포자문은 적갈색이다.

생태 여름~가을 / 죽은 활엽수나 드물게 침엽수에도 나며 그루터기, 톱밥 등에 단생 또는 산생한다.

분포 한국, 중국, 유럽

살갗난버섯(원시형)

Pluteus depauperatus Romagn.

형태 자실체는 소형균으로 균모의 지름은 2.5~4㎝이고 편반구형 또는 편평한 반구형에서 편평해진다. 표면은 분회색이며 중앙은 진한 색이다. 밋밋하고 광택이 나며 후에 작은 인편이 생기거나 균열된다. 가장자리는 줄무늬홈선이 있다. 살은 오백색이고 얇고 주름살은 백색 또는 분홍색-갈색이다. 주름살은 떨어진 주름살로 밀생하며 길이가 다르다. 자루의 길이는 3~5㎝, 굵기는 0.3~0.4㎝로 원주형이다. 백색이고 아래는 황색이며 기부는 부푼다. 포자는 7~8×5.5~6.8㎛로 무색이며 타원형 또는 아구형이다. 표면은 매끈하고 투명하며 광택이 난다. 낭상체는 무색이며 60~180×15~35㎛로 막대기 모양이다.

생태 가을 / 활엽수의 썩은 고목에 군생한다.

분포 한국, 중국

살갗난버섯(백색형)

Pluteus plautus (Weinm) Gill. white form

형태 균모의 지름은 2~5㎝로 어릴 때는 원추형-종 모양이었다가 후에 둥근 산 모양에서 차차 편평형이 되며 중앙이 약간 돌출되기도 한다. 흡수성이고 표면은 백색-연한 크림색 또는 담황토색-담갈색형이며 미세하게 방사상의 백색 털이 밀포한다. 습할 때 가장자리 쪽으로 강한 줄무늬선 또는 줄무늬홈선이 있다. 살은 백색이고 얇다. 주름살은 떨어진 주름살이고 어릴 때는 백색이다가 오래되면 연어색-살색이 되며 폭이 넓고 촘촘한 편이다. 자루의 길이는 2~4㎝, 굵기는 0.2~0.4㎝로 원주형이며 기부는 간혹 약간 부푼다. 자루의 속이 차 있고 부러지기 쉽다. 표면은 밋밋하고 광택이 나며 백색이고 약간 황색기가 있다. 세로로 약간 섬유상이며 미세하게 거스름 모양의 털이 있다. 포자는 6.3~9.3×5.6~8.3㎛로 아구형이며 표면은 매끈하고 투명하다. 포자문은 적갈색이다.

생태 여름~가을 / 주로 죽은 활엽수에 나고 드물게 침엽수에도 나며 그루터기, 톱밥 등에서 단생 또는 드문드문 산생한다.

분포 한국, 유럽

톱밥난버섯

Pluteus podospileus Sacc. & Cub.
P. podospileus var. minutissimus Wasser

형태 균모의 지름은 7~17㎝로 어릴 때는 반구형, 원추형, 종 모양이나 이후 둔한 돌출을 가진 편평형으로 된다. 표면은 미세한 벨벳형으로 둔하다. 중앙은 암적갈색이고 미세한 사마귀 모양처럼 되기도 하며 미세하게 갈라지기도 한다. 살은 백색이며 얇다. 가장자리는 날카롭고 희미한 줄무늬가 나타나기도 한다. 주름살은 떨어진 주름살로 백색에서 분홍색으로 되고 나중에 분홍색-갈색이 된다. 폭이 넓고 빽빽하거나 약간 빽빽하다. 주름살의 언저리는 갈색의 미세한 털이 있다. 자루의 길이는 1.5~2.5㎝, 굵기는 0.1~0.2㎝로 원주형이며 기부는 약간 구근상이다. 어릴 때는 속이 차 있으나 오래되면 속이 비며 탄력성이 있다. 표면은 백색의 세로로 된 섬유상으로 피복되며 때때로 기부에 갈색의 털이 있다. 포자의 크기는 5.4~7.8×5~7㎛로 아구형이다. 표면은 매끈하고 투명하며 회분홍색으로 포자벽은 얇다. 포자문은 적갈색이다.
생태 여름~가을 / 활엽수의 썩은 나무나 땅에 단생 · 군생한다.
분포 한국, 중국, 유럽

으뜸난버섯

Pluteus primus Bonnard

형태 균모의 지름은 4~10㎝로 어릴 때 반구형에서 차차 원추형-둥근 산 모양으로 되었다가 편평하게 되며 때때로 중앙은 톱니상이다. 표면은 밋밋하고 매끈하다가 무디다. 습할 때는 미끈거리며 중앙 쪽으로 황토색-갈색, 검은색-밤갈색으로 된다. 가장자리는 예리하고 밋밋하다. 살은 백색으로 얇고 약간 감자 같은 냄새가 나며 맛은 온화하다. 주름살은 끝붙은 주름살로 어릴 때 백색에서 회색을 거쳐 살색-핑크색으로 되며 폭은 넓다. 언저리는 밋밋하다가 미세한 백색의 섬모실을 가진다. 자루의 길이는 4~10㎝, 굵기는 0.7~2㎝로 원통형이다. 기부는 약간 부풀고 속은 차며 부서지기 쉽다. 표면은 밋밋하지만 약간 백색의 섬유실로 되며 세로줄무늬가 있다. 어릴 때 백색이고 기부로 회갈색이 많아진다. 포자는 6.8~9.6×5.1~6.4㎛로 광타원형이다. 표면은 매끈하고 투명하며 핑크색-회색이다. 포자문은 적황토색이다. 담자기는 21~28×8~10㎛로 원통형-배불뚝이형이며 2~4-포자성이고 가끔 기부에 꺾쇠가 있다.

생태 봄~가을 / 숲속, 침엽수의 등걸 주위에 단생하거나 몇 개가 집단을 이루어 발생하며 드물게 속생한다. 드문 종이다.

분포 한국, 유럽

찢어진난버섯

Pluteus rimosus Murrill

형태 균모의 지름은 2~7㎝로 거의 반구형에서 불규칙한 편평형으로 되었다가 고른 편평한 형으로 된다. 표면은 회갈색 또는 갈색으로 줄무늬홈선이 있으며 갈라지기도 한다. 살은 백색으로 두껍다. 주름살은 떨어진 주름살로 오백색, 분홍색이며 길이가 다르다. 자루의 길이는 3~8㎝, 굵기는 0.5~0.8㎝로 원주형이며 오백색 또는 회갈색의 긴 줄무늬홈선이 있다. 자루의 속은 차 있다. 포자의 크기는 6~7.5×4~6.5㎛로 아구형이며 표면은 매끈하고 투명하며 광택이 있고 무색이다.

생태 여름~가을 / 숲속의 땅에 군생한다. 식독은 불분명하다.

분포 한국, 중국

노란대난버섯

Pluteus romellii (Britz.) Sacc.

형태 균모의 지름은 2~4.2㎝로 어릴 때는 둥근 산 모양에서 후에 넓게 펴진 둥근 산 모양이다가 편평해지며 중앙이 약간 오목하게 들어간다. 표면은 건조하며 어릴 때는 녹슨 갈색-암갈색이었다가 후에 연한 오렌지색-담갈색 또는 황갈색으로 되며 중앙이 약간 진하다. 방사상으로 미세하게 잔주름이 잡힌다. 가장자리는 밋밋하고 흔히 물결 모양으로 굴곡되기도 한다. 살은 유백색이며 중앙이 두껍고 자루의 살은 연한 황색이다. 주름살은 떨어진 주름살로 백색에서 후에 진한 분홍색으로 되며 폭이 매우 넓고 다소 촘촘하다. 언저리는 다소 유백색으로 가루상이다. 자루의 길이는 2.5~6.4㎝, 굵기는 0.15~0.4㎝로 원주형이며 위아래가 같은 굵기이거나 기부가 다소 굵어진다. 표면은 건조하며 황색, 레몬색-황색, 회황색으로 세로로 섬유상이 덮이나 면모상이다. 기부는 유백색으로 문지르면 황색이 되며 특히 기부는 잘랐을 때 황색이 된다. 포자는 6.1~6.7×4.8~6㎛로 아구형-구형이며 표면은 매끈하고 투명하며 벽은 얇다. 포자문은 칙칙한 분홍색이다.

생태 여름 / 서어나무 등 활엽수 썩은 목재에 난다. 표고 고목에도 난다.

분포 한국, 유럽

장미난버섯

Pluteus roseipes Höhn.

형태 균모의 지름은 4~8㎝로 종 모양에서 둥근 산 모양으로 되었다가 편평하게 된다. 표면은 무디고 밋밋하며 부드럽다. 적갈색 바탕에 백색의 가루가 있으며 중앙은 흑색-흑갈색이다. 육질은 백색으로 얇고 냄새는 없으며 맛은 온화하다. 가장자리는 전연이고 오래되면 가끔 갈라진다. 주름살은 끝붙은 주름살로 어릴 때 백색에서 연어색-핑크색을 거쳐 갈색-핑크색으로 되며 폭이 넓다. 자루의 길이는 7~12㎝, 굵기는 0.8~1.5㎝로 원통형이며 기부 쪽으로 부푼다. 어릴 때는 백색 바탕에 밝은 핑크색이 있다. 표면은 미세한 백색의 섬유상이며 기부는 황색, 황토색이고 오래되면 변한다. 속은 차 있다가 빈다. 포자의 크기는 6.2~8.8×5~7㎛로 광타원형이며 표면은 매끈하고 투명하다. 담자기는 원통형-배불뚝이형이고 27~41×9~10㎛로 기부에 꺾쇠는 없다.
생태 여름~가을 / 숲속의 고목 껍질 등에 군생 · 속생한다. 드문 종이다.
분포 한국, 중국, 유럽

버들난버섯

Pluteus salicinus (Pers.) Kumm.

형태 균모의 지름은 2~5㎝로 어릴 때 둥근 산 모양에서 차차 편평하게 된다. 중앙은 둥근형인데 때로는 가운데가 톱니상이다. 표면은 밋밋하고 미세한 방사상-섬유상이며 밝은 회색에서 회갈색으로 되고 가끔 회녹색에서 회흑색으로 된다. 가장자리는 밋밋하고 전연이며 습기가 있을 때 희미하게 투명한 줄무늬선이 나타난다. 육질은 백색으로 얇고 냄새가 나며 맛은 온화하다. 주름살은 끝붙은 주름살로 백색에서 회색, 핑크색으로 되며 폭이 넓고 가장자리는 백색의 섬유상이다. 자루의 길이는 2.5~7㎝, 굵기는 0.3~0.8㎝로 원통형이며 기부 쪽으로 부푼다. 표면은 백색, 기부는 회색에서 회청색으로 되며 백색의 미세한 섬유상 무늬가 있다. 빳빳하고 부서지기 쉽다. 자루의 속은 차 있다. 포자의 크기는 7~9.9×5.1~6.9㎛로 광타원형-원주형이고 표면은 매끈하고 투명하며 핑크색-회색이다. 담자기는 25~35×8~10㎛로 원통형-배불뚝이형이며 4-포자성이고 기부에 꺾쇠가 있다. 연낭상체는 30~55×15~25㎛로 곤봉형이다. 측낭상체는 80~90×16~27㎛로 방추형이며 2~4개의 장식물이 있고 벽이 두껍다.
생태 여름~가을 / 활엽수림의 고목에 단생 · 군생한다.
분포 한국, 중국, 유럽, 북미, 아시아

우산난버섯

Pluteus satur Kühn. & Romagn.
P. pallescens P. D. Orton

형태 균모의 지름은 1~2(3)㎝로 처음 둥근 산 모양에서 차차 편평해지며 때때로 중앙이 약간 돌출된다. 중앙은 흑갈색이고 가장자리는 점차 연해진다. 습기가 있을 때는 흡수성이나 건조하면 연한 황갈색으로 변한다. 흔히 균모의 표면이 심하게 밀집한 잔주름이 형성되거나 결절이 생긴다. 가장자리에는 줄무늬와 줄무늬홈선이 나타난다. 주름살은 끝붙은 주름살이고 흰색이다가 분홍색으로 되며 촘촘하다. 자루의 길이는 1.5~2(5)㎝, 굵기는 0.1~0.2㎝로 원주형이다. 위쪽이 약간 가늘다. 표면에 세로로 섬유상 줄무늬가 나타나며 속이 비었다. 살은 유백색이다. 포자는 5.2~8.1×4.6~7.1㎛로 아구형-광타원형이다. 표면은 매끈하고 투명하며 분홍 회색이다. 포자문은 적황토색이다.
생태 여름~가을 / 활엽수 고목, 썩은 나무 등에 단생한다.
분포 한국, 유럽

우산난버섯(바랜형)

Pluteus pallescens P. D. Orton

형태 균모의 지름은 3~6㎝로 어릴 때 불규칙한 원추형이나 후에 종 모양-둥근 산 모양에서 편평하게 되며 중앙에 둔한 볼록이 있다. 표면은 중앙에서 가장자리까지 밀집된 주름이 잡히고 엉킨 맥상이다. 흡수성이 있고 습할 때는 검은색이며 건조하면 황토갈색이 되고 둔하다. 가장자리는 습할 때 투명한 줄무늬선이 있고 오랫동안 안으로 말린다. 살은 백색이며 얇다. 냄새는 약간 있으며 맛은 온화하고 무미건조하다. 주름살은 끝붙은 주름살로 백색에서 노란색을 거쳐 핑크색으로 되고 폭이 넓다. 언저리는 백색의 섬모실이다. 자루의 길이는 4~7㎝, 굵기는 0.4~1㎝로 원통형이며 약간 비틀린다. 속은 차 있다가 비며 탄력성이 있고 질기다. 표면은 밋밋하고 노란색이 섞인 백색이며 어릴 때 백색의 섬유실이 있고 노쇠하면 기부의 위쪽부터 갈색으로 된다. 기부는 백색의 털상이다. 포자는 5.2~8.1×4.6~7.1㎛로 아구형-광타원형이다. 포자문은 적황토색이다. 담자기는 21~32×7~8.5㎛로 원통형-배불뚝이형이며 4-포자성이고 기부에 꺾쇠는 없다.

생태 여름~가을 / 숲속의 외곽, 썩은 고목, 묻힌 고목에 단생 또는 작은 집단으로 발생한다. 드문 종이다.

분포 한국, 유럽

풍선난버섯아재비

Pluteus semibulbosus (Lasch) Quél.

형태 균모의 지름은 4~5㎝로 둥근 산 모양이나 중앙에 낮은 볼록이 있고 백색이다. 오래되면 중앙 전체가 회갈색으로 변한다. 살은 연한 색이며 냄새는 나지 않는다. 가장자리에는 희미한 핑크색의 줄무늬선이 있다. 주름살은 끝붙은 주름살이고 칙칙한 핑크색이다. 자루의 길이는 6㎝ 정도, 굵기는 0.2㎝ 정도로 백색이며 기부는 부푼다. 포자의 지름은 7×6㎛로 구형이다. 낭상체는 곤봉형으로 아래는 좁다.

생태 여름~가을 / 활엽수와 활엽수 잎 사이의 죽은 가지에 발생한다.

분포 한국, 유럽

난버섯사촌

Pluteus subcervinus (Berk. & Broome) Sacc.

형태 자실체는 비교적 소형으로 균모의 지름은 2~6㎝이고 편반구형에서 거의 편평하게 된다. 색깔은 옅은 회갈색, 황갈색이며 중앙은 비교적 진한 색이고 가장자리는 밋밋하다. 때로는 표피가 갈라진다. 살은 백색이다. 주름살은 떨어진 주름살로 오백색, 살색으로 밀생한다. 주름살의 길이가 다르다. 자루의 길이는 3~7㎝, 굵기는 0.3~0.6㎝이고 원통형으로 백색 또는 황색이다. 표면에 세로줄무늬가 있다. 포자의 크기는 4.5~6.5×3.5~5㎛로 타원형이고 표면은 매끈하고 투명하다. 낭상체는 50~70×12~16㎛이다.
생태 고목의 썩은 곳, 비옥한 땅에 산생 · 군생한다. 식용이 가능하다.
분포 한국, 중국

갓주름난버섯

Pluteus thomsonii (Berk. & Br.) Dennis

형태 균모의 지름은 1~3㎝로 어릴 때는 둥근 산 모양에서 편평해지거나 약간 오목해지기도 한다. 표면은 둔하고 습할 때는 적색-황갈색이며 중앙은 흑갈색이다. 가장자리에는 반투명 줄무늬가 있다. 중앙에서 가장자리를 향하여 담갈색의 그물 모양-맥상의 결절 주름살이 잡혀 있다. 가장자리는 날카롭고 건조할 때는 담갈색이며 중앙이 진하다. 주름살은 끝붙은 주름살로 어릴 때는 흰색이나 후에 칙칙한 분홍색이 된다. 촘촘하며 언저리는 밋밋하다. 자루의 길이는 2~4㎝, 굵기는 0.2~0.4㎝로 원주형이며 기부 쪽으로 약간 굵어지기도 하고 굽기도 한다. 어릴 때는 속이 차 있으나 후에 빈다. 부러지기 쉽고 표면 위쪽은 회백색인데 아래쪽으로 가면서 회색이 짙어진다. 꼭대기는 백색의 가루상이다. 포자는 5.7~9×5.4~7㎛로 아구형-구형이며 표면은 매끈하고 회색-분홍색이다. 포자문은 적황토색이다.

생태 여름~가을 / 침엽수림, 활엽수림의 죽은 나무에 단생 또는 집단으로 발생한다.

분포 한국, 유럽

주름균강 》 주름버섯목 》 난버섯과 》 난버섯속

난버섯아재비

Pluteus pouzarianus Sing.
P. pouzarianus var. albus Bonnard

형태 균모의 지름은 5~10㎝로 어릴 때 반구형-원추형에서 종 모양-둥근 산 모양을 거쳐 편평해지며 가운데가 약간 오목해진다. 표면은 밋밋하고 미세한 섬유상의 방사상 무늬가 있고 둔하며 광택이 난다. 때로는 중앙 쪽에 약간 비늘이 덮여 있으며 황토색-갈색, 적갈색 , 흑갈색이나 중앙은 보통 암색-흑색이다. 가장자리는 예리하고 밋밋하다. 살은 냄새가 나고 맛은 온화하며 쓰다. 주름살은 떨어진 주름살-바른 주름살로 어릴 때는 흰색에서 회색-분홍색, 분홍색-살색이며 빽빽하다. 자루의 길이는 5~9㎝, 굵기는 0.7~2㎝로 원주형이며 기부가 약간 부풀어 있다. 속은 차 있고 부러지기 쉽고 뻣뻣하며 껍질켜가 있다. 표면은 밋밋하고 유백색 바탕에 회흑색 세로줄의 섬유상으로 덮인다. 포자의 크기는 7.3~9.8×5.4~7.1㎛로 광타원형이다. 표면은 매끈하고 투명하며 연한 분홍 회색이다. 포자문은 황토색-적색이다.
생태 봄~가을 / 주로 침엽수의 그루터기, 목재가 버려진 곳, 침엽수의 톱밥 등에 단생 · 군생 · 속생한다.
분포 한국, 중국, 유럽

주름균강 》 주름버섯목 》 난버섯과 》 난버섯속

그물난버섯

Pluteus umbrosus (Pers.) Kummer

형태 균모의 지름은 3~8㎝로 둥근 산 모양에서 차차 편평해지며 중앙이 약간 돌출하기도 한다. 표면에는 연한 갈색 바탕에 미세한 벨벳 모양의 암갈색-흑갈색 인편이 중앙 부근에서 가장자리 쪽으로 불규칙하게 분포한다. 인편은 미세한 그물 모양으로 덮이며 중앙이 진하다. 가장자리는 날카롭다. 살은 얇고 유백색이며 표피 밑은 갈색이다. 냄새는 좋지 않고 맛은 온화하다. 주름살은 떨어진 주름살로 처음에 흰색에서 연한 살색이 된다. 폭이 넓으며 빽빽하다. 가장자리는 현저한 암갈색의 테 모양으로 된다. 자루의 길이는 3~9㎝, 굵기는 0.4~1.2㎝로 흰색 바탕에 미세한 갈색 벨벳 모양의 인편이 덮인다. 자루의 속은 차 있다가 빈다. 포자의 크기는 5.6~7.3×4.4~5.7㎛로 광타원형-아구형이며 표면은 매끈하고 투명하다. 포자문은 분홍색이다.
생태 가을 / 활엽수의 썩은 나무에 발생한다. 식용한다.
분포 한국, 중국, 유럽

주름균강 》 주름버섯목 》 난버섯과 》 비단털버섯속

깔때기비단털버섯

Volvariella surrecta (Knapp) Sing.

형태 균모의 지름은 3~5(8)㎝ 정도로 어릴 때는 알 모양으로 외피막에 싸여 있다가 발생한다. 처음 구형에서 둥근 산 모양-편평한 모양이 되며 오래되면 중앙이 둔하게 돌출되기도 한다. 표면은 흰색-연한 회백색이며 견사 같은 미세한 털이 덮인다. 살은 얇고 흰색이다. 주름살은 떨어진 주름살로 흰색에서 분홍색으로 되고 폭이 넓으며 촘촘하다. 자루의 길이는 4~9㎝, 굵기는 0.5~1.5㎝로 흰색이며 표면에는 가는 털이 덮여 있고 속이 차 있다. 외피막은 주머니 모양이며 두꺼운 막질이고 크다. 포자는 5.1~6.5×3.1~4.1㎛로 타원형이며 표면은 매끈하고 투명하며 연한 황색이다. 포자문은 적갈색이다.
생태 늦여름~가을 / 이끼류속에 나거나 간혹 회색깔때기버섯(Clitocybe nebularis)의 죽은 버섯 위에 기생한다.
분포 한국, 유럽, 북미

주름균강 》 주름버섯목 》 난버섯과 》 비단털버섯속

풀버섯

Volvariella volvacea (Bull.) Sing.
V. volvacea (Bull.) Sing. var. volvacea

형태 균모는 지름이 5~10㎝로 처음에 달걀 모양의 외피막에 싸여 있다가 외피막이 터지면서 종 모양으로 되었다가 둥근 산 모양을 거쳐 편평해진다. 표면은 건조하고 그을린 색이고 중앙은 암색, 흑색-흑갈색으로 되며 흔히 방사상으로 째져서 압착된 모양의 섬유상으로 덮여 있다. 살은 백색이고 유연하다. 주름살은 끝붙은 주름살로 백색에서 살색으로 되고 폭이 넓다. 자루는 길이가 5~12㎝, 굵기가 1~2㎝로 위아래가 같은 굵기이나 기부가 부푼다. 백색-황색이며 흰 털이 있고 속이 차 있다. 대주머니는 크고 막질이며 두껍고 위 끝이 갈라져 있고 백색이다. 포자의 크기는 5~8×3~5㎛로 타원형이며 표면은 매끄럽고 투명하다. 포자문은 분홍색이다.
생태 여름~가을 / 땅 위나 짚 더미 위에 군생한다. 동남아에서는 재배도 한다. 식용한다.
분포 한국, 중국, 일본, 유럽, 북미, 아시아

흰비단털버섯

Volvariella bombycina (Schaeff.) Sing.

형태 균모는 육질이고 지름은 8~10㎝로 구형에서 종 모양을 거쳐 차차 편평해지며 중앙은 가끔 둔하게 돌출한다. 표면은 마르고 백색이나 나중에 거의 황색, 백색, 갈색이 되고 부드러운 털이 밀포한다. 가장자리는 전연으로 가끔 표피가 주름살보다 더 길게 연장된다. 살은 중앙부가 두껍고 가장자리 쪽으로 갑작스레 얇아지며 백색 또는 황백색이고 유연하며 맛은 유화하다. 주름살은 떨어진 주름살로 밀생하며 폭이 넓고 백색에서 분홍색, 살색-홍색으로 된다. 자루는 높이가 8~10㎝, 굵기는 0.8~1.3㎝로 원주형이며 위아래의 굵기가 같고 속이 차 있다. 기부가 둥글게 부풀며 구부정하고 표면은 매끄러우며 백색이다. 대주머니는 크고 두꺼운 주머니 모양으로 백색 또는 암백색이다. 위쪽은 떨어져 있으며 3~5개 조각으로 찢어지고 융털 모양의 인편으로 덮인다. 포자의 크기는 6.5~7×4.5~5.5㎛로 타원형이다. 표면은 매끄럽고 투명하며 연한 색이다. 포자벽은 두껍고 포자문은 분홍색이다. 연낭상체는 36~92×17~24㎛로 방추형이며 꼭대기는 둔하거나 꼬리 모양이다. 측낭상체는 연낭상체와 비슷하다.

생태 여름 / 피나무 등의 활엽수 그루터기 기부나 고목에 단생 · 군생한다. 식용한다.

분포 한국, 일본, 중국, 유럽, 북미, 전 세계

청비단털버섯

Volvariella caesiotincta P. D. Ort.

형태 균모의 지름은 3~5㎝로 어릴 때 종 모양-원추형에서 편평하게 되며 중앙에 둔한 볼록을 가진다. 표면은 밋밋하고 무디고 건조하며 미세한 방사상의 섬유실이 있다. 중앙은 검은 회색에서 회흑색으로 되며 싱싱할 때는 청색, 청록색이 된다. 가장자리 쪽으로 연한 색에서 백색으로 되며 섬유실은 백색의 바탕 위의 회색이다. 가장자리는 예리하다. 살은 백색이며 얇고 곰팡이 냄새가 나며 맛은 온화하다. 주름살은 끝붙은 주름살로 어릴 때 백색, 노쇠하면 짙은 핑크색으로 되며 폭은 넓다. 언저리는 백색의 섬유상이다. 자루의 길이는 4~10㎝, 굵기는 0.3~0.7㎝로 원통형이고 꼭대기 쪽으로 가늘다. 기부는 약간 부풀고 3~4개의 엽편에 의하여 둘러싸인다. 백색의 대주머니는 막질이다. 속은 차고 부서지기 쉽다. 표면은 무디고 하얀 백색 바탕에 백색의 섬유상이고 꼭대기에는 백색의 가루가 있다. 포자는 5.2~7.5×3.2~4.7㎛로 타원형이다. 표면은 매끈하고 투명하며 맑은 노란색으로 벽은 두껍다. 포자문은 핑크색-갈색이다. 담자기는 곤봉형이고 25~35×7~9㎛로 4-포자성이며 기부에 꺾쇠는 없다.

생태 여름~가을 / 숲속, 썩은 고목 근처에 단생 또는 몇 개가 무리 지어 발생한다.

분포 한국, 유럽, 북미

백마비단털버섯

Volvariella hypopithys (Fr.) Schaffer

형태 균모의 지름은 1.5~5㎝로 어릴 때는 알 모양의 외피막에 싸여 있다가 발생하면 반구형-난형에서 종 모양-편평형이 되고 오래되면 중앙에 무딘 돌출이 생긴다. 색깔은 약간 황색으로 되면서 균모 전체가 칙칙한 베이지색-황토색이 된다. 가장자리는 날카롭고 술이 약간 달린다. 살은 백색이다. 주름살은 떨어진 주름살로 처음 백색에서 분홍색으로 되며 폭이 넓고 촘촘하다. 언저리에는 미세한 털이 있다. 자루의 길이는 3.5~5.5㎝, 굵기는 0.3~0.7㎝로 원주형이나 기부가 약간 곤봉형이며 외피막에 쌓여 있다. 자루의 속은 차 있고 단단한 편이지만 부서지기 쉽다. 표면은 백색-크림색이며 세로로 미세한 섬유상 털이 전면에 덮인다. 대주머니는 막질이고 흰색-칙칙한 회색이다. 포자의 크기는 5.5~7.5×3.5~4.5㎛로 타원형이다. 표면은 매끈하고 광택이 나며 투명하다. 포자문은 분홍 갈색이다.

생태 여름~가을 / 활엽수림의 땅이나 침엽수림과 활엽수림의 혼효림의 땅에 단생 · 군생 · 속생한다.

분포 한국, 일본, 중국, 유럽, 북미, 전 세계

요정비단털버섯

Volvariella pusilla (Pers.) Sing.
V. parvula (Weinm.) Speg.

형태 균모의 지름은 (0.5)1~3㎝로 어릴 때는 알 모양의 외피막에 싸여 있다가 발생한다. 처음 난형이다가 후에 종 모양-둥근 산 모양이 되고 결국에는 거의 평평하게 펴진다. 표면은 백색이며 섬유상으로 덮이고 주변에는 방사상의 줄무늬홈선이 생긴다. 살은 얇고 막질이며 흰색이다. 주름살은 끝붙은 주름살로 흰색이다가 살색으로 되며 약간 성기다. 자루의 길이는 1~5㎝, 굵기는 0.1~0.5㎝로 흰색이다. 위아래가 같은 굵기로 다소 가늘고 길며 속이 차 있다. 기부에 대주머니는 막질이며 유백색, 갈색, 흑갈색 등이다. 포자는 5.8~7.2×3.8~4.2㎛로 타원형, 아구형이다. 표면은 매끈하고 투명하며 연한 황색이고 벽이 두껍다. 포자문은 분홍색이다.

생태 여름~가을 / 정원, 잔디밭, 숲속의 땅, 길가 등에 단생 · 군생한다.

분포 한국 등 거의 전 세계, 온대 및 열대

애기비단털버섯

Vovariella subtaylori Hongo

형태 균모의 지름은 0.5~4㎝ 정도로 어릴 때는 알 모양의 외피막에 싸여 있다가 발생한 후 둥근 산 모양에서 차차 편평한 모양으로 되며 가운데가 약간 돌출한다. 표면은 회갈색, 중앙부는 흑갈색이며 흔히 표면이 얇게 갈라져서 방사상으로 회갈색-흑갈색의 섬유상 무늬가 분포한다. 중앙부에는 가는 털이 있다. 살은 얇으며 흰색이다. 주름살은 떨어진 주름살로 흰색에서 연한 홍색으로 되고 밀생한다. 가장자리는 가루상이다. 자루의 길이는 4~5㎝, 굵기는 0.3~0.4㎝이며 흰색이고 표면에는 가는 털이 덮여 있다. 자루는 속이 차 있고 매우 가늘고 길며 위쪽이 더 가늘다. 대주머니는 막질이고 흑색으로 가는 털이 덮여 있다. 포자의 크기는 6~7.5×4~4.5㎛로 난형-타원형이며 표면은 매끄럽고 투명하다. 포자문은 분홍색이다.

생태 여름~가을 / 소나무 숲이나 다른 숲속의 땅 또는 절개지에 단생한다.

분포 한국, 중국, 일본

털주머니난버섯

Volvopluteus gloiocephalus (DC.) Vizzini, Contu & Justo
Volvariella gloiocephala (DC.) Boekh. & Enderle / Volvariella speciosa (Fr.) Sing. var. speciosa

형태 균모의 지름은 5~15㎝로 처음에는 알 모양의 외피막에 싸여 있다가 난형-구형에서 둥근 산 모양을 거쳐 편평한 모양이 되고 가운데가 돌출된다. 표면은 끈적기가 있고 밋밋하며 흰색-연한 회색이고 중앙부는 회갈색이다. 살은 흰색이다. 주름살은 떨어진 주름살로 흰색에서 살색으로 되고 폭이 매우 넓으며 촘촘하다. 자루의 길이는 9~20㎝, 굵기는 0.8~2㎝로 흰색-크림색이며 기부의 위쪽은 다소 황갈색을 띤다. 자루의 속은 차 있으며 기부에는 흰색의 주머니 모양으로 외피막이 있다. 포자의 크기는 11~16×9~9.5㎛로 난형-타원형이며 표면은 매끄럽고 투명하다. 포자문은 분홍색이다.
생태 여름~초겨울 / 부식질이 풍부한 땅, 퇴비 등이 쌓인 곳, 정원, 풀밭, 숲속의 비옥한 땅에 단생 · 군생한다.
분포 한국, 중국 일본, 거의 세계

흰맥주름버섯

Phloeomana alba (Bres.) Redhead
Mycena alba (Bres.) Kühn. / Omphalina alba Bres.

형태 균모의 지름은 0.3~1.3㎝로 어릴 때는 반구형이었다가 후에 둥근 산 모양-평평한 형이 되며 중앙이 약간 돌출되거나 오목해진다. 표면은 밋밋하고 둔하며 미세하게 가루상이거나 알갱이 모양이다. 유백색-크림 백색이다. 방사상으로 주름이 잡히고 회갈색이며 반투명한 줄무늬가 거의 중앙까지 있다. 가장자리는 미세하게 톱니 모양이다. 살은 백색이다. 주름살은 넓은 바른 주름살이면서 다소 내린주름살로 되기도 한다. 언저리는 고르다. 자루의 길이는 0.5~1.2㎝, 굵기는 0.03~0.07㎝로 원추형이며 굽어 있다. 표면은 백색-크림색이고 밋밋하다. 어릴 때는 전면에 백색 분말이 덮여 있으나 후에 꼭대기와 기부 쪽에만 분말이 남는다. 기부는 다소 거친 털 모양이다. 자루의 속이 비어 있다. 포자는 6.3~9.1×6~7.9㎛로 아구형이다. 표면은 매끈하고 투명하며 기름방울이 있다. 포자문은 백색이다.
생태 봄, 가을, 겨울 / 이끼류로 덮여 있는 나무껍질에 난다. 식용 가치가 없다.
분포 한국, 유럽

젖꼭지맥주름버섯

Phloeomanna speirea (Fr.) Redhead
Mycena speirea (Fr.) Gill.

형태 균모의 지름은 0.5~1.5㎝로 둥근 산 모양이며 가운데에 젖꼭지 같은 돌기가 있고 그 주위는 들어간다. 이후 편평하게 되고 물결형으로 된다. 표면은 미세한 비듬이 있으며 습기가 있을 때는 광택이 나고 투명한 줄무늬선이 중앙까지 발달한다. 색깔은 거무스레한 크림색, 회갈색, 황토 갈색이며 중앙이 진하다. 가장자리는 연하고 크림색이며 예리하고 밋밋한 모양에서 톱니상으로 된다. 육질은 막질이고 약간 풀 냄새가 나는 것도 있으며 맛은 온화하다. 주름살은 바른 주름살-홈파진 내린 주름살로 백색에서 크림색이다. 폭은 넓으며 포크형이고 변두리는 밋밋하다. 자루의 길이는 2~6㎝, 굵기는 0.03~0.15㎝로 밝은 회색에서 황토 갈색으로 되며 기부 쪽으로 갈수록 진하다. 꼭대기는 백색-밝은 황색이다. 자루의 속은 비었고 탄력이 있으며 기부에 미세한 가근이 있다. 포자의 크기는 8~10×4~6㎛로 타원형이며 표면은 밋밋하고 투명하며 기름방울이 있다. 담자기는 가는 곤봉형으로 16~25×4.5~5.5㎛로 2-포자성이며 기부에 꺽쇠는 없다. 연낭상체는 밋밋하고 20~35×3~7㎛이다.

생태 봄~가을 / 활엽수의 껍질에 군생한다.

분포 한국, 중국, 유럽, 북미, 아시아, 아프리카, 호주

가루맥주름버섯

Phloeomanna minutula Sacc.
Mycena minutula Sacc. / Mycena olida Bres.

형태 균모의 지름은 0.3~1.5㎝로 원추형-종 모양이며 가끔 둥근 산 모양도 있다. 표면은 밋밋하고 미세한 가루가 있다. 습기가 있을 때 투명한 줄무늬선이 나타나고 백색-크림색이며 중앙은 진하다. 가장자리는 예리하고 밋밋하며 톱니상이다. 육질은 백색의 막질이며 얇고 냄새가 약간 나며 맛은 온화하다. 주름살은 올린 주름살로 백색이고 폭은 넓다. 주름살의 변두리는 밋밋하고 물결형이다. 자루의 길이는 1.5~2.5㎝, 굵기는 0.05~0.1㎝로 원통형이고 투명하며 백색이다. 표면은 세로로 미세한 백색의 가루가 분포하고 자루의 속은 비었고 부서지기 쉽다. 기부에 백색의 균사체 덩어리가 있다. 포자의 크기는 5.9~7.2×4.6~5.6㎛로 난형, 광타원형이다. 표면은 매끈하고 투명하며 기름방울을 함유한다. 담자기는 가는 곤봉형으로 23~30×5~7㎛로 2-포자성이며 기부에 꺾쇠는 없다. 연낭상체는 곤봉형에서 방추형-배불뚝이형으로 되며 30~42×15~17㎛이다.

생태 가을 / 고목의 이끼류 사이에 단생 · 군생한다.

분포 한국, 중국, 유럽, 북미

노랑이끼버섯

Rickenella fibula (Bull.) Raithelh.
Mycena fibula (Bull.) Kühner / Gerronema fibula (Bull.) Sing.

형태 균모의 지름은 0.5~1㎝로 종 모양-둥근 산 모양에서 차차 펴져서 중앙이 약간 볼록하며 표면은 오렌지색-오렌지 황색이다. 가장자리는 연한 색이고 습기가 있을 때 줄무늬홈선이 나타난다. 주름살은 긴 내린 주름살로 백색이며 성기다. 자루의 길이는 1.5~3㎝, 굵기는 0.1㎝ 정도로 원통형이며 오렌지색-오렌지 황색이다. 균모와 자루의 표면에 미세한 털이 밀생하지만 육안으로 확인하기 어렵고 확대경으로 보아야 한다. 포자의 크기는 4~6.5×2~3㎛로 좁은 타원형-유원주형이다.
생태 봄~가을 / 숲속의 땅, 이끼류가 있는 곳에 군생 · 산생한다.
분포 한국, 중국, 일본, 전 세계

털이끼버섯

Rickenella swartzii (Fr.) Kuyper

형태 균모의 지름은 5~15mm로 원추형에서 종모양을 거쳐 편평한 둥근산모양으로 되며 마침내 오목한 깔때기형으로 되며 중앙은 깊은 배꼽형이다. 표면은 흡수성이고 습기가 있을 때 검은 자갈색이며 중앙은 검은 먹물색으로 건조 시 연한 노랑갈색이고 확대경으로 보면 미세한 털이 보인다. 가장자리는 노랑갈색에서 황갈색으로 되며 투명한 줄무늬선이나 약간 줄무늬홈선이 나타난다. 살은 얇고 표면과 동색이고 냄새와 맛은 없다. 주름살은 자루에 대하여 긴-내린주름살로 두껍고 밀생하며 울퉁불퉁하며 주름살들은 맥상으로 연결되며 폭이 넓다. 표면은 백색에서 연한 크림색으로 미세한 엽편모양이고 오래되면 백색으로 된다. 자루의 길이는 2.1~4.9cm, 굵기는 0.6~2mm로 원통형으로 곧거나 휘어진다. 퇴색한 갈색의 오렌지색에서 또는 노랑갈색으로 되며 위쪽으로 검은색이다. 꼭대기는 검은 자색에서 검은 적갈색이나 광택이 나며 녹색이고 미세한 털이 덮여 있다. 기부 쪽으로 백색의 섬유실이 있다. 포자의 크기는 5~7×2.5~3㎛로 타원형이며 투명하다. 포자문은 백색이다. 담자기는 15~22×4~5㎛로 4-포자성이다. 연낭상체는 35~54×8~13㎛로 방추형, 약간 배불뚝이형이며 꼭대기는 두상모양이다. 측낭상체는 연낭상체 비슷하다.

생태 여름~가을 / 이끼류와 유기물이 많은 땅에 군생

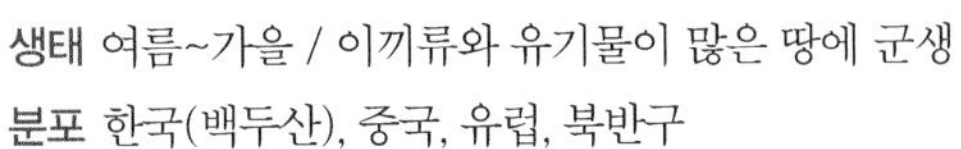

분포 한국(백두산), 중국, 유럽, 북반구

쓴볏짚버섯

Agrocybe acericola (Peck) Sing.

형태 균모의 지름은 2.5~10㎝로 둥근 산 모양에서 거의 편평하게 되며 중앙에 얕은 오목이 있다. 습할 때는 밋밋하고 싱싱하면 주름진다. 건조하거나 오래되면 갈라져서 깊게 파인다. 표면은 다양한 색깔이고 노란색-황토색, 노란색-붉은색이다. 오래되면 노란색-황갈색으로 퇴화한다. 살은 백색이며 냄새와 맛은 밀가루와 비슷하고 나중에 쓰다. 주름살은 바른 주름살로 밀생하며 어릴 때 백색에서 황갈색으로 되고 성숙하면 회갈색에서 연기 같은 갈색이 된다. 언저리는 전연이다. 자루의 길이는 4~12.5㎝, 굵기는 0.6~2㎝로 위아래가 거의 같은 굵기이며 오래되면 아래로 부풀고 밋밋하다. 처음은 백색이다가 오래되면 기부 위쪽부터 회흑색-회갈색으로 되며 보통 기부에 백색의 가균사가 있다. 표피는 부분적으로 백색이고 막질이다. 영존성의 턱받이가 있고 포자에 의해서 붉은색으로 물든다. 표면 위에 방사상의 줄무늬가 있다. 포자는 8~11×5~6.5㎛로 타원형이다. 표면은 매끈하고 투명하며 발아공이 있고 연한 갈색이다. 포자문은 붉은색-갈색이다.
생태 봄~가을 / 썩은 침엽수의 목재, 줄기, 나무 사이 위에 산생 집단으로 또는 속생한다. 식용으로는 부적당하다.
분포 한국, 북미

애기볏짚버섯

Agrocybe arvalis (Fr.) Sing.

형태 균모의 지름은 (0.5)1~3(5)㎝로 둥근 산 모양에서 편평하게 펴지며 가운데가 약간 돌출된다. 표면은 황토색-황토 갈색이고 흔히 중앙 부근에 방사상의 주름이 있다. 가장자리는 습할 때 줄무늬선이 보인다. 주름살은 바른 주름살 또는 올린 주름살로 처음에는 유백색에서 암갈색으로 되며 약간 성기다. 자루의 길이는 3~10㎝, 굵기는 0.1~0.4㎝로 위아래가 같다. 위쪽은 거의 백색이고 아래쪽은 연한 황토색이다. 기부는 흔히 뿌리 모양으로 길게 땅속으로 들어가고 흑갈색의 연한 균핵이 부착된다. 포자의 크기는 8.6~11×4.6~5.8㎛로 타원형이다. 표면은 매끈하고 투명하며 벽이 두껍다. 연한 꿀색 같은 갈색이며 발아공이 있다. 포자문은 암황갈색이다.

생태 여름~가을 / 길가, 정원, 비옥지 또는 밝은 임지에 발생한다. 식용한다.

분포 한국, 아시아, 유럽, 북미 및 아프리카

광택볏짚버섯

Agrocybe dura (Bolt.) Sing.
Agrocybe vermiflua (Peck) Watling / Pholiota dura (Bolt.) Kumm. / P. vermiflua (Peck) Sacc.

형태 균모의 지름은 3~8㎝로 반구형에서 둥근 산 모양으로 된다. 습기가 있을 때 약간 끈적기가 있고 광택이 나며 바랜 황토색이다. 건조하면 칙칙한 크림색에서 백색으로 되며 가장자리는 아래로 말린다. 어릴 때는 백색의 파편이 매달린다. 살은 백색이며 균모의 가운데는 두껍고 가장자리 쪽으로 얇다. 살은 밀가루 냄새가 나고 부드러운 맛이다. 주름살은 떨어진 주름살로 어릴 때 백색에서 회갈색을 거쳐 흑갈색으로 되고 가끔 엷은 라일락색을 나타내며 폭은 넓다. 가장자리는 백색의 털이 있다. 자루의 길이는 4~7㎝, 굵기는 0.5~1.2㎝로 원통형이고 위쪽은 부푼다. 기부는 두껍고 속은 차 있다가 비게 된다. 표면은 백색이며 세로줄의 섬유상 털이 있고 기부 쪽으로 갈색이다. 턱받이의 흔적이 세 겹으로 띠를 나타내기도 한다. 포자의 크기는 10~14×6.5~7.7㎛로 타원형이다. 표면은 매끈하고 투명하며 포자벽은 두꺼우며 황갈색의 발아공이 있다. 담자기는 35~45×10~12㎛로 가늘고 긴 곤봉형이다.

생태 봄~여름 / 숲속의 땅에 군생한다. 희귀종이다.

분포 한국, 중국, 일본, 유럽, 북미

탄사볏짚버섯

Agrocybe elatella (P. Karst.) Vesterh.

형태 균모의 지름은 1.5~3㎝로 처음 둥근 산 모양에서 차차 편평해지며 중앙은 볼록하다. 표면은 밋밋하며 처음에 약간 끈적기가 있다. 살은 균모에서는 백색이지만 검게 되며 다소 연한 황갈색이고 밀가루의 맛과 냄새가 난다. 주름살은 바른 주름살-홈파진 주름살로 연한 황갈색에서 검게 되며 촘촘하다. 언저리는 백색이고 털상이다. 자루의 길이는 4~7㎝이고 위아래가 같은 굵기이거나 위로 가늘어진다. 표면은 비단결 무늬의 선이 있으며 부서지기 쉽다. 턱받이는 꼭대기에 있고 기부에 균사체는 거의 없다. 포자는 7~9.5×4.5~6㎛로 광타원형이다. 표면은 매끈하고 투명하며 발아공이 있고 한쪽 끝이 돌출한다. 낭상체는 부풀고 플라스크 모양이다. 포자문은 흑갈색이다.

생태 봄~가을 / 늪지대의 젖은 땅, 흔히 골풀, 사초과 식물, 풀 속의 땅에 작은 집단으로 발생한다.

분포 한국, 유럽(영국)

보리볏짚버섯

Agrocybe erebia (Fr.) Kühn. ex Sing.

형태 균모의 지름은 2~7㎝로 둥근 산 모양에서 편평하게 펴지며 중앙이 돌출한다. 오래되면 균모의 가장자리가 치켜 올라간다. 표면은 습할 때 약간 끈적기가 있고 가장자리에 줄무늬가 나타난다. 어릴 때는 암갈색-암회갈색이지만 후에 회갈색-갈색이 된다. 건조하면 줄무늬가 사라지고 연한 계피색-갈색이 된다. 다소 색깔 차이가 심하다. 주름살은 바른 주름살이면서 내린 주름살이다. 처음에는 담갈색 또는 회색이지만 후에 녹슨 갈색이 된다. 폭이 넓고 약간 촘촘하거나 성기다. 자루의 길이는 3~6㎝, 굵기는 0.4~1㎝ 정도로 위아래가 같은 굵기이며 자루의 위쪽에 턱받이가 있다. 턱받이의 위쪽은 밋밋하고 거의 백색이다가 연한 갈색이다. 기부 쪽은 암갈색으로 진해진다. 어릴 때는 속이 차 있지만 후에 빈다. 포자는 10.9~15.7×5.5~7.2㎛로 편도형-타원형이다. 표면은 매끈하고 투명하며 벽이 두껍다. 밝은 갈색으로 발아공은 없다. 포자문은 황갈색이다.

생태 여름~가을 / 활엽수림의 낙엽 사이, 노지, 정원 등에 발생한다. 식용한다.

분포 한국 등 북반구 일대, 호주

가루볏짚버섯

Agrocybe farinacea Hongo
A. sororia var. farinacea (Hongo) Sing.

형태 균모의 지름은 2~6㎝로 처음에는 둥근 산 모양에서 거의 편평하게 펴진다. 표면은 끈적기가 없고 밋밋하며 약간 주름이 잡혀 있고 암황토색-황토색이다. 가장자리는 어릴 때 안쪽으로 굽어 있다. 살은 두껍고 연한 황토색 또는 거의 흰색이다. 주름살은 바른 주름살 또는 약간 내린 주름살이고 처음에는 연한 색이나 이후 암갈색이 되며 폭이 약간 넓고 촘촘하다. 가장자리는 가루상, 톱니상이다. 자루의 길이는 3~8㎝, 굵기는 0.4~0.8㎝로 기부 부분이 굵다. 표면은 균모와 거의 같은 색이고 섬유상의 줄무늬가 있으며 꼭대기는 가루상이다. 턱받이는 없다. 포자의 크기는 9~11×5.5~7.5㎛로 타원형-난형이다. 표면은 매끈하고 투명하며 벽이 두껍고 발아공이 있다.
생태 여름~가을 / 퇴비 더미, 왕겨, 노지 등에 군생 · 속생한다.
분포 한국, 중국, 일본, 유럽, 북미

흰볏짚버섯

Agrocybe molesta (Lasch) Sing.

형태 균모의 지름은 3~7㎝로 처음 둥근 산 모양에서 편평해지며 중앙에 볼록은 거의 없다. 표면은 밋밋하거나 약간 주름지며 흔히 갈라진다. 가장자리에는 영존성의 표피 파편이 있다. 맛과 냄새는 약간 있으나 불분명하다. 살은 백색이며 자루의 살은 검다. 주름살은 바른 주름살로 백색의 황갈색에서 검은 흑색의 황갈색으로 되며 비교적 촘촘하다. 자루의 길이는 5~8㎝로 위아래가 같은 굵기이지만 간혹 아래로 가늘며 휘어진다. 비교적 가늘고 섬유실의 줄무늬선이 있고 꼭대기는 가루상이다. 위쪽의 크고 넓은 하얀 턱받이는 쉽게 사라지고 기부에 균사가 있다. 포자는 11~14×7~8㎛로 타원형이며 표면은 매끈하고 투명하며 발아공이 있다. 포자문은 갈색이다. 낭상체는 부풀며 넓은 병 모양이다.

생태 봄~여름 / 들판, 숲속, 길가, 정원의 땅에 군생한다.

분포 한국, 유럽

담황색이끼볏짚버섯

Agrocybe ombrophila (Weinm.) Konard & Maubl.

형태 자실체는 비교적 소형으로 균모의 지름은 3~5.5㎝이고 편구형 또는 편평형이며 옅은 황갈색이다. 가장자리는 담색이다. 표면은 광택이 나고 밋밋하며 인편이 있다. 때로는 표피가 갈라져 균열된다. 살은 백색이다. 주름살은 바른 주름살 또는 홈파진 주름살이다. 색깔은 오백색 또는 자회색-회갈색이며 밀생한다. 주름살의 길이가 다르다. 자루의 길이는 5~9㎝, 굵기는 0.5~0.8㎝로 원통형이며 기부는 팽대하고 균모와 같은 색이다. 표면에 작은 인편이 있고 속은 송진 같다. 포자의 크기는 12~18×6~8㎛로 타원형이며 표면은 매끈하고 투명하다.

생태 여름~가을 / 숲속 또는 풀밭 등에 단생 또는 군생한다.

분포 한국, 중국

이끼볏짚버섯

Agrocybe paludosa (J. E. Lange) Kühn. & Romagn.

형태 균모의 지름은 1.5~4㎝로 처음에는 반구형-둥근 산 모양에서 차차 편평해지며 중앙이 돌출하지만 가장자리가 치켜 올라간다. 표면은 습할 때 다소 끈적기가 있고 밋밋하고 벌꿀의 황색이 나며 중앙부는 갈색이다. 살은 약간 얇고 연한 황색이다. 주름살은 올린 주름살-홈파진 주름살이다. 처음 유백색에서 연한 회갈색-탁한 갈색이며 폭이 넓고 촘촘하다. 언저리는 백색의 가루상이다. 자루의 길이는 6~10㎝, 굵기는 0.25~0.4㎝로 가늘고 길며 흔히 기부가 굵다. 표면은 균모와 거의 같은 색 또는 연한 색이고 방사상으로 줄무늬가 있으며 소실되기 쉽다. 포자의 크기는 7.4~10.4×5.4~6.9㎛로 타원형이다. 표면은 매끈하고 투명하며 연한 꿀 같은 갈색이다. 벽이 두껍고 발아공이 있다. 포자문은 암황갈색이다.

생태 봄~여름 / 저습지의 이끼류 사이에 군생한다. 식용한다.

분포 한국, 일본, 중국, 유럽, 북미

주름균강 》 주름버섯목 》 독청버섯과 》 볏짚버섯속

황토볏짚버섯

Agrocybe pediades (Fr.) Fayod
A. semiorbicularis (Bull.) Fayod

형태 균모는 지름이 1~2.1(3.5)㎝이며 반구형에서 둥근 산 모양을 거쳐 편평형으로 되고 중앙부는 둔한 볼록이다. 표면은 습기가 있을 때 끈적기가 있고 매끄럽다. 흑황색 내지 황갈색이고 중앙부는 갈색이다. 균모의 가장자리는 안쪽으로 감긴다. 살은 얇고 연한 황토색이다. 주름살은 바른 주름살이고 다소 성기며 폭이 넓다. 연한 황토색이나 암갈색으로 된다. 자루는 높이가 3~6㎝, 굵기는 2~5㎝이며 위아래의 굵기가 같고 기부는 다소 불룩하며 밑은 둥글고 때로는 굽는다. 표면은 섬유상 인편으로 덮이고 균모와 같은 색이거나 연한 색이고 상부는 백색을 띤다. 자루의 속은 비어 있다. 포자는 10.5~13×7~8.5㎛로 타원형이다. 표면은 매끄럽고 투명하며 포자벽이 두껍고 연한 노란색이다. 포자문은 녹슨 갈색이다. 담자기는 25~37×8~10㎛로 곤봉형이며 기부에 꺾쇠가 있다. 연낭상체는 35~40×8.5~10㎛로 방추형이고 꼭대기에 가늘며 긴 목이 있다. 측낭상체는 주머니 모양으로 35~77×10~14㎛이다.
생태 봄~가을 / 길가의 썩은 풀 또는 땅에 군생 · 산생한다.
분포 한국, 중국, 일본, 유럽, 북미, 전 세계

주름균강 》 주름버섯목 》 독청버섯과 》 볏짚버섯속

황토볏짚버섯(반원형)

Agrocybe semiorbicularis (Bull.) Fayod

형태 균모의 지름은 1.5~2.5(3.5)㎝로 반구형에서 둥근 산 모양을 거쳐 편평한 둥근 산 모양이 된다. 표면은 밋밋하고 습할 때 광택과 끈적기가 있다. 건조하면 비단결이 되며 연한 색에서 황토색-노란색, 오렌지색-황노란색으로 된다. 가장자리는 밋밋하고 예리하며 어릴 때 백색의 솜털-섬유실의 표피 잔편이 매달린다. 살은 백색-황토색이며 얇고 밀가루의 맛과 냄새가 나며 온화하다. 주름살은 바른 주름살이면서 치아 모양의 내린 주름살로 어릴 때 크림색-베이지색에서 후에 회갈색에서 녹슨 갈색으로 되며 폭이 넓다. 자루의 길이는 3~7㎝, 굵기는 0.2~0.5㎝로 원통형이며 기부는 부푼다. 어릴 때 속이 차고 노쇠하면 빈다. 표면은 연한 노란색에서 오렌지색-노란색, 백색의 가루로 덮이며 턱받이의 흔적은 없다. 포자는 10.6~14.6×7.1~9.5㎛로 타원형이다. 표면은 매끈하고 투명하며 연한 갈색에 벽은 두껍고 발아공이 있다. 포자문은 검은 담배색-갈색이다. 담자기는 30~33×11~13㎛로 곤봉형이며 4-포자성이고 기부에 꺾쇠가 있다.
생태 늦봄~늦여름 / 풀밭, 공원의 풀숲에 군생한다.
분포 한국, 유럽

볏짚버섯

Agrocybe praecox (Pers.) Fayod
A. gibberosus (Fr.) Fayod

형태 균모의 지름은 3~8㎝이고 둥근 산 모양에서 편평형으로 되고 중앙부는 조금 오목하다. 표면은 물을 흡수하여 매끄럽고 털이 없다. 성숙하면 중앙부는 거북이 등처럼 터져서 갈라진다. 색깔은 암백색, 황백색, 암황색이고 습기가 있을 때 암갈색으로 된다. 가장자리는 처음에 아래로 감기며 매끄럽고 피막의 잔편이 붙어 있다. 살은 두껍고 백색이며 맛은 유화하다. 주름살은 바른 주름살이나 나중에 떨어진 주름살로 되며 밀생한다. 폭이 넓으며 처음은 연한 색에서 회갈색을 거쳐 암갈색으로 된다. 자루는 길이가 5~9.5㎝, 굵기는 0.6~1㎝로 위아래의 굵기가 같고 기부는 약간 불룩하며 백색의 가근과 이어진다. 상부는 백색이고 가루로 덮이고 하부는 연한 황갈색으로 세로줄무늬의 홈선이 있으며 속은 차 있다. 턱받이는 상위이고 막질로서 백색이며 탈락하기 쉽다. 포자의 크기는 12~14×7~8㎛로 난형의 타원형이다. 표면은 매끄럽고 투명하며 불분명한 발아공이 있다. 포자문은 갈색이다. 담자기는 25~37×8~10㎛로 곤봉형이며 기부에 꺾쇠가 있다. 낭상체는 모양이 다양하며 20~35×10~18㎛이다.

생태 초여름~가을 / 초지, 정원, 길가나 숲속의 땅에 산생한다. 식용한다.

분포 한국, 중국, 일본, 유럽, 북미

볏짚버섯(둥근형)

Agrocybe gibberosus (Fr.) Fayod

형태 균모의 지름은 1~2(2.5)㎝로 어릴 때 둥근 산 모양에서 편평해지나 중앙에 둔한 볼록이 있다. 표면은 흡수성이 있고 매끄럽다. 습할 때 회갈색이며 가장자리는 더 연한 색이고 희미한 줄무늬선이 있다. 건조하면 황토색으로 되고 둔하다. 가장자리에 백색의 표피 잔편이 매달린다. 살은 습할 때는 회갈색, 건조할 때는 베이지색이 된다. 얇고 밀가루 맛과 냄새가 나고 맛은 온화하나 불쾌하다. 주름살은 올린 주름살이면서 좁은 바른 주름살로 처음에 크림색, 연한 갈색에서 황토 갈색으로 되며 폭은 넓다. 언저리는 백색의 섬유상이다. 자루의 길이는 3~4.5㎝, 굵기는 0.3~0.4㎝로 원통형이며 기부로 부푼다. 속은 차 있다가 빈다. 위쪽은 백색의 턱받이 흔적이 있고 약간 털상이며 아래는 처음 백색에서 갈색으로 된다. 긴 섬유실의 줄무늬가 있고 턱받이 흔적이 있다. 포자는 7.5~8.5×4.5~5㎛로 타원형이고 매끈하며 투명하다. 연한 갈색이며 벽은 두껍고 발아공이 있다. 담자기는 25~28×6~8㎛로 곤봉형이며 4-포자성이고 기부에 꺾쇠가 있다.
생태 봄 / 젖은 풀, 풀길, 길옆 등에 단생한다. 드문 종이다.
분포 한국, 유럽

반구볏짚버섯

Agrocybe sphaleromorpha (Bull.) Fayod

형태 균모의 지름은 1.5~4㎝로 처음에는 반구형에서 둥근 산 모양으로 되었다가 편평형으로 된다. 표면은 약간 끈적기가 있고 꿀황색-황토색을 띤다. 주름살은 홈파진 주름살 또는 약간 올린 주름살로 처음에는 연한 황토색에서 성숙하면 암갈색-암계피색으로 되며 약간 촘촘하다. 자루의 길이는 6~10㎝, 굵기는 0.25~0.4㎝로 상하가 같은 굵기인데 흔히 기부가 부풀고 약간 굽었다. 균모와 같은 색이고 속은 비었다. 기부에는 백색 뿌리 모양의 균사다발이 있다. 자루의 위쪽에 막질의 턱받이가 있으며 턱받이에는 백색이고 줄무늬가 있다. 포자의 크기는 9.5~12.5×6~8.5㎛로 광타원형이다. 표면은 매끈하고 투명하며 꿀색이고 발아공이 있다. 포자문은 암밤갈색이다.

생태 봄~가을 / 초지, 잔디밭, 나지, 길가 또는 풀을 버린 곳 등에 군생한다.

분포 한국, 일본, 중국, 유럽, 북미, 전 세계

빛볏짚버섯

Agrocybe splendida Clemencon

형태 균모의 지름은 0.5~2㎝이고 어릴 때 반구형이다가 후에 둥근 산 모양에서 편평하게 되지만 중앙은 가끔 들어가거나 약간 볼록하다. 습할 때 표면은 미끄럽고 황토색에서 황금색-노란색으로 되며 비단결 같다. 건조하면 중앙은 검게 된다. 가장자리는 어릴 때 외피막 섬유실이 매달리고 예리하고 밋밋하다. 살은 백색이고 얇으며 약간 고약한 밀가루 냄새가 나고 맛은 온화하다. 주름살은 넓은 올린 주름살-바른 주름살로 작은 톱니상의 내린형이다. 어릴 때 베이지색에서 검은 담배-갈색으로 되며 폭은 넓다. 언저리는 백색의 섬유상이다. 자루의 길이는 4~7㎝, 굵기는 0.2~0.3㎝로 원통형이며 빳빳하나 유연하다. 기부는 가끔 부풀고 어릴 때 속은 차고 노쇠하면 빈다. 표면은 백색의 섬유상이 갈색의 바탕색 위에 있다. 턱받이 흔적은 없고 꼭대기는 백색의 가루상이이다. 기부는 때때로 백색의 균사체를 가진다. 포자는 13.5~16.3×8.1~10.6㎛로 타원형이다. 표면은 매끈하고 투명하며 맑은 적갈색이고 벽은 두껍고 발아공이 있다. 포자문은 검은 담배색-갈색이다. 담자기는 22~35×11~13㎛로 곤봉형이며 (2)4-포자성이고 기부에 꺾쇠가 있다.

생태 여름~가을 / 숲의 외곽, 공원, 정원의 풀밭, 맨땅, 이끼류 땅에 단생 혹은 군생한다.

분포 한국, 유럽

등황색볏짚버섯

Agrocybe vervacti (Fr.) Sing.

형태 균모의 지름은 1.5~2.5㎝로 어릴 때 반구형에서 편평한 모양-둥근 산 모양으로 되며 때때로 둔한 볼록을 가진다. 표면은 건조하면 매끄럽고 습할 때 약간 광택이 나고 밋밋하며 왁스색-노란색, 오렌지색-노란색, 적갈색으로 된다. 가장자리는 밋밋하고 날카롭다. 살은 백색에서 연한 크림색이며 얇다. 냄새는 약간 나지만 불분명하고 곰팡이 맛이 난다. 주름살은 넓은 바른 주름살로 치아 모양의 내린 주름살이고 어릴 때 연한 베이지색이지만 곧 황토색-갈색에서 갈색으로 되며 폭이 넓다. 언저리는 연한 섬모실이다. 자루의 길이는 2~4㎝, 굵기는 0.3~0.5㎝로 원통형이며 꼭대기가 부푼다. 어릴 때 속은 차고 노쇠하면 빈다. 꼭대기는 백색, 기부로 갈수록 연한 황토색이고 미세한 섬유실의 세로줄무늬선이 있다. 포자는 7.1~8.8×4.3~5.8㎛로 타원형이다. 표면은 매끈하고 투명하며 밝은 갈색이다. 벽이 두꺼우며 불분명한 발아공이 있다. 담자기는 24~27×6~10㎛로 원통형-곤봉형이고 4-포자성 간혹 2-포자성도 있으며 기부에 꺾쇠가 있다.

생태 여름~가을 / 풀밭, 공원, 길가, 침엽수 근처의 풀밭에 단생 · 군생한다.

분포 한국, 유럽, 북미

버들바퀴버섯(버들송이)

Cyclocybe cylindracea (DC.) Vizzini & Angelini
Agrocybe cylindracea (DC.) Maire

형태 균모는 지름이 3~6㎝로 반구형에서 차차 편평형으로 된다. 표면은 습기가 있을 때 끈적기가 있고 마르면 매끄러우며 가끔 주름무늬가 있다. 중앙부는 거북이 등처럼 갈라지며 연한 황색 또는 연한 황갈색이다. 가장자리는 백색을 띠며 처음에 아래로 감긴다. 살은 얇고 백색이며 표피 아래는 갈색에 밀가루 냄새가 나며 맛은 유화하다. 주름살은 바른 주름살로 밀생하고 폭이 넓다. 처음 연한 색에서 녹슨 갈색으로 된다. 자루는 높이가 8~10㎝, 굵기는 0.6~1㎝로 위아래의 굵기가 같다. 기부는 다소 굵으며 꼭대기는 백색, 아래는 연한 갈색이며 섬유질이고 속은 차 있다가 빈다. 턱받이는 상위이며 막질로 드리우며 백색이나 포자가 떨어져 암갈색으로 보이며 영존성이다. 포자는 9.5~10.5×5.5~6㎛이고 타원형이며 표면은 매끄럽고 투명하며 연한 갈색이고 발아공이 불분명하다. 포자문은 진한 갈색이다. 낭상체는 40~60×10~14㎛로 흩어져 있고 곤봉형 또는 서양배 모양이다.

생태 봄~가을 / 활엽수 마른 줄기와 그루터기에서 속생 · 산생한다. 식용한다.

분포 한국, 일본, 중국, 유럽, 북미

꼭지무리우산버섯

Kuehneromyces castaneus Hongo

형태 균모의 지름은 1~3㎝로 둥근 산 모양에서 편평해지며 중앙에 젖꼭지 모양의 볼록이 있다. 흡수성이 있고 표면은 끈적기가 없다. 습할 때는 밤갈색이고 건조할 때는 담황색이다. 가장자리에 긴 줄무늬가 있고 끝에 외피막의 잔존물이 막편 모양으로 붙지만 나중에 소실된다. 살은 얇고 표면과 같은 색깔이다. 주름살은 바른 주름살-내린 주름살로 거의 계피색이며 폭은 0.2~0.5㎝로 넓다. 약간 촘촘하거나 약간 성기다. 자루의 길이는 2~5㎝, 굵기는 0.15~0.4㎝로 위아래가 같은 굵기이다. 속은 비었고 턱받이는 거의 형성되지 않는다. 표면은 섬유상 또는 약간 거스름 모양으로 위쪽은 연한 색이고 약간 황색이며 하부는 암갈색이다. 포자는 6.5~8×3.5~5㎛로 타원형-난형이며 표면은 매끈하고 투명하며 발아공이 있다. 포자문은 계피색이다.

생태 봄~여름 / 숲속 안과 밖의 땅에 또는 낙엽 속의 땅에 단생 · 군생한다. 소수가 속생한다.

분포 한국, 일본

무리우산버섯

Kuehneromyces mutabilis (Schaeff.) Sing. & A. H. Sm.
Pholiota mutabilis (Schaeff.) Kumm.

형태 균모의 지름은 2~5(7)㎝로 처음 둥근 산 모양에서 차차 편평하게 펴지고 중앙은 때에 따라서 약간 융기한다. 현저한 흡수성이고 표면은 습할 때 끈적기가 있으며 황갈색-다갈색 또는 계피색이다. 가장자리에는 명료한 줄무늬가 나타난다. 건조하면 균모의 중심과 가장자리는 황토색, 담황갈색의 두 가지 색으로 구분되고 끈적기와 줄무늬선도 소실된다. 어릴 때는 균모의 가장자리에 미세한 외피막 찌꺼기가 붙기도 한다. 살은 균모의 중앙 이외에는 얇고 균모와 같은 색이다. 주름살은 바른 주름살-내린 주름살로 연한 황갈색이다가 계피색으로 되며 촘촘하다. 자루의 길이는 3~7㎝, 굵기는 0.2~0.7㎝로 위아래가 같은 굵기이고 속이 비어 있다. 위쪽에는 맥상 또는 섬유상의 턱받이가 있다. 턱받이 위쪽은 연한 색이고 미세한 가루상이다. 아래쪽은 황갈색-암갈색이며 가는 손 거스름 모양의 인편이 붙어 있다. 포자는 6~7.5×3.4~4.6㎛로 타원형이다. 표면은 매끈하고 투명하며 황갈색이고 발아공이 있다. 포자문은 암회갈색이다.
생태 봄~가을 / 활엽수 또는 침엽수의 썩은 부위나 그루터기 등에 다수 속생하거나 군생한다. 이 버섯은 색깔과 형태가 매우 다양해서 혼동되기 쉽다. 독성분은 불분명하나 먹으면 중독 증상이 있다. 비식용이다.
분포 한국 등 거의 전 세계

비늘개암버섯

Leratiomyces squamosus (Pers.) Bridge & Spooner
Naematoloma squamosum (Pers.) Sing. / N. squamosus var. thraustum Imaz. & Hongo

형태 균모의 지름은 1.5~10㎝로 처음에는 반구형 또는 약간 원추형에서 편평하게 펴지며 때로는 중앙부에 완만하게 언덕 모양 또는 원추형의 돌기를 갖는다. 표면은 습할 때 약간 끈적기가 있고 주황색-적갈색이다. 가장자리는 처음에 황백색의 작은 인편이 산재하지만 쉽게 탈락한다. 살은 균모의 중앙부만 약간 두껍고 거의 백색-황백색이며 흔히 표피 아래 또는 전체적으로 적등색이다. 주름살은 대에 바른 주름살 또는 홈파진 주름살로 백색에서 회색으로 되었다가 암자갈색-흑갈색으로 된다. 언저리는 거의 백색이고 폭이 매우 넓으며 촘촘하다. 자루의 길이는 5~13㎝, 굵기는 0.2~1㎝로 가늘고 길며 섬유질로 견고하다. 속은 비어 있다. 기부에 때때로 뿌리 모양의 가근이 있는데 길이가 9㎝에 달하는 것도 있다. 말단에는 빈약한 백색의 균사속이 있다. 표면은 끈적기가 없고 꼭대기는 백색-황백색으로 가루상이다. 하부는 미세한 섬유상의 손 거스름 모양이 생긴다. 균모와 같은 색이다. 턱받이는 황백색-갈색으로 폭이 좁고 탈락하기 쉽다. 포자는 9~14×6~7㎛로 타원형이다. 표면은 매끈하고 투명하며 발아공이 있다. 포자문은 암자갈색이다.
생태 가을 / 숲속의 초지, 나지 등에 단생 또는 군생한다. 식독은 불분명하다.
분포 한국, 일본

비늘개암버섯(아재비형)

Naematoloma squamosus var. **thraustum** Imaz. & Hongo

형태 균모의 지름은 1.5~10.5㎝로 처음 반구형 또는 약간 원추형이다가 후에 편평하게 펴지며 때로는 중앙부에 완만한 볼록 또는 원추형의 돌기를 갖는다. 표면은 습할 때 약간 점성이 있고 유황색-주황색이며 가장자리에는 처음 황백색의 작은 인편이 산재하지만 쉽게 탈락한다. 살은 중앙부만 약간 두껍고 거의 흰색-황백색이다. 흔히 표피 아래 또는 전체적으로 등적색이다. 주름살은 바른 주름살 또는 홈파진 주름살로 흰색에서 회색으로 되며 암자갈색-흑갈색으로 변한다. 언저리는 흰색이고 광폭이며 촘촘하다. 자루의 길이는 5~13㎝, 굵기는 0.2~1㎝로 가늘고 길다. 섬유질로 견고하고 속은 비었다. 기부는 때때로 뿌리 모양의 가근이 되는데 길이가 9㎝에 달하는 것도 있다. 말단에는 빈약한 균사속이 있다. 표면은 점성이 없고 꼭대기는 흰색-황백색인데 가루상이며 아래는 미세한 섬유상의 손 거스름 모양이 생긴다. 균모와 같은 색이며 턱받이는 황백색-갈색이고 폭이 좁으며 탈락하기 쉽다. 포자는 9~14×6~7㎛로 타원형이며 매끈하고 발아공이 있다. 포자문은 암자갈색이다.

생태 여름~가을 / 숲속의 초지, 나지 등에 단생 또는 군생하며 톱밥이 쌓인 곳에 군생한다.

분포 한국, 일본, 유럽, 북미, 아프리카

검은비늘버섯

Pholiota adiposa (Batsch) Kummer

형태 균모는 지름이 5~10㎝로 둥근 산 모양에서 차차 편평형으로 되며 중앙부는 약간 돌출한다. 표면은 습기가 있을 때 끈적기가 있고 마르면 광택이 나며 레몬색-황색, 어두운 황색, 황갈색이다. 탈락성인 원추형의 갈색 인편이 덮여 있으며 중앙에 인편이 몰려 있다. 가장자리는 처음에 아래로 감기며 섬모상의 피막 잔편이 붙어 있다. 살은 두껍고 백색, 연한 황색이며 맛은 유화하다. 주름살은 바른 주름살, 홈파진 주름살로 밀생하고 폭은 넓으며 길이는 같지 않다. 황색에서 녹슨 갈색으로 된다. 자루는 높이가 3~10(15)㎝, 굵기는 0.5~1.1㎝로 끈적기가 있다. 위아래의 굵기가 같거나 아래로 가늘어지며 하부는 구부정하다. 색깔은 균모와 같은 색이고 기부는 진하다. 턱받이 아래는 인편으로 덮이고 섬유질이고 속은 차 있다. 턱받이는 상위이고 연한 황색으로 막질이며 떨어지기 쉽다. 포자는 6~8×3.5~4.5㎛로 타원형이며 표면은 매끄럽고 투명하다. 포자문은 녹슨색이다. 연낭상체는 곤봉상 또는 방추형으로 20~32×6~9㎛이다.

생태 봄~가을 / 사시나무, 황철나무, 버드나무, 자작나무 등 활엽수의 마른 부분 또는 쓰러진 고목에 속생 · 산생한다. 식용한다.

분포 한국, 중국, 일본, 유럽, 북미

흰톱니비늘버섯

Pholiota albocrenulata (Pk.) Sacc.

형태 균모의 지름은 3~8㎝로 넓은 원추형 또는 둥근 산 모양에서 차차 펴져서 거의 편평하게 된다. 표면은 끈적기가 있고 건조하면 광택이 나고 오렌지색-황갈색에서 짙은 녹슨 오렌지색-황갈색이 되었다가 검은 자갈색으로 된다. 표피는 갈색 섬유 인편으로 되나 퇴색한다. 가장자리는 불분명한 표피의 조각으로 덮인다. 살은 두껍고 연하며 냄새는 불분명하고 맛은 없다. 주름살은 바른 주름살-약간 내린 주름살 또는 홈파진 주름살의 내린 톱니상을 가지며 밀생하고 폭은 넓다. 백색-회색에서 녹슨 암갈색이 되고 언저리는 톱니상이며 백색의 방울이 맺힌다. 자루의 길이는 10~15㎝, 굵기는 0.5~1.5㎝로 원통형이이다. 섬유상이고 단단하며 속은 차 있다가 빈다. 위는 퇴색한 회색, 아래는 검은 갈색이며 갈색인 턱받이는 위쪽에 분포하며 꼭대기는 가루상이다. 포자는 10~15×5.5~7㎛로 방추형으로 매끈하고 투명하며 선단은 돌기가 있고 포자벽의 두께는 1~1.5㎛이다. 담자기는 4-포자성으로 30~36×7~9㎛로 좁은 곤봉형이다. 연낭상체는 43~75×4~9㎛로 원통형-곤봉형이다. 측낭상체는 없다.

생태 여름~가을 / 활엽수, 그루터기, 고목에 1개 또는 2~3개가 군생한다.

분포 한국, 일본, 중국, 유럽

진노랑비늘버섯

Pholiota alnicola (Fr.) Sing.
P. alnicola (Fr.) Sing. var. alnicola

형태 균모의 지름은 2~6(10)㎝로 처음 둥근 산 모양에서 차차 편평하게 펴진다. 표면은 밋밋하고 약간 끈적기가 있다. 어릴 때는 레몬색-황색이나 이후에 황토색으로 퇴색된다. 가장자리에 보통 외피막 잔존물이 부착한다. 살은 황색이고 자루의 기부 쪽은 녹슨색이다. 주름살은 바른 주름살로 연한 황색이다가 계피색이 되며 폭이 좁고 촘촘하다. 자루의 길이는 2~10㎝, 굵기는 0.5~1㎝로 연한 레몬색-황색이고 턱받이의 아래쪽은 녹슨 갈색으로 퇴색된다. 끈적기는 없다. 위쪽에 작은 갈색의 턱받이가 있으나 탈락하기 쉽다. 포자는 8.5~11.5×5~5.5㎛로 난형이다. 표면은 매끈하고 투명하다. 포자문은 녹슨 갈색이다.

생태 가을 / 활엽수, 특히 오리나무, 버드나무, 자작나무 등에 잘 발생하며 단생 또는 작은 다발로 속생한다. 식용하나 권할 만하지는 못하다.

분포 한국, 유럽

개암비늘버섯

Pholiota astragalina (Fr.) Sing.

형태 균모의 지름은 2(3)~6㎝로 처음에는 원추형-둥근 산 모양이나 이후 중앙이 약간 융기한 둥근 산 모양으로 된다. 표면은 적갈색-벽돌색이나 주변이 다소 연하다. 습할 때는 끈적기가 있지만, 건조하면 끈적기는 소실된다. 표면은 밋밋하다. 가장자리는 처음 백색 가루상의 막편이 다소 부착하지만 나중에 소실된다. 주름살은 바른 주름살로 연어색-살구색의 황색이고 나중에 녹슨 갈색으로 되며 촘촘하다. 자루의 길이는 4(5)~10㎝, 굵기는 0.4~0.8㎝로 위아래가 같은 굵기이고 황백색 또는 연한 주홍색으로 드물게 아래쪽은 적갈색을 띠기도 한다. 표면은 끈적기가 없고 면모상-섬유상이며 턱받이는 없다. 살은 오렌지색이다. 포자는 5.9~7.8×3.6~4.7㎛로 타원형-약간 렌즈 모양이다. 표면은 매끈하고 투명하며 연한 갈황색이다. 포자문은 녹슨 갈색이다.
생태 봄~가을 / 숲속 침엽수의 썩은 밑동 또는 그루터기에 소수가 속생 또는 단생한다.
분포 한국, 일본, 유럽, 북미, 러시아의 극동지방

금빛비늘버섯

Pholiota aurivella (Batsch) Kummer
P. cerifera (P. Karst.) P. Karst.

형태 균모는 섬유상 육질이며 지름이 6~12㎝로 둥근 산 모양에서 편평형으로 되며 중앙부는 둔하게 돌출한다. 표면은 습기가 있고 끈적거리며 마르면 광택이 나고 황금색에서 녹슨 황색으로 된다. 탈락성인 삼각형의 인편이 동심원의 테로 덮이고 중앙부에 몰려 있으나 가장자리로 가면서 점점 적어진다. 가장자리는 처음에 아래로 감기며 섬유상 피막의 잔사가 걸려 있다. 살은 섬유상 육질로 연한 색이나 나중에 레몬색-황색으로 되고 자루 쪽은 홍갈색을 띠며 맛은 유화하다. 주름살은 홈파진 주름살로 밀생하며 처음에는 황색에서 녹슨 황색을 거쳐 갈색으로 된다. 자루의 높이는 6~13㎝, 굵기는 0.7~1.5㎝로 위아래의 굵기가 같거나 기부가 조금 더 굵다. 가근상으로 되고 끈적기가 있으며 위쪽은 황색, 아래쪽은 녹슨 갈색이다. 때로는 구부정하고 속이 비어 있다. 처음에 턱받이 아래는 끝이 뒤집혀 감긴 인편이 계단 모양으로 덮이나 이후에 없어진다. 턱받이는 거미집 막질이나 쉽게 탈락한다. 포자의 크기는 7~8×4~4.5㎛로 타원형이고 표면은 매끄럽고 투명하다. 포자문은 녹슨색이다. 연낭상체는 곤봉형으로 20~30×5.5~8.5㎛이다. 측낭상체는 20~45×4.8~8㎛로 적게 들어 있다.

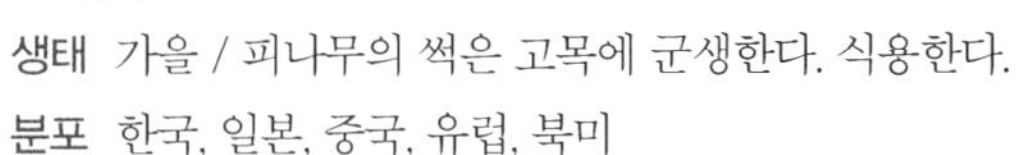

생태 가을 / 피나무의 썩은 고목에 군생한다. 식용한다.
분포 한국, 일본, 중국, 유럽, 북미

금빛비늘버섯(눈물방울형)

Pholiota cerifera (P. Karst.) P. Karst.

형태 균모의 지름은 4~9㎝로 어릴 때는 반구형이다가 후에 둥근 산 모양에서 편평하게 되며 가끔 물결형이다. 표면은 눈물방울 모양으로 피복되고 끈적기가 있고 광택이 나며 미끈거리고 황토색-노란색의 바탕색에 암오렌지색-갈색, 레몬색이다. 가장자리는 오랫동안 안으로 말리고 예리하며 섬유실이 매달린다. 어릴 때는 노란색의 표피 잔편이 있다. 살은 백색에서 노란색이며 두껍고 향신료, 버섯 냄새가 나고 온화한 버섯 맛이 난다. 주름살은 넓은 바른 주름살이며 때로는 홈파진 주름살이다. 어릴 때는 크림색이나 후에 적갈색-검은 녹슨 갈색으로 되며 폭은 좁다. 언저리는 밋밋하고 약간 톱니상이다. 자루의 길이는 5~9㎝, 굵기는 1~2.5㎝로 원통형이다. 속은 차고 탄력이 있고 질기다. 표면은 어릴 때 칼집 모양이고 오렌지색-갈색의 표피가 노란색의 위에 있다. 표피는 뒤집혀서 인편을 형성하고 꼭대기에는 거미막집의 흔적이 있다. 기부는 부풀고 가늘다. 포자는 7.1~10×4.4~5.9㎛로 타원형이다. 매끈하고 투명하며 황토 갈색에 발아공이 있고 벽은 두껍다. 포자문은 녹슨 갈색이다. 담자기는 30~35×7~8㎛로 가는 곤봉형에 4-포자성이고 기부에 꺾쇠가 있다.

생태 활엽수림의 고목 등에 군생 또는 겹쳐서 발생한다.

분포 한국, 유럽, 북미, 아시아

석탄비늘버섯

Pholiota carbonaria A. H. Sm.

형태 균모의 지름은 2~4㎝로 둥근 산 모양에서 차차 펴져서 편평하게 되나 중앙이 약간 볼록하거나 드물게 들어가기도 한다. 어릴 때 담황갈색 또는 약간 노란색에서 검게 되며 노쇠하면 중앙은 거의 붉은 갈색이 된다. 표면은 끈적기가 있고 개암나무색-담갈색의 줄무늬 또는 쇠녹빛의 섬유실의 인편으로 덮이며 약간 매끈하다. 살은 물 같은 갈색이고 중앙은 두껍고 맛과 냄새는 분명치 않다. 가장자리는 안으로 말리고 외피막의 아름다운 부속물이 매달린다. 주름살은 바른 주름살로 폭이 좁고 촘촘하며 어릴 때는 백색-회색이며 성숙하면 거의 갈색으로 된다. 언저리는 약간 톱니상이다. 자루의 길이는 3~6㎝, 굵기는 0.4~0.6㎝로 위아래가 같은 굵기며 압착되고 섬유상이다. 그을린 노란색에 속은 차고 꼭대기는 결절로 된다. 표면은 쇠녹빛의 담갈색 섬유실 인편으로 덮이며 인편은 흔히 뒤집히고 땅색의 노란색이지만 아래는 검고 꼭대기는 가루상이다. 포자는 6~7×3.5~4㎛로 타원형-난형이며 표면은 매끈하고 투명하며 발아공이 있다. 담자기는 18~23×6~7㎛로 곤봉형이며 4-포자성이고 KOH 또는 멜저액 반응에서 노란색으로 염색되며 투명하다.

생태 여름~가을 / 불탄 자리, 노출된 뿌리에 발생한다.

분포 한국, 북미

풀밭비늘버섯

Pholiota conissans (Fr.) M. M. Moser
Flamulla graminis (Quél.) Sing.

형태 균모의 지름은 2~6㎝로 어릴 때는 반구형에서 둥근 산 모양-편평한 모양이 되며 오래되면 가장자리가 물결 모양으로 굴곡된다. 표면은 베이지 크림색-연한 황토색이고 중앙은 갈색이며 갈색의 눌려 붙은 인편이 밀포되어 있다. 가장자리는 안쪽으로 오랫동안 말려 있고 날카롭다. 살은 얇고 황갈색이다. 주름살은 넓은 바른 주름살 또는 홈파진 주름살로 어릴 때는 연한 황색이다가 나중에 황갈색-녹슨 갈색으로된다. 폭은 보통이고 촘촘하다. 자루의 길이는 3~6㎝, 굵기는 0.3~0.6㎝로 원주형이며 다소 굴곡된다. 어릴 때는 속이 차 있으나 나중에 빈다. 어릴 때는 표면 전체에 유백색의 비늘이 덮여 있으며 나중에 갈색 비늘이 되거나 밋밋해진다. 자루의 위쪽에 희미한 턱받이 흔적이 있다. 포자는 5.9~7.6×3.3~4.3㎛로 타원형이다. 표면은 매끈하고 투명하며 연한 황갈색이다. 약간 벽이 두껍고 발아공이 있다. 포자문은 녹슨 갈색이다.

생태 여름~가을 / 숲속의 땅, 숲 가장자리 풀밭 등에 군생 또는 총생한다. 식용한다.

분포 한국, 유럽

점질비늘버섯

Pholiota decussata (Fr.) M. M. Moser

형태 균모의 지름은 4~8㎝로 어릴 때 반구형에서 둥근 산 모양으로 되었다가 편평하게 되며 때로는 물결 모양으로 된다. 표면은 습할 때 미끈거리고 건조 시 둔하고 검은 오렌지색에서 적갈색으로 된다. 백색의 인편과 끈적기가 있다. 가장자리로 연한 색에서 크림색으로 되며 오랫동안 안으로 말리며 예리하고 어릴 때 백색의 껍질 잔편이 매달린다. 살은 황갈색이고 얇고 냄새는 약간 좋으며 맛은 쓰다. 주름살은 넓은 바른 주름살이면서 내린 주름살로 된다. 어릴 때 크림색이다가 나중에 올리브색에서 담배의 갈색으로 되며 폭이 넓다. 언저리는 밋밋하다. 자루의 길이는 5~7㎝, 굵기는 0.6~1.4㎝로 원통형이며 기부는 때로는 부푼다. 빳빳하고 유연하며 어릴 때 속은 차 있다가 노쇠하면 빈다. 표면은 턱받이 위쪽은 백색이고 밋밋하다가 세로줄 섬유 무늬로 된다. 턱받이 아래는 어릴 때 백색의 털상의 인편이 있고 노쇠하면 기부로 매끈해지고 갈색으로 된다. 포자는 6.5~7.9×3.2~4.5㎛로 타원형이며 표면은 매끈하고 투명하며 레몬색-황색이고 발아공은 없고 벽은 두껍다. 포자문은 담배색의 갈색이다. 담자기는 곤봉형이며 18~26×6~8㎛로 4-포자성이고 기부에 꺾쇠가 있다.
생태 여름~가을 / 활엽수림과 참나무 숲속에 군생 · 속생한다. 침엽수, 쓰레기 더미, 땅속에 묻힌 나무 등에 군생 · 속생한다.
분포 한국, 유럽

노랑비늘버섯

Pholiota flammans (Batsch) Kumm.

형태 균모는 지름이 2~7㎝이며 둥근 산 모양에서 편평형으로 되고 중앙은 약간 돌출한다. 표면은 마르고 레몬색-황색, 황갈색이며 동심원의 고리 무늬를 이룬다. 유황색의 섬유모 인편으로 덮이나 오래되면 거의 없어진다. 가장자리에는 피막의 잔편이 있다. 살은 약간 두껍거나 얇고 단단하며 유황색이다. 주름살은 바른 주름살로 밀생하며 폭은 좁고 얇다. 처음 황색에서 녹슨색으로 된다. 자루의 높이는 2~7㎝, 굵기는 0.5~0.9㎝로 레몬색-황색이고 위아래의 굵기가 같고 때로는 약간 구부정하며 마르고 속은 충실하나 나중에 빈다. 턱받이는 상위이고 솜털 모양이나 탈락하기 쉽다. 턱받이 아래는 끝이 뒤집혀 감긴 솜털 인편으로 덮인다. 포자는 4.2~4.8×2.5~3㎛로 타원형이며 표면은 매끄럽고 투명하다. 포자문은 녹슨색이다. 낭상체는 많으며 곤봉형-방추형이고 갈색 또는 무색이다.

생태 가을 / 나무 그루터기나 썩은 나무에 속생한다. 식용한다.

분포 한국, 중국, 일본, 유럽, 북미, 전 세계

담황색비늘버섯

Pholiota flavida (Schaeff.) Sing.

형태 균모의 지름은 1.5~6.5㎝로 종 모양에서 차차 편평해지며 중앙부는 볼록하고 옅은 황갈색에서 다갈색으로 된다. 표면은 밋밋하고 중앙부에는 융모상의 작은 인편이 있다. 가장자리는 갈라진다. 살은 황색이며 얇다. 주름살은 바른 주름살-홈파진 주름살로 옅은 황갈색-녹슨색으로 포크형이다. 자루의 길이는 6~9㎝, 굵기는 0.4~0.9㎝로 황백색이고 아래로 홍갈자색이며 융모상의 인편이며 속은 차 있고 기부는 팽대한다. 포자의 크기는 6~8×3~5㎛로 타원형이다. 표면은 매끈하고 광택이 나며 투명하다. 담자기는 2~4-포자성이다.

생태 여름~가을 / 썩은 고목, 떨어진 나뭇가지에 단생 · 산생한다.

분포 한국, 일본, 중국, 유럽, 북미

과립비늘버섯

Pholiota granulosa (Peck) A. H. Sm. & Hesler

형태 균모의 지름은 1~3.5㎝로 둥근 산 모양에서 넓은 둥근 산 모양으로 된다. 표면은 건조하고 중앙에 직립한 섬유실 인편으로 덮이며 인편은 황갈색이고 인편들 사이로 노란색이 보인다. 가장자리는 안으로 말리고 약간 과립상으로 압착되며 처음 외피막의 잔존물이 매달린다. 살은 얇고 물 같은 황토색이며 상처가 생겨도 변하지 않는다. 맛과 냄새는 온화하다. 주름살은 바른 주름살이며 밀생하고 촘촘하다. 어릴 때 연한 노란색이고 폭은 좁은 편이다. 자루의 길이는 3~5㎝, 굵기는 0.2~0.35㎝로 원통형이며 위아래가 같은 굵기고 속은 비었다. 기부로 퇴색한 균사체로 위쪽은 주름살처럼 연한 노란색, 아래쪽은 외피막이 얇게 있으며 비듬-섬유실이 있다. 이 외피막은 균모의 인편과 같은 색이며 노쇠하면 기부 위쪽에서부터 검은 녹슨 갈색으로 된다. 포자는 7.5~9×4~4.5㎛로 타원형-난형이며 간혹 약간 팥 모양인 것도 있다. 표면은 매끈하고 투명하다. 담자기는 20~25×7~9㎛이고 4-포자성이며 KOH 용액에서 노란색으로 된다.

생태 여름~가을 / 참나무 숲, 활엽수림의 땅, 나무 부스러기에 단생 · 군생한다.

분포 한국, 북미

고무비늘버섯

Pholiota gummosa (Lasch) Sing.

형태 균모의 지름은 2~5㎝로 어릴 때 반구형이며 다음에 둥근 산 모양에서 차차 편평하게 된다. 표면은 습할 때 광택이 나고 건조하면 둔하게 된다. 그을린 백색-베이지색으로 녹색이 섞여 있으며 다소 분명하고 작은 백색-갈색 솜털이 압착된다. 노쇠하면 황토색에서 적갈색으로 되며 가장자리는 막질의 섬유실 껍질이다. 외피막은 다음에 가장자리로부터 찢어지고 잔존물로 남으며 오랫동안 안으로 말린다. 살은 백색에 두껍고 냄새는 없으며 맛은 온화하고 무미건조하다. 주름살은 좁은 바른 주름살이면서 내린 주름살의 작은 톱니상이며 폭은 좁다. 어릴 때 연한 노란색이나 후에 황갈색으로 된다. 언저리는 백색의 섬모상이다. 자루의 길이는 3~5㎝, 굵기는 0.4~0.7㎝로 원통형이며 꼭대기는 때때로 부푼다. 어릴 때 속은 차고 노쇠하면 빈다. 표면에 탈락성의 턱받이가 있으며 위쪽은 맑은 베이지색의 세로줄의 섬유실이 있고 아래쪽은 올리브색-갈색의 섬유상-인편의 섬유실로 된다. 기부는 검은 적갈색이다. 포자는 6.2~7.8×3.5~4.5㎛로 타원형이다. 표면은 매끈하고 투명하며 노란색이고 발아공이 있으며 벽은 두껍다. 포자문은 적갈색이다. 담자기는 가는 곤봉형으로 20~25×6.5~8㎛로 4-포자성이며 기부에 꺾쇠가 있다.

생태 여름~가을 / 숲속의 가장자리, 숲속의 풀밭, 초원, 공원 등의 땅에 속생한다. 썩은 고목, 땅에 묻힌 나무뿌리, 젖은 땅에 발생한다. 드문 종이다.

분포 한국, 유럽, 북미

재비늘버섯

Pholiota hilandensis (Peck) A. H. Smith & Hesler

형태 균모는 지름이 1.5~5㎝로 둥근 산 모양에서 차차 편평하게 된다. 표면은 황갈색-다갈색이며 끈적기가 있고 매끄럽다. 가장자리는 황백색의 얇은 내피막이 붙어 있다가 없어진다. 주름살은 바른 주름살-올린 주름살이며 연한 황색에서 탁한 갈색으로 되고 밀생한다. 자루는 길이가 3~7㎝, 굵기는 0.3~0.5㎝로 황백색-황색이고 하부는 갈색이다. 표면은 섬유상인데 미세한 인편이 있으며 섬유상의 희미한 턱받이는 있다가 없어진다. 포자문은 회갈색이다. 포자는 6.5~7×4~5㎛로 난형-타원형이며 발아공이 있다.
생태 봄~가을 / 불탄 자리의 땅 위나 불탄 자리의 숯 위에 군생 · 속생한다. 식용한다.
분포 한국, 일본, 중국, 유럽, 북미, 거의 전 세계

비듬비늘버섯

Pholiota jahnii Tjall.-Beuk. & Bas

형태 균모의 지름은 2~5㎝로 둥근 산 모양에서 차차 편평하게 된다. 표면은 검은색에서 흑갈색으로 되며 황금색 바탕색에 직립한 비늘이 있다. 습기가 있을 때 끈적기가 있다. 가장자리는 아래로 말리고 표피 껍질의 피막이 매달린다. 살은 노란색이고 두껍다. 주름살은 홈파진 주름살 또는 넓은 바른 주름살로 어릴 때 연한 황토색에서 올리브 황토색으로 되며 폭은 넓다. 자루의 길이는 4~8㎝, 굵기는 0.5~0.7㎝로 원주형이다. 기부 쪽으로 가늘고 가끔 기부에서는 둥글게 부풀며 탄력이 있다. 속은 차 있다가 오래되면 빈다. 표면은 노란색에서 황토색이고 턱받이 위는 미세 알갱이가 분포하며 아래는 적갈색의 인편이 있다. 포자의 크기는 5.5~8×4~5㎛로 광타원형이며 2중 막으로 희미한 기름방울이 있다. 담자기는 17.5~23.5×3.8~5㎛로 곤봉형이다. 연낭상체는 43.8~50×12.5~15㎛로 플라스크-방추형이며 속에 이물질을 함유한다. 측낭상체는 30~37.5×7.5~10㎛로 속에 이물질을 함유한다. 주름살의 균사는 27.5~72.5×2.5~17.5㎛로 원통형이다.
생태 여름 / 혼효림의 썩은 고목, 대나무 그루터기에 군생한다.
분포 한국, 중국, 일본, 유럽

흰비늘버섯

Pholiota lenta (Pers.) Sing.

형태 균모의 지름은 3~9㎝의 둥근 산 모양에서 차차 평평하게 펴진다. 표면은 현저히 끈적기가 있고 황토 백색-백색이며 중앙은 회갈색으로 진하다. 백색 솜털 모양의 작은 인편이 점점이 있지만 소실되기 쉽다. 살은 흰색-연한 황색이고 자루는 녹슨 갈색이다. 주름살은 바른 주름살로 흰색에서 계피 갈색으로 되며 폭이 넓고 촘촘하다. 자루의 길이는 3~9㎝, 굵기는 0.4~1.5㎝로 위아래가 같은 굵기이며 기부 쪽으로 굵어진다. 표면은 흰색으로 기부부터 위쪽을 향해 갈색을 띠며 끈적기가 없고 섬유상 또는 약간 인편상이다. 꼭대기는 가루상이고 턱받이는 없다. 포자의 크기는 6.8~8.9×4.4~5.3㎛로 타원형이다. 표면은 매끈하고 투명하며 연한 회황색이고 발아공이 있으며 포자벽은 두껍다. 포자문은 암황갈색이다.

생태 가을 / 소나무 숲이나 참나무류 숲속의 땅 또는 썩은 고목에 소수가 군생 · 속생한다. 식용한다.

분포 한국, 중국, 일본, 유럽, 북반구 온대

흙물비늘버섯

Pholiota limonella (Peck) Sacc.

형태 균모의 지름은 5~8㎝로 어릴 때 둥근 산 모양에서 편평하게 되며 노쇠하면 물결형이고 때때로 불분명한 볼록이 있다. 표면은 어릴 때 미끈거리고 맑은 색에서 황금 노란색의 적갈색이며 인편은 균모의 중앙에 밀집하며 가장자리로 성기다. 가장자리는 어릴 때 노란색의 껍질 막편이 매달린다. 살은 노란색이고 얇으며 냄새는 좋고 달콤하며 맛은 온화하고 좋은 편이다. 주름살은 넓은 바른 주름살로 어릴 때 노란색에서 적갈색으로 되고 다음에 검은 녹슨 갈색으로 되며 폭은 좁다. 언저리는 밋밋하다가 톱니상으로 된다. 자루의 길이는 5~9㎝, 굵기는 0.5~1㎝로 원통형이다. 기부에 유착하며 뭉친 모양을 만든다. 어릴 때 속은 차며 노쇠하면 속은 비고 빳빳하다. 표면은 밀집하여 턱받이 부분을 덮으며 미세하고 적갈색이고 때로는 노란색 바탕 위에 직립된 인편을 가진다. 표면의 위쪽은 노란색이 백색으로 되며 밋밋하다. 포자는 6.5~8.2×4.1~5㎛로 타원형이다. 표면은 매끈하고 투명하며 황토색이다. 벽은 두껍고 발아공을 가진다. 담자기는 곤봉형으로 22~25×8~10㎛로 4-포자성이고 기부에 꺾쇠가 있다.
생태 늦여름~가을 / 자작나무 등의 상처 부위 또는 죽은 나무에 군생한다. 드문 종이다.
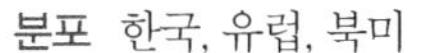
분포 한국, 유럽, 북미

끈적비늘버섯

Pholiota lubrica (Pers.) Sing.

형태 균모는 섬유상 육질이며 지름은 3~7㎝로 반구형 또는 둥근 산 모양에서 차차 편평형으로 되며 중앙은 돌출한다. 표면은 습기가 있을 때 끈적기가 있고 중앙부는 홍갈색이며 가장자리 쪽은 황토색이다. 젤라틴화된 황색의 유연한 털 모양의 인편으로 덮인다. 가장자리는 연한 색이고 줄무늬홈선이 있다. 살은 어두운 백색이며 표피 아래는 황색이고 중앙부는 두껍고 강인하며 냄새가 나고 맛은 유화하다. 주름살은 바른 주름살로 홈파진 주름살 또는 내린 주름살 등으로 다양하고 밀생하며 폭은 보통의 넓이로 연한 색에서 땅색으로 된다. 주름살의 가장자리에는 가는 털이 있다. 자루는 높이가 2~5㎝, 굵기는 0.5~0.6㎝로 위아래의 굵기가 같거나 위로 가늘어지고 기부는 약간 둥글게 부푼다. 처음에는 백색이나 하부는 갈색으로 된다. 섬모로 덮이며 기부에 부드러운 털이 있고 섬유질이다. 자루의 속은 차 있다. 턱받이는 백색으로 거미집막 같은 막질이고 탈락하기 쉽다. 포자의 크기는 5.5~6.2×3.5~3.7㎛로 타원형이다. 표면은 매끄럽고 투명하며 연한 녹슨색이다. 포자문은 녹슨색이다. 낭상체는 많고 피침형이며 정단이 둔하다.

생태 가을 / 잣나무, 활엽수 혼효림의 땅에 군생한다. 식용한다.

분포 한국, 일본, 중국, 유럽, 북미

오렌지비늘버섯

Pholiota lucifera (Lasch) Quél.

형태 균모의 지름은 3~6(8)㎝로 어릴 때는 둥근 산 모양-원추형의 둥근 산 모양으로 후에 편평형-약간 오목한 모양이 되며 중앙에 둔한 돌출이 있다. 습할 때 끈적기가 있고 건조할 때는 둔하다. 오렌지색-황색 바탕에 적갈색의 눌려 붙은 비늘이 불규칙하게 산재되어 있고 간혹 중앙이 진하다. 오래되거나 비를 맞으면 눌려 붙은 비늘이 줄어 사라진다. 살은 연한 황색-크림색이다. 주름살은 바른 주름살-홈파진 주름살로 어릴 때는 연한 오렌지갈색-황갈색이나 후에 암오렌지색-갈색으로 되며 폭이 넓고 촘촘하다. 언저리는 다소 톱날 모양이다. 자루의 길이는 2.5~6㎝, 굵기는 0.4~0.8㎝로 원주형이며 약간 휘어 있고 기부는 다소 굵어진다. 탄력성이 있고 속은 비어 있다. 표면은 연한 레몬색-황색이고 턱받이는 털 모양이다. 위쪽은 약간 밋밋하고 아래쪽은 계피갈색의 면모상 비늘이 있다. 포자는 6.8~8.7×4.5~5.7㎛로 타원형이다. 표면은 매끈하고 투명하며 연한 레몬색-황색이다. 벽은 두껍고 발아공은 없다. 포자문 적갈색이다.
생태 여름~가을 / 숲속의 땅, 나무 쓰레기 버린 곳, 나무뿌리 등에 다발로 총생한다. 식용한다.
분포 한국, 유럽

점성비늘버섯

Pholiota malicola (Kauffman) A. H. Sm.
Pholiota malicola var. macropoda A. H. Sm. & Hesler

형태 균모의 지름은 4~12㎝로 둥근 산 모양에서 차차 편평해진다. 가장자리는 흔히 물결형에서 열편으로 되며 끈적기가 있다. 가장자리에 매달린 표피 막질을 제외하면 매끈거린다. 중앙은 오렌지색-황갈색, 연한 노란색에서 칙칙한 황토색의 털로 되며 흔히 아래로 말린 가장자리를 따라서 물결형의 띠를 형성한다. 살은 두껍고 단단하며 노란색이고 냄새는 향기롭고 맛은 온화하다. 주름살은 바른 주름살-올린 주름살로 밀생하며 얇고 어릴 때 노란색에서 연한 녹슨 갈색으로 되며 폭은 좁거나 넓다. 가장자리는 고르고 상처가 생겨도 변하지 않거나 서서히 오렌지색으로 된다. 자루의 길이는 6~10㎝, 굵기는 0.4~1㎝로 같은 굵기이거나 아래로 가늘며 속은 차 있다. 표면은 흙색에서 노란색이고 위쪽은 비단결이다. 얇은 표피의 섬유실 띠는 점차 희미하게 사라지나 아래쪽으로 섬유상 줄무늬가 생긴다. 기부는 위쪽부터 검은 녹슨 갈색으로 된다. 표피는 파란색에서 연한 황색으로 된다. 포자의 크기는 7.5~11×4.5~5.5㎛로 난형-타원형이며 표면은 매끈하고 투명하며 선단에 발아공이 있다. 거의 거짓아밀로이드 반응을 보인다. 담자기는 20~25×5~6㎛로 4-포자성이며 곤봉형이다. $FeSO_4$ 반응은 밝은 녹색이다.

생태 여름~가을 / 침엽수와 활엽수의 고목, 묻힌 나무에 속생한다.

분포 한국, 북미

점성비늘버섯(큰발형)

Pholiota malicola var. **macropoda** A. H. Sm. & Hesler

형태 균모의 지름은 2~5㎝로 반구형에서 둥근 산 모양을 거쳐 편평하게 되지만 중앙이 볼록하다. 균모의 색은 황색-황갈색으로 약간 끈적기가 있으며 밋밋하다. 살은 상처를 받으면 약간 오렌지색으로 변한다. 주름살은 끝붙은 주름살로 황색에서 갈색으로 약간 밀생한다. 자루의 길이는 4~6㎝, 굵기는 0.3~0.6㎝로 연한 다갈색이다. 턱받이는 위쪽에 있으나 쉽게 탈락하며 표면은 섬유상이다.
생태 가을 / 나무뿌리의 땅, 땅에 묻힌 나무, 속생하는 땅속의 균류에 발생한다.
분포 한국, 일본

혹비늘버섯

Pholiota tuberoculosa (Schaeff.) Kumm.

형태 균모의 지름은 3~5㎝로 반구형에서 차차 편평형으로 되며 중앙부는 약간 볼록하다. 표면은 마르고 황색이나 중앙부는 진하며 황갈색의 섬유상의 인편이 압착된다. 가장자리는 낮은 물결 모양이다. 살은 황색이고 단단하며 맛은 유화하다. 주름살은 처음에 바른 주름살이고 나중에 홈파진 주름살로 되며 밀생하고 폭은 넓으며 유황색에서 녹슨 갈색으로 된다. 자루는 높이가 4.5~7㎝, 굵기가 0.5~0.8㎝로 위아래의 굵기가 같으며 기부는 둥글게 부푼다. 맨 아래는 가근상으로 신장하며 황갈색이다. 턱받이 위쪽은 매끄럽고 아래는 갈색을 띠며 황갈색의 섬모상 인편이 흩어져 있다. 자루의 속은 비어 있다. 포자의 크기는 6.5~7.5×4~5㎛로 타원형이며 녹슨 갈색이고 표면은 매끈하다. 포자문은 녹슨 갈색이다. 낭상체는 없다.
생태 가을 / 신갈나무 등 썩은 고목에 군생한다.
분포 한국, 중국, 유럽, 북미

맛비늘버섯(맛버섯)

Pholiota nameko (T. Ito) S. Ito & Imai

형태 균모의 지름은 3~8㎝로 어릴 때 반구형-약간 원추형에서 둥근 산 모양으로 되었다가 거의 편평하게 된다. 표면은 어릴 때 끈적액이 두껍게 덮여 있으며 중앙부는 적갈색이고 가장자리는 황갈색이다. 오래되면 끈적액이 소실되고 점차 연한 색으로 된다. 살은 연한 황색-백색이다. 주름살은 바른 주름살로 담황색에서 담갈색으로 되며 폭이 넓고 촘촘하다. 자루의 길이는 2.5~8㎝, 굵기는 0.3~1.3㎝로 위아래의 굵기가 같으며 위쪽이 미세하게 가늘다. 턱받이 위쪽은 탁한 유백색-담갈색이며 아래는 균모와 같은 색 또는 연한 색이고 인편이 없이 밋밋하며 끈적기가 있다. 자루의 속이 차 있거나 일부 속이 비기도 한다. 위쪽에 있는 턱받이는 얇은 막질이고 탈락하기 쉽다. 포자는 4~6×2.5~3㎛로 타원형-난형이며 표면은 매끈하고 투명하며 발아공은 불명료하다. 포자문은 진한 녹슨 갈색이다.

생태 가을 / 활엽수, 주로 참나무류의 쓰러진 나무나 그루터기에 군생 · 속생한다. 우수한 식용균이며 널리 인공재배된다.

분포 한국, 일본, 중국, 대만

노란갓비늘버섯

Pholiota spumopsa (Fr.) Sing.

형태 균모는 지름이 1.5~5㎝로 처음에 돌출한 모양에서 차차 편평형으로 되며 중앙부는 약간 오목하다. 표면은 습기가 있을 때 끈적기가 있고 유황색이며 가끔 녹색을 띤다. 중앙부는 황갈색이며 오래되면 표피가 갈라져 작은 인편으로 된다. 가장자리는 처음에 아래로 감기고 황색의 솜털 모양의 피막 잔편이 붙어 있다가 없어지며 오래되면 위로 들린다. 살은 얇고 유황색이다. 주름살은 바른 주름살에서 홈파진 주름살로 밀생하며 폭은 보통이고 연한 황갈색으로 된다. 자루는 길이가 2~4㎝, 굵기는 0.2~0.5㎝로 위아래의 굵기가 같으며 상부는 흰 가루로 덮이고 하부는 갈색이며 섬유질이고 속이 차 있다. 포자는 6~6.5×3.5~4㎛로 타원형이며 표면은 매끄럽고 투명하다. 포자문은 연한 녹슨색이다. 낭상체는 36~47×8~12㎛이며 풍부하고 피침형이며 중앙부가 불룩하다.

생태 여름~가을 / 숲속의 가문비나무 또는 전나무의 썩은 고목에 군생 · 속생한다.

분포 한국, 일본, 중국, 유럽, 북미, 소아시아, 아프리카

비늘버섯

Pholiota squarrosa (Vahl) Kummer
P. squarrosa var. verruculosa (Lasch) Sacc.

형태 균모의 지름은 3~11㎝이며 종 모양 또는 둥근 산 모양에서 차차 편평형으로 되지만 중앙부는 조금 돌출한다. 표면은 마르고 녹슨 황색이며 끝이 뒤집혀 감기고 홍갈색의 털 인편으로 덮인다. 가장자리에는 처음에 피막의 잔편이 붙어 있다. 살은 두껍고 연한 황색이며 맛은 온화하다. 주름살은 바른 주름살로 밀생하며 폭이 넓고 황색에서 녹슨색으로 된다. 자루의 길이는 5~15㎝, 굵기는 0.5~1.2㎝로 위아래의 굵기가 같거나 아래로 가늘어진다. 턱받이 위쪽은 황색이고 아래는 균모와 같은 색이다. 표면은 매끄럽고 끝이 뒤집혀 감긴 갈색의 섬모상 인편이 밀포되고 속은 비어 있다. 포자는 4.5~6×3~3.5㎛로 타원형이다. 표면은 매끄럽고 투명하며 녹슨색이다. 포자문은 녹슨색이다. 낭상체는 2종으로 1종은 무색이며 곤봉형으로 정단이 둔하거나 뾰족하다. 다른 1종은 갈색이고 정단이 둔하거나 잘린 모양이다.

생태 늦봄~늦가을 / 활엽수 마른 나무와 쓰러진 고목에 속생한다. 식용한다.

분포 한국, 일본, 중국, 유럽, 북미, 북반구 일대, 아프리카

침비늘버섯

Pholiota squarrosoides (Peck) Sacc.

형태 균모는 지름이 4~7㎝이며 반구형에서 차차 편평형으로 된다. 표면은 습기가 있을 때 끈적기가 있고 연한 황토색, 계피색, 밤갈색 등이다. 곧추선 뾰족한 인편으로 덮이는데 인편은 거의 중앙부에 몰려 있으며 가장자리 쪽으로 드물다. 살은 두껍고 백색, 황백색이며 맛은 유화하다. 주름살은 바른 주름살로 연한 황색에서 계피색으로 되고 밀생하며 폭은 약간 넓다. 자루는 높이가 4~14㎝, 굵기가 0.4~1.2㎝로 위아래의 굵기가 같거나 위로 가늘어지며 균모와 같은 색이다. 턱받이 위쪽은 백색으로 매끄럽고 아래는 밤갈색의 솜털 인편으로 덮인다. 턱받이는 상위이고 솜털 모양의 막질로서 연한 황색이고 탈락하기 쉽다. 포자는 4.5~6.2×2.5~3㎛로 타원형이고 표면은 매끈하고 투명하다. 포자문은 녹슨 갈색이다. 낭상체는 25~50×9~12.5㎛이며 2종으로 1종은 곤봉형으로 정단이 뾰족하다. 다른 1종은 연한 갈색으로서 정단이 뾰족하거나 둔하다.

생태 가을 / 사시나무, 황철나무, 버드나무, 자작나무, 신갈나무 등 활엽수의 썩은 고목이나 그루터기에서 속생 · 산생한다. 식용한다.

분포 한국, 일본, 중국, 유럽, 북미, 북반구 일대

황토비늘버섯

Pholiota subochracea (A. H. Sm.) A. H. Sm. & Hesler
P. nematolomoides (Favre) M. M. Moser

형태 균모의 지름은 1.5~2.5㎝로 처음 반구형에서 둥근 모양을 거쳐 편평하게 된다. 표면은 약간 흡수성이 있고 습기가 있을 때 광택이 나며 무디고 밋밋하다. 건조하면 오렌지색-갈색으로 되며 중앙은 때때로 진한 색이고 가장자리는 오래 아래로 말리고 예리하다. 살은 크림색에서 황갈색으로 되고 얇으며 냄새가 나고 맛은 쓰다. 주름살은 넓은 바른 주름살로 밝은 황색에서 황토 갈색으로 되며 폭은 넓다. 가장자리는 밋밋한 상태하나 이후 술 장식이 드리워진다. 자루의 길이는 3.5~4.5㎝, 굵기는 0.2~0.4㎝로 원통형이며 때때로 기부는 부푼다. 속은 차 있다가 비고 단단하며 휘어진다. 표면은 어릴 때 백색의 섬유상이다가 나중에 매끈해진다. 기부 쪽은 갈색을 띠고 위쪽은 백색의 가루상이다. 포자의 크기는 4.5~6×3~4㎛로 타원형이다. 표면은 매끈하고 투명하며 밝은 노란색이고 발아공은 없고 포자벽은 두껍다. 담자기는 12~26×4.5~6㎛이고 원통형-곤봉형이다. 4-포자성이고 기부에 꺽쇠가 있다. 낭상체는 방추형이며 35~50×6~10㎛이다.
생태 여름~가을 / 침엽수의 고목에 군생한다.
분포 한국, 중국, 유럽

땅비늘버섯

Pholiota terrestris Overh.

형태 균모는 지름이 2~6㎝로 둥근 산 모양에서 차차 편평하게 되며 중앙은 약간 볼록하다. 표면은 건조성이나 습기가 있을 때 끈적기가 있고 크림색, 계피색, 백갈색, 암갈색 등이며 계피색의 섬유상 인편이 덮인다. 인편은 중앙에서 위로 돌출한다. 가장자리는 아래로 감기고 내피막의 잔편이 붙는다. 살은 연하며 연한 황색이다. 주름살은 바른 주름살-올린 주름살로 황색에서 계피색-암갈색으로 되며 폭은 0.3~0.8㎝로 밀생한다. 자루는 길이가 3~7㎝, 굵기는 0.3~1.3㎝로 위아래가 같은 굵기이다. 균모와 같은 색이고 갈색-계피색의 뾰족한 섬유상의 갈라진 인편으로 덮인다. 피막은 솜털 모양의 막질로 불분명한 턱받이를 만든다. 속은 차 있다가 빈다. 턱받이는 얇고 섬유질이며 찢어진다. 포자의 크기는 5.5~6.5×3.5~4㎛로 타원형이다. 표면은 매끈하고 투명하다. 포자문은 녹슨색이다.

생태 봄~가을 / 숲속, 풀밭, 길가 등의 땅에 군생 · 속생한다. 식용한다.

분포 한국, 중국, 일본, 북미

반구원시독청버섯

Protostropharia semiglobata (Batsch) Redhead, Moncalvo & Vilgalys
Stropharia semiglobata (Batsch) Quél.

형태 균모의 지름은 1~3.5(5)㎝로 반구형-둥근 산 모양이다. 표면은 습할 때 끈적기가 있고 밋밋하며 레몬색-밀짚색이다. 살은 약간 황색이나 대부분은 백색이며 엷은 색이다. 주름살은 바른 주름살로 백색-회색, 암자갈색이고 폭이 넓고 촘촘하거나 약간 성기다. 언저리는 백색의 가루상이다. 자루의 길이는 5~10㎝, 굵기는 0.2~0.4㎝로 가늘고 길며 위아래가 같은 굵기이나 기부는 약간 굵다. 표면은 황백색이고 턱받이 아래는 다소 거스름 모양이나 대부분 밋밋하다. 습할 때는 끈적기가 있다. 턱받이는 폭이 좁고 때에 따라서는 불명료하다. 속은 비어 있다. 포자는 15.6~20.1×8.3~11.6㎛로 타원형이다. 표면은 매끈하고 투명하며 회갈색이고 벽이 두껍고 발아공이 있다. 포자문은 흑자색이다.
생태 봄~늦가을 / 비가 많이 내릴 때 말똥이나 퇴비를 준 밭에서 단생 또는 소수가 속생한다. 환각성이 있는 것으로 알려져 있다. 말똥 등이 많은 곳에서 발생하나 매우 드물다.
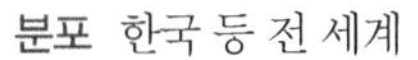
분포 한국 등 전 세계

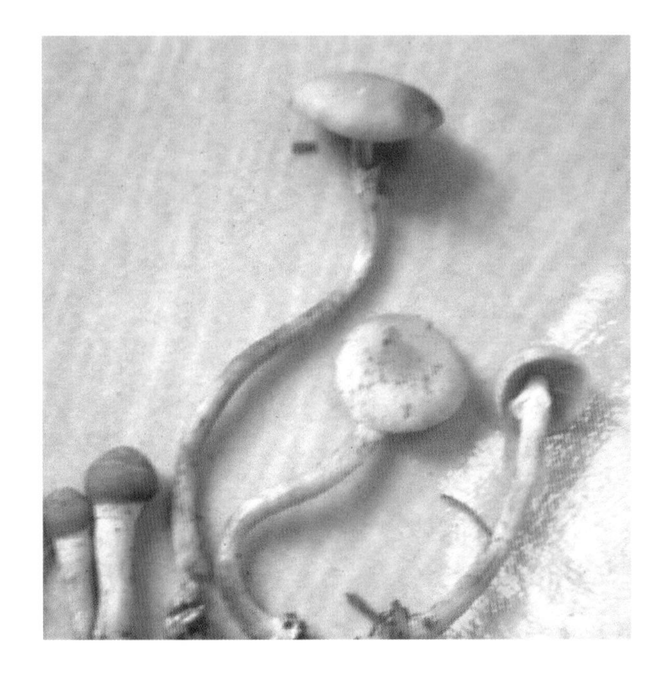

부 록

1. 신종 버섯

가는대덧부치버섯

Asterophora gracilis D. H. Cho

형태: 균모의 지름은 0.1~0.5㎝로 둥근 모양이나 가운데는 들어간다. 전체가 백색이나 가운데는 약간 회색이다. 육질은 얇고 백색이다. 주름살은 바른 주름살로 백색이며 밀생한다. 자루의 길이는 1~3㎝이고 굵기는 0.05~0.1㎝로 원통형이며 가늘고 길다. 백색 또는 연한 색이다. 포자의 크기는 3~4×2.5~3㎛로 타원형이며 표면에 미세한 점들이 있다. 후막포자의 지름은 6×4㎛로 구형 또는 아구형이지만 포자와 잘 구분되지 않는다. 담자기는 15~20×4~5㎛이고 원통형이며 4-포자성이다. 경자의 길이는 2~3㎛이다. 주름살의 균사는 24~47×1.5~3㎛로 원통형이다.

생태: 여름 / 숙주버섯의 밑에 잔뿌리 같은 균사가 수없이 뻗어 있다. 숙주균은 갓버섯으로 추정된다. 군생한다.

분포: 한국(백두산), 중국

Pieus: 0.1~0.5㎝ broad, subglose, depressed at center, fruiting body white, grayish at center. Lamellae whitish, crowded. Stipe 1~3㎝ long, 0.05~0.1㎛ thick, white to flesh color, long cylindrica. Spores 3~4×2.5~3㎛, seldom 1.5~2㎛, globose, slightly subglobose with fine spots, amyloid. Basidia 15~20×4~5㎛, clavate, 4-spored, sterigmata 2~3㎛, long, hyphae from lamellae 24~47×1.5~3㎛, cylindrical. Chlamydo spores 6×4㎛, elliptical.

Habitat: Summer. Clustered on Lepiota spp. With many slender hyphae under host fungi.

Distribution: Mt. Backdu(Mt. Backdu and Idobackha)

Studied specimens: CHO-1137(18~20 August, 2009) were collected at forests of Mt. Backdu.

Remarks: Spores of host fungi 9~11×2.5~4㎛, elliptical, pseudoamyloid, with the minute granule. So host fungi thinked Lepiota spp. because of reaction pseudoamyloid.

Pileo: 0.1~0.5㎝ late, subglobose, depresus, carpophores whitish, grayish. Lamellae whitish, crowded. Stipe 1~3㎝ long, 0.05~0.1㎝ crassa, whitish, subbwhitish, longitudinally cylindratus. Sporis 3~4×2.5~3㎛, seldom 1.5~2㎛, globose, subglobose, with fine spots, amyloid. Basidia 1.5~20×4~5㎛, claviforms, 4-spored, sterigmata 2~3㎛, long. Chlamydo sporis 6×4㎛, elliptical.

2. 버섯과 균류

균류라는 학문 – 버섯의 정의

버섯은 한국의 보통명이며 자실체라고도 하며 균사라는 세포로 구성되어 있다. 학술적 술어는 균류라 부른다. 균류는 보통 곰팡이와 버섯으로 나뉘는데, 버섯은 균류 가운데서 가장 진화된 것으로 자실체를 형성하며 곰팡이와 구별하여 고등균류라 부르기도 한다. 식물에 비유하면 꽃에 해당한다고 볼 수 있다. 버섯(균류)은 유성생식이 분명한 생활사를 갖고 있다. 그러나 곰팡이 가운데에서 유성생식을 모르는 무리를 불완전균류라 한다. 동충하초 중에서 꽃동충하초(Isaria)는 자실체를 형성하지만 유성생식이 알려지지 않아서 불완전한 버섯이라 할 수 있다.

북한에서는 버섯을 학술적 술어로 포자식물이라 부른다.

생태계에서 버섯의 역할 – 균류와 생태계의 관계

생태계의 구성요소는 크게 생물과 무생물로 나눌 수 있다. 생물은 다시 무기물을 유기물로 전환하는 녹색 식물, 즉 생산자와 생산자가 만들어 놓은 유기물을 먹고 사는 포식자로 나뉜다. 포식자들은 대부분 동물이며 소비자이다. 생산자나 포식자들의 사체를 분해시켜 무기물로 환원하는 박테리아나 바이러스 무리를 분해자라 한다. 따라서 생태계는 생산자, 소비자 분해자로 이루어져 있으며 균류인 버섯은 이들 가운데서 분해의 기능을 수행하는 분해자이다.

생태계의 물질순환을 통해 무생물이 생산자인 식물에게 무기 원소인 이산화탄소와 물을 제공하고, 식물들은 이것들과 햇빛을 이용하여 유기물인 포도당을 만든다. 녹색식물이 만들어 놓은 유기물에서 동물 같은 소비자가 영양을 얻게 된다. 생산자, 소비자의 사체를 세균, 바이러스, 곰팡이 같은 분해자들이 분해하여 무기물로 다시 환원시킨다. 환원된 이 물질들은 다시 생산자와 소비자의 영양소로 이용된다.

만약 생태계의 구성요소 중 어느 한 요소라도 파괴된다면 생태계는 도미노 현상처럼 차례로 파괴될 것이다. 그렇게 되면 지구상의 모든 생물은 사라지게 된다. 무기환경인 물과 공기가 오염되면 물을 이용하여 광합성을 하는 생산자인 식물이 포도당과 같은 유기물을 만들지 못하고 죽게 될 것이다. 식물이 사라지면 이들을 먹이로 살아가는 초식동물이 죽게 되고 그 다음은 초식동물을 먹이로 하는 육식 동물이 죽게 된다. 이렇게 동식물이 점차 사라지면 이것을 기반으로 살아가는 세균, 바이러스, 곰팡이들도 사라지게 된다. 결국 무기환경인 흙도 영양을 공급받지 못해 황무지가 되고 식물들은 하나둘 사라질 것이다. 이처럼 생태계가 파괴되면 결국 최종 소비자인 인간도 생존의 위협을 받을 것이고 지구상에서 사라지게 될 것이다.

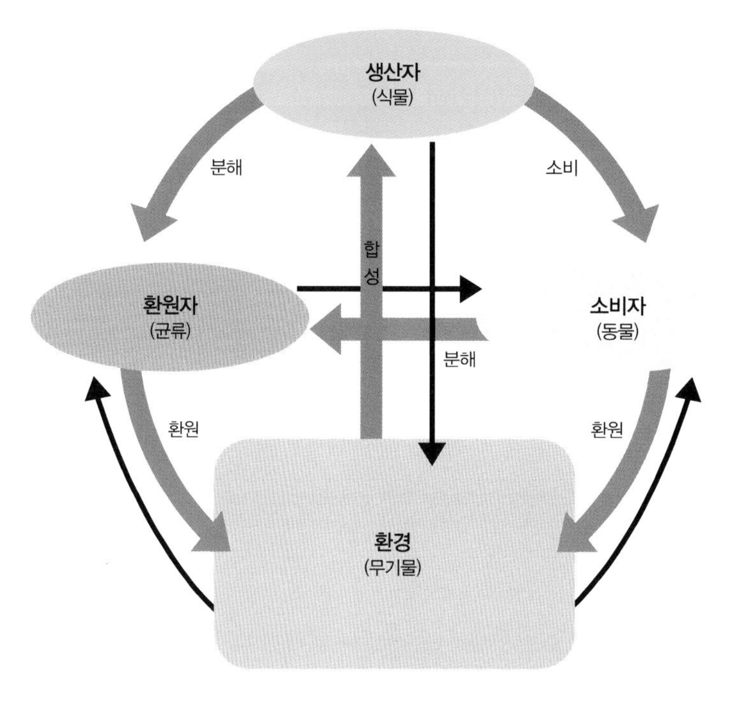

생태계 상호관계

균류의 생활

균류는 기생, 부생, 공생이라는 세 가지 방법으로 영양을 얻는다. 흔히 우리는 이것을 균류의 기능이라고 부른다.

첫 번째로 기생의 형태로 영양을 섭취하여 생활하는 것은 유기물을 분해하여 영양을 얻는 것을 의미한다. 스스로 영양을 만들지 못하고 전적으로 다른 생물이 만들어 놓은 영양에 의지하여 생활하는 방식이다. 마치 사람의 몸속에서 사람의 영양을 빼앗아 먹고 살아가는 기생충 같은 영양방식을 취하는 것이다.

두 번째로 부생이란 물질을 분해하기는 하는데 주로 나무나 풀을 썩히는 역할을 하는 것이다. 식물의 주성분인 셀룰로오스(cellulose) 등을 분해하여 그 영양분으로 살아가는 방식이다. 균류 중에서 버섯이 주로 나무나 풀에 의지하여 생활하는 것도 이 때문이다.

세 번째로 공생은 다른 생물, 주로 식물과 협력하여 살아가는 방식이다. 가령 송이버섯의 균사는 살아 있는 소나무의 실뿌리에 균근이라는 것을 만들어 소나무가 흡수하기 어려운 무기물, 소나무의 뿌리가 닿지 않는 곳의 물까지 흡수하여 소나무에 제공한다. 소나무는 제공된 재료를 이용하여 광합성을 하고, 이때 생성된 포도당의 일부를 송이버섯에게 제공함으로써 서로 돕는 관계를 유지한다.

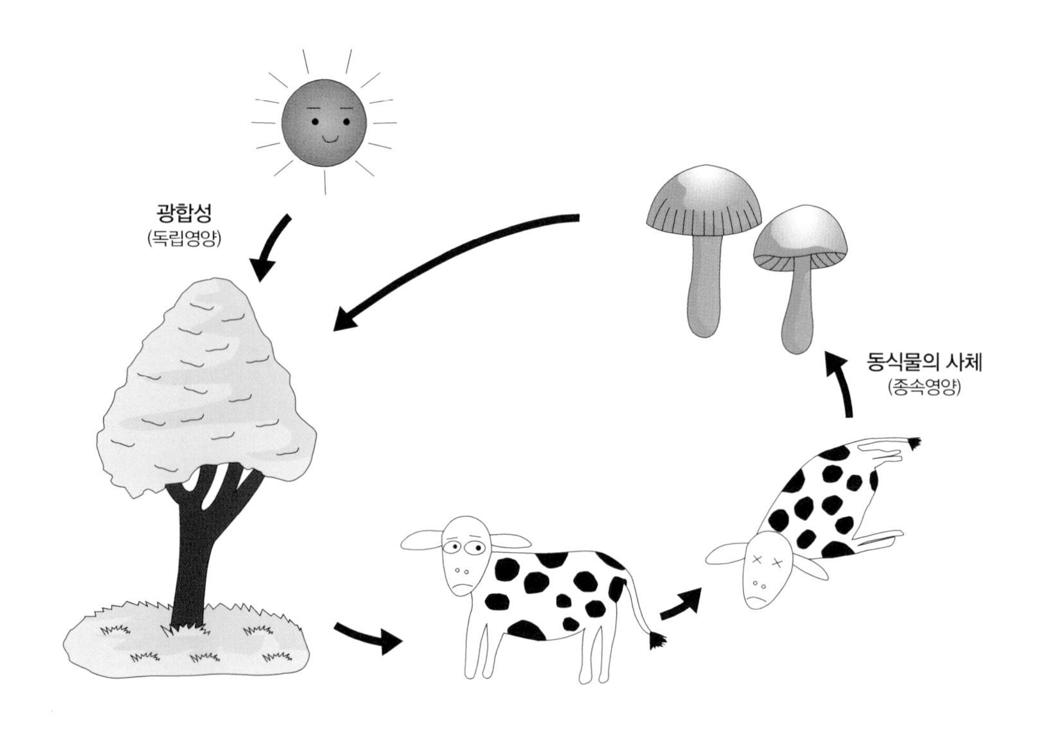

균류의 분류학적 위치

생물계에서 균류는 식물, 동물 같은 진화한 생물군으로 분류된다. 그림에서 보는 바와 같이 휘티커(Whitaker, 1969)는 생물계를 다섯 계로 나누어 진화의 순서대로 계통수를 만들었다. 원핵생물계(Monera), 원생생물계(Protista)를 하위 분류군으로 하고 그 위에 식물 계(Plantse), 균계(Fungi), 동물계(Animalia)를 같은 수준의 분류군으로 배열하였다.

균류는 식물, 동물처럼 분화가 안된 생물이지만 이들처럼 아주 진화된 생활방식을 가지고 있다. 생식의 방법에서 균류의 균사가 다른 균사와 만나서 접합해야 어린 개체가 만들어지는 것은 마치 동물의 정자와 난자가 만나는 것과 같다. 또한 먹이를 섭취할 때 아메바처럼 먹이를 세포 안으로 끌어드려서 분해하는 것이 아니고 효소를 세포 밖으로 분비하여 먹이를 분해하여 영양분만을 끌어들인다. 동물들은 이와같은 방법으로 영양을 섭취한다. 균류는 단순히 균사로만 이루어져 있지만 고등한 동식물과 닮은 점이 많다. 그럼에도 불구하고 균류는 구조가 간단하여 미생물이라는 일반적인 범주에 포함된다.

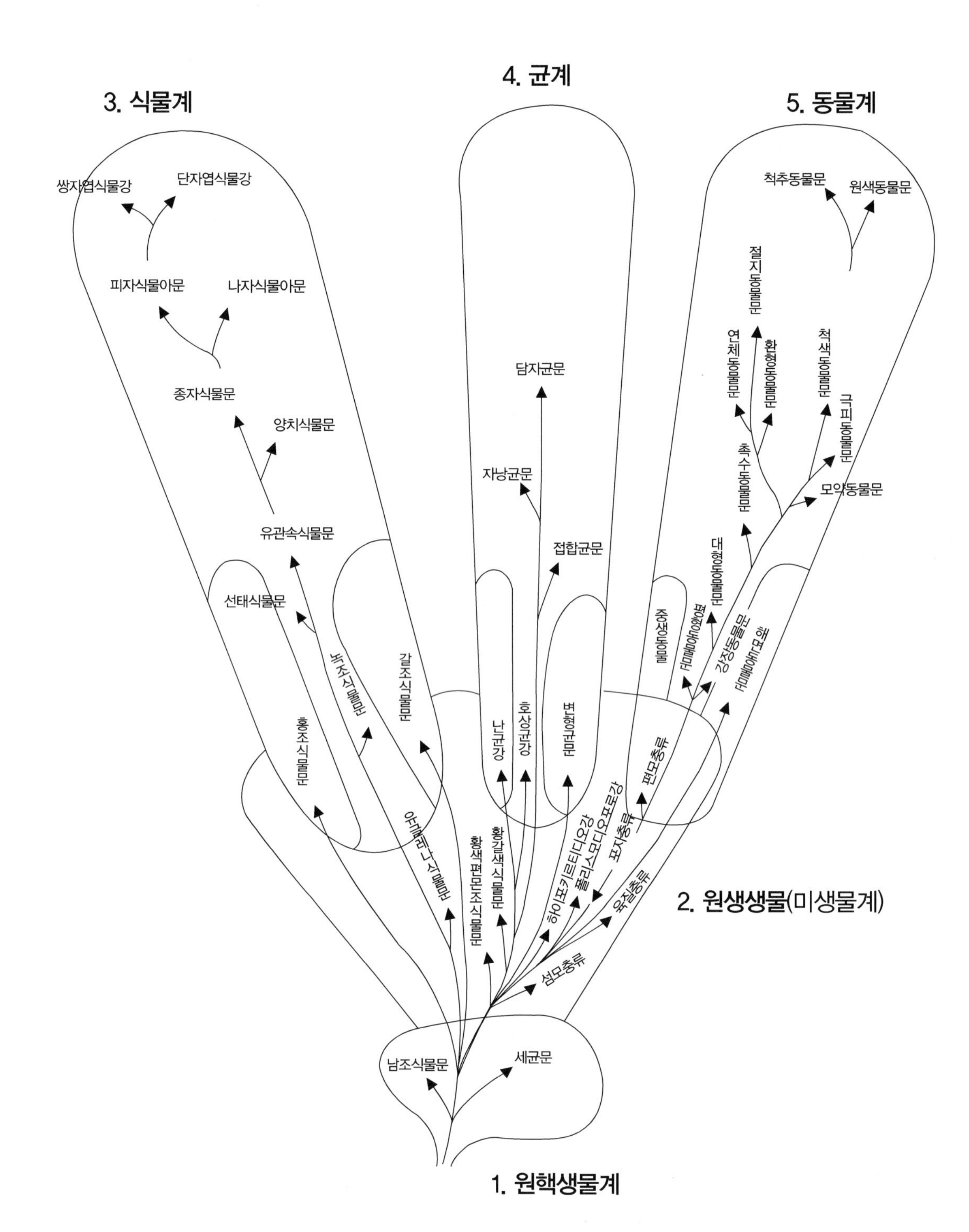

3. 식물계
4. 균계
5. 동물계
쌍자엽식물강
단자엽식물강
피자식물아문
나자식물아문
종자식물문
양치식물문
유관속식물문
선태식물문
녹조식물문
갈조식물문
홍조식물문
유글레나식물문
황색편모조식물문
황갈색식물문
담자균문
자낭균문
접합균문
난균강
호상균강
변형균문
척추동물문
원색동물문
절지동물문
연체동물문
환형동물문
척색동물문
극피동물문
촉수동물문
모악동물문
대형동물문
중생동물
강장동물문
편모충류
포자충류
육질충류
섬모충류
2. 원생생물(미생물계)
남조식물문
세균문
1. 원핵생물계

버섯의 지리적 격리

버섯의 어떤 종류는 특정한 지역에만 발생하는 경우가 있는데 이것은 지구의 생성과정에서 연유한 것이다. 가령 화경버섯(Omphalotus japonicus)과 달걀버섯(Amanita hemibapha)은 유럽이나 북아메리카에서는 발견되지 않는다. 이 종류의 버섯은 한국, 중국, 일본에서 주로 발견된다.

이를 통해 유럽과 북아메리카의 식생이 한국을 비롯한 아시아의 식생에 기인하는 것으로 추측된다. 이런 버섯들이 유럽이나 북아메리카의 식생에 처음부터 없었고 아시아에는 존재하여 진화한 것으로 볼 수 있다. 이는 캥거루가 오스트레일리아에만 분포하는 것이 오스트레일리아 대륙이 아시아 대륙과 태평양 및 인도양에 의해 격리되어 진화하였기 때문인 것과 같다.

고등식물은 옛날부터 한국을 비롯한 동아시아와 북아메리카의 동부에 같은 종이 분포하였다고 한다. 예를 들어 목련속, 풍년화속, 연영초속의 식물들은 동아시아와 북아메리카의 동부지역에 동시에 자생하고 있다. 이것은 지구의 지각 변동 과정에서 제3기의 극온대 식물군이 제4기의 빙하시대에 남극대륙에서 분리되었다가 빙하가 후퇴한 뒤에 다시 북상하여 현재와 같이 동아시아와 북아메리카로 분리되었기 때문이다. 이는 두 지역의 생성이 동일한 기원을 갖는다는 것을 의미한다. 또한 이들 동아시아와 북아메리카의 동부지역이 북아메리카대륙의 록키산맥과 태평양에 의해 지리적으로 격리되었지만 식물은 처음 생성된 그대로 진화한 것으로 볼 수 있다. 그 식물과 같이 생활하던 균류도 자연스럽게 식물을 따라 진화, 격리된 것이다.

버섯에서도 이와 같은 지리적 격리 현상이 나타나는데 한국을 비롯한 동아시아에서 찾아볼 수 있는 그물버섯류의 털밤그물버섯(Boletellus ruselii), 수원그물버섯(Boletus auripes)은 북아메리카 동부에서도 많이 발견된다. 이것은 동아시아와 북아메리카의 동부지역 식물의 목련속, 풍년화속, 연영초속이 다 같이 분포하며 이 두 지역의 나무에 기생하고 있든 털밤그물버섯, 수원그물버섯 등이 나무와 함께 지리적으로 격리되었기 때문이다.

이런 현상은 버섯이 산림의 나무와 더불어 진화해 왔음을 증명하는 좋은 예이다. 현재 한국의 버섯 종류와 일본의 버섯 종류가 비슷한 것도 한국과 일본의 식생이 비슷한 데에서 기인한다. 지구 생성과정에서 처음 한국과 일본이 같은 대륙에 속했다가 지각 변동에 의한 침강으로 지금의 동해가 바다가 생겼고 한국과 일본의 두 지역으로 나누어져서 식생도 분리되어 진화했기 때문이다.

민족균학

민족균학은 넓은 뜻에서 민족생물학의 한 분야이다. 민족생물학은 각기 다른 민족들이 오래 세월에 걸쳐 쌓아 온 그들 고유의 생물의 원리, 이용, 민속, 종교, 문화를 파악하고 이를 민족의 현실에 맞게 개발하여 인류 복지에 이바지하는 데 목적이 있다고 정의된다. 민족균학은 버섯이나 곰팡이를 대상으로 한다는 점에서 민족생물학과 차이가 있다.

민족균학의 연구는 왓슨(R.G. Wasson)과 그의 아내 파블로바(V. Pavlovna, 1957)가 저술한

『버섯, 러시아 그리고 역사(Mushrooms, Russia and History)』에서 시작된다. 그들은 민족마다 버섯 대한 인식 차이가 있다는 것을 알았다. 미국 사람인 왓슨은 버섯에 대하여 혹시 독버섯이 아닌가 하는 두려움을 가지고 있었지만, 러시아계 부인은 버섯을 맛있는 요리 재료로 생각하고 있었다. 여기서 힌트를 얻은 이들은 민족에 따라 각자의 마음에 새겨진 문화유산, 선입견 등의 차이로 생기는 것을 민족균학이라고 정의하였다.

우리 민족이 버섯을 이용하기 시작한 것은 삼국시대인 신라 성덕왕 때로 거슬러 올라가며 조선시대에도 다양한 용도로 이용한 기록이 있다. 신라시대의 지균(地菌)이라 불린 것은 땅에서 나는 버섯, 즉 송이버섯으로 추정되며 목균(木菌)이라 불린 것은 나무에서 나는 버섯, 즉 느타리나 표고버섯이 아니었을까 추측된다. 이처럼 오랜 세월에 걸쳐 버섯을 먹어 왔음에도 불구하고 버섯에 얽힌 민속, 음식, 설화 등의 기록은 거의 남아 있지 않다.

외국의 경우 버섯에 얽힌 이야기가 많다. 일본에는 균신사(菌神社)라는 절이 있는 데 그 유래는 흉년이 들어서 마을 사람 전체가 굶어 죽게 되었을 때, 사찰 근처에 버섯이 많이 발생해 그것을 채취하여 먹고 살아남았는데 그 고마움으로 절을 세워 매년 제사를 지낸다는 것이다. 중국에도 어느 시골에 죽어가던 사람이 산에서 여러 가지 풀뿌리, 곤충 등을 채취하여 삶아 먹고 병이 나았다는데 그중에 동충하초가 섞여 있어서 병이 나았다는 설화가 있다. 로마의 네로 황제가 달걀버섯(민달걀버섯)을 좋아해 백성들이 버섯을 따오면 그 무게만큼의 황금을 주었다는 이야기도 있다. 또 러시아의 어느 황제는 독버섯을 맛좋은 버섯으로 알고 먹고서 죽었다는 설화도 있다. 이처럼 버섯에 얽힌 이야기가 많다는 것은 그만큼 버섯이 일반 민중에 깊이 뿌리를 내렸다는 것을 의미한다.

유럽에서는 버섯 모양을 본뜬 여러 가지 상품, 과자, 케이크 등을 길거리에서 흔히 볼 수 있는데 이것도 버섯이 그들 생활에 깊이 파고든 결과라 할 수 있다. 중남미에서는 마야족이 환각버섯을 의식에 사용한 기록이 있으며 그런 마야족의 후손답게 화려하고 원색적인 환각버섯류를 모델로 한 우표도 있다. 또한 마야인은 비가 오면 버섯이 많이 발생하는 것에 착안하여 버섯이 비를 내리게 한다고 생각해 가뭄이 들면 밀밭에 버섯돌을 만들어 기우제를 지냈다고 한다.

우리나라도 버섯에 관한 이야기가 간간이 전해져 내려온다. '두엄버섯 같다', '자식은 두엄 위의 버섯과 똑같다', '먹지 못할 버섯은 첫 삼월에 돋는다'라는 속담이 있다. '두엄버섯 같다'는 뜻은 생겨난 지 얼마되지 않아 사그라드는 모양을 보고 이르는 말이다. 버섯은 아침에 나왔다가 저녁에 사그라든다는 말을 실감할 수 있는 속담이다. '자식은 두엄 위의 버섯과 똑같다'는 것은 자식 많은 것이 자랑이 될 수 없다는 말로 두엄 위에서 버섯이 군락을 이루는 모습을 빗대어 하는 말이다. '먹지못할 버섯은 첫 삼월에 돋는다'는 어떤 일에 필요도 없는 것이 필요한 것보다 빨리 일어남을 뜻하는 말이다. 이러한 속담들은 대체로 부정적인 뜻을 내포하고 있다. 흔히 우리는 사회에 아주 나쁜 짓을 하는 존재를 '독버섯 같다'고 표현한다. 이런 말은 버섯에 대한 부정적 생각에서 나오는 것이다.

매월당 김시습이 송이버섯의 맛과 향기를 노래한 시를 지은 것을 보면 버섯에 관한 재미있는 설화가 많았을 것으로 생각된다. 가령 복령(伏靈)의 이름에 얽힌 이야기를 살펴보면 강원도 어느 산골에 역적으로 몰려 유배생활을 하는 노인이 있었는데 그는 아들이 자기의 억울함을 풀어주고 가문을 다시 일으켜 세울 것이라 굳게 믿고 있었다. 그런데 아들이 이름 모를 병에 걸려 시름시름 앓게 되자 산신령이 버섯을 알려줘서 병을 고쳤다. 이에 그 버섯을 신이 내려준 버섯이라 하여 '복령'이라 불렀다는 전설이 있다.

음식에 궁합이 있다는 사실은 이미 잘 알려진 이야기로 버섯과 궁합이 맞는 것은 조개이다. 깊은 산속의 송이버섯이 자기 짝을 찾기 위해 산에서 내려와 여기저기 헤매다가 바닷가로 갔는데 마침 조개가 입을 벌리고 하품을 하는 것을 보고 자기에게 맞는 배필이라는 것을 알게 되었다는 이야기도 있다. 이는 다분히 남녀의 생식기를 빗댄 설화이지만 버섯 전골을 만들 때 해물과 함께 조개가 들어가는 것을 보면 궁합이 좋다는 것을 알 수 있다.

『용재총화(齋叢話)』에는 버섯 중독에 대한 설화가 기록되어 있다.

"내가 사는 서산 남쪽에 여승(女僧)의 암자가 있는데 갑술년 7월에 암자에서 우란분회(盂蘭盆會)를 베풀어 선비집 부녀자들이 모였다. 여자들이 절의 뒷동산에 올라 더위를 피하는 데 마침 소나무 밑에 버섯이 많이 났으므로 서로 욕심을 내어 버섯을 따서 집에 가져가 삶아 먹었다. 그런데 많이 먹은 사람은 엎어져 기절하고, 조금 먹은 이는 미쳐서 소리를 지르고, 어떤 사람은 노래하면서 춤을 추었으며, 어떤 사람은 울기도 하고, 서로 때리기도 하였다. 그런데 국물만 마셨거나 냄새를 맡은 사람은 다만 정신이 어질어질하였다."

시골에서는 고기를 먹고 체했을 때 능이버섯 삶은 물을 먹인다. 능이버섯은 체증을 가라앉게 한다고 알려져 있다. 나무나 날카로운 것에 다쳐서 피가 날 때 찔레버섯, 말불버섯의 가루를 바르면 지혈효과가 있다. 이런 민간요법을 잘 이용한다면 좋은 지혈치료제 개발도 가능하리라고 본다.

우리나라는 아직 버섯에 얽힌 우리 민족의 이용, 설화에 대한 수집과 연구가 미흡한 것이 사실이다. 따라서 앞으로 민족 균학을 우리 고유의 민족성, 민속성, 토속적인 면을 연구하여 뿌리를 찾아내는 학문으로 발전시켜야 할 것이다.

참고문헌

한국

서재철 · 조덕현, 2004, 『제주도 버섯』, 일진사.

이지열, 1988, 『원색 한국의 버섯』, 아카데미.

이지열, 2007, 『버섯생활백과』, 경원미디어.

이지열 · 홍순우, 1985, 『한국동식물도감 제28권: 고등균류(버섯 편)』, 문교부.

이태수, 2016, 『식용 · 약용 · 독버섯과 한국버섯목록』, 한택식물원.

이태수 · 조덕현 · 이지열, 2010, 『한국의 버섯도감』, 저숲출판.

윤영범 · 리영웅 · 현운형 · 박원학, 1987, 『조선포자식물 1(균류편 1)』, 과학백과사전출판사.

윤영범 · 현운형, 1989, 『조선포자식물 2(균류편 2)』, 과학백과사전종합출판사.

조덕현, 2003, 『원색 한국의 버섯』, 아카데미서적.

조덕현, 2001, 『버섯』, 지성사.

조덕현, 2007, 『조덕현의 재미있는 독버섯이야기』, 양문.

조덕현, 2009, 『한국의 식용 · 독버섯 도감』, 일진사

반승언 · 조덕현, 2011, 「한국산 담자균류의 연구」, 2011, 『한국자연보존연구지』 9(3-4): 153-161.

반승언 · 조덕현, 2012. 「백두산의 고등균류상 (I)」, 『한국자연보존연구지』 10(3-4): 193-220.

조덕현, 2010, 「백두산의 균류자원」, 『한국자원식물학회지』 23(1): 115-121.

조덕현 · 반승언, 2012, 「백두산의 고등균류상 (II)」, 『한국자연보존연구지』 10(3-4): 193-220.

Park, Seung-Sick and Duck-Hyun Cho, 1992, The Mycoflora of Higher Fungi in Mt. Paekdu and Adjacent Areas(I). Kor. J. Mycol. 20(1): 11-28.

Cho, Duck-Hyun · Park, Seong-Sick and Choi, Dong-Soo, 1992. The Flora of Higher Fungi in Mt. Paekdu, Proc. Asian Mycol. Symp.: 115-124.

Duck-Hyun Cho, 2009, Flora of Mushrooms of Mt. Backdu in Korea, Asian Mycological Congress 2009(AMC 2009): Symposium Abstracts, B-035(p-109), Chungching(Taiwan).

Duck-Hyun Cho, 2010, Four New Species of Mushrooms from Korea, International Mycologica Congress 9(IMC9), Edinburgh(U.K).

중국

嗚聲華 · 周文能 · 王也珍, 2002, 臺灣高等眞菌, 國立自然科學博物館.

周文能 · 張東柱, 2005, 野菇圖鑑, 遠流出版公司.

卯餞豊, 2000, 中國大型眞菌, 河南科學技術出版社.

卯餞豊 · 蔣張坪, 欧珠次旺, 1993, 西蔣大型經濟眞菌, 北京科學技術出版社.

謝支錫 · 王云 · 王柏 · 董立石, 1986, 長白山傘菌圖志, 吉林科學技術出版社.

黃年來, 1998. 中國大型眞菌原色圖鉴,, 中國农业出版社.

李建宗 · 胡新文 · 彭寅斌, 1993, 湖南大型眞菌志, 湖南師範大學出版社.

戴賢才 · 李泰輝, 1994, 四川省甘牧州菌类志, 四川省科學技術出版社.

Bi Zhishu, Zheng Guoyang · Li Taihui, 1994, Macrofungus Flora of Guangdong Province, Guangdong Science and Technology Press.

Bi Zhishu · Zheng Guoyang · Li Taihui · Wang Youzhao, 1990, Macrofungus Flora of Mountainous District of North Guangdong, Guangdong Science & Technology Press.

Liu Xudong, 2002, Coloratlas of the Macrogfungi in China, China Forestry Publishing House.

Liu Xudong, 2004, Coloratlas of the Macrogfungi in China 2, China Forestry Publishing House.

일본

今關六也 · 大谷吉雄 · 本鄕次雄, 1989, 日本のきの乙, 山と溪谷社.

伊藤誠哉, 1955, 日本菌類誌 第2巻 擔子菌類 第4號, 養賢堂.

印東弘玄 · 成田傳藏, 1986, 原色きの乙圖鑑, 北隆館.

朝日新聞, 1997, きの乙の世界, 朝日新聞社.

本鄕次雄 監修 (幼菌の會編), 2001, きの乙圖鑑, 家の光協會.

本鄕次雄 · 上田俊穗 · 伊澤正名, 1994, きの乙, 山と溪谷社.

本鄕次雄 · 上田俊穗 · 伊澤正名, きのこ圖鑑, 保育社.

本鄕次雄, 1989, 本鄕次雄教授論文選集, 滋賀大學教育學部生物研究室.

工藤伸一 · 長澤榮史 · 手塚豊, 2009, 東北きの乙圖鑑, 家の光協會.

伍十嵐恒夫, 2009, 北海道のきの乙, 北海道新聞社.

長澤榮史, 2005, 日本の毒きのこ, 株式會社學習社.

Imazeki. R. & T. Hongo, 1987, Colored Illustrations of Mushroom of Japan, vol.1, Hoikusha Publishing Co. Ltd.

유럽 및 미국

Baron, G.L., 2014, Mushrooms of Ontario and Eastern Canada, George Barron.

Baroni, T.J., 2017, Mushrooms of the Northeastern United States and Eastern Canada, Timber Press Field Guide.

Bas, C. TH., W. Kuyper, M.E., Noodeloos & E.C. Vellinga, 1988, Flora Agaricina Neerlandica(1), A.A.

Balkema/Rotterdam/Brookfield.

Bas,C., TH., W. Kuyper, M.E., Noodeloos & E.C. Vellinga, 1990, Flora Agaricina Neerlandica(2), A.A.Balkema/Rotterdam/Brookfield.

Bas, C. TH., W. Kuyper, M.E., Noodeloos & E.C. Vellinga, 1995, Flora Agaricina Neerlandica(3), A.A. Balkema/Rotterdam/Brookfield.

Benjamin, D.R. 1995, Mushrooms, W.H. Freeman and Company, New York.

Bessette, A.E. & A.R. Bessette and D.W. Fischer, 1996, Mushrooms of Northeastern North America, Syracuse University Press.

Bessette, A.E., O.K. Miller, Jr., A.R. Bessette, H.H. Miller, 1984, Mushrooms of North America in Color, Syracuse University Press.

Binion D.E., H.H. Burdsall, Jr., S.L. Steohenson, O.K. Miller, Jr., W.C. Roody, Boertmann, D., 1996, The genus Hygrocybe, Low Budger Publishing.

Boertmann, D. et al., 1992, Nordic Macromycetes vol. 2, Nordsvamp-Copenhagen.

Bon, M., 1987, The mushrooms and Toadstools of Britain and North-Western Europe, Hodder & Stoughton.

Bon, M. 1992, Hygrophraceae, IHW-Verlag.

Breitenbach, J. and Kränzlin, F., 1991, Fungi of Switzerland. Vol. 3, Verlag Mykologia, Lucerne.

Breitenbach, J. and Kränzlin, F., 1995, Fungi of Switzerland. Vol. 4, Verlag Mykologia, Lucerne.

Buczacki, S., 1992, Mushrooms and Toadstools of Britain and Europe, Harper Collins Publishers.

Buczacki, S., 2012, Collins Fungi Guide, Collins.

Candusso, D.M., 1997, Hygrophorus, Liberia Bassa 1-17021 Alassio .

Cetto Bruno, 1987, Enzyklopadie der Pilze, 2, BLV Verlagsgesellschaft, Munchen Wein Zurich.

Cetto Bruno, 1987-1988, Enzyklopadie der Pilze, (2-3), BLV Verlagsgesellschaft, Munchen Wein Zurich.

Corfixen Peer, 1997, Nordic Macromycetes vol. 3, Nordsvamp-Copenhagen.

Courtecuisse, R. & B. Duhem, 1995, Collins Field Guide, Mushrooms & Toadstools of Britain & Europe, Harper Collins Publishers.

Courtecuisse, R. & B. Duhem., 1994., Des Chamignons de France, Eclectis.

Courtecuisse, R., 1994, Guide des Champignons de France et DEurope.

Davis, R.M., R. Sommer, and J. A. Menge, 2012, Field Guide to Mushrooms of Weastern North America, University of California Press.

Dahncke, R.M., S.M. Dahncke, 1989, 700 Pilze in Farbfotos, At Verlag, Aarau, Stuttgart.

Dahncke, R.M., 1994, Grundschule fur Pilzsammler, At Verlag.

Dennis E. Desjarin, Michael G. Wood, Fredericka, Stevens, 2015, California, Mushrooms, Timber Press.

Dkfm. Anton Hausknecht & Mag. Dr. Irmgard Krisai-Greilhuber, 1997, Fungi non Delieati, Liberia Bassa.

Evenson, V.S. and D.B. Gardens, 2015, Mushrooms of the Rocky Mountain Region (Colorado, New Mexico, Utah, Wyoming), Timber Press Field Guide.

Foulds, N., 1999, Mushrooms of Northeast North America, George Barron.

Hall, I.R., S.L. Stephenson, P.K. Buchanan, W. YUn, A.L., 2003, Cole, Edible and Poisonous Mushrooms of the World, Timber Press, Portland, Cambridge.

Hausknecht, A., 2009, Conocybe and Pholiotina, Edizioni.

Holmberg P. and H. Marklund, 2002, Nya Svampboken, Prisma.

Huang Nianlai, 1988, Colored Illustration Macrofungi of China, China Agricultural Press, China.

Jordan, P., 1996, The New Guide to Mushrooms, Lorenz Books.

Keller, J., 1997, Atlas des Basidiomycetes, Union des Societies Suisses de Mycologie

Kibby, G., 1992, Mushrooms and other Fungi, Smithmark.

Kirk, P.M., P.F. Cannon, D.W. Minter and J.A. Stalpers, 2008, Dictionary of the Fungi (10th ed), CABI, 770pp.

Kirk. P.M., P.F. Cannon, J.C. David & J.A. Stalpers, 2001, Dictionary of the Fungi 10th Edition, CABI Publishing.

Laursen, G.A., 1994, Alaska Mushrooms, Neil McArthur.

Laessoe, T., 1998, Mushrooms, Dorling Kindersley.

Laessoe, T., and A. D. Conte, 1996, The Mushroom Book, Dorling, Kindersley.

Laursen, G.A., Mcarthur, N., 2016, Alaskas, Mushrooms, Alaska Northwest Books.

Lincoff, G.H., 1981, Guide to Mushrooms, Simon & Schuster Inc. Grafe & Unzer, G/U.

Lincoff, G.H., 1992, The Audubon Society Field Guide to North American Mushroom, Alfred A. Knof.

Linton, A., 2016, Mushrooms of the Britain And Europe, Reed New Holland Publishers.

Mahapatra, A.K., S.S. Tripathy, V. Kaviyarasan, 2013, Mushroom Diversity in Eastern Ghats of India, Chief Executive Regional Plant Resource Center.

Marren Peter, 2012, Mushroos, British Wildlife.

Mazza, R. 1994, I Funghi, Manuali Sonzogno.

McKnight, K.H., V.B. McKnight, 1987, A Field Guide to Mushrooms North America, Houghton Mifflin Company, Boston.

Meixner, A., 1989, Pilze selber zuchten At Verlag.

Michael R. Davis, Robert Sommer, John A. Menge, 2012, Mushrooms of Western North America.

Miller, Jr. O.K. and H.H. Miller, 2006, North American Mushrooms, Falcon Guide.

Miller, Jr. O.K., 1972, Mushrooms of North America, E.P. Dutton New York.

Moser, M. and W. Julich, 1986, Farbatlas der Basidiomyceten, Gustav Fischer Verlag.

Noordeloos, M.E., 2011, Strophariaceae s.1. Edizioni Candusso.

Nylen, B., 2000, Svampar I Norden och Europa, natur och Kultur/Lts Forlag.

Nylen, 2002, Svampar i skog dch mark, Prisma.

Orson K. Miller Jr. and Hope H. Miller, 2006, North American Mushrooms, Falcon Guide.

Overall,A., 2017, Fungi, Gomer Press Ltd, Llandysul, Ceredigion.

Pegler David N., 1993, Mushrooms and Toadstools, Mitchell Beazley.

Pegler David N., 1983, The Genus Lentinus A World Monograph.

Petrini, O. & E. Horak, 1995, Taxonomic Monographs of Agaricales, J. Cramer.

Phillips, R., 1981, Mushroom and other fungi of great Britain & Europe, Ward Lock Ltd. UK.

Phillips, R., 1991, Mushrooms of North America, Little, Brown and Company.

Phillips. R, 2006, Mushrooms, Macmillan.

Rea, C., 1980, British Basidiomycetaceae, J. Cramer.

Reid, D., 1980, Mushrooms and Toadstool, A Kingfisher Guide.

Russell, B., 2006, Field Guide to Wild Mushrooms of Pennsylvania and the Mid-Atlantic, The Pennsylvania State University Press.

Russell, B., 2006, Field Guide to Wild Mushrooms, The Pennsylvania State.

Schwab, A., 2012, Mushrooming with Confidence, Merlin Unwin Books Ltd.

Senn-Irlet, 1995, The genus Crepidotus (Fr.) Staude in Europe, An International Mycological Journal.

Siegel, N. and C. Schwarz, 2016, Mushrooms of the Redwood Coast, Ten Speed Press Berkeley.

Singer, R., 1986, The Agaricales in Modern Taxonomy, 4th ed. Koeltz Scientific Books, Koenigstein.

Spooner B. and T. Laessoe, 1992, Mushrooms and Other Fungi, Hamlyn.

Spooner, B. and p. Roberts, 2005, Fungi. Colins.

Stamets, P., 1996, Psilocybin Mushrooms of the World, Ten Speed Press Berkeley, California.

Sterry, P. and B. Hughes, 2009, Collins Complete Guide to British Mushrooms & Toadsrools, Collins.

Trudell, S. and J. Ammirati, 2009, Mushrooms of the Pacific Northwest, Timber Press Field Guide.

Vasilyeva, L.N., 2008, Macrofungi Associated Oaks of Eastern North America, West Virginia Press.

Vesterholt, J., 2005, The genus Hebeloma, Repro and Productin.

Vladimir, A. and M. E. Noordeloos, 1997, A Monograph of Marasmius, Collybia and related genera in Europe, IHW-VERLAG.

Watling, R., 1982, Bolbitiaceae. Edinburgh, Her majestys Stationery Office.

Watling, R. & N.M. Gregory, 1987, Strophariaceae & Coprinaceae pp. Roya Botanic Garden, Edinburgh.

Watling, R. & N.M. Gregory, 1989, Crepidotaceae, Pleurotaceae, and other pleurotoid agarics, Roya Botanic Garden,Edinburgh.

Westhuizen, van der, G.C.A., A. Eicker, 1994, Mushrooms of Southern Africa, Struck.

Winkler Rudolf, 1996, 2000 Pilze einfach bestimmen, At Verlag.

Wood, E., J. Dunkelma, M. Schuyl, K. Mosely, M. Dunkelma, 2017, Grassland Fungi a field guide. Monmouthsire Meadows Group.

영국 http://www.indexfungorum.org
이대수 http://koreamushroom.kr
조덕현 http://mushroom.ndsl.kr

색 인

ⓢ

ⓞ

ⓩ

ⓒ

ⓚ

조덕현
(조덕현버섯박물관, 버섯 전문 칼럼니스트, 한국에코과학클럽)

- 경희대학교 학사
- 고려대학교 대학원 석사, 박사
- 영국 레딩(Reading)대학 식물학과
- 일본 가고시마(鹿兒島)대학 농학부
- 일본 오이타(大分)버섯연구소에서 연구

- 우석대학교 교수(보건복지대학 학장)
- 광주보건대학 교수
- 경희대학교 자연사박물관 객원교수
- 한국자연환경보전협회 회장
- 한국자원식물학회 회장
- 세계버섯축제 조직위원장
- 한국과학기술 앰버서더
- 새로마지 친선대사(인구보건복지협회)
- 전라북도 농업기술원 겸임연구관
- 숲해설가 강사(광주, 대전, 충북)
- WCC총회 실무위원

- **저서**

『균학개론』(공역)
『한국의 버섯』
『암에 도전하는 동충하초』(공저)
『버섯』(중앙일보 우수도서,
어린이도서관 연구소 아침독서용 추천도서)
『원색한국버섯도감』
『푸른 아이 버섯』
『제주도 버섯』(공저)
『자연을 보는 눈 "버섯"』
『나는 버섯을 겪는다』
『조덕현의 재미있는 독버섯 이야기』(과학창의재단)
『집요한 과학씨, 모든 버섯의 정체를 밝히다』
『한국의 식용, 독버섯 도감』(학술원 추천도서)
『옹기종기 가지각색 버섯』
『한국의 버섯도감 I』(공저)
『버섯과 함께한 40년』
『버섯수첩』
『백두산의 버섯도감 1, 2』(세종우수학술도서)
『한국의 균류 1: 자낭균류』
『한국의 균류 2: 담자균류』 외 20여 권

- **논문**

「백두산의 균류상」 외 200여 편

- **기타**

버섯 칼럼
월간버섯 칼럼 연재
버섯의 세계(전북일보) 연재

- **방송**

마이산 1억 년의 비밀(KBS 전주방송총국)
과학의 미래(YTN 신년특집)
갑사(MBC)
숲속의 잔치(버섯)(KBS)
어린이 과학탐험(SBS)
싱싱농수산(KBS)

- **수상**

황조근조훈장(대한민국)
자랑스러운 전북인 대상(학술 · 언론부문, 전라북도)
사이버명예의 전당(전라북도)
전북대상(학술 · 언론부문, 전북일보)
교육부장관상(교육부)
제8회 과학기술 우수논문상(한국과학기술단체총연합회)
한국자원식물학회 공로패(한국자원식물학회)
우석대학교 공로패 2회(우석대학교)
자연환경보전협회 공로패(한국자연환경보전협회)

- **버섯 DB 구축**

한국의 버섯(북한버섯 포함): http://mushroom.ndsl.kr
가상버섯 박물관: http://biodiversity.re.kr